Sammlung Schubert LXVI

Darstellende Geometrie

Von

Theodor Schmid
o. ö. Professor an der Technischen Hochschule in Wien

II. Band

Mit 163 Figuren

Zweite Auflage

Berlin und Leipzig
WALTER DE GRUYTER & CO.
vormals G. J. Göschen'sche Verlagshandlung — J. Guttentag, Verlagsbuchhandlung — Georg Reimer — Karl J. Trübner — Veit & Comp.
1923

Druck von C. G. Röder G. m. b. H., Leipzig. 818623.

Vorwort.

Das Erscheinen des II. Bandes war durch die während des Krieges eingetretenen Schwierigkeiten verhindert worden. Erst jetzt, wo sich diese Schwierigkeiten wenigstens teilweise gemildert haben, wurde die Drucklegung dank dem Entgegenkommen der Verlagsfirma ermöglicht.

Der II. Band enthält zunächst die Abschnitte über „schiefe Projektion", beziehungsweise „Zentralprojektion", wieder unter Beschränkung auf die elementaren Flächen: Kugel, Zylinder, Kegel. Im übrigen werden die häufiger vorkommenden Flächenarten behandelt, nämlich die Dreh-, Rohr-, Schrauben-, Regel- und Geländeflächen. Beachtenswert sind vielleicht die Stellen: § 2, 4, Übungsaufg. 2, § 17 bis 22, § 33, § 36, § 38, § 47, 3, § 49, 2, 3, § 56. Wie bisher wurde auf den Zusammenhang mit anderen Teilen der Geometrie hingewiesen. Auch Übungsaufgaben sind wieder eingefügt. Die geschichtlichen und literarischen Bemerkungen folgen den einzelnen Abschnitten.

Beim Übertragen der Figuren auf Karton waren mir meine früheren Konstrukteure Dr. A. Lackner und E. Menzl behilflich. Nach dem beklagenswerten Hingange Lackners besorgte sein Nachfolger Herr Ing. F. Kopatschek diese Arbeit mit gleicher Sorgfalt. Beim Lesen der Korrekturen wirkte mein Assistent W. Domaschko mit. Ich danke ihnen allen hiermit wärmstens.

Wien, im August 1920.

Th. Schmid.

Vorwort zur zweiten Auflage.

Anläßlich der zweiten Auflage des II. Bandes wurden außer mehreren kleinen Änderungen noch Ergänzungen bei § 38, 3, § 45, § 60, 3, Bem.[1] zu V vorgenommen. Im V. Abschnitte wurde ein § über „graphische Tafeln (Nomographie)“ hinzugefügt, weil jene Tafeln, welche den Vorzug der Anschaulichkeit haben, eine einfache Anwendung der „kotierten Projektion“ bilden. Der kurze Abriß soll nur eine Einführung in ein Gebiet sein, welches in letzter Zeit ziemliche Verbreitung erlangt hat. Seit de la Gournerie ist es zum erstenmal, daß diese Sache wieder in einem Buche über „darstellende Geometrie“ Berücksichtigung findet.

Rückverweisungen auf den I. Band beziehen sich auf die dritte Auflage. Den Herren Ing. F. Kopatschek und W. Domaschko danke ich wieder für die Mithilfe beim Übertragen der Figuren auf Karton und beim Korrekturlesen.

Wien, im März 1923.

Th. Schmid.

Inhaltsverzeichnis.

I. Abschnitt.

Schiefe Projektion.

II. Abschnitt.

Zentralprojektion.

III. Abschnitt.

Dreh- und Rohrflächen.

A. Drehflächen zweiten Grades.

B. Dreh- und Rohrflächen, insbesondere die Ringfläche. Schnittaufgaben.

C. Dreh- und Rohrflächen, insbesondere die Ringfläche. Berührungsaufgaben.

IV. Abschnitt.

Schraubenflächen und windschiefe Regelflächen.

A. Flachgängige Schraubenfläche oder Wendelfläche.

B. Die scharfgängige Schraubenfläche.

C. Regel- und Kreis-Schraubenflächen.

D. Algebraische windschiefe Regelflächen.

V. Abschnitt.

Geländedarstellung und Kartenprojektion; Nomographie.

I. Abschnitt.

Schiefe Projektion.

Um ein anschauliches Bild zu erhalten, wählt man Sehstrahlen, welche zu keiner der drei Hauptrichtungen des abzubildenden Körpers parallel sind (I. Bd., S. 229). Im vorigen Abschnitte wurde dann eine Bildebene angenommen, welche zu diesen Sehstrahlen normal war. Nimmt man jetzt eine Bildebene an, welche nicht mehr senkrecht zu den Sehstrahlen ist, fallen also die Sehstrahlen schief auf die Bildebene, so erhält man eine schiefe Projektion (einen Schrägriß) des Körpers.

A. Stirnlage des Achsensystemes (Kavalierperspektive).

§ 1. Die Raumelemente und ihre Inzidenz.

1. Am einfachsten ist es, wenn man zunächst die Aufrißebene selbst als Bildebene benützt, wenn man also die y- und z-Achse des positiven rechtwinkligen Achsensystemes unmittelbar auf der Bildebene liegend und die x-Achse senkrecht zur Bildebene annimmt (Stirnlage des Achsensystemes). Ein Punkt K der x-Achse, welcher vom Ursprung O um eine gewählte Einheitstrecke $OK = k$ entfernt ist und welcher (Fig. 1) den Grundriß K' und Aufriß $K'' = O$ hat, erscheint bei schiefer Lage der Sehstrahlen in einem Punkte K_s. Das Auge ist also unendlich weit in der Richtung des Sehstrahles $KK_s = s$ zu denken. Die Verbindungsgerade OK_s ist dann einerseits die schiefe Projektion x_s der x-Achse und anderseits der Aufriß s'' des Sehstrahles s. Das rechtwinklige Dreieck OKK_s enthält den Einfallswinkel ε des Sehstrahles gegen die Bildebene. Diese Annahme wird auch als Kavalierperspektive[1] bezeichnet.

Mit Rücksicht darauf, daß gewöhnlich Parallelbeleuchtung von **links** vorausgesetzt wird (I. Bd., § 41, 1 und 44, 2), ist es passend, Sehstrahlen zu wählen, welche entweder von rechts oben kommen, wodurch man eine Übersicht erhält, oder solche, welche von rechts unten kommen, wodurch man eine Untersicht erhält. Im ersteren Falle (Fig. 1) ist K_s in jenem der vier von der y- und z-Achse gebildeten Quadranten zu wählen, welcher links unten liegt, dagegen im letzteren Falle (Fig. 2) in jenem Quadranten, welcher links oben liegt. In den

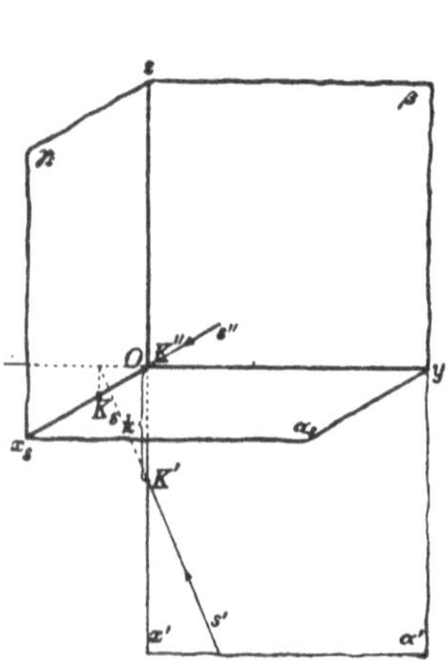

Fig. 1.

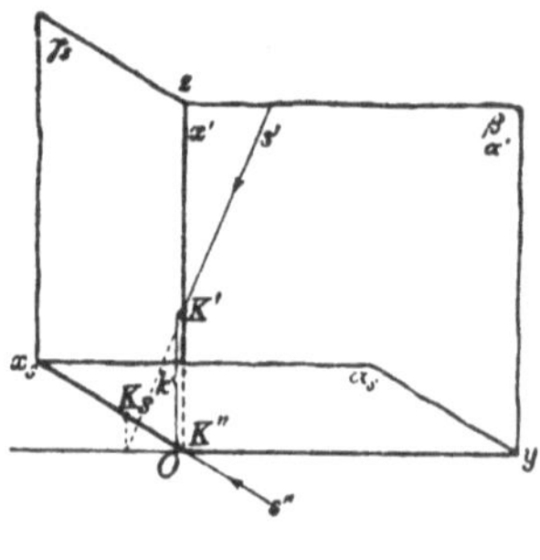

Fig. 2.

Figuren ist der positive Oktant abgebildet. Aus dieser Abbildung ist zu erkennen, daß das Bild schon bei dieser einfachsten Annahme anschaulich ist. Es macht aber nur dann den richtigen Eindruck, wenn es in der Richtung der schiefen Sehstrahlen angeschaut wird, während man gewöhnlich ein Bild in der Richtung der Normalen zur Bildebene anzusehen pflegt. Damit diese Abweichung nicht bedeutend sei, darf der Einfallswinkel ε nicht groß sein.

2. Ist nun ein Punkt P durch seine Koordinaten oder eine Ebene ε durch ihre Achsenabschnitte gegeben, z. B.

$$\text{Punkt } P \begin{cases} x = 1{,}5 \\ y = 1{,}8 \\ z = 2 \end{cases}, \quad \text{Ebene } \varepsilon \begin{cases} OX = 1{,}5 \\ OY = 1{,}8 \\ OZ = 2 \end{cases},$$

so können die auf die y- und z-Achse bezüglichen Strecken unmittelbar aufgetragen werden (Fig. 3). Die auf der x-Achse angenommene Einheitstrecke $OK = k$ erscheint in der Zeichnung als Strecke $OK_s = l$. Im gleichen Verhältnisse verändert sich auch jede x-Koordinate. Es ergibt sich also ein Verzerrungsverhältnis

$$\lambda_x = \frac{x_s}{x} = \frac{l}{k} = \operatorname{tg} \varepsilon, \text{ während } \lambda_y = \lambda_z = 1 \text{ ist.}$$

Denkt man sich die Grundebene in der für Übersicht oder Untersicht passenden Weise umgelegt, so beschreibt der

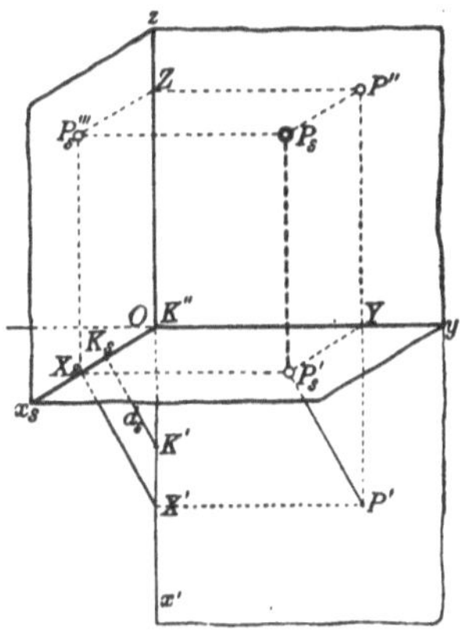

Fig. 3.

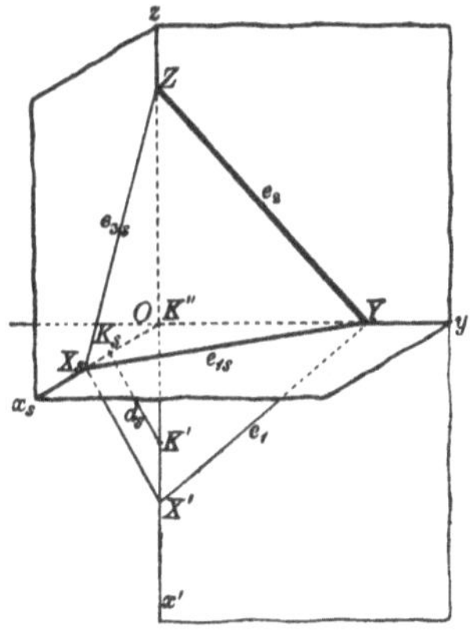

Fig. 4.

Punkt K einen Kreisbogen. Zu diesem Bogen gehört eine unter $\pi/_4$ nach abwärts, beziehungsweise aufwärts gehende Drehsehne d, für welche K' die Bildspur ist. Verbindet man daher K_s mit K', so erhält man die schiefe Projektion d_s der Drehsehne des Punktes K. Zu allen andern Punkten der Grundebene gehören parallele Sehnen. Ihre Projektionen sind zu d_s parallel; denn auch die schiefen Projektionen paralleler Geraden sind parallel. Macht man daher $OX' = x$ und zieht man durch X' eine Parallele zu d_s, so erhält man die schiefe Projektion X_s des Punktes X. Für das Parallelepiped, welches O als einen und P als gegenüberliegenden Eckpunkt besitzt, kann jetzt nach dem eben erwähnten Satze (durch Parallelenziehen) die schiefe Projektion gezeichnet werden. Man erhält dabei außer dem Aufrisse P'' den schiefen Grundriß P'_s, den schiefen Kreuzriß P'''_s und die schiefe Projektion P_s des Punktes P. Umgekehrt: Nimmt man die schiefe Projektion P_s und den schiefen Grundriß P'_s so an, daß sie auf einem zu z parallelen Ordner liegen, dann kann man daraus das ganze Bild des Parallelepipedes, also auch den Punkt P im Raume wieder finden. Ein Punkt P ist also durch die schiefe Projektion P_s und den schiefen Grundriß P'_s, welche auf einem Ordner liegen müssen, bestimmt.

Für die Abbildung der Ebene ε erhält man (Fig. 4) außer der Bildspur e_2 noch die schiefe Grundspur e_{1s} und die schiefe Kreuzrißspur e_{3s}; es sind aber zwei Spuren etwa e_2 und e_{1s} zur Bestimmung ausreichend. Für Ebenen, welche zu den Sehstrahlen parallel sind, fällt e_{1s} mit e_2 in dieselbe Gerade. Diese Gerade ist zu z parallel, wenn die Ebene auch zu den Sehstrahlen für den Grundriß (also zu z) parallel ist.

Übungsaufgaben: wie I. Bd., § 1, 3.

3. Eine Gerade g ist auch durch ihr schiefes Bild g_s und den schiefen Grundriß g'_s bestimmt (Fig. 5).

Soll nun auf die Gerade g (g_s, g'_s) ein Punkt P gelegt werden, so hat man nur wieder einen Ordner parallel zu z zu ziehen und erhält in den Schnittpunkten des Ordners mit g_s und g'_s die Projektionen P_s und P'_s des Punktes P. Der Schnittpunkt von g_s und g'_s ist die Abbildung jenes Punktes der Geraden, welcher auf der Grundebene liegt, also die schiefe Grundspur G_{1s} der Geraden g. Der Schnittpunkt von g'_s mit y ist der schiefe Grundriß des Punktes der Geraden, welcher auf der Bildebene liegt; der zugehörige Ordner liefert also auf g_s die Bildspur G_2. Der Schnittpunkt von g'_s mit x_s ist der schiefe Grundriß jenes Punktes der Geraden, welcher auf der Kreuzrißebene liegt; der zugehörige Ordner ergibt die schiefe Kreuzrißspur G_{3s}.

Soll durch die Gerade g eine Ebene ε gelegt werden, so müssen die schiefen Spuren der Ebene durch die gleichartigen schiefen Spuren der Geraden gehen. Soll die Ebene insbesondere zur Bildebene normal sein, so geht die schiefe Grundspur durch G_{1s} parallel zu x_s und die schiefe Kreuzrißspur durch G_{3s} parallel zu x_s. Die Schnittpunkte dieser Spuren mit der y-Achse, beziehungsweise z-Achse ergeben miteinander verbunden die Bildspur, welche auch durch G_2 gehen muß. Diese Bildspur ist dann nichts anderes als der Aufriß g'' der Geraden g. Soll die Ebene zur Kreuzrißebene normal sein, so geht die schiefe Grundspur durch G_{1s} parallel y und die Bildspur durch G_2 auch parallel zu y. Die Schnitt-

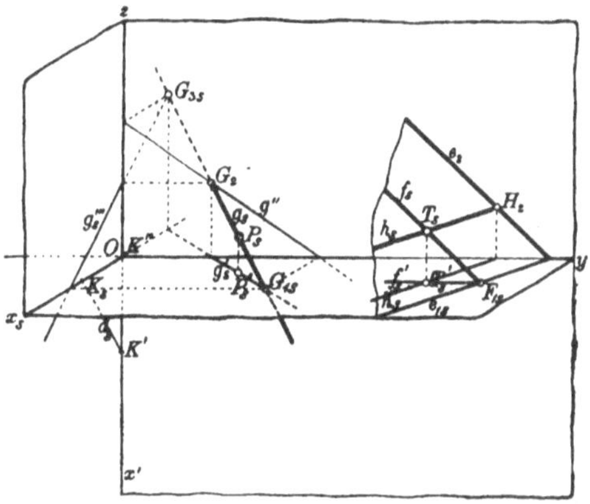

Fig. 5.

punkte dieser Spuren mit x_s, beziehungsweise z ergeben miteinander verbunden die Kreuzrißspur, welche auch durch G_{3s} gehen muß. Diese Kreuzrißspur der Ebene ist der schiefe Kreuzriß g_s''' der Geraden g.

Soll auf eine Ebene ε (e_{1s}, e_2) ein Punkt T gelegt werden, so legt man zuerst auf die Ebene eine Gerade g und dann auf die Gerade den Punkt (Fig. 5). Dabei kann man eine besondere Gerade benützen.

Für eine Horizontale h ist die schiefe Projektion h_s sowie der schiefe Grundriß h_s' zu e_{1s} parallel.

Für eine Frontale f ist die schiefe Projektion f_s zu e_2 und der schiefe Grundriß f_s' zu y parallel.

Für den Punkt T kann eine Projektion, z. B. T_s gewählt werden, dann kann man T_s' finden. Man legt durch

T_s die Gerade h_s parallel e_{1s}, erhält auf e_2 die Bildspur H_2, zieht durch H_2 den Ordner und durch seinen Schnittpunkt mit y die Gerade h'_s wieder parallel zu e_{1s}. Der Ordner des Punktes T_s ergibt auf h'_s den schiefen Grundriß T'_s. Oder man legt durch T_s die Gerade f_s parallel zu e_2, erhält auf e_{1s} die schiefe Grundspur F_{1s} und zieht durch diese die Gerade f'_s parallel zu y. Auf f'_s ergibt sich T'_s durch den Ordner.

Wie man sieht, sind die Inzidenzaufgaben von der Annahme der Sehstrahlrichtung unabhängig. Wenn man sich auf das Zweibildersystem $[P_s, P'_s; g_s, g'_s]$ beschränkt, so sind die Inzidenzaufgaben auch von der Annahme der y-Achse unabhängig.

Eine Verschiebung der y-Achse bedeutet hier für das Zweibildersystem eine Verschiebung der Bildebene um eine Strecke x, welche auf x_s nach dem Verhältnisse λ_x zu ermitteln ist.

§ 2. Zwei Punkte, ihre Verbindungsgerade und die Strecke.

1. Sind zwei Punkte P und Q durch ihre Abbildungen P_s, P'_s und Q_s, Q'_s gegeben, so ist P_sQ_s die schiefe Projektion g_s und $P'_sQ'_s$ der schiefe Grundriß g'_s der Verbindungsgeraden g der beiden Punkte. Die Projektionen der Verbindungsgeraden g und der zugehörigen Strecke können also auch ohne Angabe der Sehstrahlrichtung gezeichnet werden; die Operationen mit Strecken, welche auf derselben Geraden liegen, können ebenfalls ausgeführt werden.

Die wahre Größe der Strecke PQ kann wieder durch Zurückführung auf zwei besondere Fälle gefunden werden (I. Bd., § 4, 3 und 37, 1, 2).

α) Für jede Strecke PQ, welche auf einer Frontalen f liegt (Fig. 6a), ist die Projektion P_sQ_s schon die wahre Größe; insbesondere gilt dies für eine Strecke, welche zur z-Achse parallel ist.

β) Wenn $P_sP'_s = Q_sQ'_s$ ist (Fig. 6b), so ist die Verbindungsgerade der beiden Punkte eine Horizontale h. Man denke sich jetzt die durch PQ gehende Horizontalebene und ziehe durch Q eine neue y-Achse. Legt man durch P_s die Parallele zu x_s bis zum Schnittpunkte P'' mit der neuen y-Achse und in P'' eine Parallele zu x', so ergibt sich auf dieser im Schnittpunkte mit der durch P_s gezogenen Parallelen zur Drehsehne d_s die Umlegung P' des Punktes P. Dann ist $P'Q_s$ die wahre Größe der Strecke PQ.

γ) Bei allgemeiner Annahme (Fig. 6c) betrachtet man wieder die Strecke PQ als Hypotenuse eines rechtwinkligen Dreieckes, dessen eine Kathete parallel zur z-Achse und dessen andere Kathete horizontal ist. Die schiefe Projektion R_s des Eckpunktes R erhält man, indem man durch P_s eine Parallele zu $P'_sQ'_s$ zieht (oder $P_sP'_s$ von Q'_s aus aufträgt). Die Strecke Q_sR_s ist die wahre Größe

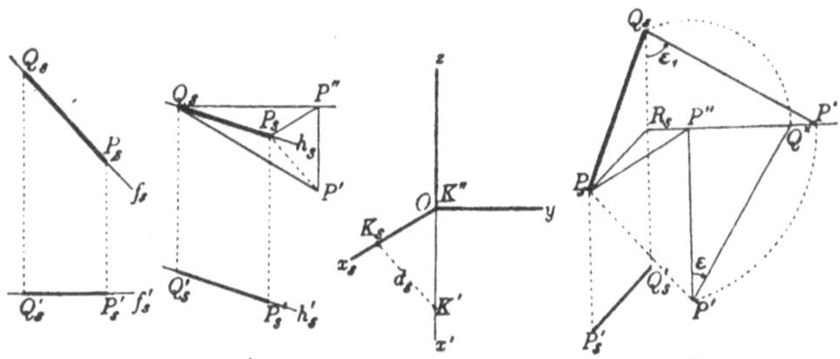

a. b. c.

Fig. 6.

der einen Kathete; für die andere Kathete ist nach der unter β) gezeigten Konstruktion R_sP' die wahre Größe. Überträgt man diese Strecke nach $R_sP^{\times}$, so ist $P^{\times}Q_sR_s$ eine Umlegung des rechtwinkligen Dreieckes und die Hypotenuse $P^{\times}Q_s$ ist die wahre Größe der Strecke PQ. Das rechtwinklige Dreieck enthält auch bei Q_s die wahre Größe des Einfallswinkels ε_1 der Verbindungsgeraden PQ gegen die Grundebene. Man kann aber auch $P''Q_s$ nach $P''Q^{\times}$ übertragen, dann ist $P'Q^{\times}$ die wahre Größe der Strecke und bei P' erscheint der Einfallswinkel ε gegen die Bildebene.

Soll auf diese Gerade von P aus eine andere gegebene Strecke in der Richtung gegen Q aufgetragen werden, so macht man $P^{\times}T^{\times}$ gleich der gegebenen Strecke und zieht durch $T^{\times}$ eine Parallele zu $P^{\times}P_s$. Der Schnittpunkt dieser Parallelen mit P_sQ_s ist die schiefe Projektion T_s des gesuchten Endpunktes T, weil das

Teilverhältnis des Punktes *T* in bezug auf *P* und *Q* auch bei schiefer Projektion ungeändert bleibt.

Übungsaufgaben: 1. wie I. Bd., § 37,2.

2. Bei Orthogonalprojektion bilden die Geraden, welche durch einen Punkt gehen und für welche das Verzerrungsverhältnis λ einen bestimmten Wert (kleiner als 1) hat, einen Drehkegel, welcher den Sehstrahl des Punktes als Achse besitzt (I. Bd., § 37,2). Man kann nun auch die Frage stellen: **Was bilden bei schiefer Projektion jene Geraden, welche durch einen Punkt *P* gehen und für welche das Verzerrungsverhältnis** $\lambda = \frac{P_s Q_s}{PQ}$ **einen bestimmten Wert hat?**

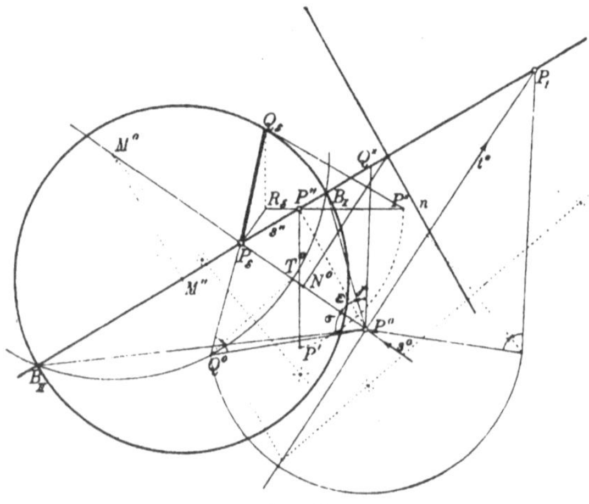

Fig. 7.

Es sei wieder eine Strecke PQ in der Abbildung gegeben (Fig. 7) und die wahre Größe $P^{\times}Q_s$ gefunden. Legt man nun die Ebene um, welche durch den zu P gehörigen Sehstrahl s geht und normal zur Bildebene ist, so erhält man auf der bei P'' zu s'' gezogenen Normalen die Umlegung P^0 von P durch Übertragung der Strecke $P''P'$; dann ist $P_s P^0$ die Umlegung s^0 des Sehstrahles. Man zeichne nun das Dreieck $P^0Q^0P_s$, für welches $P_sQ^0 = P_sQ_s$ und $P^0Q^0 = P^{\times}Q_s$ ist*). Nun schneidet die Halbierungsgerade des

---

*) Nennt man ε den Einfallswinkel des Sehstrahles s und γ jenen der Geraden PQ gegen die Bildebene, ferner σ den Winkel des Sehstrahles mit der Geraden, so folgt aus dem Dreiecke $P^0Q^0P_s$:

$$(P_sQ^0)^2 = (P^0Q^0)^2 - 2 \cdot P^0Q^0 \cdot P^0P_s \cdot \cos\sigma + (P^0P_s)^2,$$

$$\lambda^2 = 1 - 2 \cdot \frac{\cos\gamma}{\cos\varepsilon} \cdot \cos\sigma + \left(\frac{\cos\gamma}{\cos\varepsilon}\right)^2.$$

Winkels Q^0 die Seite P^0P_s in einem Punkte T^0, welcher diese Seite im Verhältnisse der beiden anderen Seiten teilt. Alle Punkte, welche mit P_s und P^0 Strecken bilden, welche im Verhältnisse λ stehen, liegen auf einem Kreise, der durch Q^0 und T^0 geht und der seinen Mittelpunkt M^0 auf s^0 hat (Apollonischer Kreis). Die Halbierungsnormale der Sehne Q^0T^0 schneidet s^0 im Mittelpunkte M^0 und der Kreis $[M^0, M^0T^0]$ schneidet s'' in zwei Punkten B_I und B_{II}. Stellt man die umgelegte Ebene mit dem Kreise wieder auf und läßt man den Kreis um den Sehstrahl s rotieren, so entsteht eine Kugel, deren Punkte mit P_s und P Strecken bilden, welche im Verhältnisse λ stehen. Die durch Q gehende Bildebene wird von dieser Kugel in dem Kreise mit dem Durchmesser B_IB_{II} geschnitten. Alle Geraden, welche von P nach den Punkten Q_s dieses Kreises gehen, weisen das gegebene Verzerrungsverhältnis λ auf; die Geraden bilden also einen schiefen Kreiskegel, für welchen PB_I und PB_{II} Scheitelerzeugende sind. Dabei ist das Verhältnis

$$\frac{P_sB_I}{PB_I} = \frac{P_sB_{II}}{PB_{II}} = \lambda.$$

Durch Vertauschung der inneren Glieder der Proportion folgt

$$\frac{P_sB_I}{P_sB_{II}} = \frac{PB_I}{PB_{II}};$$

daher ist s die Halbierungsgerade des Winkels der Scheitelerzeugenden, also eine Achse des schiefen Kreiskegels.

„Bei schiefer Projektion bilden die Geraden, welche durch einen Punkt P gehen und für welche das Verzerrungsverhältnis λ einen bestimmten Wert hat, einen schiefen Kreiskegel, welcher P als Spitze, den zugehörigen Sehstrahl s als eine Achse*) und die durch s senkrecht zur Bildebene gehende Ebene als Hauptebene besitzt.“ [9]

Die Ebene ν, welche im Halbierungspunkte N der Strecke PP_s zum Sehstrahl s normal ist, schneidet die Bildebene in einer Bildspur n.

„Die Geraden, welche durch den Punkt P gehen und für welche das Verzerrungsverhältnis $\lambda = 1$ ist, bilden das Strahlbüschel P auf der Ebene $[Pn]$.“

2. Nun soll wieder der besondere Fall betrachtet werden, daß die Projektionen P_s, P_s' und Q_s, Q_s' der beiden Punkte auf demselben Ordner liegen. In Fig. 8 ist vorausgesetzt, daß die schiefe Projektion und der schiefe Grundriß der Strecke PQ gleichlaufend sind [a) bei Übersicht, b) bei Untersicht], dagegen in Fig. 9 ungleichlaufend. Die Verbindungsgerade liegt da auf

*) Betrachtet man die zweite Achse t des Kegels als Sehstrahl, so hat das Verzerrungsverhältnis λ für alle Erzeugenden des Kegels wieder einen bestimmten Wert.

einer doppelt projizierenden Ebene, welche nämlich sowohl zu den Sehstrahlen s für die schiefe Projektion als auch zu den Sehstrahlen o oder u für den Grundriß parallel ist. Die Aufsuchung der wahren Größe der Strecke kann so wie in 1. γ) ausgeführt werden; nur ergibt sich der Punkt R_s hier nicht durch das Ziehen der Parallelen P_sR_s, sondern durch Übertragen der Höhe $P_sP'_s$ auf den Ordner des Punktes Q von Q'_s aus. Nach der Umlegung des rechtwinkligen Dreieckes PQR sind auch die Umlegungen der Sehstrahlen o, u, s für den Punkt P eingezeichnet. Sowohl die schiefe Projektion o_s von o als auch der schiefe Grundriß s'_s von s fallen in den Ordner.

Denkt man sich die Gerade PQ als undurchsichtigen Stab und beachtet man die Richtungen der Sehstrahlen

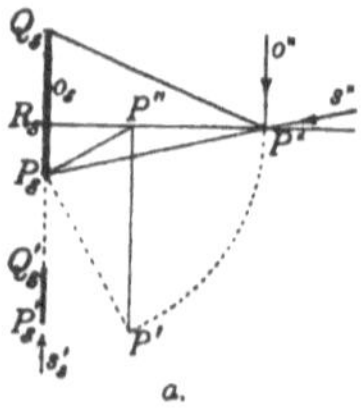

Fig. 8.

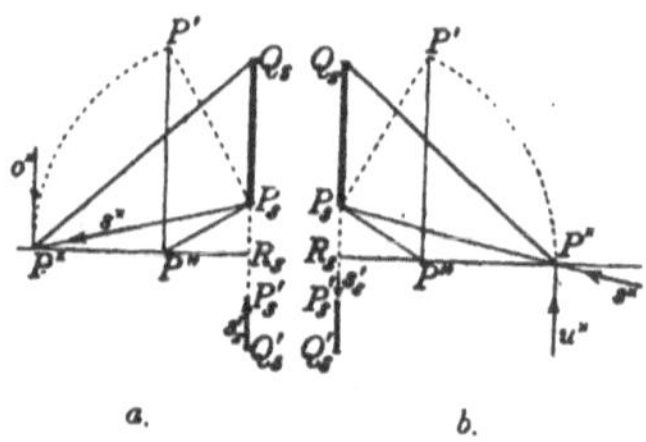

Fig. 9.

o, u, s, so ergibt sich sowohl für Übersicht als auch für Untersicht:

„Wenn die schiefe Projektion und der schiefe Grundriß einer Strecke auf demselben Ordner gleichlaufend liegen, so verläuft die Gerade im Nebenwinkel der einfallenden Sehstrahlen; im Bilde und im Grundrisse ist dieselbe Seite der Geraden sichtbar."

„Wenn die schiefe Projektion und der schiefe Grundriß einer Strecke auf demselben Ordner ungleichlaufend liegen, so verläuft die Gerade im Winkel der einfallenden Sehstrahlen; im Bilde und im Grundrisse ist nicht dieselbe Seite der Geraden sichtbar."

Um zur Projektion T_s eines Punktes T der Verbindungsgeraden den schiefen Grundriß T'_s oder um die schiefe Grundspur G_{1s} zu finden, braucht man nur auch den Grundriß der Verbindungsgeraden umzulegen; die Umlegung geht durch Q'_s horizontal.

§ 3. Zwei Gerade, welche durch einen Punkt gehen. Abbildung und Umlegung der Ebene.

1. Zwei Gerade a und b, welche durch einen Punkt P gehen, seien durch ihre Projektionen gegeben, wobei der Schnittpunkt P_s von a_s und b_s mit dem Schnittpunkte P'_s von a'_s und b'_s auf einem Ordner liegen muß (Fig. 10). Durch diese Annahme ist die Verbindungsebene der beiden Geraden in der Abbildung gegeben.

Soll auf diese Ebene eine Gerade g gelegt werden, so kann man die eine Projektion z. B. g_s be-

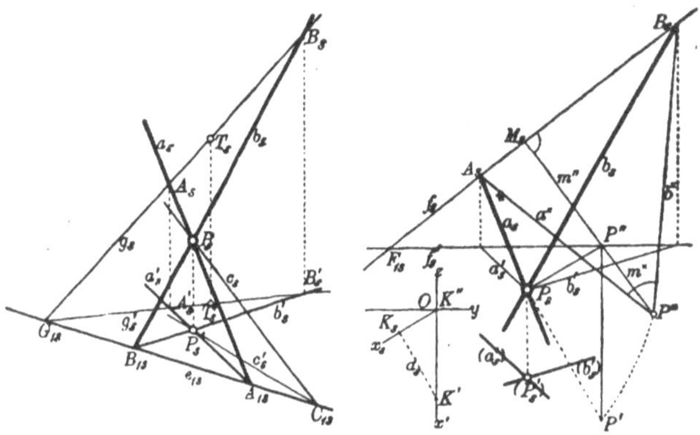

Fig. 10. Fig. 11.

liebig wählen. Die Gerade g schneidet die Geraden a und b in den Punkten A und B, für welche man aus den Bildern A_s, B_s durch je einen Ordner die schiefen Grundrisse A'_s, B'_s finden kann, deren Verbindungsgerade den schiefen Grundriß g'_s der Geraden bildet.

Um einen Punkt T auf die Ebene zu legen, legt man wieder zuerst auf die Ebene eine Gerade g und dann auf diese den Punkt T.

Die Verbindungsgerade der schiefen Grundspuren A_{1s}, B_{1s} der beiden Geraden a, b ist die schiefe Grundspur e_{1s} der Ebene. Für jeden Punkt von e_1 fällt die schiefe Projektion mit dem schiefen Grundrisse zusammen. Nun kann auch leicht auf die Ebene eine Gerade c gelegt werden, welche durch den Punkt P geht, weil die schiefe

Projektion c_s und der schiefe Grundriß c_s' sich in einem Punkte C_{1s} von e_{1s} schneiden müssen.

Die ausgeführten Inzidenzaufgaben sind von der Annahme der Sehstrahlen unabhängig und die Figur weist dieselben Linien auf wie die entsprechenden Figuren [I. Bd., Fig. 16 und 132] beim Grund- und Aufrißverfahren, beziehungsweise bei orthogonaler Axonometrie.

2. Will man auch die wahre Größe des Winkels $[ab]$ ermitteln, so muß die Sehstrahlrichtung gegeben sein. Es ist da die Ebene umzulegen, d. h. man hat die Ebene um die Bildspur e_2 so lange zu drehen, bis die Ebene mit der Bildebene zusammenfällt, oder man dreht die Ebene um eine Frontale f so lange, bis die Ebene zur Bildebene parallel wird.

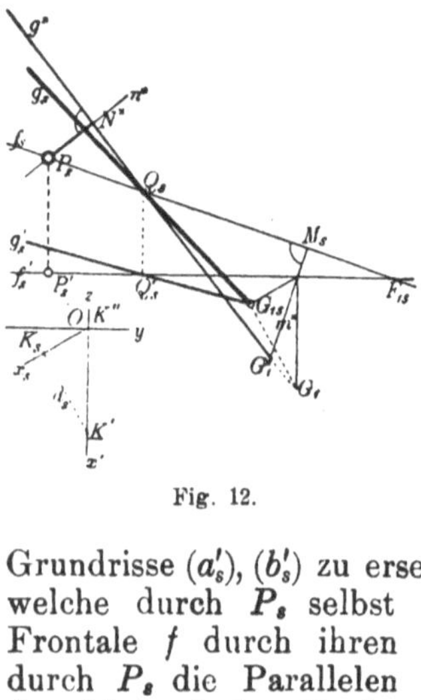

Fig. 12.

Für die wirkliche Durchführung der Aufgabe kann man etwa durch K zwei Gerade p und q ziehen, welche zu a, b parallel sind [I. Bd., Fig. 132], oder man kann eine neue Grundebene annehmen, welche durch den Punkt P geht [I. Bd., Fig. 19]. Hierfür hat man (Fig. 11) die gegebenen Grundrisse (a_s'), (b_s') zu ersetzen durch die Parallelen a_s' b_s', welche durch P_s selbst gehen. Nun wählt man eine Frontale f durch ihren schiefen Grundriß f_s' und zieht durch P_s die Parallelen zu x_s und d_s. Dann ist $P' P''$ der Abstand des Punktes P von f', ferner ist $P' F_{1s}$ die Entfernung des Punktes P von F_1. Der Aufriß m'' der Spurnormalen des Punktes P ist senkrecht zu f_s; die Umlegung $m^\times$ der Spurnormalen fällt mit dem Aufrisse zusammen. Der Kreis, welcher F_{1s} als Mittelpunkt und $F_{1s} P'$ als Radius hat, schneidet dann $m^\times$ in der Umlegung $P^\times$ des Punktes P. Verbindet man $P^\times$ mit A_s und B_s, so erhält man die Umlegungen der Schenkel des Winkels, womit die wahre Größe des Winkels gefunden ist. Jetzt kann auch die Teilung des gegebenen

Winkels oder das Auftragen eines anderen Winkels ausgeführt werden. Die Gerade $P_s M_s$ ist die schiefe Projektion m_s der Spurnormalen; sie ist also im allgemeinen nicht normal zu f_s.

3. Sind die beiden Geraden zueinander parallel, so ist ihr Abstand zu suchen. Wählt man auf der einen der beiden Geraden einen Punkt P, so kommt man zur Aufgabe, den Abstand eines Punktes P von einer Geraden g zu ermitteln (Fig. 12). Um diese Aufgabe einfach auszuführen, legt man durch P die Frontale f der Verbindungsebene $[Pg]$ oder man denkt sich eine neue Bildebene durch P gelegt. Der schiefe Grundriß f'_s geht durch P'_s horizontal und schneidet g'_s im schiefen Grundrisse Q'_s des Schnittpunktes Q von f und g; der zugehörige Ordner ergibt Q_s. Wird nun die Ebene um die Frontale f umgelegt, so bleiben die Punkte P_s, Q_s, F_{1s} ungeändert. Außerdem kann die Umlegung der Grundspur G_1 leicht gefunden werden. Man zieht durch G_{1s} eine Parallele zu x_s bis zum Schnittpunkte mit f'_s und in diesem Punkte die Parallele zu x', ferner durch G_{1s} die Parallele zu d_s, so erhält man G_1. Der Aufriß m'' der Spurnormalen, der zugleich die Umlegung $m^\times$ ist, wird von dem Kreise $[F_{1s}, F_{1s}G_1]$ im Punkte $G_1^\times$ geschnitten. Verbindet man $G_1^\times$ mit Q_s, so hat man die Umlegung $g^\times$ der Geraden g gefunden und man kann aus P_s die Normale $n^\times$ ziehen; dann ist $P_s N^\times$ die wahre Größe des Abstandes des Punktes P von der Geraden g.

§ 4. Drei Punkte, ihre Verbindungsebene und das Dreieck. Ebene Figur.

1. Drei Punkte P, Q, R seien in der Abbildung gegeben, so daß P_s, P'_s, ferner Q_s, Q'_s und R_s, R'_s auf je einem Ordner liegen (Fig. 13). Dann liegen die Schnittpunkte A_{1s}, B_{1s}, G_{1s} der Projektionen der drei Verbindungsgeraden auf einer Geraden, nämlich auf der schiefen Grundspur e_{1s} der Verbindungsebene $\varepsilon = [P, Q, R]$. Überhaupt gilt wieder für alle Punkte P und Geraden g der Verbindungsebene ε:

1. Entsprechende Punkte P_s, P'_s liegen auf parallelen Geraden, nämlich auf Ordnern.
2. Entsprechende Gerade g_s, g'_s schneiden sich in Punkten einer Geraden, nämlich der schiefen Grundspur e_{1s} der Ebene.
3. Bei Inzidenz von P_s und g_s sind auch P'_s und g'_s inzident.

Schiefe Projektion und schiefer Grundriß einer ebenen Figur sind perspektiv affin. Die Affinitätstrahlen sind die Ordner; die Affinitätsachse ist die schiefe Grundspur e_{1s} der Ebene. Die Charakteristik der Affinität ist

$$\delta = \frac{P_s D_{1s}}{P'_s D_{1s}} = \frac{P_s e_{1s}}{P'_s e_{1s}} = \frac{f_s}{f'_s}.$$

Es sind wieder zwei Hauptstellungen der Ebene zu unterscheiden.

Wenn P_s und P'_s auf derselben Seite der Affinitätsachse e_{1s} liegen (Fig. 13a), so findet das für alle Paare entsprechender Punkte statt und die Charakteristik δ ist positiv.

Auf allen Ordnern sind entsprechende Strecken $P_s D_{1s}$, $P'_s D_{1s}$ gleichlaufend, entsprechende Strahlbüschel P_s, P'_s und entsprechende Dreiecke $P_s Q_s R_s$, $P'_s Q'_s R'_s$ zeigen gleichen Durchlaufungsinn. Die Ebene verläuft im Nebenwinkel der einfallenden Sehstrahlen; im Bilde und im Grundrisse ist dieselbe Seite der Ebene sichtbar.

Wenn P_s und P'_s auf verschiedenen Seiten der Affinitätsachse e_{1s} liegen (Fig. 13b), so findet das für alle Paare entsprechender Punkte statt und die Charakteristik δ ist negativ.

Auf allen Ordnern sind entsprechende Strecken $P_s D_{1s}$, $P'_s D_{1s}$ ungleichlaufend, entsprechende Strahlbüschel P_s, P'_s und entsprechende Dreiecke $P_s Q_s R_s$, $P'_s Q'_s R'_s$ zeigen entgegengesetzten Durchlaufungsinn. Die Ebene verläuft im Winkel der einfallenden Sehstrahlen; im Bilde und im Grundrisse ist nicht dieselbe Seite der Ebene sichtbar.

Betrachtet man die Figur 13b als Übersicht, so ist im Bilde die untere Seite und im Grundrisse die obere Seite des Dreieckes sichtbar; soll sie aber eine Untersicht vorstellen, dann ist im Bilde die obere Seite und im Grundrisse die untere Seite des Dreieckes sichtbar.

Für besondere Stellungen der Ebene ergeben sich auch besondere Verwandtschaften. Wenn die Ebene zur Kreuzrißebene normal ist, so wird e_{1s} parallel zur y-Achse; die schiefe Projektion und der schiefe Grundriß sind dann orthogonal perspektiv affin. Wenn die Ebene parallel zum Grundrisse s' der Strahlen s ist, so wird e_{1s} zu s'_s also zu den Ordnern parallel. Schiefe Projektion und schiefer Grundriß sind dann äquivalent perspektiv affin. Wenn die Ebene parallel zur Grundebene ist, so rückt e_{1s} ins Unendliche. Schiefe Projektion und schiefer Grundriß sind dann kongruent und parallel verschoben.

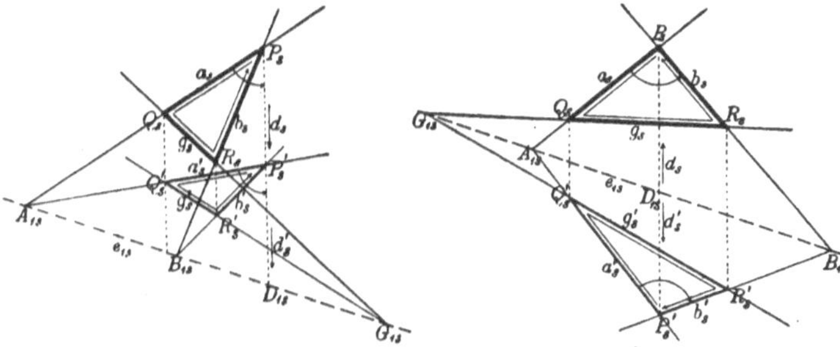

a b.

Fig. 13.

2. Um die wahre Form und Größe eines Dreieckes oder einer anderen ebenen Figur zu erhalten, wird wieder die Umlegung der Ebene vorgenommen, nämlich die Drehung um die Bildspur e_2 bis zur Vereinigung mit der Bildebene (Fig. 14). Man benützt zunächst den Schnittpunkt X der Ebene mit der x-Achse. Die Normale von X'' zur Bildspur e_2 ist der Aufriß m'' und zugleich die Umlegung $m^\times$ der Spurnormalen m des Punktes X; ihr Fußpunkt ist die Bildspur M_2 von m. Verbindet man M_2 mit X_s, so erhält man die schiefe Projektion m_s der Spurnormalen m. Zieht man durch X_s die Parallele zu K_sK', so erhält man X' und YX' ist die wahre Größe der Entfernung des Punktes X von Y. Dieselbe Entfernung von Y muß auch der umgelegte Punkt $X^\times$ haben. Der Kreis mit dem

Mittelpunkte Y und dem Radius YX' schneidet somit die Gerade $m^\times$ in der Umlegung $X^\times$ (eigentlich in den beiden möglichen Umlegungen) des Punktes X*). Bei der Drehung um die Bildspur e_2 beschreibt der Punkt X einen Kreisbogen, zu welchem eine Sehne d gehört, die in $X^\times$ ihre Bildspur hat. Durch Verbinden von X_s mit $X^\times$ erhält man daher die schiefe Projektion d_s der Drehsehne d. Die Drehsehnen aller Punkte der Ebene sind zueinander parallel. Jetzt kann die Umlegung eines beliebigen Punktes P der Ebene gefunden werden,

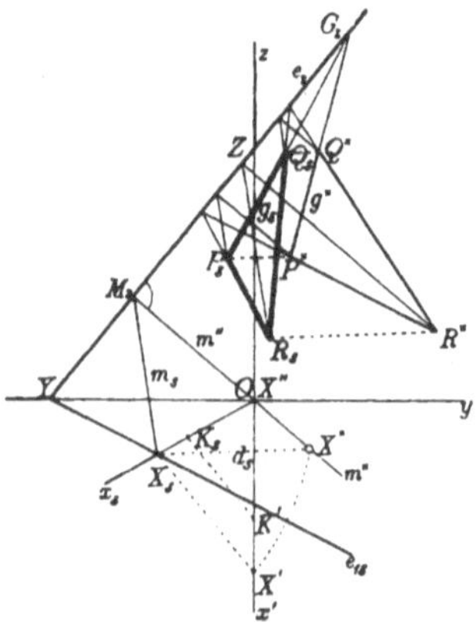

Fig. 14.

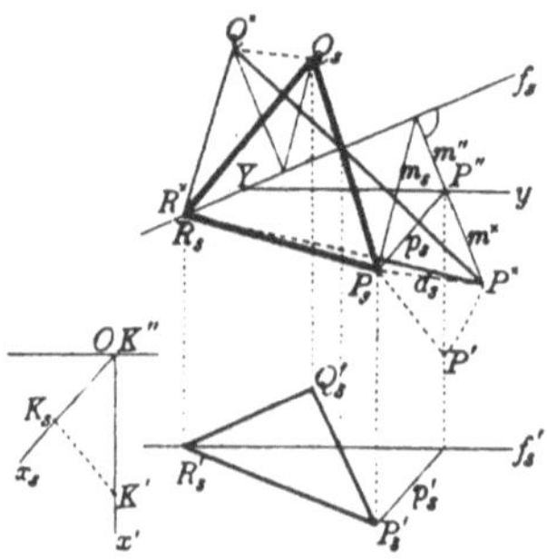

Fig. 15.

indem man durch P_s die Parallele zu m_s bis zur Spur e_2 und hier die Normale zu e_2 zieht, ferner durch P_s die Parallele zu d_s. Der Schnittpunkt der umgelegten Spurnormalen mit der schiefen Projektion der Drehsehne ist die Umlegung $P^\times$ des Punktes P. Für eine durch P gehende Gerade g der Ebene ergibt sich die Umlegung $g^\times$, indem man die Bildspur G_2 mit $P^\times$ verbindet. Die Umlegung des Punktes Q von g erhält man durch die Parallele zu d_s und es kann das ganze Dreieck PQR oder eine beliebige Figur der Ebene umgelegt werden. Um den Neigungswinkel der Ebene ε gegen die Bild-

*) Außer der Entfernung XY hätte man auch XZ benützen können, so daß sich die Umlegungen von X als Schnittpunkte zweier Kreise ergeben würden.

ebene zu finden, hat man nur das Dreieck $XX''M_2$ umzulegen. Für die Umlegung der Grundebene hat die Projektion der Spurnormalen die Richtung x_s und die Projektion der Drehsehne die Richtung K_sK'.

Man kann aber auch eine Drehung um eine Frontale f vornehmen, bis die Ebene selbst frontal wird (Fig. 15). Man legt z. B. durch den Eckpunkt R des Dreieckes die Frontale f oder anders gesagt: Man legt eine neue Bildebene durch R. Dann legt man etwa durch P eine neue Grundebene. Die durch P gezogene Parallele p zu x ergibt auf der neuen Bildebene den Aufriß P'', durch welchen die neue y-Achse geht, die f_s in Y schneidet. Die Normale von P'' zu f_s ist $m'' = m^{\times}$ und wird von dem Kreise $[Y, YP']$ in der Umlegung $P^{\times}$ des Punktes P geschnitten. Durch Verbinden von P_s mit $P^{\times}$ erhält man wieder die schiefe Projektion d_s der Drehsehne.

Schiefe Projektion und Umlegung einer ebenen Figur sind perspektiv affin. Die Affinitätstrahlen sind die Bilder der Drehsehnen; die Affinitätsachse ist die Bildspur e_2 oder das Bild f_s der Frontalen.

Wenn e_2 senkrecht x_s ist, so fällt d_s mit $m^{\times}$ zusammen und es werden Projektion und Umlegung orthogonal perspektiv affin. Wenn $X^{\times}$ auf dem Kreise mit dem Durchmesser $X''X_s$ liegt, so ist d_s zu m'' senkrecht und es werden Projektion und Umlegung äquivalent perspektiv affin [die möglichen Drehsehnen bilden einen orthogonalen Kegel].

Übungsaufgaben: 1. Eine Ebene ist durch X', Y, Z gegeben. Man soll die Sehstrahlrichtung so wählen, daß die schiefe Projektion einer Figur der Ebene und die Umlegung der Figur α) orthogonal perspektiv, β) äquivalent perspektiv affin, γ) in Deckung sind.

2. Für eine Ebene, von welcher die schiefe Grundspur e_{1s} gegeben ist, soll die Bildspur e_2 so bestimmt werden, daß schiefe Projektion und Umlegung einer Figur der Ebene α) orthogonal perspektiv affin (1 Lösung), β) äquivalent perspektiv affin (2 Lösungen) werden.

3. Durch einen Punkt X der x-Achse ist eine Ebene so zu legen, daß eine Figur der Ebene durch Umlegung mit ihrer schiefen Projektion zur Deckung kommt.

4. Die Aufgaben von I. Bd., S. 38 und 39 sind nach sinngemäßer Änderung auszuführen.

§ 5. Punkt und Gerade, welche nicht auf einer gegebenen Ebene liegen.

1. Es sei die schiefe Projektion und der schiefe Grundriß eines Dreieckes ABC und einer Geraden g gegeben. Um den Schnittpunkt der Geraden g mit der Dreiecksebene zu finden, legt man durch die Gerade eine Hilfsebene, z. B. eine solche, welche zu den Sehstrahlen s parallel ist (Fig. 16a). Sie schneidet die Dreiecksebene in einer Geraden e, deren schiefe Projektion e_s mit g_s zu-

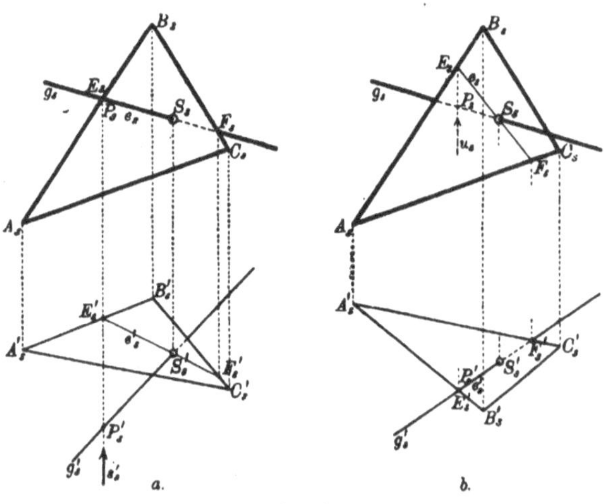

Fig. 16.

sammenfällt. Die Gerade e schneidet die Seiten AB und BC des Dreieckes in den Punkten E, F. Die Verbindungsgerade von E'_s und F'_s ist e'_s und schneidet g'_s im schiefen Grundrisse S'_s des Schnittpunktes S.

Auf dem Sehstrahle s des Punktes E liegt auch ein Punkt P der Geraden g. Bedeutet die Abbildung eine Übersicht, so geht der schiefe Grundriß s'_s dieses Sehstrahles von unten nach aufwärts. Daraus ist zu ersehen, daß der Sehstrahl s zuerst die Gerade bei P und dann die Ebene bei E trifft. Im schiefen Bilde ist also der Punkt P sichtbar und E verdeckt; von der Geraden g ist der vom Schnittpunkte ausgehende

Teil sichtbar, auf welchem P liegt. Da die Abbildung der Dreiecksebene positive Charakteristik hat, verläuft die Ebene im Nebenwinkel der einfallenden Sehstrahlen o und s. Jeder Punkt P, der für die Sehstrahlen s sichtbar ist, muß dann auch für die Sehstrahlen o sichtbar sein, so daß auch im schiefen Grundrisse jener Teil der Geraden sichtbar ist, auf welchem der Punkt P liegt.

Zur Aufsuchung des Schnittpunktes S kann man ebensogut eine Hilfsebene verwenden, welche zu den Sehstrahlen des Grundrisses parallel ist (Fig. 16b). Sie schneidet die Dreiecksebene in einer Geraden e, deren schiefer Grundriß e'_s mit g'_s zusammenfällt. Die Gerade e schneidet die Seiten AB und AC des Dreiecks in den Punkten E, F. Die Verbindungsgerade von E_s und F_s ist e_s und schneidet g_s in der schiefen Projektion S_s des Schnittpunktes S. Bedeutet jetzt die Abbildung eine Untersicht, so geht die schiefe Projektion u_s des zu E gehörigen Sehstrahles u von unten nach aufwärts. Daraus ist zu ersehen, daß der Sehstrahl u zuerst die Gerade g in einem Punkte P und dann die Ebene bei E trifft. Im schiefen Grundrisse ist also P sichtbar und E verdeckt: von der Geraden g ist jener vom Schnittpunkte ausgehende Teil sichtbar, auf welchem der Punkt P liegt. Da die Abbildung der Dreiecksebene jetzt negative Charakteristik hat, so verläuft die Ebene im Winkel der Sehstrahlen u und s. Jeder Punkt P, der für Sehstrahlen u sichtbar ist, muß für die Sehstrahlen s unsichtbar sein, so daß im schiefen Bilde jener Teil der Geraden, auf welchem der Punkt P liegt, unsichtbar ist. Es ergibt sich also wie früher (I. Bd., § 7,1 und § 40,1):

„Wenn die Charakteristik einer Ebene positiv ist, so ist ein Punkt, der nicht auf der Ebene liegt, entweder in beiden Projektionen sichtbar oder in beiden Projektionen unsichtbar.“

„Wenn die Charakteristik einer Ebene negativ ist, so ist ein Punkt, der nicht auf der Ebene liegt, in der einen Projektion sichtbar und in der anderen Projektion unsichtbar.“

Übungsaufgaben: Die Aufgaben 1—5 von I. Bd., S. 41 sind, sinngemäß abgeändert, wieder auszuführen.

2. Soll zu einer Ebene ε, welche durch ihre Spuren e_{1s}, e_2 gegeben ist, eine Normale n errichtet werden (Fig. 17a), so kann das am einfachsten für den Schnittpunkt X der Ebene mit der x-Achse ausgeführt werden.

Man sucht zunächst die Spurnormale m des Punktes X. Sie liegt mit der Normalen n auf einer Ebene, welche zur Bildebene senkrecht ist. Legt man diese Ebene um, so kommt X auf die in O zu m'' gezogene Senkrechte

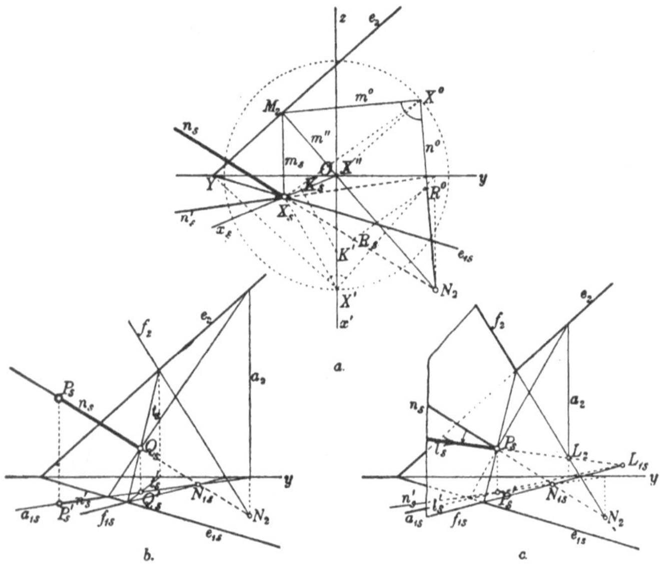

Fig. 17.

nach X^0, wobei $OX^0 = OX'$ ist. Dann ist $M_2 X^0$ die Umlegung m^0 der Spurnormalen m. Die Senkrechte zu m^0 bei X^0 ist die Umlegung n^0 der Normalen n. Der Schnittpunkt von n^0 mit $n'' = m''$ ist die Bildspur N_2 der Normalen; sie ist der Antipol der Bildspur e_2 in bezug auf den Kreis $[O, OX]$. Die Verbindungsgerade von N_2 mit X_s ist die schiefe Projektion n_s der Normalen n. Die Bildspur N_2 hat ihren Grundriß auf der y-Achse. Verbindet man diesen Grundriß mit X_s, so erhält man den schiefen Grundriß n_s' der Normalen n. Einfacher ist es, wenn man gleich bei X' die Normale zu YX' zieht. Sie schneidet die y-Achse in einem Punkte, welcher mit X_s verbunden den schiefen Grundriß n'_s ergibt. Zieht man in diesem Schnittpunkte die Senkrechte zur y-Achse, so ist sie die Antipolare von Y in bezug auf den Kreis $[O, OX]$ und die Bildspur der Ebene $[n, n']$. Sie schneidet $m'' = n''$ in der Bildspur N_2, welche, mit X_s verbunden, die schiefe Projektion n_s liefert. Der erstere Vorgang ist vorteilhaft, wenn man auf der Normalen eine gewisse Strecke aufzutragen hat. Da nämlich $N_2 X^0$ die wahre Größe der Strecke $N_2 X$ ist, welche im Bilde als $N_2 X_s$ erscheint, so hat man die gegebene Strecke von N_2 aus auf n^0 aufzutragen und durch den Endpunkt R^0 die Parallele zu $X^0 X_s$ zu ziehen; dann ist $N_2 R_s$ die scheinbare Größe der aufzutragenden Strecke.

3. Ist aus einem Punkte P die Normale zur Ebene zu fällen (in Fig. 17b getrennt gezeichnet), so braucht man nur durch P_s die Parallele zu n_s und durch P'_s die Parallele zu n'_s zu ziehen. Den Schnittpunkt Q der Normalen n findet man durch eine Hilfsebene φ (f_{1s}, f_2). Die Schnittgerade t von ε und φ trifft n im verlangten Punkte Q. Benützt man als Hilfsebene die zur Grundebene normale Ebene α $(a_{1s} = n'_s, a_2)$, so erhält man nur Q_s unmittelbar und dann Q'_s durch einen Ordner.

Um den Einfallswinkel eines Lichtstrahles l gegen eine Ebene ε zu finden (Fig. 17c), errichtet man im Schnittpunkte P die Normale n — das Einfallslot. Durch Umlegung der Ebene $\varphi = [ln]$ erhält man wie früher die wahre Größe des Einfallswinkels.

Soll der Neigungswinkel zweier Ebenen ε, φ gefunden werden (Fig. 18), so kann man etwa φ parallel verschieben, bis sie durch denselben Punkt X geht wie ε. Die Schnittgerade n hat dann eine Bildspur N_2. Legt man nun in X die Normalebene ν zu n, so ist ihre Bildspur n_2 die Antipolare von N_2 in bezug auf den Kreis $[O, OX']$. Die Normalebene ν schneidet die gegebenen Ebenen ε, φ in zwei Geraden p, q, welche den Neigungswinkel der Ebenen bilden. Der Scheitel X kommt durch Umlegung der Normalebene nach $X^\times$. Verbindet man $X^\times$ mit P_2 und Q_2, so erhält man die Schenkel $p^\times$, $q^\times$ des gesuchten Winkels.

Übungsaufgaben wie I. Bd., S. 44 und 45, ferner über Beleuchtungsverhältnisse.

Ein Rückblick auf die behandelten Elementaraufgaben läßt erkennen, daß die projektiven Aufgaben, bei welchen es sich nur um Inzidenz, Verbinden und Schneiden handelt, durchwegs (mit Einschluß der Aufgaben über Parallelität) ohne Angabe der Sehstrahlrichtung und, sofern man sich auf das Zweibildersystem beschränkt, auch ohne Bildachse ausführbar sind und zwar mit denselben Linien (bei teilweise anderer räumlicher Bedeutung) wie bei den zwei früher behandelten Abbildungsmethoden. Nicht so ist es bei den metrischen Aufgaben.

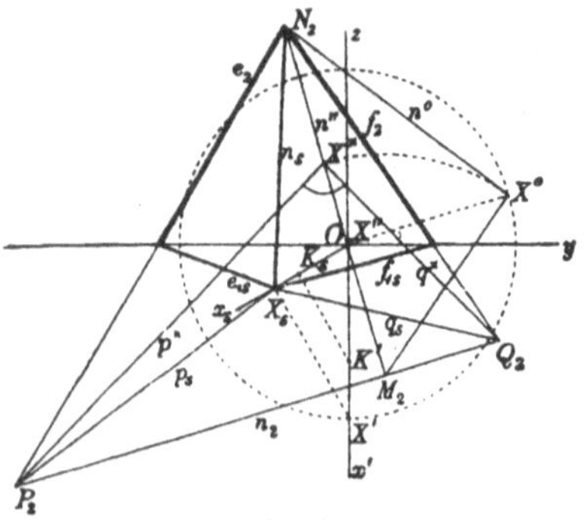

Fig. 18.

§ 6. Abbildung eckiger Körper.

1. Zur Abbildung von Kristallen führte der Mineraloge Kopp[8] ein Achsenbild ein (Fig. 19), bei welchem zum Winkel $\eta - \pi/_2$ auf dem Einheitskreise eine Sehne gehört, die einem Drittel der Einheit gleich ist, und bei welchem das Verzerrungsverhältnis $\lambda_x = {}^1/_3$ ist. Es ist also

$$\sin {}^1/_2 (\eta - \pi/_2) = {}^1/_6; \qquad \eta - \pi/_2 = 19^0\,12'.$$

Die daraus erhaltenen Bilder weichen nur wenig von den nach Mohs-Haidinger (I. Bd., Fig. 151 u. 152) hergestellten ab. In Figur 19 ist ein Hexaeder und in Figur 20 ein Hexakis-Oktaeder ($m = {}^8/_2$, $n = 3$) für $a = 1,2$ abgebildet. Für den in einem Oktanten liegenden Teil des letzteren ist auch das Netz durch Umlegung der Ebene XYZ hergestellt. Dabei ergeben sich die Dreieckswinkel:

$$X = 36^0\,49', \qquad S = 56^0\,15', \qquad T = 86^0\,56'.$$

Übungsaufgabe: Es ist zu zeigen, daß die Bildspur der Kante SX die Koordinaten $y = z = 1$ besitzt, so daß die Kante SX auf einer Hauptdiagonalen des Einheitswürfels liegt. Der Eckpunkt S ist der Mittelpunkt dieses Würfels und hat die Koordinaten $x = y = z = {}^1/_2$, ferner hat der Punkt T die Koordinaten $x = y = {}^3/_5$. In dem vorliegenden Falle ($m = {}^3/_2$, $n = 3$) wird das Sechsflach S ein regelmäßiges. Sucht man nämlich die Schnittgerade der Fläche XYZ mit der Oktaederfläche XQR, so hat ihre Bildspur die Koordinaten $y = 2$, $z = -1$. Macht man dasselbe für die übrigen um S liegenden Flächen, so sieht man, daß diese Schnittgeraden ein regelmäßiges Sechseck bilden. Es sind daher die Flächenwinkel an den Kanten ST und SX gleich groß ($158^0 13'$); sie können sofort nach Figur 18 konstruiert werden.

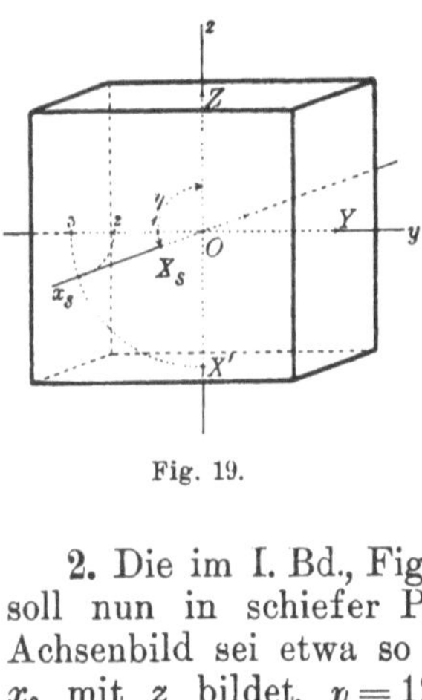

Fig. 19.

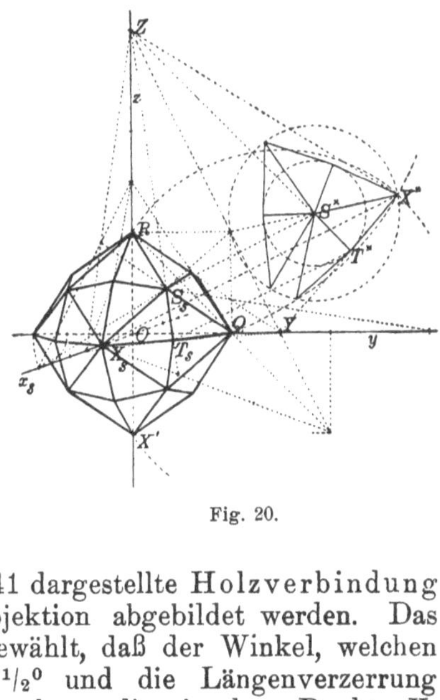

Fig. 20.

2. Die im I. Bd., Fig. 41 dargestellte Holzverbindung soll nun in schiefer Projektion abgebildet werden. Das Achsenbild sei etwa so gewählt, daß der Winkel, welchen x_s mit z bildet, $\eta = 127^1/_2{}^0$ und die Längenverzerrung $\lambda_x = {}^5/_8$ ist (Fig. 21). Man kann die einzelnen Punkte X_s aus den entsprechenden Punkten X' durch Drehsehnen erhalten oder man kann sich aus der Einheit $OK_s = l$ einen Maßstab herstellen, nach welchem dann die x-Koordinaten aufzutragen sind. Die Breite des schiefen Balkens kann hier unmittelbar aufgetragen werden, weil die betreffende Seitenfläche des Balkens zur Bildebene parallel ist und deshalb als kongruente Figur erscheint.

Der Lichtstrahl l ist wieder als Diagonale eines Würfels vorausgesetzt, welcher in das Achsensystem hineinpaßt, wofür man l_s, l_s', l'' leicht finden kann. Die Be-

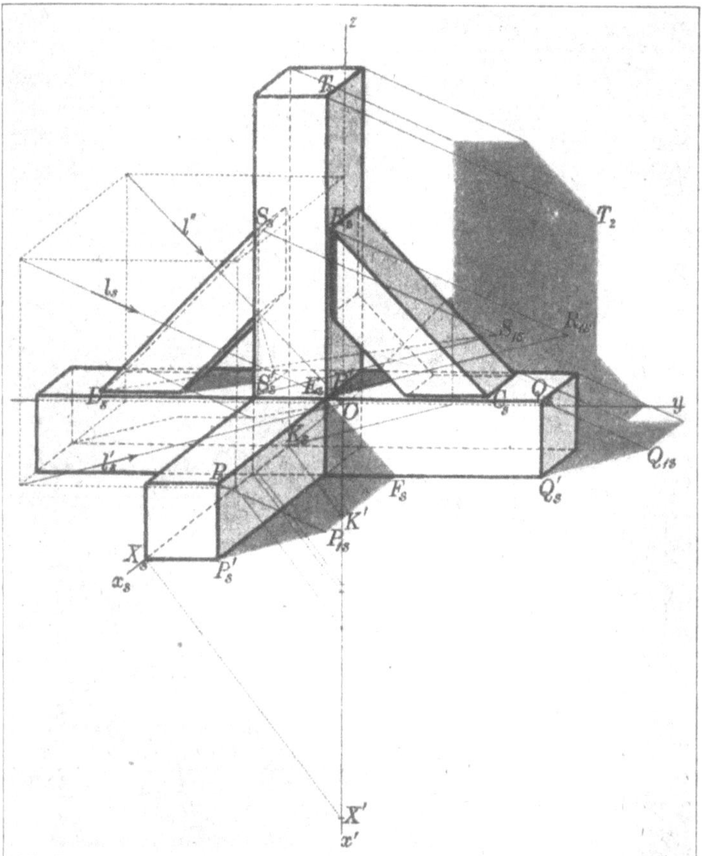

Fig. 21.

leuchtungsverhältnisse des Körpers werden dann wie früher untersucht, indem man den Körper durch „Zerlegung und Ergänzung“ auf das konvexe Prisma zurückführt. Für den nach vorne gehenden Balken sucht man den Schlagschatten der Seitenkante $P'P$ auf die Basisebene, indem man durch P_s eine Parallele zu l_s und durch P'_s die Parallele zu l'_s zieht. Der Schnittpunkt P_{1s} dieser beiden Geraden ist die Projektion des Schlagschattens des Punktes P auf die Grundebene und $P'_s P_{1s}$ ist der Schlagschatten der Seitenkante im Bilde. Die parallelen Tangenten an die Basisfigur geben die zwei Seitenkanten, welche zur Lichtgrenze gehören. Von den unbeleuchteten Seitenflächen ist die eine sichtbar (ebenso für den Hauptbalken und den Ständer). Dieser Umstand, welcher die Anschaulichkeit des Bildes erhöht, tritt für Beleuchtung von links nur bei Sehstrahlen von rechts ein, während bei Sehstrahlen von links keine der beiden unbeleuchteten Seitenflächen sichtbar wäre. Damit ist begründet, warum man gewöhnlich Sehstrahlen von rechts annimmt (§ 1, 1). Der Schlagschatten der Kante EP beginnt bei E und zwar ist $E_s F_s$ parallel zu l'' und $F_s P_{1s}$ parallel zu $E_s P_s$. Für den zweiten Balken ist der Eckpunkt Q benützt. Der schiefe Balken (rechts) läßt sich zu einem schiefen Prisma ergänzen, so daß R ein Eckpunkt der oberen Basis wird. Betrachtet man die Ebene der unteren Basis als Grundebene und legt man durch R_s die Parallele zu l_s, durch R'_s die Parallele zu l'_s, so ist der Schnittpunkt R_{1s} der Schlagschatten des Punktes R auf die untere Basisebene. Die Verbindungsgerade $C_s R_{1s}$ ist der Schlagschatten der Seitenkante im Bilde; er fällt hier in die Richtung der einen Basiskante, weshalb zwei parallele Seitenflächen des Prismas im Streiflichte sind. Für den zweiten schiefen Balken ist die Seitenkante DS benützt. Auf die einzige beleuchtete Fläche des ersteren wirft der Ständer einen Schlagschatten, welcher durch die Schnittgerade mit einer Lichtstrahlenebene begrenzt ist. Dabei kann man sich wieder die Ebene des unteren Basisrechteckes als Grundebene denken.

Der bei Parallelbeleuchtung auf der Bildebene entstehende Schlagschatten ist eigentlich auch eine schiefe Projektion (gewöhnlich von links). Für diesen Schattenriß ist bei Diagonalbeleuchtung

$$\eta = -135^0 \quad \text{und} \quad \lambda_x = \sqrt{2}.$$

3. Eine einfache passende Annahme für das Achsenbild ist:

$$\eta = 135^0 \text{ für Übersicht}, \qquad \lambda_x = \frac{1}{2}.$$
$$\eta = 45^0 \text{ für Untersicht},$$

Mit diesem Achsenbilde ist nun das schon im I. Bd., Fig. 42 und 159 dargestellte Viertel einer Doppelanker-

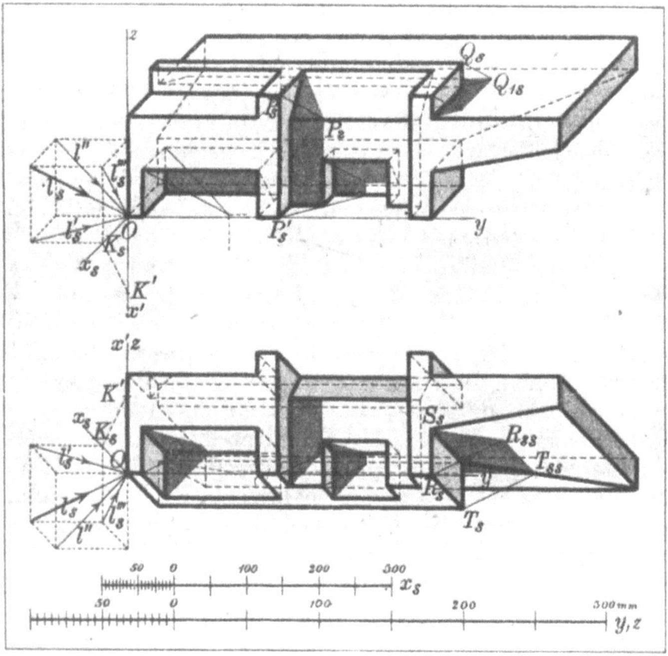

Fig. 22.

platte mit Diagonalbeleuchtung abgebildet, und zwar ist wieder zuerst eine Übersicht mit Beleuchtung von oben und dann eine Untersicht mit Beleuchtung von unten hergestellt (Fig. 22).

Macht man $\eta = 120^0$ und $\lambda_x = 1/2$, so wird x_s senkrecht zu d_s. Dabei hat man den Vorteil, daß man die Projektion der x-Achse und die Projektion der Drehsehne mit dem $\pi/_6$-Dreiecke zeichnen kann und daß man Parallelen dazu mit jedem rechtwinkligen Dreiecke durch Anlegen an x_s oder d_s ziehen kann.

Wählt man $\lambda_x = 1$, so gilt auch für die x-Achse der natürliche Maßstab und man hat eine isometrische Abbildung. Dabei ist der Einfallswinkel der Sehstrahlen gegen die Bildebene $\varepsilon = \pi/4$; die Sehstrahlrichtung weicht also sehr stark von der Normalen ab.

An der Hand der in Kavalierperspektive hergestellten Abbildungen überzeugt man sich leicht, daß das Bild nur dann einen ähnlichen Eindruck wie der Gegenstand selbst macht (bei Körpern, welche in natürlicher Größe abgebildet sind, einen kongruenten Eindruck), wenn man es ungefähr in der Richtung der Sehstrahlen aus ziemlich großer Entfernung anschaut. Wird das Bild aus einer anderen Richtung betrachtet, so ist der Eindruck bloß affin, d. h. der Parallelismus bleibt erhalten, aber die Streckenverhältnisse und die Winkel erscheinen geändert*). Da es unbequem ist, ein Bild sehr schief anzuschauen, soll der Einfallswinkel nicht groß sein. Die vorhin erwähnte isometrische Abbildung ist deshalb ungünstig.

§ 7. Kreis und Kugel.

1. Die schiefe Projektion eines Kreises ist im allgemeinen eine Ellipse; die Projektionen normaler Durchmesser des Kreises sind konjugierte Durchmesser der Ellipse (I. Bd., § 15, 4).

Betrachten wir zunächst einen Kreis, der auf einer Ebene des Achsensystemes liegt oder dessen Ebene zu einer solchen parallel ist (Fig. 23). Ein Kreis, der auf der $[yz]$-Ebene liegt oder zu ihr parallel ist, erscheint in wahrer Form und Größe (also einfacher als bei orthogonaler Axonometrie). Liegt ein Kreis auf der Grundebene, so erscheint der zur y-Achse parallele Durchmesser in wahrer Größe. Zieht man also durch M_s eine Parallele zur y-Achse und trägt man von M_s aus den Radius r nach beiden Seiten hin auf, so erhält

*) Ein solches in unpassender Richtung betrachtetes Bild wird dann — mit Unrecht — ein „Zerrbild“ genannt.

man die Endpunkte C_s dieses Durchmessers. Der normale Kreisdurchmesser ist zur x-Achse parallel und erscheint daher im Verhältnisse λ_x verzerrt. Man zieht durch M_s die Parallelen zu x_s und x', macht $M_s D^0 = r$ und zieht durch D^0 die Parallele zur Projektion $K_s K'$ der Drehsehne. Damit erhält man den Endpunkt D_s des konjugierten Durchmessers der Ellipse. Aus den konjugierten Durchmessern kann man dann die Achsen konstruieren (I. Bd., § 15, 2, 3). Liegt der Kreis auf der Kreuzrißebene, so erscheint der zur z-Achse parallele

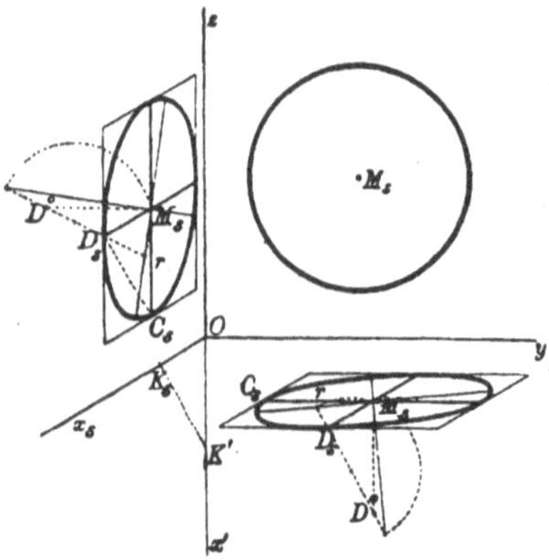

Fig. 23.

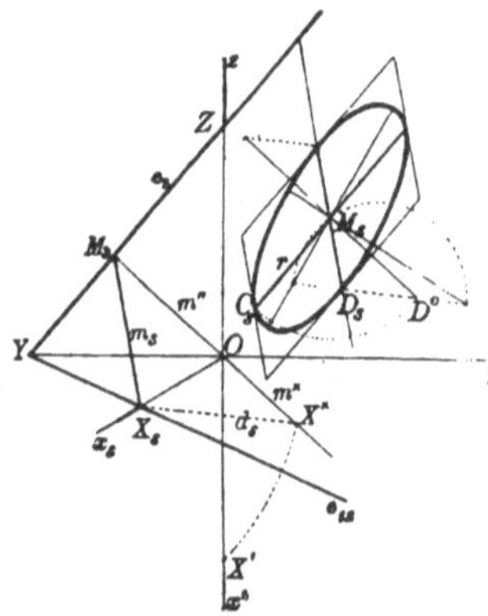

Fig. 24.

Durchmesser in wahrer Größe; es ist also $M_s C_s = r$. Der Endpunkt D_s des zu x_s parallelen Durchmessers der Ellipse ergibt sich, indem man durch C_s die Parallele zu $K_s K'$ zieht.

Übungsaufgaben: 1. Es sollen die drei Großkreise einer Kugel abgebildet werden, deren Ebenen zu den Ebenen des Achsensystemes parallel sind [M_s, M_s', r].

2. Von dem Bilde eines Kreises, der auf der Grundebene oder Kreuzrißebene liegt, ist der Mittelpunkt M_s und ein Punkt T_s oder eine Tangente t_s gegeben.

Liegt ein Kreis auf einer beliebigen Ebene $\varepsilon\,(e_{1s}, e_2)$, so sucht man zuerst (Fig. 24) für den Punkt X der Ebene die Projektion m_s der Spurnormalen m und die Projektion d_s der Drehsehne d für eine Umlegung der

Ebene (§ 3, 2). Hier erscheint der zur Bildspur e_2 parallele Durchmesser des Kreises in wahrer Größe. Man zieht also durch M_s die Parallele zu e_2 und trägt von M_s den Radius r nach beiden Seiten hin auf, wodurch man die Endpunkte C_s dieses Durchmessers erhält. Der dazu normale Durchmesser erscheint parallel zu m_s. Man zieht nun durch M_s die Parallele zu $m^\times$, macht $M_s D^0 = r$ und zieht durch D^0 die Parallele zu d_s, so erhält man den

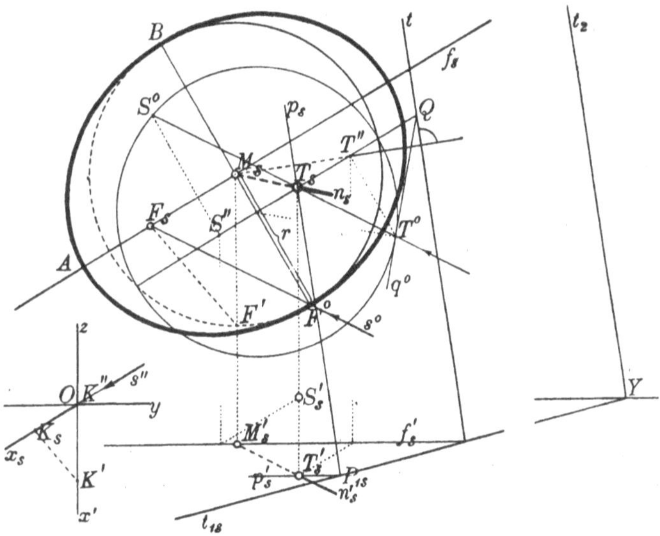

Fig. 25.

Endpunkt D_s des konjugierten Durchmessers der Ellipse. Aus den konjugierten Durchmessern kann man wieder die Achsen konstruieren (I. Bd., § 15, 2, 3). Abgesehen von dem besonderen Falle, wo der Kreis zur Bildebene parallel ist, erhält man also hier für das Kreisbild zunächst nur konjugierte Durchmesser, während sich bei orthogonaler Axonometrie unmittelbar die Achsen ergeben.

2. Für eine Kugel $[M, r]$ sei die schiefe Projektion M_s und der schiefe Grundriß M'_s des Mittelpunktes M sowie der Radius r gegeben (Fig. 25).

Der scheinbare Umriß der Kugel ist die Schnittellipse der Bildebene mit jenem die Kugel berührenden Zylinder, dessen Erzeugende zu den Sehstrahlen s parallel sind. Die Achse des Zylinders ist der durch den Mittelpunkt M gehende Sehstrahl; daher ist M_s der Mittelpunkt der Ellipse und die durch M_s zu s'' parallel gezogene Gerade f_s gibt die Lage der großen Achse an. Die kleine Achse ist dazu senkrecht und zwar ist $M_s B = r$. Die schiefen Projektionen der Endpunkte F des zur Bildebene normalen Durchmessers der Kugel sind die Brennpunkte der Ellipse (I. Bd., § 12, 4). Der zur Bildebene normale Durchmesser ist aber zur x-Achse parallel; seine Projektion fällt also in die Gerade f_s. Man hat nur den Radius r der Kugel von M_s nach abwärts aufzutragen und durch den Endpunkt F' die Parallele zur Drehsehne $K_s K'$ zu ziehen, um den Brennpunkt F_s der Ellipse zu erhalten. Aus dem Scheitel B und dem Brennpunkte F_s kann man sofort die Scheitel A der großen Achse finden. Dieses Ergebnis zeigt, daß die Umrißbestimmung einer Kugel hier umständlicher ist als bei orthogonaler Axonometrie. Der zur Bildebene parallele Großkreis der Kugel, welcher dort den wahren Umriß bildete, ist hier zur Hälfte sichtbar und zur anderen Hälfte unsichtbar.

Soll ein Punkt T auf die Kugel gelegt werden, so kann man wieder eine Projektion, z. B. die schiefe Projektion T_s innerhalb des scheinbaren Umrisses wählen. Der schiefe Grundriß T'_s ist dann zu suchen. Durch T_s ist ein Sehstrahl bestimmt; die Schnittpunkte dieses Sehstrahles mit der Kugel sind die zwei Kugelpunkte, welche in T_s ihre schiefe Projektion haben. Um die zwei Schnittpunkte S, T zu erhalten, legt man durch diesen Sehstrahl die Hilfsebene, welche zur Bildebene normal ist. Dabei möge die Ebene des zur Bildebene parallelen Großkreises als neue Bildebene benützt werden. Alles was auf dieser Ebene liegt, hat seinen schiefen Grundriß auf der durch M'_s gelegten Horizontalen f'_s. Die Hilfsebene schneidet die neue Bildebene in der durch T_s gezogenen Parallelen zu s''. Sie schneidet auf dem bildparallelen Großkreise eine Sehne ab, welche der Durchmesser des Kreises ist, nach welchem die Kugel von der Hilfsebene geschnitten wird.

Legt man den durch F gehenden Sehstrahl mit der bildnormalen Ebene auf die Ebene des Großkreises um, so kommt die Umlegung F^0 in den Scheitel der kleinen Achse der Umrißellipse und $F_s F^0$ ist der umgelegte Sehstrahl s^0. Zieht man dazu durch T_s eine Parallele, so ist diese die Umlegung des früher erwähnten Sehstrahles; sie schneidet den umgelegten Schnittkreis in den Punkten S^0, T^0. Daraus erhält man die Aufrisse S'', T'', deren Grundrisse auf f'_s liegen. Zieht man durch letztere noch die Parallelen zu x_s (als Grundrisse der Abstände SS'' und TT''), so findet man die schiefen Grundrisse S'_s, T'_s der beiden möglichen Kugelpunkte S, T, welche in T_s ihre schiefe Projektion haben.

Die Projektionen n_s, n'_s der Flächennormalen n des Punktes T können jetzt schon gezeichnet werden. Die Tangentialebene τ des Punktes T der Kugel hat auf der Ebene des bildparallelen Großkreises eine Spur t, für welche die Tangente q^0 bei T^0 an den umgelegten Schnittkreis einen Punkt Q liefert; anderseits muß sie zu MT'' senkrecht sein. Die Spur t schneidet f'_s in einem Punkte der schiefen Grundspur t_{1s} von τ. Für die durch T gehende Spurparallele p ist p_s parallel zu t und p'_s parallel zu f'_s. Der Schnittpunkt von p_s und p'_s ist die schiefe Grundspur P_{1s} von p, also ein zweiter Punkt der schiefen Grundspur t_{1s} der Tangentialebene τ. Will man die Spur t_2 auf der ursprünglichen Bildebene, so braucht man nur durch den Schnittpunkt Y von t_{1s} mit y die Parallele t_2 zu t zu ziehen.

3. Eine Kugel $[M, r]$ sei wie vorhin gegeben und überdies der durch den Punkt K gehende Lichtstrahl $l\,[l_s, l'_s]$ angenommen. Es soll die Parallelbeleuchtung der Kugel untersucht werden (Fig. 26).

Nachdem der scheinbare Umriß wie im vorigen Beispiele ermittelt ist, möge die rückwärtige bildparallele Tangentialebene als neue Bildebene und die untere horizontale Berührungsebene der Kugel als neue Grundebene benützt werden. Der zweite Brennpunkt der Umrißellipse ist dann der Aufriß M'' und F' ist der neue schiefe Grundriß des Mittelpunktes M, woraus sich die neue Bildachse $y^\times$ ergibt. Man legt nun durch den Mittelpunkt M den Lichtstrahl und sucht seine Spuren L_{1s}, L_2. Hier ist der

Lichtstrahl so angenommen, daß K_t ebenso tief unter y liegt wie K', daher fällt L_{1s} mit L_2 zusammen auf $y^\times$. Um die hellsten Punkte H und G der Kugel zu finden, hat man auf dem Lichtstrahle von M aus den Radius der Kugel nach beiden Seiten hin aufzutragen. Die Lichtgrenze ist der Großkreis, dessen Ebene zu l normal ist.

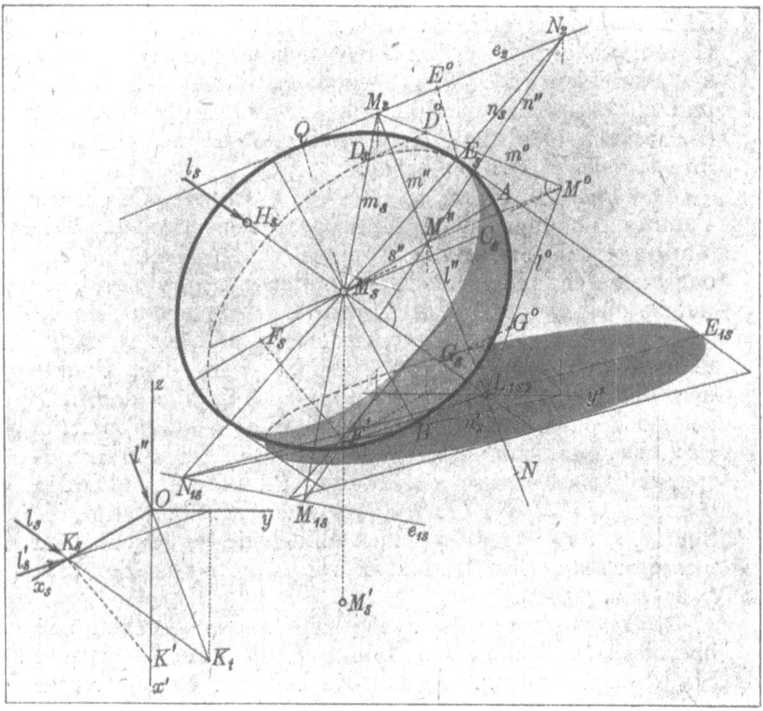

Fig. 26.

Um beides auf einmal zu finden, legt man die durch l gehende bildnormale Ebene um. Trägt man auf der in M'' zu l'' normalen Geraden den Radius r auf, so erhält man M^0 und M^0L_2 ist die Umlegung l^0. Die in M^0 zu l^0 normale Gerade ist die umgelegte Spurnormale m^0 der Ebene der Lichtgrenze. Daraus ergibt sich M_2 und m_s, ferner die Bildspur e_2 der Normalebene. Macht man jetzt

$M^0 D^0 = M^0 G^0 = r$ und zieht durch D^0 und G^0 die Parallele zu $M^0 M_s$, so erhält man die Projektionen D_s und G_s. Durch $M_s G_s = M_s H_s$ sind dann die Bilder H_s und G_s der hellsten Punkte der Kugel gefunden. Macht man auf der Parallelen zur Bildspur e_2 die Strecke $M_s C_s = r$, so sind $M_s C_s$ und $M_s D_s$ konjugierte Halbmesser der Ellipse, welche die Projektion der Lichtgrenze der Kugel bildet. Diese Ellipse muß die Umrißellipse der Kugel in den Endpunkten E_s eines Durchmessers berühren. Dieser Durchmesser ist die schiefe Projektion der Schnittgeraden n der Ebene des wahren Umrisses und der Ebene der Lichtgrenze. Die Gerade n ist auch senkrecht zur Ebene, welche von den durch M gehenden Strahlen s und l bestimmt ist. Die Bildspur N_2 muß daher auf der durch M'' zu $M_s L_2$ gezogenen Senkrechten n'' liegen, ist also der Schnittpunkt von n'' mit e_2. Dann ist $N_2 M_s$ die schiefe Projektion n_s der gesuchten Geraden n. Überträgt man $M'' N_2$ nach $M'' N$, so ist $M^0 N$ die wahre Größe der Strecke MN_2, welche nach $N_2 Q$ auf e_2 aufgetragen wird. Ist $QE^0 = r$ und zieht man durch E^0 die Parallele zu QM_s, so erhält man die Projektion des Endpunktes E des auf n liegenden Halbmessers der Kugel und damit den einen Berührungspunkt E_s der beiden Ellipsen. Bei den gefundenen Punkten E wird die Lichtgrenze unsichtbar.

Nun soll noch der Schlagschatten auf die neugewählte Grundebene gesucht werden. Der Schlagschatten L_{1s} des Kugelmittelpunktes ist der Mittelpunkt der Schattenellipse. Durch die Grundrisse der Durchmesser m und n erhält man die Grundspur e_{1s} der Ebene der Lichtgrenze. Auf $N_{1s} L_{1s}$ ergibt der Lichtstrahl den Schatten E_{1s} von E. Den in die Richtung von l_s fallenden konjugierten Halbmesser findet man durch den Schatten der zu n parallelen Tangente der Lichtgrenze. Der Schlagschatten ist teilweise durch die Kugel selbst verdeckt.

§ 8. Zylinder und Kegel.

1. Der Basiskreis eines Drehzylinders liege auf der Grundebene. Für die schiefe Projektion des Kreises sind die konjugierten Durchmesser $M'_s C'_s$ und $M'_s D'_s$ ge-

funden (Fig. 27). Die Achse des Zylinders ist zur z-Achse parallel.

Der **wahre Umriß** des Zylinders besteht aus den zwei Erzeugenden, welche durch die Berührungspunkte E' jener Tangenten t' des Basiskreises gehen, welche zum Grundrisse s' des Sehstrahles parallel sind; dabei ist der schiefe Grundriß s'_s zu z parallel. Der **scheinbare Umriß** des

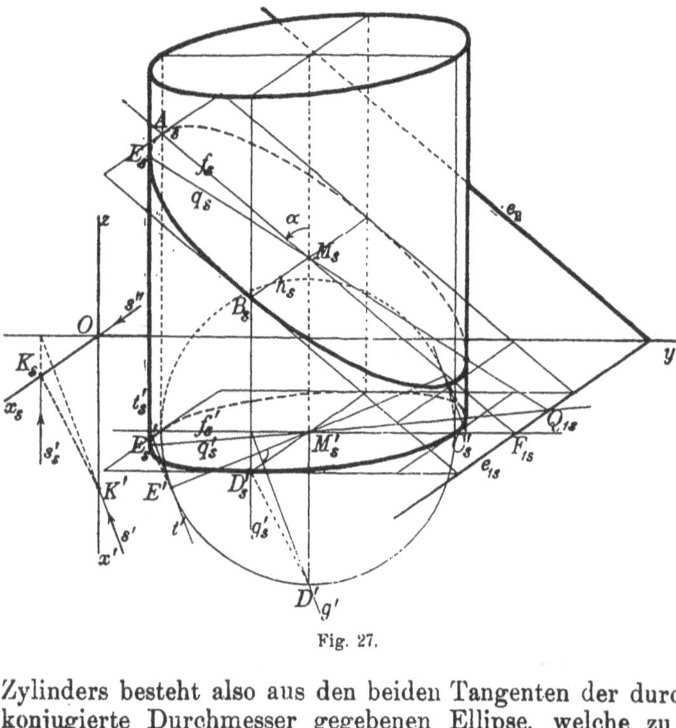

Fig. 27.

Zylinders besteht also aus den beiden Tangenten der durch konjugierte Durchmesser gegebenen Ellipse, welche zu z parallel sind (I. Bd., § 15, 5). Man legt durch D'_s die Gerade g'_s parallel zu z. Sie schneidet die Affinitätsachse in einem Punkte, welcher mit D' verbunden die entsprechende Gerade g' ergibt. Zieht man zu dieser den senkrechten Kreisdurchmesser, so erhält man die Berührungspunkte E' der Tangenten t'. Durch die Schnittpunkte der letzteren mit der Affinitätsachse gehen die **entsprechenden Tangenten** t'_s der Ellipse; ihre Berührungspunkte E'_s

erhält man durch Affinitätstrahlen. Die Umrißbestimmung ist also wieder bedeutend umständlicher als bei orthogonaler Axonometrie.

Es sei nun die Schnittlinie dieses Zylinders mit einer Ebene ε zu suchen, welche zur Bildebene normal ist (e_{1s} parallel zu x_s). Die Hilfsebene, welche durch die Drehachse geht und zur schneidenden Ebene normal ist, ergibt hier eine frontale Schnittgerade f, für welche f'_s parallel zu y und f_s durch F_{1s} parallel zu e_2 ist. Die Gerade f_s ergibt auf der Drehachse die Projektion M_s des Mittelpunktes der Schnittellipse und auf den durch C'_s gehenden Zylindererzeugenden die Projektionen A_s der Scheitel der großen Achse der Schnittellipse. Die Projektion der kleinen Achse ist zu e_{1s} parallel und hat ihre Endpunkte B_s auf den durch D'_s gehenden Zylindererzeugenden. Dann sind M_sA_s und M_sB_s konjugierte Halbmesser der Projektion der Schnittellipse. Die Hilfsebene, welche die beiden Umrißerzeugenden enthält, hat $q'_s = M'_s E'_s$ als Grundspur. Sie schneidet ε in der Geraden q, für welche $Q_{1s}M_s$ die schiefe Projektion q_s ist. Die Gerade q_s schneidet den scheinbaren Umriß in den Punkten E_s, bei welchen die Projektion der Schnittellipse den scheinbaren Umriß berühren muß. Bei den Punkten E wird die Schnittellipse unsichtbar. Die Projektion der Schnittellipse und die Projektion des Basiskreises sind perspektiv affin mit der Projektion der Schnittgeraden (e_{1s}) als Affinitätsachse und mit der Projektion der Erzeugenden als Affinitätstrahlen.

2. Ein hohler Drehzylinder, an welchen sich ein Kegelstumpf ($\beta = \pi/_4$) anschließt, ist bei Viertelausschnitt mit Diagonalbeleuchtung abzubilden, wobei $\eta = 135^0$ und $\lambda = {}^1/_2$ sei (Fig. 28).

Die Höhe des Stumpfes und die Höhe des Kegels ($h = r$) kann man unmittelbar auftragen, wodurch man das Bild S_s der Spitze erhält. Der scheinbare Umriß des Kegels besteht aus den beiden Tangenten, welche man aus S_s an das Bild des Basiskreises legen kann (I. Bd., § 15, 5).

Die Lichtgrenze des Zylinders findet man, indem man durch Affinität den zu l' senkrechten Kreisdurchmesser konstruiert. Die Projektionen der Achsen der Ellipse, welche den Schlagschatten des Randkreises ins Innere des Zylinders bildet (I. Bd., § 34, 2), sind konjugierte Durchmesser des Bildes dieser Schlagschattenellipse. Der Lichtstrahl l, welcher durch die Spitze S des Kegels geht, schneidet die Basisebene in einem Punkte T. Weil hier Diagonalbeleuchtung und auch $\beta = \pi/4$ vorausgesetzt ist, so erhält man als Berührungspunkte der aus T an den Basiskreis gehenden Tangenten je einen Endpunkt (E, F) des zur x-Achse, beziehungsweise y-Achse parallelen Durch-

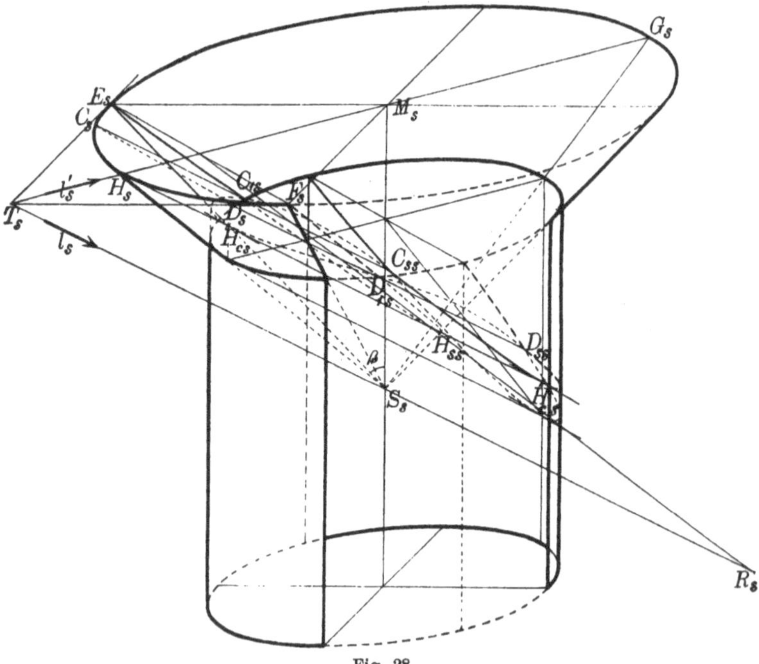

Fig. 28.

messers, so daß ein Viertel des Kegels im Innern unbeleuchtet ist. Der Schlagschatten des Randkreises ins Innere des Kegels ist eine Ellipse, für welche man die Achsen $P_s Q_s$ und $G_s H_s$ wie früher (I. Bd., § 46, 3) finden kann. Die Bilder der Achsen sind konjugierte Durchmesser des Bildes der Schlagschattenellipse (Fig. 29). Die Schlagschattenellipse schneidet den Grenzkreis zwischen Kegel und Zylinder in zwei Punkten C_1, D_1, welche die Schatten von zwei Punkten C, D des Kegelrandkreises sind. Der Bogen CD dieses Randkreises wirft einen Schlagschatten ins Innere des Zylinders, die Punkte C, D selbst ergeben die Schatten C_s, D_s (im Bilde C_{ss}, D_{ss}). Die Schattenlinie ist ein Teil einer solchen Raumkurve vierter Ordnung, wie sie in einem früheren Beispiele (I. Bd., § 35, 1) konstruiert wurde. Wählt man z. B. l' als Spur der Hilfsebene, so schneidet l' den Randkreis in den Punkten G und H. Aus dem Punkte H ergeben sich die Schattenpunkte H_c (im Bilde H_{cs}).

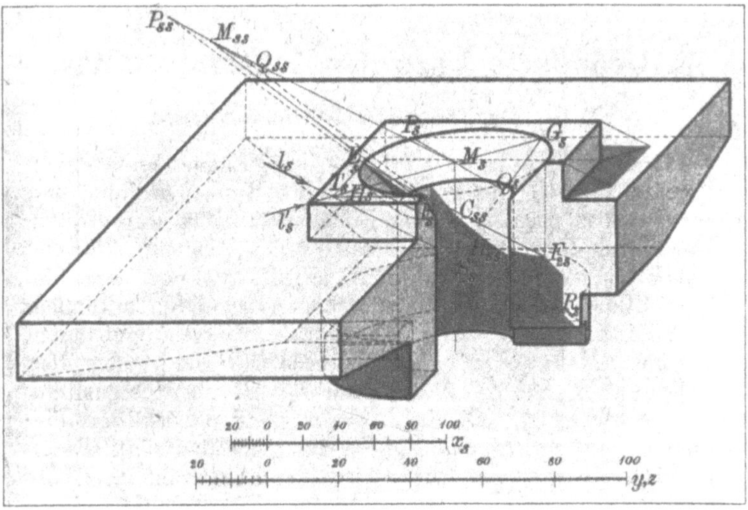

Fig. 29.

In Fig. 29 ist ein Teil einer Doppelankerplatte (mit $\eta = 135^0$ und $\lambda_x = {}^1/_2$) abgebildet, an welcher das in der vorigen Figur behandelte Beispiel auf ${}^1/_8$ verkleinert vorkommt.

Übungsaufgaben: 1. Von einer Kugel seien der Mittelpunkt M und ein Flächenpunkt T gegeben. Man soll den scheinbaren Umriß der Kugel finden.

2. Eine Halbkugel, welche auf der Grundebene liegt, soll abgebildet werden, wenn ihr höchster Punkt $P(P_s, P'_s)$ gegeben ist.

3. Die im I. Bd., Fig. 49 dargestellten Beziehungen zwischen Drehzylinder, ebenem Schnitte und Berührungskugeln sollen in schiefer Projektion abgebildet werden.

4. Weitere Beispiele des II. und III. Abschnittes des I. Bandes, z. B. über die Schraubenlinie (§ 28 u. 29) und über die Vivianische Linie (§ 32), sind auch hier durchzuführen.

Vergleicht man nun die Methode der **orthogonalen Axonometrie** mit der jetzt behandelten Methode der **Kavalierperspektive**, so ist wohl die Abbildung eckiger Körper in letzterer einfacher, dagegen sind die Konstruktionen bei Abbildung runder Gebilde (wie sie im Maschinenbaue zumeist vorkommen) fast immer umständlicher.

B. Geänderte Lage des Achsensystemes.

§ 9. Drehung des Achsensystemes.

1. Man kann nun statt der $[yz]$-Ebene selbst eine Ebene δ (d_1, d_2), welche mit ihr einen Winkel ϱ bildet und zur z-Achse parallel ist, als Bildebene wählen (Figur 30a). Der durch O gehende Sehstrahl s (s', s'') schneidet die Ebene δ in einem Punkte S (S', S''). Legt man die neue Bildebene auf die Zeichenebene (Fig. 30b), so können die Richtungen der Achsenbilder leicht gefunden werden. Man überträgt die Strecke AB und auch den Teilpunkt S' auf die Horizontale d_1. Die in S' errichtete Senkrechte ist z_s. Die in B errichtete Senkrechte ist die Spur d_2, auf welche man die Strecke BQ_2 überträgt. Dann ist AQ_2 als Spur der Ebene $[xs]$ das Achsenbild x_s. Daraus ergibt sich O_s und $O_s B = y_s$. Um nun für einen Punkt P, der durch $[P', P'']$ gegeben ist, die Abbildung $[P'_s, P_s]$ in schiefer Projektion zu finden, zieht man zunächst die Parallele $P'R_1$ zu s' und überträgt die Strecke AR_1 auf d_1. Die in R_1 errichtete Senkrechte ist der neue Ordner. Der Schnittpunkt T der Strecke PP' mit der doppelt projizierenden Ebene $[xs]$ hat den Aufriß T'' auf OQ_2 und die schiefe Projektion T_s auf AQ_2. Überträgt man nun den Abstand des Punktes T'' von der Bildachse einerseits und die Strecke $T'' P''$ anderseits von T_s aus auf den neuen Ordner, so erhält man den schiefen Grundriß P'_s und die schiefe Projektion P_s des Punktes P. Man kann also einen beliebigen Punkt P_s durch das Auftragen von bloß zwei Strecken in wahrer

Größe erhalten. Zur Übertragung einer Geraden g kann mit Vorteil der Punkt benützt werden, für welchen der Grundriß in den Schnittpunkt von g' und s' fällt; sein Bild liegt auf z_s und die betreffenden Strecken sind von O_s aus aufzutragen.

Man kann aber das Ganze auch wieder umgekehrt auffassen. Man kann sich denken, daß die Bildebene bleibt

Fig. 30.

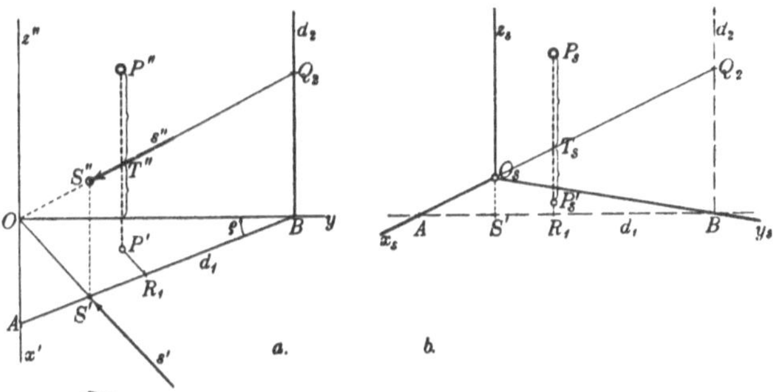

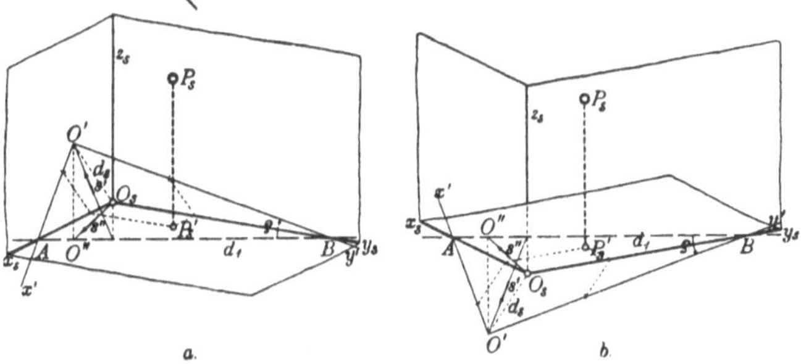

Fig. 31.

und das Achsensystem gegen die Bildebene um den Winkel ϱ gedreht wird (Fig. 31, **a.** für Übersicht, b. für Untersicht). Durch Annahme des durch O gehenden Sehstrahles im Grund- und Aufrisse oder durch unmittelbare Annahme des Punktes O_s sind zunächst die Achsenbilder bestimmt, nämlich $O_sA = x_s$ und $O_sB = y_s$. Für die Affinität zwischen dem orthogonalen und dem schiefen Grundrisse ist $O'O_s$ die schiefe Projektion d_s der Drehsehne und gibt die Richtung der Affinitätstrahlen an.

Man trägt dann für einen Punkt P die Koordinate x auf x' und die Koordinate y auf y' auf und zieht durch die Endpunkte die Parallelen zu d_s, so findet man die schiefen Projektionen x_s und y_s der beiden Koordinaten, woraus sich P'_s als Eckpunkt eines Parallelogrammes ergibt. Auf dem Ordner von P'_s ist noch die z-Koordinate in wahrer Größe aufzutragen, um P_s zu finden. Man hat wieder Verzerrungsverhältnisse

$$\lambda_x = \frac{x_s}{x}, \qquad \lambda_y = \frac{y_s}{y}, \qquad \lambda_z = 1,$$

also ein axonometrisches Verfahren wie früher (I. Bd., § 41, 2). Dabei braucht man außer dem natürlichen Maßstabe (für z) nur noch zwei Maßstäbe (für x und y).

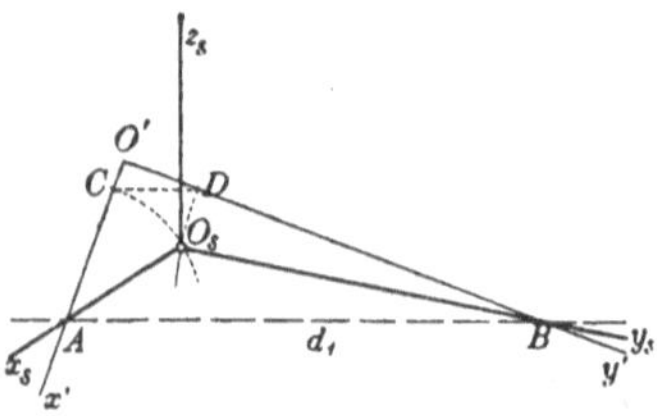

Fig. 32.

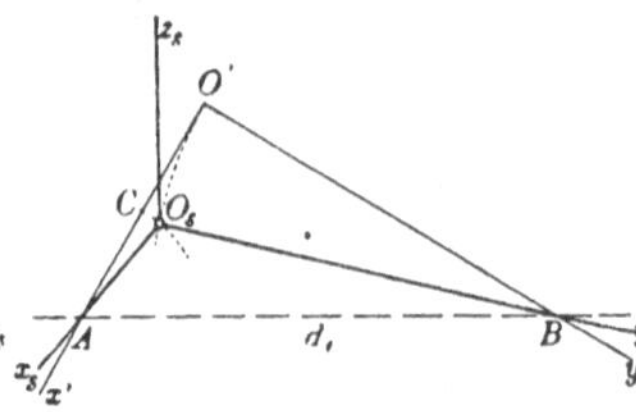

Fig. 33.

Der Mineraloge Naumann[3] benützte ursprünglich einen solchen Vorgang zur Abbildung von Kristallen. Dabei war vorausgesetzt, daß s'' mit z_s zusammenfällt, ferner daß

$$\operatorname{tg} \varrho = {}^1/_3 \quad \text{und} \quad \operatorname{tg} \varepsilon = {}^1/_9 \text{ oder } {}^1/_6 \text{ ist.}$$

2. Man kann es wieder so einrichten, daß man einen der beiden Maßstäbe erspart.

α) $\lambda_x = \lambda_y$.

Dabei kann das Verhältnis noch beliebig gewählt werden, z. B. $\lambda_x = \lambda_y = {}^4/_5$. Hat man den Drehungswinkel ϱ gewählt, so teilt man die Strecke AO' durch C im gegebenen Verhältnisse, zieht (Fig. 32) die Parallele CD zu d_1 und

β) $\lambda_y = \lambda_z = 1$.

Dabei kann das Verzerrungsverhältnis für die x-Achse noch beliebig gewählt werden, z. B. $\lambda_x = {}^1/_2$. Hat man den Drehungswinkel ϱ gewählt, so teilt man die Strecke AO' durch C in diesem Verhältnisse (Fig. 33) und beschreibt die beschreibt die Kreise [A, AC] und [B, BD]. Ihr Schnittpunkt*) ist O_s und ergibt mit A und B verbunden x_s und y_s. Jetzt braucht man außer dem natürlichen Maßstabe (für z) nur noch einen Maßstab mit der Einheit $l = 0{,}8$ (für x und y).

Kreise [A, AC] und [B, BO']. Ihr Schnittpunkt ist O_s und ergibt mit A und B verbunden x_s und y_s. Jetzt braucht man außer dem natürlichen Maßstabe (für y und z) nur noch einen Maßstab mit der Einheit $l = 0{,}5$ (für x).

3. Schließlich kann die Anordnung so getroffen werden, daß für alle drei Achsen der gleiche Maßstab (isometrische Abbildung), nämlich der natürliche Maßstab gilt, indem man O_s in O' annimmt (Fig. 34). Die Sehstrahlen haben da keine seitliche Abweichung und sind unter $\pi/_4$ nach abwärts geneigt, so daß der Grundriß sich kongruent überträgt (I. Bd., § 1, 3). Dieses Verfahren ist unter dem Namen Militärperspektive[1] bekannt und wird angewandt, wenn eine starke Übersicht für einen Gegenstand gewünscht wird, der eine große horizontale Ausdehnung aber nur geringe Höhe hat. In der Zeichnung ist ein Beispiel aus dem Befestigungswesen vorgeführt; es ist nämlich ein Teil einer sogenannten Noyaulinie abgebildet. Das im Hauptgraben querliegende, an die Escarpemauer anschließende Gebäude, welches die Flankierungsgeschütze enthält und nach vorne zur Gewehrverteidigung eingerichtet ist (also mit entsprechenden Schießscharten und Rauchabzuglöchern versehen ist), heißt Koffer. Für seine Dachflächen ist eine Böschung von $^1/_{10}$ angenommen (§ 57, 1). Das Glacis ist aus Ebenen und Drehkegeln (Spitzen R_I, R_{II}) mit einem Gefälle von $^1/_6$ zusammengesetzt und fällt gegen die Contre-Escarpemauer mit $^1/_1$ ab. Die nach Innen vorkommenden Drehkegel haben die Spitzen S_I, S_{II}; der untere Randkreis hat einen Mittelpunkt M. Da hier die Orthogonalprojektion s_0 der Sehstrahlrichtung mit z_s zusammenfällt und der Einfallswinkel der Sehstrahlen gegen Bild- und Grundebene $\pi/_4$ ist, so sind die nach vorne gehenden Erzeugenden der zuletzt genannten Kegel zu

*) Der Punkt O_s liegt auch auf dem Apollonischen Kreise, welcher die Strecke AB im Verhältnisse λ_x teilt und welcher den Kreis mit dem Durchmesser AB orthogonal schneidet.

den Sehstrahlen parallel und erscheinen als die Punkte S_{Is} und S_{IIs}. Die Bilder aller Kreise dieser Kegel gehen daher auch durch S_{Is}, beziehungsweise S_{IIs} und haben da dieselbe horizontale Tangente. Die Böschungsebenen sind zu einer Tangentialebene des anschließenden Böschungs-

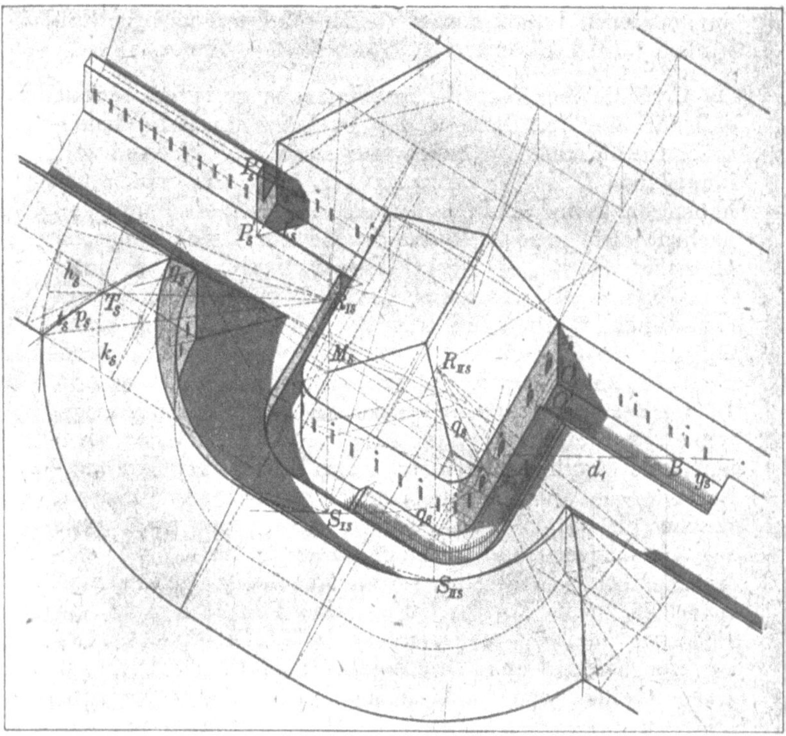

Fig. 34.

kegels parallel und ergeben daher als Schnittlinien Parabeln p (für den Kegel mit der Spitze R_I) und q (für den Kegel mit der Spitze S_I). Die Projektionen der Schnittlinien sind Parabeln p_s, q_s. Punkte T der Schnittlinie kann man durch horizontale Hilfsebenen finden, welche die Ebene nach je einer Horizontalen h und den Kegel nach je einem Kreise k schneiden; die zugehörige Tangente t erhält man als Schnittgerade der Ebene mit der Tangentialebene des Kegels.

Für die bei P gewählte Richtung von Lichtstrahlen l (Diagonalbeleuchtung) sind noch in bekannter Weise die Beleuchtungsverhältnisse untersucht.

Übungsaufgaben: 1. Die Richtungen der Achsenbilder x_s, y_s, z_s sind beliebig zu wählen (z. B. $\xi = 105^0$, $\eta = 120^0$), ferner sei außer dem natürlichen Maßstabe ($k = n$) noch die Einheit $l = {}^3/_4 k$ für den Maßstab der x_s gegeben.

2. Unter denselben Umständen sei noch das Verhältnis $l : m$ gegeben und zwar

$$\alpha)\ l : m = 3 : 4\,, \qquad \beta)\ l : m = 1\,.$$

3. Es ist ein Kreis abzubilden, welcher auf der $[xy]$-Ebene liegt, wenn $\lambda_x = \lambda_y$ ist, oder ein solcher, welcher auf der $[yz]$-Ebene liegt, wenn $\lambda_y = \lambda_z = 1$ ist.

§ 10. Allgemeine Lage des Achsensystemes; der Pohlke-Satz.

1. Bei der orthogonalen Axonometrie konnte man ein spitzwinkliges Spurendreieck ABC wählen; dann war der Höhenschnittpunkt das axonometrische Bild O_a des Ursprunges O des Achsensystemes. Sind bei schiefer Projektion alle drei Achsen gegen die Bildebene δ geneigt, so kann auch ein spitzwinkliges Spurendreieck ABC gewählt werden, überdies aber auch ein beliebiger Punkt O_s als schiefe Projektion des Ursprunges O. (Damit z_s aufrecht bleibt, wird man die Seite AB im allgemeinen nicht mehr horizontal annehmen.) Es gibt dann ein positives und ein negatives Achsensystem und für jede der beiden Möglichkeiten eine bestimmte Sehstrahlrichtung (OO_s).

Bei orthogonaler Axonometrie konnte man entweder die Richtungen der drei Achsenbilder oder das Verhältnis der Einheiten der drei Verkürzungsmaßstäbe innerhalb gewisser Grenzen wählen; dann war aus dem einen das andere schon bestimmt. Es läßt sich nun zeigen (Fig. 35a):

Bei schiefer Projektion und allgemeiner Lage des rechtwinkligen Achsensystemes gegen die Bildebene kann man sowohl die Richtungen der drei Achsenbilder x_s, y_s, z_s (etwa durch die Winkel ξ, η) als auch das Verhältnis der Einheiten der drei

Verzerrungsmaßstäbe (etwa durch die Strecken $O_s L_s$, $O_s M_s$, $O_s N_s$) beliebig wählen (nur darf nicht mehr als einer der Winkel 0 oder π, bzw. mehr als eine der Strecken Null sein). Dieser schöne Satz wird der Pohlke-Satz genannt.[8]

2. Es sei also das in Figur 35a angenommene Achsenbild nochmals gezeichnet (Fig. 35b). Der durch den Ursprung O des Achsensystemes gehende Sehstrahl s bestimmt mit der z-Achse eine Ebene, welche die $[xy]$-Ebene in dem Grundrisse s' des Sehstrahles schneidet. Weil aber diese Ebene auch für die schiefe Projektion eine projizierende Ebene ist, so liegt der schiefe Grundriß s'_s des Sehstrahles s auf der Geraden z_s. Die Geraden s' und LM schneiden sich in einem Punkte P; seine schiefe Projektion P_s ist der Schnittpunkt von s'_s und $L_s M_s$. Ebenso muß der schiefe Aufriß s''_s des erwähnten Sehstrahles auf der Geraden x_s liegen; er schneidet $M_s N_s$ in der Projektion Q_s des Schnittpunktes Q von s'' und MN.

Nimmt man nun ein rechtwinkliges Achsensystem in der einfachsten Lage an (Fig. 35c), trägt auf den Achsen drei beliebige gleiche Strecken $OL = OM = ON$ auf und teilt die Strecke $L'M$ durch P' im Verhältnisse $L_s P_s : M_s P_s$, ferner die Strecke MN'' durch Q'' im Verhältnisse $M_s Q_s : N_s Q_s$, dann ist OP' der Grundriß s' und OQ'' der Aufriß s'' des dem schiefen Bilde entsprechenden Sehstrahles s. Daß die willkürlich aufgetragene Strecke $OL = OM = ON$ noch nicht die dem schiefen Bilde entsprechende ist, hat keinen Einfluß, weil für eine anders gewählte Strecke die Teilpunkte P' und Q'' zu denselben Geraden s' und s'' führen. Es ist also für die gemachte Annahme die Richtung des Sehstrahles im Achsensysteme eindeutig bestimmt und leicht auffindbar.

Die durch L, M, N gehenden Sehstrahlen bilden ein dreiseitiges Prisma. Legt man etwa durch L eine Ebene ϱ, welche zu den gefundenen Sehstrahlen normal ist, so geht die Grundspur r_1 durch L' senkrecht zu s' und die Aufrißspur r_2 durch Y_r senkrecht zu s''. Diese Ebene ϱ ergibt für das Sehstrahlenprisma einen Normalschnitt $L_r M_r N_r$, dessen wahre Form und Größe $L_r^\times M_r^\times N_r^\times$ durch

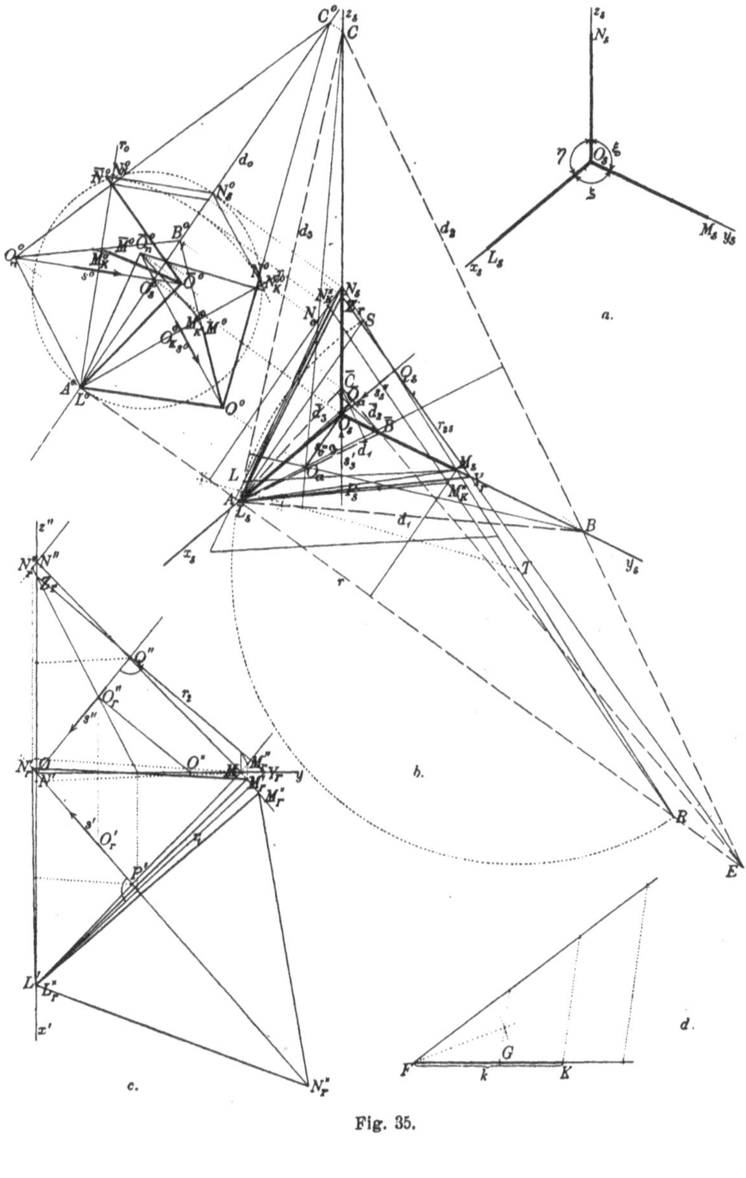

Fig. 35.

Umlegung der Ebene ϱ auf die Grundebene gefunden ist. Das normale Prisma kann aber nach einem Dreiecke geschnitten werden, welches dem Dreiecke $L_s M_s N_s$ ähnlich ist, und zwar gibt es zwei Stellungen von solchen Schnittebenen (I. Bd., § 6, c). Betrachtet man eine der beiden Schnittebenen als Bildebene, so erscheint das angenommene Achsensystem mit den drei gleichen Strecken auf ihr in den bei Figur 35a angenommenen Umständen (Achsenrichtungen und Streckenverhältnis). Es ist also für die gemachte Annahme die Lage der Bildebene zum Achsensysteme zweideutig bestimmt. Hiermit ist der Satz bewiesen.

3. Es kann aber auch umgekehrt für die gemachte Annahme in Figur 35b die ganze Rekonstruktion vorgenommen werden. Das Dreieck $L_s M_s N_s$ ist der Schnitt der Bildebene mit einem dreiseitigen Sehstrahlenprisma, dessen Normalschnitt dem Dreiecke $L_r^* M_r^* N_r^*$ ähnlich sein soll. Die Auffindung der Lage dieser Normalschnittebene ist ganz analog zur Aufgabe von I. Bd., § 6, c. Man legt das Dreieck $L_r^* M_r^* N_r^*$ so, daß N_r^* nach N_s und die Seite $N_r^* M_r^*$ auf die Gerade $N_s M_s$ kommt. Nun wird das Dreieck ähnlich verkleinert, bis es auch $M_s N_s$ als Seite hat; der dritte Eckpunkt ist dann L. Die Halbierungsnormale der Strecke $L_s L$ schneidet die Gerade $M_s N_s$ in T. Der Kreis, welcher T als Mittelpunkt und TL als Radius hat, schneidet die Gerade $M_s N_s$ in den Punkten R und S. Die Verbindungsgerade $L_s R$ ist die Bildspur r der durch L gehenden Normalschnittebene ϱ, wenn man L auf der Bildebene liegend annimmt. Die Gerade $L_s S$ ist die Orthogonalprojektion der Spurnormalen der Normalschnittebene ϱ und zugleich die Orthogonalprojektion der Sehstrahlrichtung. Wird das Dreieck $L M_s N_s$ mit R als Drehzentrum um den Winkel $L R L_s$ gedreht und im Verhältnisse $LR : L_s R$ verkleinert, so erhält man den umgelegten Normalschnitt $L_k^* M_k^* N_k^*$, wobei L_k^* mit L_s zusammenfällt. Nun ist die Ebene ϱ um die Gerade r so lange aufzudrehen, bis sie zu den Sehstrahlen normal wird. Um die Beziehungen noch weiter zu verfolgen, denken wir uns eine zu r senkrechte Projektionsebene mit der Spur d_0. Die auf der Bildebene liegenden Punkte

L_s, M_s, N_s, O_s erscheinen auf d_0 in L^0, M_s^0, N_s^0, O_s^0. Die Normalschnittebene kann in zweierlei Sinn gedreht werden und hat dann eine Spur r_0, auf welcher die Punkte M_k, N_k in M_k^0, N_k^0 erscheinen. Der Punkt N_k^0 muß auf dem Kreise liegen, welcher L^0 als Mittelpunkt und den Abstand des Punktes $N_k^\times$ von r als Radius besitzt, anderseits muß er auf dem Kreise liegen, welcher $L^0 N_s^0$ als Durchmesser besitzt, weil r_0 zur Projektion der Sehstrahlen senkrecht sein muß. Die zwei Schnittpunkte der beiden Kreise sind die möglichen Lagen von N_k^0, wodurch auch die zwei möglichen Spuren r_0 und Sehstrahlrichtungen s^0 in der neuen Projektion gefunden sind.

Verkleinert man die in Fig. 35c angenommene Strecke OL im gefundenen Ähnlichkeitsverhältnisse $L_r^\times M_r^\times : L_k^\times M_k^\times$, so erhält man (Fig. 35d) die dem schiefen Bilde entsprechende Strecke OL, nämlich $FK = k$. Sucht man die wahren Größen der Abstände OO_r, MM_r, NN_r, verändert man sie auch im Verhältnisse $L_r^\times M_r^\times : L_k^\times M_k^\times$ und trägt sie von jedem r_0 aus auf den betreffenden Sehstrahlen passend auf (z. B. für O ist $O_r''O^\times$ die wahre Größe des Abstandes und FG die verkleinerte Strecke, welche auf den durch O_s^0 gehenden Sehstrahlen s^0 von r_0 aus aufzutragen ist), so erhält man die Punkte O^0, M^0, N^0, beziehungsweise $\bar{O}^0, \bar{M}^0, \bar{N}^0$ und damit die neuen Projektionen der beiden möglichen Lagen des positiven Achsensystemes zur Bildebene. Durch Auftragen nach der entgegengesetzten Seite erhält man noch die zwei möglichen Lagen eines negativen Achsensystemes, wobei O_n^0, beziehungsweise $\bar{O}_n^0$ die neuen Projektionen des Ursprunges sind. Die negativen Achsensysteme sind einerseits mit je einem der positiven Achsensysteme in bezug auf eine der Ebenen ϱ symmetrisch und anderseits mit den beiden positiven Systemen in bezug auf die Bildebene δ symmetrisch. Die Geraden $O^0 M^0$, $O^0 N^0$ ergeben auf d_0 die Punkte B^0, C^0, woraus man das Spurendreieck ABC findet, und die Geraden $\bar{O}^0 \bar{M}^0$, $\bar{O}^0 \bar{N}^0$ führen ebenso zu einem zweiten Spurendreiecke $A\bar{B}\bar{C}$. Die Normalschnittebene ϱ schneidet die y-Achse in einem Punkte Y_r und die z-Achse in einem

Punkte Z_r; die Bilder dieser Punkte erhält man leicht aus der neuen Projektion. Die Spuren $BC = d_2$, $\overline{B}\overline{C} = \overline{d}_2$ und $Y_r Z_r = r_{2s}$ schneiden sich in einem Punkte E von r. Die Höhenschnittpunkte der Spurendreiecke sind die orthogonal axonometrischen Bilder $O_a, \overline{O}_a$ der möglichen Lagen des Ursprungs O und müssen mit O_s auf einer zu $L_s S$ parallelen Geraden liegen, welche die Orthogonalprojektion s_0 der schiefen Sehstrahlen s und zugleich die schiefe Projektion o_s der orthogonalen Sehstrahlen für die Punkte O bedeutet.

Man kann die Punkte R und S in ihrer Bedeutung vertauschen, d. h. die Gerade $L_s S$ als Bildspur der Normalschnittebene und $L_s R$ als Orthogonalprojektion der Sehstrahlrichtungen betrachten. Das Dreieck $LM_s N_s$ wird da mit S als Drehzentrum um den Winkel LSL_s gedreht und im Verhältnisse $LS : L_s S$ vergrößert. Dabei erhält der nunmehrige Punkt $N_k^\times$ einen größeren Abstand von $L_s S$ als der Punkt N_s; daher ist der Radius des ersteren Kreises jetzt größer als der Durchmesser des zweiten, so daß die Schnittpunkte konjugiert imaginär werden. Man erhält also zwei konjugiert imaginäre Sehstrahlrichtungen, welche die reelle zu $L_s R$ parallele Gerade als Orthogonalprojektion haben. Also nur jene Wahl für r, bei welcher $L_s R$ kleiner als LR ist, liefert zwei reelle Sehstrahlrichtungen.

4. Man hat somit folgendes Ergebnis:

„Wird ein Körper auf Grund eines beliebig gewählten Achsenbildes $[x_s, y_s, z_s; l, m, n]$ abgebildet, so erhält man eine richtige schiefe Projektion eines ähnlichen Körpers, wobei man jedoch das Ähnlichkeitsverhältnis (die Einheit k), die Sehstrahlrichtung (s) und die Lage des Achsensystemes gegen die Bildebene zunächst nicht kennt. Es gibt aber dann stets (mit Ausnahme der erwähnten Grenzfälle) ein bestimmtes Ähnlichkeitsverhältnis, zwei reelle Sehstrahlrichtungen und zu jeder der beiden Richtungen eine Lage des positiven (und eine Lage des negativen) Achsensystemes."

Der Pohlke-Satz hätte wegen der vollen Freiheit, die er bei der Wahl des Achsenbildes gestattet, einen besonderen Wert für die technische Praxis. Dabei ist aber zu bedenken: Solange man die drei erwähnten Umstände nicht kennt, wird dem Zwecke der Abbildung, sich von der Lage, Form und Größe des abgebildeten Körpers eine richtige Vorstellung zu machen, eigentlich nicht entsprochen; die Rekonstruktion ist aber umständlich und häufig auch ungenau*).

Übungsaufgaben: 1. Betrachtet man die Strecken OL, OM, ON, als Kanten eines Würfels und zieht man seine Seiten- und Hauptdiagonalen, so können für das Dreieck $L_s M_s N_s$ aus der Projektionsfigur mehrere Sätze der Dreiecksgeometrie abgelesen werden, insbesondere wenn $O_s L_s = O_s M_s = O_s N_s$ oder wenn O_s der Mittelpunkt des dem Dreiecke $L_s M_s N_s$ eingeschriebenen Kreises ist.

2. Eine Ellipse $[O_s, L_s, M_s]$ und ein beliebiger Punkt S_s können stets als schiefe Projektion des Basiskreises und der Spitze eines Drehkegels von bestimmtem Winkel β (oder von bestimmtem Verhältnis des Radius des Basiskreises zur Höhe) betrachtet werden. Es soll die zugehörige Sehstrahlrichtung sowie die Lage und Größe des Kegels gefunden werden. [Aus dem Verhältnisse $r : h$ kann man zunächst die Spitze jenes Kegels finden, bei welchem $\beta = \pi/_4$ ist.]

3. Betrachtet man die Strecken OL, OM, ON als drei zueinander senkrechte Halbmesser einer Kugel, so soll der scheinbare Umriß der Kugel gefunden werden. [Man nimmt die Gerade $L_s M_s$ als Affinitätsachse und die Strecke $L_s M_s$ als Hypotenuse eines gleichschenklig rechtwinkligen Dreiecks, dessen Spitze $O^\times$ dem Punkte O_s entsprechen soll; dann entspricht der Ellipse $[O_s, L_s, M_s]$ der Kreis $[O^\times, O^\times L_s]$ und dem Punkte N_s der Punkt $N^\times$. Jetzt ist $N^\times$ ein Brennpunkt und der zu $O^\times N^\times$ senkrechte Kreisdurchmesser die kleine Achse einer Ellipse, welcher in der Affinität die Umrißellipse der Kugel entspricht (§ 7, 2). Sucht man für diese Umrißellipse die Achsen und Brennpunkte, so erhält man daraus die Einheitstrecke k und die Sehstrahlrichtung; die Lage des Achsensystemes ergibt sich wieder aus einer neuen Projektion auf eine zur großen Achse parallele Ebene.]

*) Über den praktischen Wert der „schiefen Projektion" überhaupt waren stets verschiedene Ansichten verbreitet. Da sie von einer Voraussetzung (schiefe parallele Sehstrahlen) ausgeht, welche der Wirklichkeit am wenigsten entspricht, ist sie kaum empfehlenswert; sie hat aber wegen vermeintlicher Einfachheit doch immer Anwendung gefunden. Verwerflich sind jene unrichtigen Darstellungen, welche sich besonders in der mathematischen Geographie eingenistet haben und bei welchen man die Vorteile der schiefen Projektion mit solchen des Normalrisses vermengt zur Anwendung bringen will.

4. Aus der früher (§ 2,2) gefundenen Gleichung für die Längenverzerrung λ in der Richtung einer Geraden g soll gezeigt werden, daß hier

$$\lambda_x^2 + \lambda_y^2 + \lambda_z^2 = 1 + \frac{1}{\cos \varepsilon^2},$$

also

$$l^2 + m^2 + n^2 = k^2 + \frac{k^2}{\cos \varepsilon^2} \quad \text{ist*)}.$$

Aus der früher (I. Bd., § 42,1) gefundenen Gleichung für die Flächenverzerrungen φ folgt, wenn man die aus den Einheiten k gebildeten Quadrate zunächst auf die zu den Sehstrahlen normale Ebene ϱ projiziert,

$$f_{xy}^2 + f_{yz}^2 + f_{zx}^2 = k^4.$$

Dividiert man durch $\cos \varepsilon^2$, so ergeben sich links die schiefen Projektionen der Quadrate; daher ist

$$(lm \sin \zeta)^2 + (mn \sin \xi)^2 + (nl \sin \eta)^2 = \frac{k^4}{\cos \varepsilon^2}.$$

Bezeichnet man die linken Seiten der beiden Gleichungen mit P und Q^2, ferner $\sqrt{P^2 - 4\,Q^2}$ mit R, so wird

$$k^2 = \frac{P - R}{2} \quad \text{und} \quad \cos \varepsilon = \frac{k^2}{Q}.$$

Eine Ebene, für welche die Sehstrahlen einen Einfallswinkel σ haben, ergibt eine Flächenverzerrung

$$\varphi = \frac{f_s}{f} = \frac{\cos \sigma}{\cos \varepsilon}.$$

Sind $\sigma_1, \sigma_2, \sigma_3$ die Winkel, welche der Sehstrahl mit den Achsen x, y, z bildet (zugleich die Einfallswinkel des Sehstrahles gegen die Ebenen des Achsensystemes), so ist

$$\frac{mn \sin \xi}{k^2} = \frac{\cos \sigma_1}{\cos \varepsilon}, \quad \frac{ln \sin \eta}{k^2} = \frac{\cos \sigma_2}{\cos \varepsilon}, \quad \frac{lm \sin \zeta}{k^2} = \frac{\cos \sigma_3}{\cos \varepsilon}.$$

Hieraus kann die Lage des Sehstrahles im Achsensysteme gefunden werden. Endlich ergeben die Gleichungen für $\lambda_x, \lambda_y, \lambda_z$ die Winkel α, β, γ, also die Lage des Achsensystemes zur Bildebene auf analytischem Wege.

5. Für Kavalier- und Militärperspektive ist die Einheit k unmittelbar bekannt, auch die beiden Sehstrahlrichtungen sind leicht anzugeben; es sollen aber auch die beiden Lagen des Achsensystemes zur Bildebene, also die beiden Spurendreiecke ABC und $\bar{A}\bar{B}\bar{C}$ gefunden werden.

---

*) Für $\varepsilon = 0$ erhält man die früher (I. Bd., § 42,1) gezeigte Gleichung.

Geschichtliche und literarische Bemerkungen.

[1] Die Namen Kavalier- und Militärperspektive weisen auf die frühzeitige Verwendung der schiefen Projektion im Festungsbau hin. Kavalier war nämlich ein Innenwerk, welches den Hauptwall überragte. [§ 1,1], [§ 9,2]

[2] Abbildungen in schiefer Projektion findet man auch in den Werken über Steinschnitt, z. B. von Dérand (1643), J. B. De la Ruë (1728), A. F. Frézier (1737), aber ohne Angaben über die Herstellung.

[3] In den Büchern über Kristallographie von Abbé Haüy (1822), K. F. Naumann (1830) und H. Kopp (1849) findet auch die schiefe Projektion Verwendung. L. Burmester, Zft. f. Kristallographie, 57. Bd. (1922). [§ 6,1], [§ 9.1]

[4] J. H. Lambert (Freye Perspective, 1759, 2. Auflage, S. 156) gibt wahrscheinlich zum erstenmal eine theoretische Behandlung der schiefen Projektion als besonderen Fall der Zentralprojektion.

[5] J. Schlesinger (Darstellende Geometrie, 1870, § 44) u. G. Peschka (Sitzgsber. d. Ak. d. Wiss. in Wien, 75. Bd., 1877) haben weitere Versuche gemacht, die Begriffe der Zentralprojektion bei der schiefen Projektion zu verwerten.

[6] L. Burmester (Grundzüge der schiefen Parallelperspektive, Zft. f. Math. u. Phys., 16. Jahrg., 1871), R. Staudigl (Axonometrie und schiefe Projektion, 1875), G. Hauck (Zft. f. Math. u. Phys., 21. Jahrg., 1876), Ch. Beyel (Axonometrie und Perspektive, 1887), A. Weiler (Parallelprojektion und Axonometrie, 1889), J. Sobotka (Sitzgsber. d. böhm. Ges. d. Wiss. in Prag, 1901/2), Ch. Beyel (Archiv d. Math. u. Phys., 4. Bd., 1903) haben die schiefe Projektion in Verbindung mit der orthogonalen oder auch zentralen Axonometrie behandelt.

[7] Die im I. Bande, S. 225 angeführten umfassenden Werke enthalten Abschnitte über die schiefe Projektion, besonders ausführlich bei E. Müller.

[8] K. Pohlke fand den schönen Satz 1853, veröffentlichte ihn aber erst in seinem Buche (Darstellende Geometrie, 1860), zunächst ohne Beweis. Seitdem erschien eine überraschende Fülle von Arbeiten, welche Beweise, Konstruktionen, analytische Behandlungen oder Verallgemeinerungen enthalten. Es seien genannt: v. Deschwanden (Vierteljahrschr. Zürich, 6. Jg., 1861; 7. Jg., 1862; 9. Jg., 1864), H. Kinkelin (Vierteljahrschr., 6. Jg., 1861), H. A. Schwarz (Journ. f. r. u. a. Math., 63. Bd., 1864), Th. Reye (Zft. f. Math. u. Phys., 12. Jg., 1867), G. Hauck (Zft. f. Math. u. Phys., 21. Jg., 1876), C. Pelz (Sitzgsber. d. Ak. d. Wiss. in Wien, 76. Bd., 1877), G. Peschka (Sitzgsber. Wien, 78. Bd., 1878), H. Drasch (Zft. f. Realschulwesen, 8. Jg., 1883), F. Schur (Math. Ann., 25. Bd., 1885), J. Mandl (Sitzgsber. Wien, 94. Bd., 1886), C. Küpper (Math. Ann., 33. Bd., 1889), A. Beck (Journ. f. r. u. a. Math., 106. Bd., 1890), F. Ruth (Sitzber. Wien, 100. Bd., 1891), C. Pelz (Sitzgsber. Prag, 1895), F. Schur (Journ. f. r. u. a. Math., 117. Bd., 1896), A. Beck (Zft. f. Math. u. Phys., 44. Bd., 1899),

J. Sobotka (Sitzgsber. Prag, 1900), P. H. Schoute (Mehrdim. Geom., I. Bd., 1902), F. Schilling (Zft. f. Math. u. Phys., 48. Bd., 1903), Th. Schmid (Sitzungsber. Wien, 113. Bd., 1904), C. Heuman (Arkiv f. Mat., schwedische Ak. d. Wiss., 2. Bd., 1905), E. Kruppa (Sitzgsber. Wien, 116. Bd., 1907), A. Denizot (Sitzgsber. Wien, 117. Bd., 1908), F. Klein (Elem. math., II. T. Geom., 1909), E. Kruppa (Sitzungsber. Wien, 119. Bd., 1910), W. Weber (Archiv d. Math. u. Phys., 15. Bd., 1910), E. Waelsch (Jahresber. d. Math. Ver., 19. Jg., 1910), M. Koppe (Berl. m. Gesell., 10. Jg., 1911), E. Waelsch (Jahresber. d. Math. Ver., 21. Jg., 1912), E. Wendling (Zürich 1912), J. van Bruggen, Dissert. Utrecht (angegeben im Jahrbuch d. Fortschritte d. Math., 45. Bd., Jg. 1914/15), Th. Schmid (Zft. f. Realschulw., 40. Jg., 1915), F. Daniels (L'enseignement m., 18. Jg., 1916), E. Kruppa (Sitzgsber. Wien, 125. Bd., 1916 u. 126. Bd., 1917; Archiv d. Math. u. Phys., 26. Bd., 1917/18; Jahresber. d. Math. Ver., 27. Bd., 1918), Th. Schmid (Sitzgsber. Wien, 127. Bd., 1918), O. Danzer (Sitzgsber. Wien, 127. Bd., 1918). Im § 10 ist im wesentlichen der Schwarzsche Beweis wiedergegeben und die darauf gegründete Rekonstruktion vollständig durchgeführt. [§ 10]

[9] Die Kegel der Geraden mit gleicher Längenverzerrung λ bilden ein konzyklisches Kegelbüschel; ihre Spuren auf der Bildebene bilden ein elliptisches Kreisbüschel. Diese Untersuchung dürfte neu sein. [§ 2,1, Übungsaufg. 2]

II. Abschnitt.

Zentralprojektion.

Um die Anschaulichkeit des Bildes noch zu erhöhen, kann man dem natürlichen Sehvorgange dadurch näherkommen, daß man nicht wie in den bisher behandelten Abbildungsmethoden einen uneigentlichen, sondern einen eigentlichen Sehpunkt (ein Auge) D, ein Projektionszentrum, voraussetzt. Diese Abbildungsmethode heißt Zentralprojektion oder auch Perspektive (I. Bd., S. 10). Sie findet Anwendung, wenn eben die Anschaulichkeit des Bildes eine Hauptforderung ist.

Der Fußpunkt der Normalen, welche man vom Sehpunkte D auf die Bildebene δ fällen kann, heißt der Hauptpunkt D_u der Abbildung. Der Abstand des Sehpunktes von der Bildebene heißt die Distanz d. Die Lage des Sehpunktes vor der Bildebene ist durch die Angabe des Hauptpunktes und der Distanz bestimmt. Die Distanz kann dadurch angegeben werden, daß man sie etwa nach abwärts auf die Bildebene umlegt, wodurch man zu einem Punkte D^0 kommt. Bei der Ausführung von Konstruktionen erweisen sich Umlegungen der Distanz nach verschiedenen Seiten als notwendig; dabei kommt der Sehpunkt auf den Kreis $[D_u, d]$, den man Distanzkreis nennt. Der Sehpunkt wird daher gewöhnlich durch den Hauptpunkt D_u und den Distanzkreis $[D_u, d]$ angegeben.

A. Das charakteristische Zweispurensystem (Freie Perspektive).[1]

§ 11. Die Raumelemente und ihre Inzidenz.

1. Die Verbindungsgerade des Sehpunktes D mit einem beliebigen Punkte P des Raumes heißt Sehstrahl: Der Schnittpunkt des Sehstrahles mit der Bildebene heißt das

Bild oder die Zentralprojektion P_c des Punktes P (Fig. 36). Zu jedem Punkte P des Raumes gehört ein bestimmter Punkt P_c als Projektion; nur für den Sehpunkt D selbst ist die Projektion unbestimmt. Durch die Projektion P_c ist aber der Punkt P im Raume noch nicht bestimmt. Die Sehstrahlen, welche durch die Punkte einer Geraden g gehen, bilden ein Strahlbüschel auf der Verbindungsebene des Sehpunktes mit der Geraden. Die Schnittgerade dieser projizierenden Ebene mit der Bildebene heißt Bild oder Projektion g_c der Geraden; das Bild g_c enthält die Projektion eines jeden Punktes der Geraden. Aus der Inzidenz des Punktes P mit der Geraden g im Raume folgt auch die Inzidenz von P_c und g_c im Bilde (nicht umgekehrt). Zu jeder Geraden g des Raumes gehört eine bestimmte Gerade g_c als Projektion, nur für die durch D gehenden Geraden — die Sehstrahlen — ist die Projektion unbestimmt. Durch die Projektion g_c ist die Gerade im Raume noch nicht bestimmt.

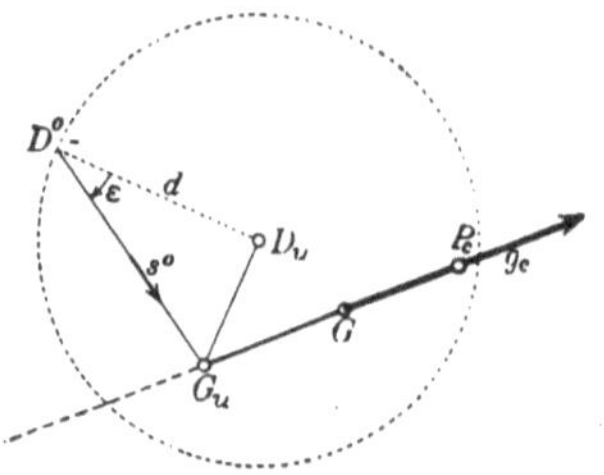

Fig. 36.

Der Schnittpunkt der Geraden g mit der Bildebene heißt die Bildspur G der Geraden g. Rückt der Punkt P auf der Geraden g ins Unendliche, so wird der zugehörige Sehstrahl s zur Geraden g parallel. Der Schnittpunkt dieses Sehstrahles mit der Bildebene ist das Bild des uneigentlichen Punktes der Geraden g und heißt der **Fluchtpunkt** G_u des Bildes g_c der Geraden. Die Ebene, welche durch den Sehpunkt D geht und zur Bildebene δ parallel ist, heißt Verschwindungsebene. Der Schnittpunkt der Geraden mit der Verschwindungsebene heißt der **Verschwindungspunkt** G_v der Geraden g. Für diesen Punkt wird nämlich der Sehstrahl zur Bildebene parallel, so daß sein Bild auf der Geraden g_c ins Unendliche rückt. Ist die Bildspur G und der Fluchtpunkt G_u gegeben, so kann man daraus die Gerade g wieder auffinden. Man verbindet G_u mit dem Sehpunkte D und erhält den Sehstrahl s; dann geht die Gerade g durch G und ist zu s parallel.[1]

„Eine Gerade g ist im allgemeinen durch die Bildspur G und den Fluchtpunkt G_u bestimmt.“

Die Gerade g wird durch die Bildebene, die Verschwindungsebene und die uneigentliche Ebene in drei Abschnitte geteilt. Alle Punkte der Geraden g, welche hinter der Bildebene liegen, erscheinen im Bilde g_c auf der Strecke zwischen G und G_u. Alle Punkte, welche zwischen der Bildebene und der Verschwindungsebene liegen, erscheinen im Bilde g_c über die Bildspur G hinaus und alle Punkte, welche hinter der Verschwindungsebene liegen, haben ihre Bilder über den Fluchtpunkt G_u hinaus. Der letzte Teil (in der Zeichnung nur gestrichelt ausgezogen) ist nur geometrisch vorhanden, kommt aber beim wirklichen Sehvorgange eigentlich nicht in Betracht, weil nicht die zugehörigen Sehstrahlen selbst, sondern bloß ihre Nebenstrahlen die Bildebene treffen; bei der Entstehung des Bildes durch eine „Dunkelkammer“ kommt jedoch gerade dieser Teil in Betracht.

Für alle Geraden, welche zu g parallel sind, ergibt sich derselbe Punkt G_u als Fluchtpunkt.

„Bei Zentralprojektion gehen die Bilder paralleler Geraden durch denselben Fluchtpunkt.“

Der zur Geraden g parallele Sehstrahl s schließt mit dem zur Bildebene normalen Sehstrahle DD_u einen Winkel ε ein, der dem Einfallswinkel der Geraden g gegen die Bildebene gleich ist. Seine Größe erhält man durch Umlegung des rechtwinkligen Dreieckes DD_uG_u, wobei der Sehpunkt D in den Schnittpunkt D^0 des Distanzkreises mit der in D_u zu D_uG_u gezogenen Senkrechten kommt. Je nachdem

$$D_uG_u \lesseqgtr d \text{ ist,} \quad \text{wird } \varepsilon \lesseqgtr \pi/4 .$$

„Die Bilder aller Geraden, welche zur Bildebene normal sind ($\varepsilon = 0$), haben den Hauptpunkt D_u als Fluchtpunkt.“

„Für eine frontale Gerade f fällt die Bildspur F mit dem Fluchtpunkte F_u in den uneigentlichen Punkt des Bildes f_c zusammen.“ In diesem Falle ist die Gerade durch F und F_u nicht bestimmt.

2. Die Schnittgerade einer Ebene ε mit der Bildebene heißt die Bildspur e der Ebene (Fig. 37). Die

Ebene, welche durch den Sehpunkt D parallel zur Ebene ε geht, schneidet die Bildebene in einer Geraden, welche das Bild der uneigentlichen Geraden der Ebene ε ist; sie ist zur Bildspur parallel und heißt die **Fluchtgerade** e_u der Ebene ε. Die Schnittgerade der Ebene ε mit der Verschwindungsebene heißt die Verschwindungsgerade e_v der Ebene ε. Für diese Gerade fällt nämlich das Bild in die uneigentliche Gerade der Bildebene. Ist die Bildspur e und die Fluchtgerade e_u gegeben, so kann man daraus die Ebene ε wieder auffinden. Sie geht durch e und ist zur Verbindungsebene von D und e_u parallel.[1]

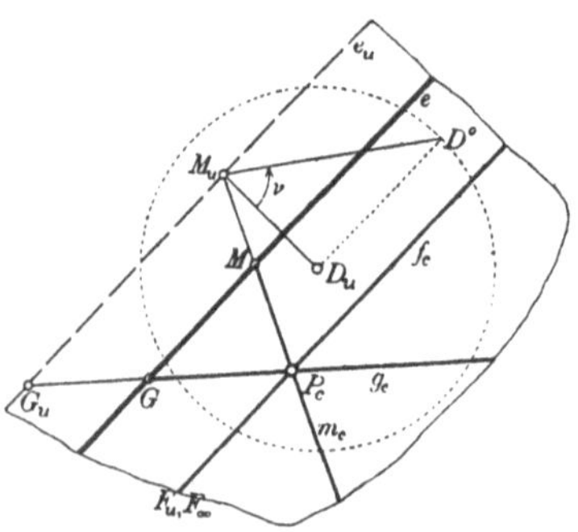

Fig. 37.

„Eine Ebene ε ist im allgemeinen durch die Bildspur e und die Fluchtgerade e_u bestimmt, wobei e zu e_u parallel ist."

Die Ebene ε wird auch in drei Abschnitte geteilt. Der hinter der Bildebene liegende Teil erscheint zwischen der Bildspur e und der Fluchtgeraden e_u, der zwischen Bildebene und Verschwindungsebene liegende Teil erscheint über die Spur e hinaus und der hinter der Verschwindungsebene liegende Teil hat sein geometrisches (nicht eigentliches) Bild über die Fluchtgerade hinaus.

„Parallele Ebenen haben parallele Bildspuren und dieselbe Fluchtgerade."

Ein Punkt P, welcher auf der Ebene ε liegen soll, ist durch sein Bild P_c bestimmt. Eine Gerade g, welche auf der Ebene ε liegt, hat ihre Bildspur G auf e und ihren Fluchtpunkt G_u auf e_u. Das Bild f_c einer frontalen Geraden f der Ebene ε ist zur Bildspur e parallel. Die Spurnormalen m der Ebene sind zu einander parallel; ihre Bilder gehen daher durch denselben Fluchtpunkt M_u, der sich als Fußpunkt der Normalen ergibt, welche man vom Hauptpunkte D_u auf die Fluchtgerade e_u fällt. Das rechtwinklige Dreieck DD_uM_u enthält bei M_u einen Winkel ν, welcher dem Neigungswinkel der Ebene gegen die Bildebene gleich ist. Die Größe dieses Dreieckes erhält man durch Umlegung des Dreieckes, wobei der Sehpunkt D nach D^0 auf den Distanzkreis kommt. Je nachdem

$$D_u e_u \lesseqgtr d \text{ ist, } \quad \text{wird } \nu \gtreqless \pi/_4 .$$

„Die Fluchtgerade einer Ebene, welche zur Bildebene normal ist, geht durch den Hauptpunkt D_u."

„Für eine frontale Ebene fällt die Bildspur und die Fluchtgerade in die uneigentliche Gerade der Bildebene." In diesem Falle ist die Ebene durch Bildspur und Fluchtgerade nicht bestimmt.

Für eine projizierende Ebene fallen Bildspur und Fluchtgerade in dieselbe Gerade und alle Punkte der Ebene, mit Ausnahme des Sehpunktes, müssen ihre Projektion auf dieser Geraden haben.

Übungsaufgaben: 1. Auf eine Ebene ε (e, e_u) soll durch einen Punkt P eine Gerade g gelegt werden, welche einen bestimmten Einfallswinkel gegen die Bildebene hat.

2. Durch eine Gerade g (G, G_u) soll eine Ebene gelegt werden, welche einen bestimmten Neigungswinkel gegen die Bildebene hat.

3. Man hat hier ein Zweispurensystem vor sich, bei welchem das Spurfeld der Bildebene und das Bild des Spurfeldes der uneigentlichen Ebene benützt wird. Es ist für die Zentralprojektion charakteristisch. Jede Gerade g ist dabei durch ein Punktepaar G, G_u, jede Ebene ε durch ein Paar von parallelen Geraden e, e_u, der Punkt aber nur mittelbar dadurch gegeben, daß er auf einer bestimmten Geraden oder Ebene liegt.

In diesem Systeme können die projektiven Aufgaben (bei welchen es sich um Inzidenz, Verbinden und Schneiden handelt) mit Einschluß der Aufgaben über Parallelität schon ohne Angabe des Sehpunktes, also ohne Distanzkreis $[D_u, d]$ ausgeführt werden.

Sind zwei Ebenen ε (e, e_u) und φ (f, f_u) gegeben, so hat ihre Schnittgerade t den Schnittpunkt von e und f als Bildspur T, ferner den Schnittpunkt von e_u und f_u als Fluchtpunkt T_u.

Um den Schnittpunkt einer Geraden g (G, G_u) und einer Ebene ε (e, e_u) zu finden (Fig. 38), legt man durch die Gerade eine Hilfsebene φ (f, f_u). Die Bildspur f geht durch G; die Fluchtgerade f_u geht durch G_u und ist zu f parallel. Die beiden Ebenen ergeben eine Schnittgerade t (T, T_u). Der Schnittpunkt von g_c und t_c ist die Zentralprojektion S_c des Schnittpunktes S.

Ist ein Punkt P auf dem Träger t (T, T_u) und eine Gerade g (G, G_u) gegeben, so kann die Verbindungsebene ε gefunden werden (Fig. 39), indem man zuerst durch den Punkt P die Parallele r zur Geraden g zieht. Diese hat $G_u = R_u$ als Fluchtpunkt; ihre Zentralprojektion r_c ist also die Verbindungsgerade von P_c mit R_u. Da die

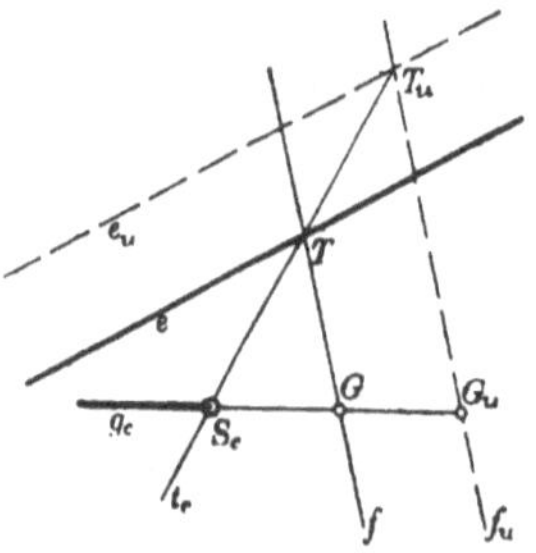

Fig. 38.

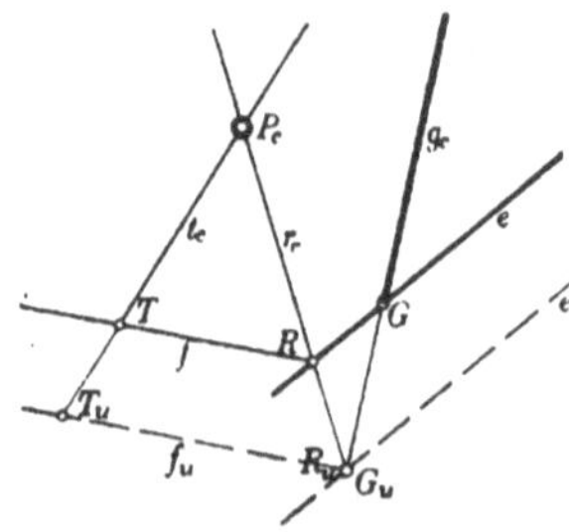

Fig. 39.

Geraden r und t durch den Punkt P gehen, liegen sie auch auf einer Ebene φ, welche die Verbindungsgerade von R_u und T_u als Fluchtgerade f_u besitzt. Die Bildspur f geht durch T und ist zu f_u parallel; sie schneidet r_c in der Bildspur R der Parallelen r. Verbindet man R mit G, so erhält man die Bildspur e der Verbindungsebene; die Fluchtgerade e_u geht durch G_u parallel zu e. Statt der Parallelen r könnte man auch die Verbindungsgerade des Punktes P mit der Bildspur G benützen. Sie bestimmt mit t eine Ebene, welche GT als Bildspur besitzt, woraus man den Fluchtpunkt der Verbindungsgeraden findet, der mit G_u verbunden die Fluchtgerade e_u der Verbindungsebene liefert. Will man aber die Verbindungsgerade von P mit einem anderen Punkte Q von g, so muß man zuerst wie vorhin die Verbindungsebene ε (e, e_u) suchen, und dann schneidet die Gerade $P_c Q_c$ auf e und e_u die verlangte Bildspur und den Fluchtpunkt ab.

Übungsaufgaben: 1. Durch einen Punkt P, der auf dem Träger t (T, T_u) liegt, soll zu einer Ebene ε (e, e_u) eine Parallelebene ϱ gelegt werden.

2. Durch einen Punkt P, der auf dem Träger t (T, T_u) liegt, soll die Gerade gelegt werden, welche die Geraden a (A, A_u) und b (B, B_u) schneidet.

3. Es ist die Gerade zu suchen, welche die Geraden a (A, A_u) und b (B, B_u) schneidet und zur Geraden c (C, C_u) parallel ist.

4. Es ist das Parallelepiped zu suchen, welches seine Kanten auf drei gegebenen windschiefen Geraden a, b, c besitzt.

5. Drei Gerade a (A, A_u), b (B, B_u), c (C, C_u) sind gegeben. Wo muß der Hauptpunkt D_u liegen, wenn die drei Geraden gleiche Einfallswinkel gegen die Bildebene haben, und wie groß ist die Distanz d, wenn der Einfallswinkel $\varepsilon = \pi/_6$ ist?

6. Drei Ebenen ε (e, e_u), φ (f, f_u), γ (g, g_u) sind gegeben. Wo muß der Hauptpunkt D_u liegen, wenn die drei Ebenen gegen die Bildebene gleich geneigt sind (4 Lösungen), und wie groß ist die Distanz d, wenn der Neigungswinkel $\nu = \pi/_3$ ist?

§ 12. Die Strecke; Teilverhältnis und Doppelverhältnis.

1. Teilung einer Strecke in eine Anzahl von gleichen Teilen oder in einem bestimmten Verhältnisse.

α) Es sei zunächst eine Strecke OQ auf einer frontalen Geraden f einer Ebene ε (e, e_u) gegeben.

Denkt man sich die Sehstrahlen, welche nach O und Q gehen, so entsteht im Raume ein Trapez, welches die Teile OO_c, QQ_c der Sehstrahlen als schiefe Seiten, die Strecke OQ und ihre Projektion $O_c Q_c$ als parallele Seiten besitzt. Wird dann die Strecke OQ in einem gewissen Verhältnisse geteilt und zieht man den Sehstrahl nach dem Teilpunkte der Strecke, so teilt dieser Sehstrahl auch das Bild $O_c Q_c$ im selben Verhältnisse. Für eine frontale Gerade bleibt also auch in Zentralprojektion das Teilverhältnis ungeändert und man kann wie früher unmittelbar in der Projektion teilen, so daß man den Sehpunkt und die Geraden e, e_u gar nicht braucht.

β) Nun sei eine Strecke PQ auf einer beliebigen Geraden g einer Ebene ε (e, e_u) gegeben (Fig. 40); man soll die Strecke PQ durch einen Punkt R so teilen, daß das Teilverhältnis $\frac{PR}{QR} = -\frac{2}{3}$ wird.

Man legt durch Q_c das Bild f_c einer frontalen Geraden der Ebene parallel zu e_u und trägt von Q_c aus fünf beliebige gleiche Teile auf, wodurch man einen Endpunkt O_c erhält. Die Strecke OQ ist bereits von O aus in fünf gleiche Teile geteilt und der Teilpunkt 2 hat das gewünschte Teilverhältnis. Das Bild der Verbindungsgeraden OP ist O_cP_c und hat auf e_u den Fluchtpunkt T_u. Zieht man durch den Teilpunkt 2 von OQ die Parallele zu OP, so erhält man auf PQ den gewünschten Teilpunkt R. Das Bild dieser Parallelen verbindet den Teilpunkt 2 von O_cQ_c mit dem Fluchtpunkte T_u und ergibt die Projektion R_c des Punktes R. Der Fluchtpunkt T_u heißt deshalb **Teilungspunkt**. Man braucht auch hier den Sehpunkt und die Bildspur e nicht, wohl aber die Fluchtgerade e_u.

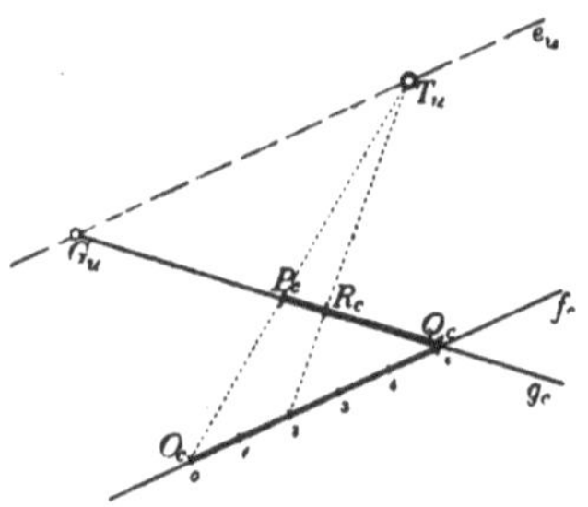

Fig. 40.

Übungsaufgabe: Für ein Dreieck ist das Bild $P_cQ_cR_c$ und die Fluchtgerade e_u seiner Ebene gegeben. Man soll das Bild des Schwerpunktes S finden.

2. Wahre Größe einer Strecke.

α) Es sei zunächst wieder eine Strecke PQ auf einer frontalen Geraden f einer Ebene ε (e, e_u) gegeben (Fig. 41). Verbindet man P_c und Q_c mit einem beliebigen Punkte T_u der Fluchtgeraden e_u, so erhält man die Bilder von zwei parallelen Geraden der Ebene ε. Sie schneiden die Spur e in den Punkten P_s, Q_s, welche man als schiefe Projektionen der Punkte P, Q betrachten kann. Da nun P_sQ_s und PQ gegenüberliegende Seiten eines Parallelogrammes sind, ist P_sQ_s die wahre Größe der frontalen Strecke PQ. Man braucht hier den Sehpunkt nicht, wohl aber die Geraden e, e_u.

β) Nun sei eine Strecke PQ auf einer beliebigen Geraden g einer Ebene ε (e, e_u) gegeben*) (Fig. 42). Dreht man die Gerade g auf der Ebene ε um G, bis sie mit der Bildspur e zusammenfällt, so beschreiben die Punkte von g Kreisbogen, zu welchen parallele Drehsehnen gehören. Man kann also die neuen Lagen P_s, Q_s der Punkte als schiefe Projektionen der Punkte P, Q betrachten. Die Bilder der parallelen Sehnen haben einen Fluchtpunkt T_u, der sich auf e_u ergibt, indem man durch den Sehpunkt D den Parallelstrahl zieht. Dabei bildet die Strecke DT_u die Basis eines gleichschenkligen Dreieckes, welches den Fluchtpunkt G_u als Spitze und $DG_u = G_u T_u$ als Schenkel

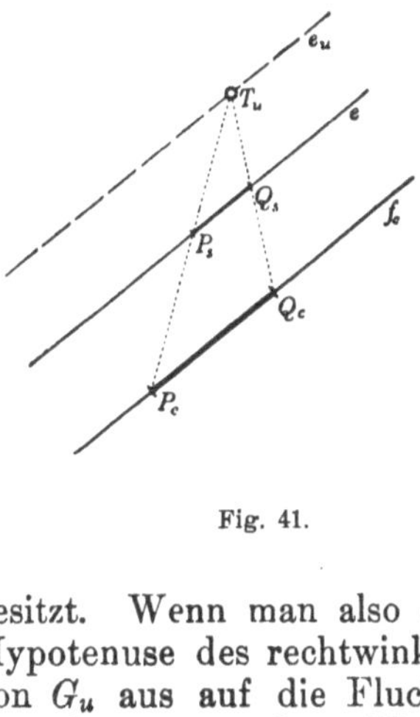

Fig. 41.

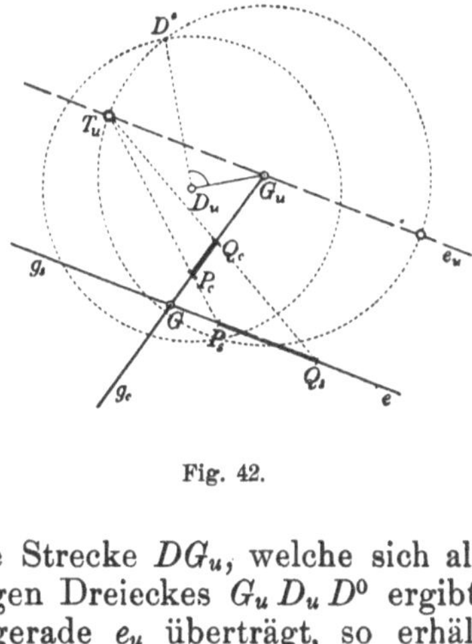

Fig. 42.

besitzt. Wenn man also die Strecke DG_u, welche sich als Hypotenuse des rechtwinkligen Dreieckes $G_u D_u D^0$ ergibt, von G_u aus auf die Fluchtgerade e_u überträgt, so erhält man den gewünschten Fluchtpunkt T_u. Die Verbindungsgeraden von T_u mit P_c und Q_c sind die Bilder der Drehsehnen; sie schneiden die Gerade $e = g_s$ in P_s und Q_s. Dann ist $P_s Q_s$ die wahre Größe der Strecke PQ. Man nennt auch diesen Fluchtpunkt T_u häufig Teilungspunkt, aber besser Meßpunkt[4]. Da man die Gerade g in zweierlei

---

*) Wenn die Strecke PQ die Verschwindungsebene schneidet, so liegen die Bilder P_c, Q_c der Endpunkte auf verschiedenen Seiten des Fluchtpunktes G_u. Als Bild der Strecke PQ ergibt sich dann nicht die eigentliche Strecke $P_c Q_c$, sondern die ergänzende Nebenstrecke (von P_c über das Unendliche nach Q_c).

Weise auf die Spur e umlegen kann, ergeben sich dementsprechend auch zwei Punkte T_u auf e_u. Dreht sich die Ebene ε um die Gerade g, so beschreiben die Punkte T_u einen Kreis mit dem Mittelpunkte G_u und dem Radius $G_u D^0$; man nennt ihn Teilungskreis oder Meßkreis.

3. Um die wahre Größe einer Strecke PQ zu finden, die auf einer beliebigen Geraden g liegt, kann man auch unmittelbar die durch g gehende Sehstrahlenebene umlegen (Fig. 43). Diese Ebene hat g_c als

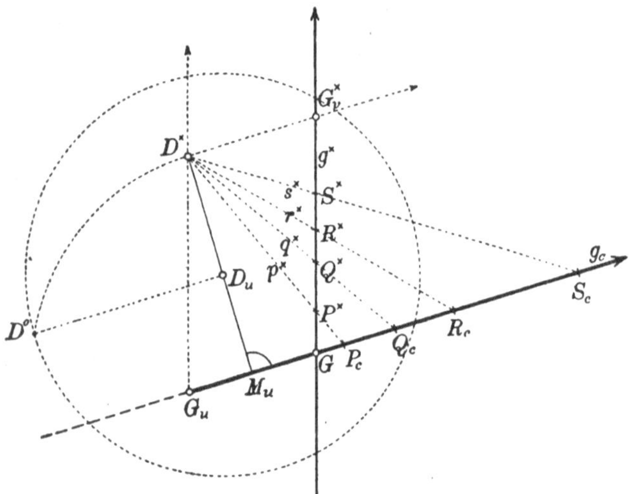

Fig. 43.

Bildspur und Fluchtgerade. Der Sehpunkt D beschreibt bei der Umlegung einen Kreis, welcher den Fluchtpunkt M_u der Spurnormalen als Mittelpunkt und die Strecke DM_u, welche sich als Hypotenuse des rechtwinkligen Dreieckes $D_u M_u D^0$ ergibt, als Radius hat. Zieht man durch G die Parallele zu dem Strahle $D^\times G_u$, so erhält man die Umlegung $g^\times$ der Geraden g. Die umgelegten Sehstrahlen $D^\times P_c = p^\times$ und $D^\times Q_c = q^\times$ schneiden dann auf $g^\times$ die wahre Größe $P^\times Q^\times$ der Strecke ab.

Übungsaufgaben: 1. Welcher Punkt von g hat sein Bild im Halbierungspunkte H_c der Strecke GG_u?

2. Von einer Geraden g ist das Bild g_c und der Fluchtpunkt G_u gegeben und von einer auf dieser Geraden liegenden Strecke kennt man das Bild $P_c Q_c$ und die wahre Größe. Man soll die Spur G finden.

Aus dieser Umlegung ist auch die Beziehung deutlich zu sehen, welche zwischen der auf g liegenden Punktreihe $P, Q, R, S, \ldots$ und ihrem Bilde $P_c, Q_c, R_c, S_c, \ldots$ besteht. Diese Reihen sind nicht ähnlich, wie es bei Parallelprojektion der Fall war, sondern sie heißen **projektiv** (auch von dem zugehörigen Sehstrahlbüschel sagt man, daß es zu den Reihen projektiv sei). Hier entsprechen sich nicht mehr die uneigentlichen Punkte der beiden Reihen; sondern dem uneigentlichen Punkte von g entspricht der Fluchtpunkt G_u von g_c und dem uneigentlichen Punkte von g_c entspricht der Verschwindungspunkt G_v von g. Vergleichen wir jetzt die Teilverhältnisse, nach welchen die Strecke PQ durch $R, S, \ldots$ geteilt wird, mit jenen, nach welchen ihr Bild $P_c Q_c$ von $R_c, S_c, \ldots$ geteilt wird. Hierzu kann man den Umstand benützen, daß die Fläche eines Dreieckes sich einerseits als halbes Produkt der Basis und Höhe ergibt und anderseits als halbes Produkt zweier Seiten in den Sinus des eingeschlossenen Winkels. Man erhält daraus für die vorkommenden Dreiecke mit der Spitze D die folgenden Gleichungen:

$$\begin{array}{c|c} PR\cdot h_1 = PD\cdot RD\cdot \sin pr & P_cR_c\cdot h_2 = P_cD\cdot R_cD\cdot \sin pr \\ QR\cdot h_1 = QD\cdot RD\cdot \sin qr & Q_cR_c\cdot h_2 = Q_cD\cdot R_cD\cdot \sin qr \\ \hline \dfrac{PR}{QR}=\dfrac{PD}{QD}\cdot\dfrac{\sin pr}{\sin qr} & \dfrac{P_cR_c}{Q_cR_c}=\dfrac{P_cD}{Q_cD}\cdot\dfrac{\sin pr}{\sin qr}. \end{array}$$

Ebenso ergibt sich:

$$\frac{PS}{QS}=\frac{PD}{QD}\cdot\frac{\sin ps}{\sin qs} \quad\Big|\quad \frac{P_cS_c}{Q_cS_c}=\frac{P_cD}{Q_cD}\cdot\frac{\sin ps}{\sin qs}.$$

Man sieht, daß die Teilverhältnisse für R und R_c nicht übereinstimmen. Bildet man aber das Verhältnis der Teilverhältnisse für R und S, beziehungsweise R_c und S_c, also Doppelverhältnisse, so findet man:

$$\frac{PR}{QR}:\frac{PS}{QS}=\frac{P_cR_c}{Q_cR_c}:\frac{P_cS_c}{Q_cS_c}=\frac{\sin pr}{\sin qr}:\frac{\sin ps}{\sin qs}.$$

„Bei Zentralprojektion bleibt das Doppelverhältnis δ von vier Punkten einer Geraden ungeändert und ist dem Doppelverhältnisse der zugehörigen vier Sehstrahlen gleich."

Wird die Strecke PQ durch die Punkte R, S außen und innen im gleichen Verhältnisse geteilt, so hat man harmonisch liegende Punktepaare vor sich (I. Bd., § 2, 2; § 10, 2). Man sieht, daß harmonisch liegende Punktepaare durch das Doppelverhältnis $\delta = -1$ charakterisiert sind.

„Bei Zentralprojektion gehen zwei harmonisch liegende Punktepaare wieder in solche über; die zugehörigen Sehstrahlen heißen harmonisch liegende Strahlenpaare."

Nimmt man als R, S den Verschwindungspunkt G_v und den uneigentlichen Punkt U, so ist

$$\frac{PG_v}{QG_v} : \frac{PU}{QU} = \frac{P_c V_c}{Q_c V_c} : \frac{P_c G_u}{Q_c G_u}.$$

Da die unendlich großen Strecken PU, QU sowie $P_c V_c$, $Q_c V_c$ als gleich betrachtet werden können, ist ihr Verhältnis 1 und man erhält

$$\frac{PG_v}{QG_v} = \frac{Q_c G_u}{P_c G_u}.$$

Aus dieser Proportion folgt:

$$\frac{PG_v - QG_v}{PG_v} = \frac{Q_c G_u - P_c G_u}{Q_c G_u},$$

also $$\frac{P_c Q_c}{PQ} = \frac{Q_c G_u}{PG_v} \quad \text{oder auch} \quad = \frac{P_c G_u}{QG_v}.$$

„Die Zentralprojektion $P_c Q_c$ einer Strecke ist eine kleinere, gleiche oder größere Strecke als PQ selbst*), je nachdem Q_c vom Fluchtpunkt G_u einen kleineren, gleichen oder größeren Abstand hat als P vom Verschwindungspunkte G_v."

Übungsaufgabe: Der Sehpunkt D und eine Gerade g (G, G_u) sind gegeben. Es soll ein gegebener Punkt P_c von g_c das Bild des Anfangspunktes einer auf g liegenden Strecke PQ sein, welche in wahrer Größe oder in halber oder in doppelter Größe erscheint.

---

*) Wenn P und Q auf verschiedenen Seiten des Verschwindungspunktes liegen, so gilt dieselbe Beziehung für die Strecke PQ und für das Bild $P_c Q_c$ der uneigentlichen Nebenstrecke von PQ.

§ 13. Der Winkel; Normalität.

1. Auf einer Ebene ε (e, e_u) sei ein Winkel mit dem Scheitel T und den Schenkeln p, q gegeben (Fig. 44). Die Sehstrahlen, welche von D nach den Fluchtpunkten P_u, Q_u gehen, bilden auf der Parallelebene einen gleichen Winkel. Man braucht daher nur die Parallelebene um

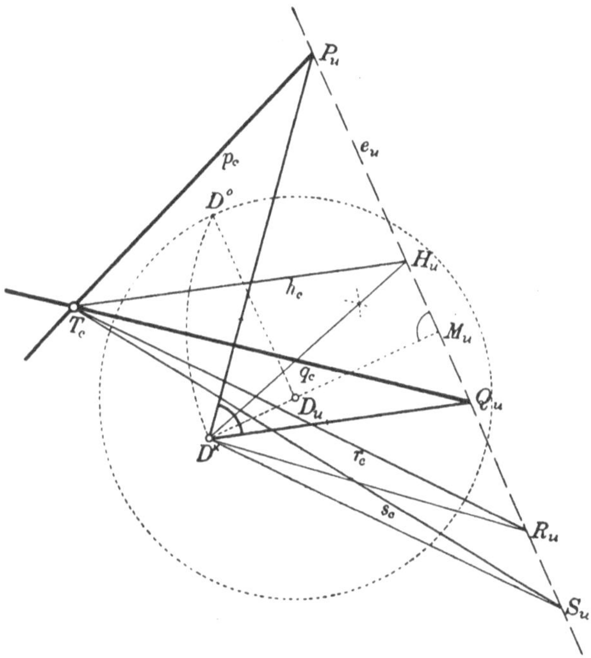

Fig. 44.

die Gerade e_u umzulegen. Dabei beschreibt D wieder den Kreis $[M_u, M_u D]$ und kommt nach $D^\times$. Verbindet man $D^\times$ mit P_u und Q_u, so erhält man die wahre Größe des gegebenen Winkels pq.

Hat man den gegebenen Winkel etwa zu halbieren, so liefert der Halbierungstrahl des gefundenen Winkels $D^\times$ auf e_u den Fluchtpunkt H_u für das Bild h_c der Halbierungsgeraden des Winkels.

Ist im Strahlbüschel T jener Strahl r zu suchen, der zu p normal ist, so gibt der zu $D^{\times}P_u$ senkrechte Strahl auf e_u den Fluchtpunkt R_u für das Bild r_c der gesuchten Normalen.

Das Doppelverhältnis von vier Strahlen p, q, r, s des Büschels T oder der vier Parallelstrahlen des Büschels D ist dem Doppelverhältnisse der vier Fluchtpunkte P_u, Q_u, R_u, S_u gleich und daher auch gleich dem Doppelverhältnisse der Strahlen p_c, q_c, r_c, s_c des Büschels T_c. Daraus folgt:

„Bei Zentralprojektion (und auch bei Parallelprojektion) bleibt das Doppelverhältnis von vier Strahlen eines Büschels ungeändert.“

Übungsaufgaben: 1. Für ein Dreieck ist das Bild $P_c Q_c R_c$ und die Fluchtgerade e_u seiner Ebene gegeben; auch der Sehpunkt sei bekannt. Man soll das Bild des Höhenschnittpunktes H des Dreieckes finden.

2. Es sind jene normalen Strahlen des Büschels T zu suchen, welche auch im Bilde zueinander normal erscheinen.

3. Es sind solche Strahlen des Büschels T zu suchen, welche im Raume und im Bilde denselben Winkel (z. B. $\pi/_6$) einschließen.

2. Soll zu einer Ebene ε (e, e_u) eine Normale n errichtet werden (Fig. 45a), so kann hierfür die gegebene Ebene durch die Parallelebene $[De_u]$ ersetzt werden. Alle Normalen der Ebene ε sind zueinander parallel; daher gehen ihre Bilder durch denselben Fluchtpunkt N_u, der sich aus dem Sehstrahle ergibt, welcher zur Ebene $[De_u]$ normal ist. Ist wieder M_u der Fluchtpunkt aller Spurnormalen der Ebene ε, so ist $M_u D N_u$ ein bei D rechtwinkliges Dreieck, dessen Umlegung man leicht zeichnen kann. Man zieht $D_u M_u$ senkrecht zu e_u, $D_u D^0$ senkrecht zu $D_u M_u$ und $D^0 N_u$ senkrecht zu $D^0 M_u$, so daß

$$D_u M_u \times D_u N_u = -d^2.$$

Aus dieser Konstruktion folgt (I. Bd., § 10, 1):

Der Fluchtpunkt der Bilder aller Normalen zu einer Ebene ist der Antipol der Fluchtgeraden der Ebene in bezug auf den Distanzkreis.

Die Fluchtgerade der Normalebenen zu einer Geraden ist die Antipolare des Fluchtpunktes der Geraden in bezug auf den Distanzkreis.[5]

Soll der Abstand eines Punktes P, der auf einem Träger t (T, T_u) liegt, von einer Ebene ε (e, e_u) gesucht werden (Fig. 45b), so sucht man zunächst den Fluchtpunkt N_u aller Normalen der Ebene. Die Verbindungsgerade von P_c mit N_u ist das Bild n_c der Normalen; die Parallele durch T zu $T_u N_u$ gibt die Bildspur N der Normalen. Legt man durch n eine Hilfsebene z. B. jene, welche $N_u D^0$ als Fluchtgerade besitzt, so ergibt sie mit ε eine Schnittgerade, welche den Fußpunkt Q der Normalen liefert. Dabei ist D^0 auch schon der Teilungspunkt zur Auffindung der wahren Größe von Strecken, welche auf

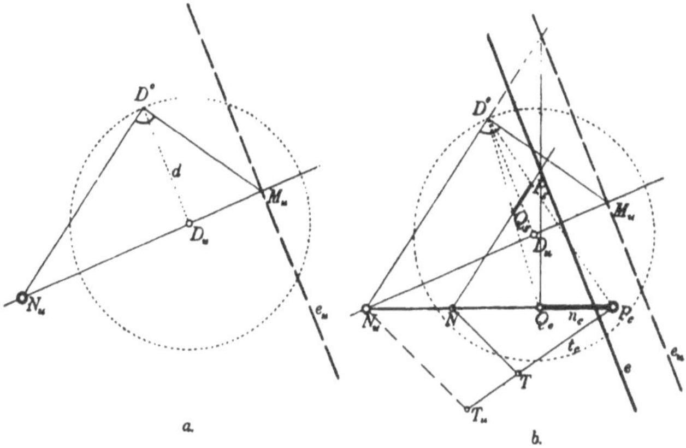

Fig. 45.

der Geraden n liegen. Verbindet man daher P_c und Q_c mit D^0, so erhält man auf der Spur der Hilfsebene die Strecke $P_s Q_s$, welche die wahre Größe des gesuchten Abstandes angibt.

Übungsaufgaben: 1. Es soll der Abstand eines Punktes P, der auf einem Träger t (T, T_u) liegt, von einer Geraden g (G, G_u) gesucht werden, indem man von dem Punkte die Normalebene zur Geraden fällt.

2. Es soll der Einfallswinkel einer Geraden g (G, G_u) gegen eine Ebene ε (e, e_u) gefunden werden.

3. Es soll der Neigungswinkel zweier Ebenen ε (e, e_u) und φ (f, f_u) gesucht werden, indem man die Normalebene zur Schnittgeraden der Ebenen sucht. Dabei kommen nur die Fluchtgeraden in Betracht.

4. Es sind die Ebenen ϱ und σ zu suchen, welche den Neigungswinkel zweier Ebenen halbieren.

5. Für zwei windschiefe Gerade a (A, A_u), b (B, B_u) soll der Abstand PQ und der Winkel ϱ gefunden werden. Der Antipol der Geraden $A_u B_u$ ist schon der Fluchtpunkt N_u des Bildes der gemeinsamen Normalen n; zieht man durch A die Parallele zu $A_u N_u$ und durch B die Parallele zu $B_u N_u$, so ist der Schnittpunkt der beiden Parallelen die Bildspur N von n. Daraus folgt n_c, P_c, Q_c . . .

6. Drei windschiefe Gerade a (A, A_u), b (B, B_u), c (C, C_u) sind gegeben. Wo muß der Hauptpunkt D_u liegen und wie groß ist die Distanz d, wenn die drei windschiefen Geraden zueinander normal sein sollen?

§ 14. Ebene Figur; Umlegung der Ebene.

1. Eine ebene Figur ist mit ihrer Zentralprojektion perspektiv kollinear. Der Sehpunkt D ist das Kollineationszentrum und die Bildspur e ist die Kollineationsachse; e_u ist die Fluchtgerade und e_v ist die Verschwindungsgerade (I. Bd., § 20, 5).

Nebst dem Sehpunkte sei nun eine Ebene ε (e, e_u) und auf dieser ein Dreieck PQR gegeben (Fig. 46). Es soll die Ebene ε umgelegt werden, d. h. sie soll um die Bildspur e so lange gedreht werden, bis sie mit der Bildebene zusammenfällt. Um zunächst die Umlegung eines Punktes P der Ebene zu finden, legt man durch P die Spurnormale m. Die Verbindungsgerade von P_c mit dem Fluchtpunkte M_u aller Spurnormalen der Ebene ist die Zentralprojektion m_c. Diese schneidet e in der Bildspur M. Zieht man in M die Normale zu e, so erhält man die Umlegung $m^\times$ der Spurnormalen. Anderseits beschreibt P wie jeder Punkt der Ebene bei der Umlegung einen Kreisbogen, zu welchem eine Sehne t gehört. Alle diese Drehsehnen sind zueinander parallel; ihre Bilder gehen daher durch denselben Fluchtpunkt T_u. Legt man den Sehpunkt D mit der Parallelebene um die Fluchtgerade e_u um, so beschreibt er einen Kreisbogen, dessen Sehne $DD^\times$ der zu den vorhin erwähnten Drehsehnen t parallele Sehstrahl ist. Der Punkt $D^\times$ ist also der verlangte Fluchtpunkt T_u für die Bilder aller Drehsehnen. Er ist zugleich ein Teilungspunkt für alle Spurnormalen. Die Verbindungsgerade von P_c mit dem Fluchtpunkte T_u ist die Zentralprojektion t_c der zu P gehörigen Drehsehne. Sie schneidet $m^\times$ in der Umlegung $P^\times$ des Punktes P. Für eine durch P gehende Gerade g der Ebene muß die Umlegung durch den Punkt $P^\times$ gehen und anderseits bleibt die Bildspur G der Geraden bei der Umlegung ungeändert. Verbindet man also $P^\times$ mit G, so erhält man die Umlegung $g^\times$ der Geraden g. Für den zweiten auf g liegenden Eckpunkt Q des Dreieckes muß die Umlegung $Q^\times$ auf $g^\times$ liegen. Man erhält also $Q^\times$ als Schnittpunkt von $g^\times$ mit dem Bilde $Q_c T_u$ der zu Q gehörigen Drehsehne. Werden die beiden anderen Seiten des Dreieckes umgelegt, so ergibt sich $R^\times$. Dabei muß $R^\times$ auf dem Bilde $R_c T_u$ der zu R gehörigen Drehsehne liegen. Es ist also folgende Verwandtschaft vorhanden:

1. Entsprechende Punkte P_c, $P^\times$ liegen auf Strahlen, welche durch den Fluchtpunkt T_u der Bilder aller Drehsehnen gehen.
2. Entsprechende Gerade g_c, $g^\times$ schneiden sich in Punkten der Bildspur e der Ebene.
3. Bei Inzidenz von P_c und g_c sind auch $P^\times$ und $g^\times$ inzident.

„Zentralprojektion und Umlegung einer ebenen Figur sind **perspektiv kollinear.** Der Fluchtpunkt T_u der Bilder aller Drehsehnen ist das Kollineationszentrum; die Bildspur e der Ebene ist die Kollineationsachse.“[1]

Die durch D senkrecht zu e stehende Ebene schneidet ε in einer Geraden w. Legt man diese Normalebene um, so geht w in eine Gerade w^0 über, welche zu $D^0 M_u$ parallel ist. Ihr Bild w_c und ihre Umlegung $w^\times$ fallen in die Gerade $D_u M_u$. Die Fluchtgerade e_u ist die Zentralprojektion der uneigentlichen Geraden der Ebene also einer Geraden, deren Umlegung ins Unendliche rückt. Die Verschwindungsgerade e_v, deren Bild unendlich weit ist, hat eine Umlegung $e_v^\times$, welche im Abstande $D^0 M_u$ zu e parallel ist. Man nennt daher e_u auch die Fluchtgerade und $e_v^\times$ die Verschwindungsgerade der Verwandtschaft zwischen Bild und Umlegung der ebenen Figur. Dies kann bei der Konstruktion benützt werden. Dem Fluchtpunkte G_u von g_c entspricht der uneigentliche Punkt von $g^\times$; daher muß $g^\times$ zur Geraden $G_u T_u$ parallel sein. Dem Schnittpunkte $G_v^\times$ von $g^\times$ und $e_v^\times$ entspricht der uneigentliche Punkt von g_c; zieht man daher durch T_u die Parallele zu g_c, so schneidet sie $e_v^\times$ im Punkte $G_v^\times$, welcher mit G verbunden die Umlegung $g^\times$ liefert.

2. Betrachtet man die Gerade $P_c T_u$ als Bild einer durch P gehenden Geraden k der Ebene, welche ihre Bildspur K auf e hat, so fällt die Umlegung $k^\times$ mit dem Bilde k_c zusammen. Das gleiche gilt von allen Geraden, welche durch T_u gehen. Es ist also T_u das Bild L_c des Scheitels eines Strahlbüschels L der Ebene ε, für welches das Bild L_c mit seiner Umlegung $L^\times$ zusammenfällt. Die Punkte P_c auf k_c und die Punkte $P^\times$ auf $k^\times$ bilden zwei projektive Punktreihen auf derselben Geraden, wobei K und $L_c = L^\times$ selbstentsprechende Punkte oder Doppelpunkte der beiden Reihen sind. Das Punktepaar K, L_c bildet mit dem Punktepaare P_c, $P^\times$ ein bestimmtes Doppelverhältnis δ; die Strahlenpaare e, $G T_u$ und g_c, $g^\times$ bilden dasselbe Doppelverhältnis δ. Ein anderer Kollineationstrahl schneidet diese vier Strahlen wieder in Punkten mit demselben Doppelverhältnisse. Werden diese vier Punkte aus einem anderen Punkte von e wieder auf die Gerade $k_c = k^\times$ projiziert, so ergibt sich wieder K, L_c, aber ein neues Paar P_c, $P^\times$. Es bilden also alle Paare entsprechender Punkte von $k_c = k^\times$ mit K, L_c dasselbe Doppelverhältnis δ, welches auch für alle Kollineationstrahlen dasselbe bleibt, nämlich

$$\delta = \frac{K P_c}{L_c P_c} : \frac{K P^\times}{L^\times P^\times}.$$

Kommt P_c in den Fluchtpunkt K_u von k_c, so rückt $P^\times$ ins Unendliche, wodurch das zweite Teilverhältnis 1 wird und

$$\delta = \frac{e M_u}{T_u M_u} = \frac{e e_u}{e e_v}.$$

„Auf allen Kollineationstrahlen bildet das Punktepaar K, L_c mit einem beliebigen Punktepaare P_c, $P^\times$ dasselbe Doppelverhältnis δ; es heißt die **Charakteristik** der perspektiven Kollineation.“

Das Kollineationszentrum und die Kollineationsachse liegen hier symmetrisch zwischen e_u und $e_v^\times$. Entsprechende

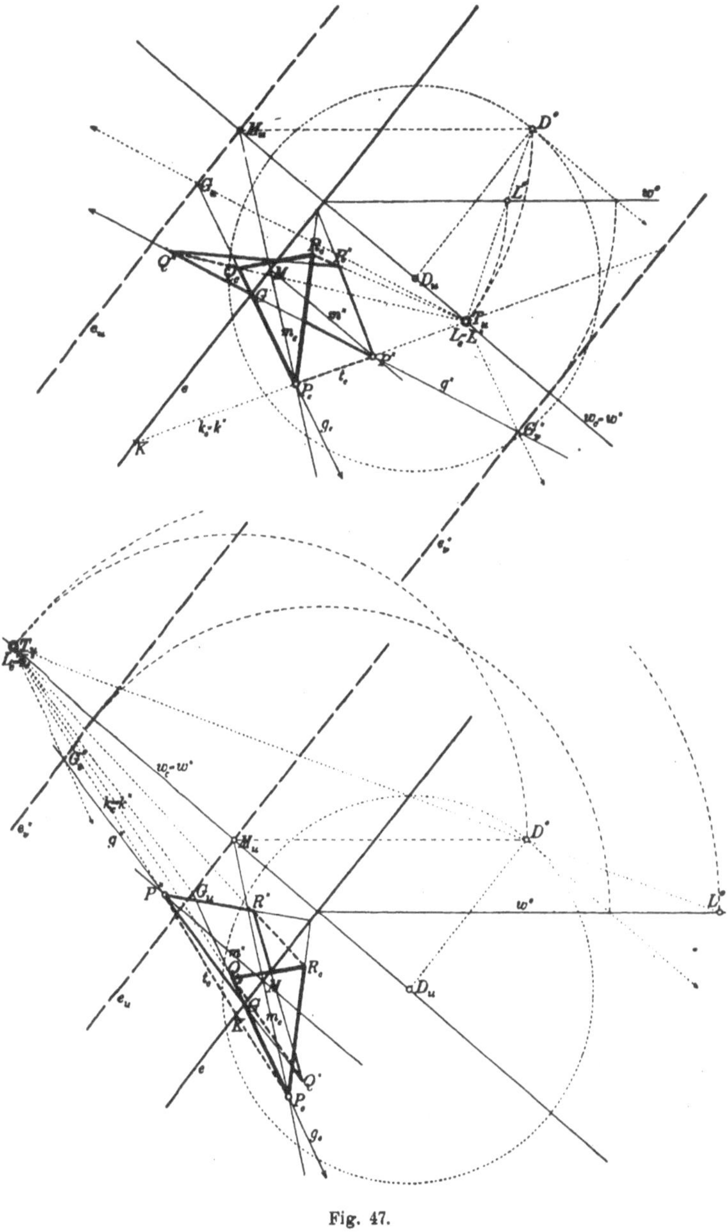

Fig. 47.

Punkte P_c und $P^\times$ liegen so, daß sie mit dem Punktepaare K, L_c gleichbezeichnete Teilverhältnisse liefern. Es ist somit die Charakteristik δ positiv. Legt man aber die Ebene nach der anderen Seite hin um (Fig. 47), so treten dieselben Beziehungen in anderer Anordnung auf. Das Kollineationszentrum und die Kollineationsachse liegen dann symmetrisch außerhalb des von e_u und $e_v^\times$ gebildeten Streifens und entsprechende Punkte P_c, $P^\times$ liegen so, daß sie mit K, L_c ungleichbezeichnete Teilverhältnisse liefern. Die Charakteristik δ ist jetzt negativ. Das letztere tritt ein, wenn die Ebene bei der Drehung den Sehpunkt überschreitet.

Hat die Ebene ε eine solche Lage, daß $ee_u = ee_v$ ist, so ergibt sich bei der Umlegung entweder eine perspektive Kollineation mit der Charakteristik $\delta = +1$, wobei das Kollineationszentrum L_c auf der Kollineationsachse e liegt, oder eine solche mit der Charakteristik $\delta = -1$, wobei die Fluchtgerade e_u mit der Verschwindungsgeraden $e_v^\times$ zusammenfällt. In dem letzteren Falle sind P_c und $P^\times$ vertauschungsfähig.

Ist die Ebene ε zur Bildebene parallel, so geht die Verwandtschaft in perspektive Ähnlichkeit mit dem Hauptpunkte D_u als Ähnlichkeitszentrum über. Dabei wird δ negativ, wenn die Ebene hinter dem Sehpunkte liegt.

Wenn der Sehpunkt D ins Unendliche rückt, so treten besondere Beziehungen auf, welche schon bei der Parallelprojektion besprochen wurden.

Übungsaufgaben: 1. Für das Dreieck PQR sind die Bilder der Mittelpunkte des umschriebenen, beziehungsweise des eingeschriebenen Kreises zu suchen.

2. Nebst dem Sehpunkte ist eine Ebene ε (e, e_u), ferner auf dieser ein Punkt P und eine durch ihn gehende Gerade g gegeben. In P soll ein Eckpunkt und auf g eine Seite eines Dreieckes PQR liegen, welches seiner Umlegung kongruent ist. Dabei kann man eine Seite und die zwei anliegenden Winkel gleichmachen oder man kann einen Winkel und die zwei einschließenden Seiten gleichmachen.

3. Auf einer Ebene ε (e, e_u) soll ein gleichseitiges Dreieck, ein Quadrat, ein regelmäßiges Vieleck liegen, von welchem das Bild O_c des Mittelpunktes und das Bild P_c eines Eckpunktes gegeben sind.

4. Die soeben erwähnten Figuren sollen die Grundflächen von regelmäßigen Prismen oder Pyramiden mit gegebener Höhe sein.

5. Ein gegebenes Viereck $P_c Q_c R_c S_c$ soll das Bild eines Quadrates von bestimmter Seitenlänge sein und die Ebene des Quadrates soll einen gegebenen Neigungswinkel gegen die Bildebene haben. Man soll daraus die Lage der Ebene und des Sehpunktes finden.

§ 15. Der Kreis.

1. Nebst dem Sehpunkte D (D_u, d) sei eine Ebene (e, e_u) und auf dieser ein Kreis $[O, r]$ gegeben (Fig. 48) Sucht man zum Bilde O_c des Kreismittelpunktes die Umlegung $O^{\times}$, so kann die Umlegung $k^{\times}$ des Kreises gezeichnet werden. Das Kreisbild k_c ist dann mit der Umlegung $k^{\times}$ perspektiv kollinear und es kann zu jedem Punkte und der zugehörigen Tangente des Kreises $k^{\times}$ der entsprechende Punkt und die zugehörige Tangente des Kreisbildes k_c konstruiert werden.

Da bei der perspektiven Kollineation die Ordnung und Klasse einer Linie ungeändert bleibt muß das Kreisbild k_c wie der Kreis selbst ein Linie zweiten Grades sein, und zwar ist es ein Ellipse, Parabel oder Hyperbel, je nachdem de Kreis $k^{\times}$ die Verschwindungsgerade e_v in zwe konjugiert imaginären Punkten schneidet (wie be der vorliegenden Annahme), berührt oder in zwe reellen Punkten schneidet.

Dabei geht die Polarität des Kreises in die Polarität des betreffenden Kegelschnittes über. Nur für den uneigentlichen Punkt W_∞ der Bildspur e fällt sowohl das Bild W_c als auch die Umlegung $W^{\times}$ ins Unendliche; die Polare von $W^{\times}$ ist die Spurnormale $m^{\times}$, auf welcher der Kreisdurchmesser $D_I^{\times} D_{II}^{\times}$ liegt. Daraus folgt:

„Nur der spurnormale Kreisdurchmesser $D_I^{\times} D_{II}^{\times}$ geht bei der perspektiven Kollineation wieder in einen Durchmesser $D_{Ic} D_{IIc}$ des Kreisbildes k_c über."

Der Verschwindungsgeraden $e_v^{\times}$ entspricht im Bilde die uneigentliche Gerade; dem Pole $R^{\times}$ von $e_v^{\times}$ in bezug auf den Kreis $k^{\times}$ entspricht daher der Pol R_c der uneigentlichen Geraden in bezug auf k_c, also der Mittelpunkt des Kreisbildes. (Ebenso ist O_c der Pol von e_u in bezug auf k_c.)

„Dem Pole $R^{\times}$ der Verschwindungsgeraden $e_v^{\times}$ in bezug auf den Kreis $k^{\times}$ entspricht der Mittelpunkt R_c des Kreisbildes k_c."

Der Pol $R^{\times}$ liegt auf dem zu $e_v^{\times}$ senkrechten Durchmesser $m^{\times}$ und auf der Polaren des Schnittpunktes $Q^{\times}$ von $m^{\times}$ und $e_v^{\times}$. Die Bilder der spurparallelen Kreissehnen werden vom Durchmesser m_e halbiert.

Die durch $R^{\times}$ gehende spurparallele Kreissehne $C_I^{\times} C_{II}^{\times}$

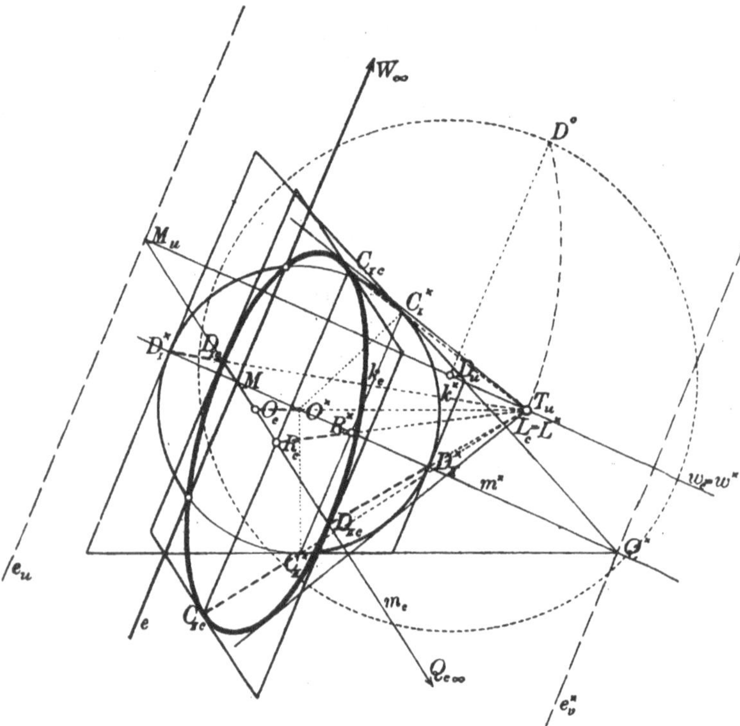

Fig. 48.

ergibt den zu $D_{Ie} D_{IIe}$ konjugierten Durchmesser $C_{Ie} C_{IIe}$ des Kreisbildes k_e."

Das gezeichnete Tangententrapez des Kreises $k^{\times}$ geht in das zu den konjugierten Durchmessern gehörige Tangentenparallelogramm über. Im vorliegenden Falle, wo das Kreisbild eine Ellipse ist, kann man aus den konjugierten Durchmessern wie früher (I. Bd., § 15, 2, 3) die Achsen konstruieren.

„Die zwei Schnittpunkte des Kreises $k^\times$ mit der Kollineationsachse e sind auch Punkte des Kreisbildes k_c; die zwei Tangenten des Kreises $k^\times$ aus dem Kollineationszentrum $L_c = L^\times$ sind auch Tangenten des Kreisbildes k_c."

2. Schneidet der Kreis $k^\times$ die Verschwindungsgerade $e_v^\times$ in zwei reellen Punkten $S_I^\times, S_{II}^\times$ (Fig. 49), so ist der Schnittpunkt der zugehörigen Tangenten $s_I^\times, s_{II}^\times$ der Pol $R^\times$

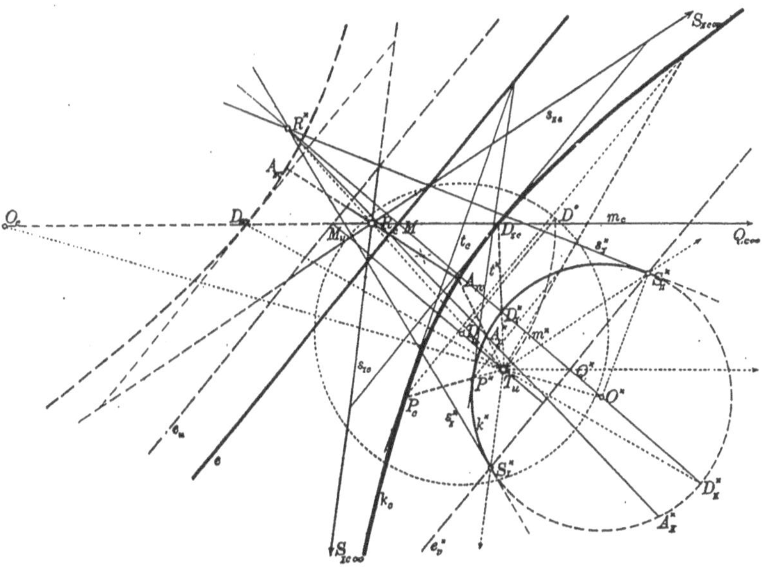

Fig. 49.

von $e_v^\times$. Sein Bild R_c ist der Mittelpunkt und die Bilder s_{Ic}, s_{IIc} sind die Asymptoten der Hyperbel, welche sich jetzt als Kreisbild k_c ergibt. Sucht man zu den Halbierungsgeraden des Winkels der Asymptoten die Umlegungen, so schneidet die eine von ihnen den Kreis $k^\times$ in zwei reellen Punkten $A_I^\times, A_{II}^\times$, deren Bilder A_{Ic}, A_{IIc} die Scheitel der reellen Achse der Hyperbel k_c sind. Man könnte aber diese Scheitel auch aus dem Bilde des spurnormalen Durchmessers und den Tangenten für die Endpunkte D_{Ic}, D_{IIc} konstruieren (I. Bd., § 31, 6).

Berührt der Kreis $k^\times$ die Verschwindungsgerade $e_v^\times$ in dem Punkte $Q^\times$ (Fig. 50), so wird das Kreisbild k_c eine Parabel. Der Pol $R^\times$ von $e_v^\times$ fällt hier mit $Q^\times$ zusammen. Sein Bild R_c rückt ins Unendliche in der Richtung des Kollineationstrahles $L^\times R^\times$ oder des Bildes m_c des spurnormalen Durchmessers. Der eigentliche End-

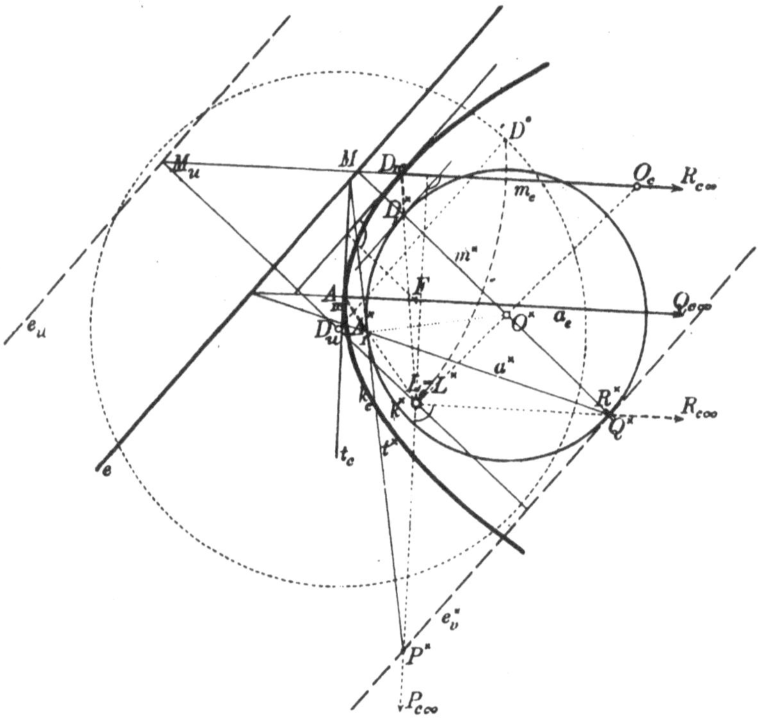

Fig. 50.

punkt dieses Parabeldurchmessers ist D_{Ic}; die zugehörige Tangente ist zu e parallel. Zieht man den Kollineationstrahl, welcher zu $L^\times R^\times$, also auch zu m_c senkrecht ist, so ist sein uneigentlicher Punkt $P_{c\,\infty}$ der Pol der Achse der Parabel und anderseits das Bild eines Punktes $P^\times$ von $e_v^\times$. Zieht man aus $P^\times$ die zweite Tangente $t^\times$ an den Kreis $k^\times$, welche einen Berührungspunkt $A_I^\times$ besitzt, so ist $A_I^\times R^\times$ die Polare $a^\times$ von $P^\times$. Ihr Bild a_c ist die Achse der Parabel, das Bild A_{Ic} ist der Scheitel und t_c die Scheiteltangente. Errichtet man im Schnittpunkte der zu D_{Ic} gehörigen Tangente und der Scheiteltangente eine Normale, so schneidet sie die Achse a_c im Brennpunkte F der Parabel.

Die Gerade $D_u M_u = w_c = w^\times$ ist eine Symmetrieachse der perspektiven Kollineation, nämlich zwei symmetrisch zu ihr liegenden Punkten entsprechen wieder symmetrisch liegende Punkte.

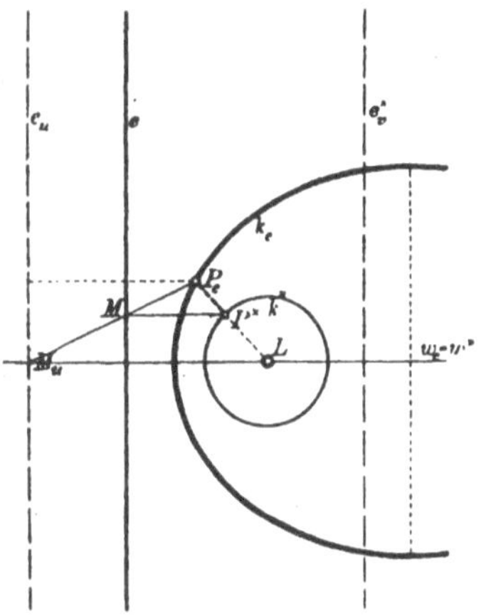

Fig. 51.

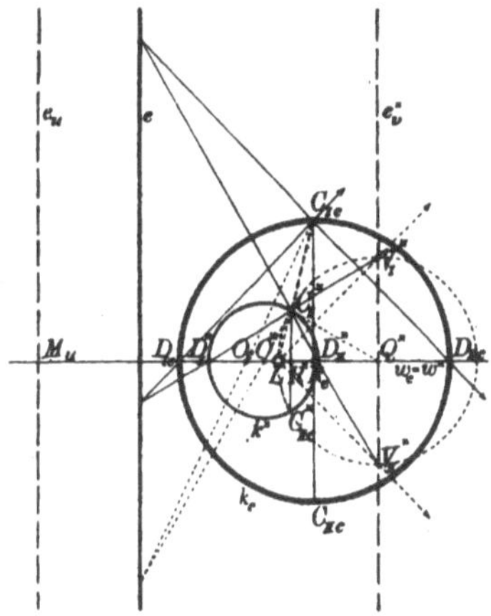

Fig. 52.

„Wenn der Mittelpunkt $O^\times$ des Kreises $k^\times$ auf der Symmetrieachse $w_c = w^\times$ liegt, so ist diese Gerade eine Achse des Kreisbildes k_c."

Nach der allgemeinen Konstruktion entsprechender Punkte $P^\times$ und P_c folgt aus der Ähnlichkeit vorkommender Dreiecke (Fig. 51):

$$\frac{LP_c}{LP^\times} = \frac{M_u P_c}{M_u M} = \frac{e_u P_c}{e_u e}, \quad \text{also} \quad \frac{LP_c}{e_u P_c} = \frac{LP^\times}{e_u e}.$$

Betrachten wir jetzt den besonderen Fall, daß der Mittelpunkt $O^\times$ im Kollineationszentrum $L_c = L^\times$ liegt, so ist $LP^\times$ konstant und daher auch das Verhältnis

$LP_c : e^u P_c$ konstant. Daraus kann man schließen (I. Bd., § 20, 4):

„Wenn der Mittelpunkt $O^\times$ des Kreises $k^\times$ im Kollineationszentrum L liegt, so ist L der Brennpunkt und e_u die Leitgerade des Kreisbildes k_c."

3. Ist die Ebene ε zur Bildebene δ parallel, so ist das Kreisbild k_c auch ein Kreis, und nur in diesem Falle ist das Bild O_c des Kreismittelpunktes auch der Mittelpunkt des Kreisbildes.

Es kann aber auch für eine schiefe Ebene ε das Kreisbild k_c wieder ein Kreis sein (Fig. 52). Der Mittelpunkt $O^\times$ muß da auf der Symmetrieachse $w_c = w^\times$ liegen und die Anordnung muß so getroffen werden, daß für das elliptische Kreisbild die Achsen gleich groß werden, daß also die Punkte $C_{Ic}, C_{IIc}, D_{Ic}, D_{IIc}$ die Eckpunkte eines Quadrates bilden. Den uneigentlichen Punkten der Seiten des Quadrates entsprechen dann die Schnittpunkte $V_I^\times, V_{II}^\times$ von $e_v^\times$ mit jenen Kollineationstrahlen, welche mit w_c den Winkel $\pi/_4$ bilden. Die Umlegung des Viereckes muß ein Deltoid sein, dessen Seiten durch die Punkte $V_I^\times, V_{II}^\times$ von $e_v^\times$ gehen und welches bei $C_I^\times$ und $C_{II}^\times$ wieder Rechtwinkel enthalten muß. Die Punkte $C_I^\times, C_{II}^\times$ müssen daher auf dem Kreise liegen, welcher $V_I^\times V_{II}^\times$ als Durchmesser, also $Q^\times$ als Mittelpunkt und $Q^\times L$ als Radius hat. Wählt man auf diesem Kreise einen Punkt $C_I^\times$, so ist der zugehörige Radius $Q^\times C_I^\times$ die Tangente des Kreises $k^\times$. Zieht man daher die dazu senkrechte Tangente des Kreises $[Q^\times, Q^\times L]$, so schneidet sie $w^\times$ im Mittelpunkte $O^\times$ von $k^\times$. Verbindet man $C_I^\times$ mit $V_I^\times$ und $V_{II}^\times$, so erhält man auf e die Punkte, durch welche die entsprechenden Quadratseiten gehen, und zwar unter $\pi/_4$ gegen w_c geneigt. Fällt man von C_{Ic} die Normale zu w_c, so erhält man den Mittelpunkt R_c des Kreisbildes k^c. Alle Kreise $k^\times$, welche ihren Mittelpunkt $O^\times$ auf $w^\times$ haben und welche den Kreis $[Q^\times, Q^\times L]$ orthogonal schneiden (sie bilden ein hyperbolisches Kreisbüschel), haben wieder Kreise k_c als Bilder (diese schneiden den Kreis $[M_u, M_u L]$ orthogonal und bilden auch ein hyperbolisches Kreisbüschel).[6]

Alle Kreise, welche durch die Punkte $V_I^\times$ und $V_{II}^\times$ gehen (sie bilden ein elliptisches Kreisbüschel), haben gleichseitige Hyperbeln als Bilder.

4. Umgekehrt kann jeder Kegelschnitt auf unendlich vielfache Art als Zentralprojektion k_c eines Kreises k betrachtet werden. Ist z. B. von k_c ein Durchmesser $D_{Ic}D_{IIc}$ und eine konjugierte Sehne gegeben, so kann man die Gerade, auf welcher die Sehne liegt, als Bildspur e und einen Kreis, welcher durch die Endpunkte der Sehne geht, als Umlegung $k^{\times}$ annehmen. Der zu e senkrechte Durchmesser $D_I^{\times}D_{II}^{\times}$ ergibt dann zwei Kollineationstrahlen, deren Schnittpunkt das Kollineationszentrum L ist. Daraus findet man $w_c = w^{\times}, M_u, e_u$. Dabei kann noch der Radius des Kreises und die Distanz des Sehpunktes beliebig angenommen werden. Statt des Halbmessers des Kreises kann etwa ein Punkt O_c von $D_{Ic}D_{IIc}$ als Bild des Kreismittelpunktes gegeben sein; dann ist der Schnittpunkt der Tangenten für die Endpunkte der durch O_c parallel zu e gehenden Sehne von k_c der Fluchtpunkt M_u.

Von dem Kegelschnitte k_c können fünf beliebige Punkte A_c, B_c, C_c, D_c, E_c angenommen werden. Es läßt sich dann zeigen, daß man immer vier von diesen Punkten als Bilder der Eckpunkte eines Rechteckes betrachten kann. Der eine Diagonalpunkt des Viereckes ist das Bild O_c des Kreismittelpunktes. Die beiden anderen Diagonalpunkte haben eine Verbindungsgerade e_u und sind die Endpunkte des Durchmessers eines Kreises, auf welchem das Kollineationszentrum L liegen muß. Die Verbindungsgeraden des fünften Punktes mit zwei gegenüberliegenden Eckpunkten des Viereckes ergeben wieder die Fluchtpunkte von zwei zueinander normalen Geraden, also noch einen Kreis, auf welchem L liegen muß. Ein Punkt von e oder die Größe des Kreishalbmessers kann noch gewählt werden. [7]

Übungsaufgaben: 1. Es sind konzentrische Kreise abzubilden, deren Mittelpunkt auf der Verschwindungsgeraden e_v liegt, insbesondere im Schnittpunkte von e_v mit w (M_u Mittelpunkt und gleichen imaginären Durchmesser auf e_u).

2. Ein in der Abbildung gegebener Kreis k sei die Basis eines Drehzylinders, beziehungsweise eines Drehkegels von gegebener Höhe. Man soll den scheinbaren Umriß finden.

3. Zwei gegebene Kreise $k_1^{\times}$, $k_2^{\times}$ sollen auch im Bilde wieder als Kreise erscheinen. Wie ist die Annahme zu treffen, daß die Aufgabe lösbar wird?

§ 16. Plankurven und Raumkurven.

1. Betrachtet man eine Plankurve k, so ist ihre Zentralprojektion k_c mit der Umlegung $k^\times$ perspektiv kollinear (Zentrum L, Achse e). Wenn das Zentrum L und die Achse e, ferner zu einem Punkte $P^\times$ der entsprechende Punkt P_c gegeben ist, so kann aus $k^\times$ die Linie k_c konstruiert werden. Es sei nun $k^\times$ eine algebraische Linie

von der n_p. Ordnung,	der n_t. Klasse,
mit d_p Doppelpunkten,	d_t Doppeltangenten,
r_p Rückkehrpunkten,	w_t Wendetangenten.
Eine Linie $k^\times$ und eine Gerade $g^\times$ ergeben dann n_p Schnittpunkte; die n_p entsprechenden Punkte hierzu (und nur diese) sind die Schnittpunkte der Linie k_c und der Geraden g_c.	An die Linie $k^\times$ kann man von einem Punkte $P^\times$ aus n_t Tangenten legen; die n_t entsprechenden Geraden hierzu (und nur diese) sind die Tangenten an die Linie k_c aus dem Punkte P_c.

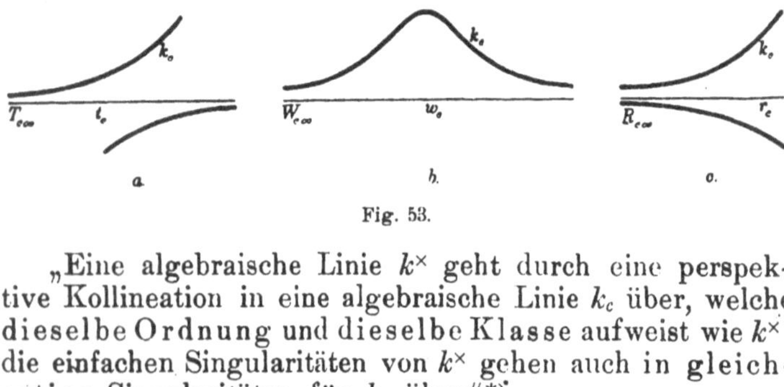

Fig. 53.

„Eine algebraische Linie $k^\times$ geht durch eine perspektive Kollineation in eine algebraische Linie k_c über, welche dieselbe Ordnung und dieselbe Klasse aufweist wie $k^\times$; die einfachen Singularitäten von $k^\times$ gehen auch in gleichartige Singularitäten für k_c über.“*)

Der Tangente eines Schnittpunktes von $k^\times$ mit der Verschwindungsgeraden $e_v^\times$ entspricht eine Asymptote t_c für k_c (Fig. 53a). Geht $e_v^\times$ durch einen Wendepunkt von $k^\times$, so entspricht der Wendetangente eine Wendeasymptote w_c für k_c (Fig. 53b). Geht $e_v^\times$ durch einen Rückkehrpunkt von $k^\times$, so entspricht der Rückkehrtangente eine Rückkehrasymptote r_c für k_c (Fig. 53c).

*) Eine transzendente Linie geht wieder in eine transzendente Linie über; die vorkommenden Unstetigkeiten (Endpunkte, Eckpunkte) gehen auch in gleichartige Unstetigkeiten über.

Wählt man P_c nahe bei $P^\times$ (Fig. 54), so weichen die Linien $k^\times$ und k_c überall nur wenig voneinander ab*). Sie schneiden sich zunächst in Punkten, welche auf der Kollineationsachse e liegen, und haben gemeinsame Tangenten, welche durch das Kollineationszentrum L gehen. In der Nähe der Berührungspunkte dieser Tangenten

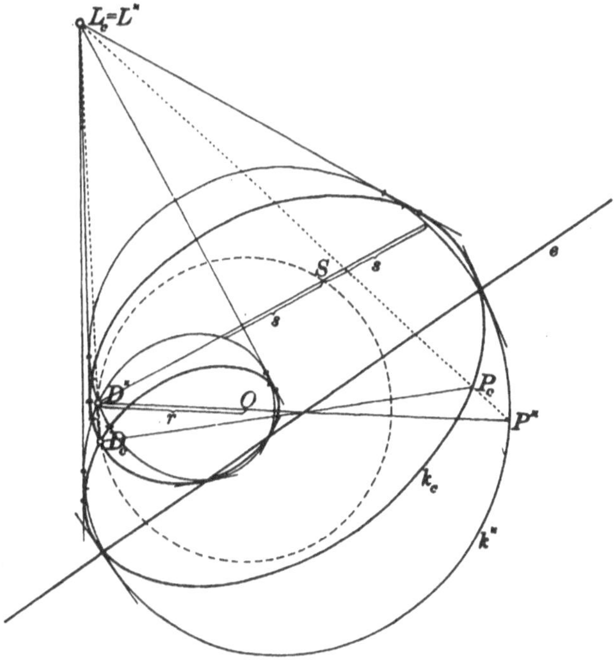

Fig. 54.

ergeben sich die weiteren Schnittpunkte, welche sich im Grenzfalle mit den Berührungspunkten vereinigen; in der

*) In der Figur ist als $k^\times$ eine Pascalsche Linie angenommen, welche so entsteht wie die Konchoide des Nikomedes (I. Bd., § 26,1), wobei aber die Gerade g durch einen Kreis $[O, r]$ ersetzt ist, welcher durch den Scheitel $D^\times$ des Strahlbüschels geht. Auch hier ist die Polarsubnormale für den Punkt S des Kreises zugleich die Polarsubnormale für die beiden aus S entstehenden Punkte der Pascalschen Linie, woraus man die zugehörigen Tangenten findet.

Nähe der zu den Schnittpunkten von e gehörigen Tangenten ergeben sich die weiteren gemeinsamen Tangenten, welche sich im Grenzfalle mit jenen Tangenten vereinigen.

Nach dem Bézoutschen Satze haben die Linien $k^\times$ und k_c im ganzen

$$n_p{}^2 \text{ Schnittpunkte und } n_t{}^2 \text{ gemeinsame Tangenten,}$$

welche aber auch paarweise imaginär sein können. Von den Schnittpunkten liegen n_p auf e. Die übrigen

$$[n_p{}^2 - n_p] \text{ Schnittpunkte}$$

geben auch die Zahl der durch L gehenden gemeinsamen Tangenten an, also die Zahl der aus L an $k^\times$ oder k_c gehenden Tangenten — die Klasse n_t. Ist ein Doppelpunkt D vorhanden, so schneidet jeder der beiden Zweige den nicht entsprechenden Zweig der anderen Linie in einem Punkte, der im Grenzfalle nicht zum Berührungspunkte einer aus L gehenden Tangente wird. Es ist somit für jeden Doppelpunkt von der Schnittpunktezahl 2 abzuziehen [für einen s-fachen Punkt $s(s-1)$]. Ist ein Rückkehrpunkt R vorhanden, so kann er als Grenzfall eines Doppelpunktes angesehen werden. Die einzige Tangente, die man an die unendlich kleine Schlinge legen kann, ist die Verbindungsgerade LR. Da aber das ganze Strahlbüschel R von der Linie sich abspaltet (I. Bd., § 26, 2), so ist für jeden Rückkehrpunkt von der Schnittpunktzahl nicht bloß 2, sondern 3 abzuziehen. Aus dieser und der dualen Betrachtung ergeben sich die Plückerschen Formeln*)[8]:

$$n_p(n_p-1) - 2d_p - 3r_p = n_t\,; \qquad n_t(n_t-1) - 2d_t - 3w_t = n_p\,.$$

*) Andere Gleichungen, die hier nicht gezeigt werden können, sind z. B.

$$r_p - w_t = 3.(n_p - n_t)\,,$$

$$d_p - d_t = \tfrac{1}{2}(n_p - n_t)(n_p + n_t - 9)\,.$$

Eine Linie von der Ordnung n_p kann höchstens einen (n_p-1)-fachen Punkt haben. Ein solcher ist aber gleichwertig mit

$$\frac{(n_p-1)(n_p-2)}{2} \text{ Doppelpunkten.}$$

Der Unterschied p der Anzahl der höchstens möglichen und wirklich vorkommenden Doppel- und Rückkehrpunkte heißt das „Geschlecht der Linie" und es ist

$$p = \frac{(n_p-1)(n_p-2)}{2} - (d_p + r_p) = \frac{(n_t-1)(n_t-2)}{2} - (d_t + w_t)\,.$$

2. Betrachtet man z. B. die Linien 3. Ordnung, so kann eine solche keine Doppeltangente besitzen, weil auf dieser vier Schnittpunkte liegen würden. Es kann höchstens ein Doppelpunkt oder ein Rückkehrpunkt vorkommen, weil die Verbindungsgerade zweier solcher Punkte auch schon vier Schnittpunkte haben würde. Es ergeben sich hiernach drei Typen von Linien 3. Ordnung[9]:

I. ohne Doppel- und Rückkehrpunkt	II. mit einem Doppelpunkte	III. mit einem Rückkehrpunkte
$n_p = 3,\quad n_t = 6$	$n_p = 3,\quad n_t = 4$	$n_p = 3,\quad n_t = 3$
$d_p = 0,\quad d_t = 0$	$d_p = 1,\quad d_t = 0$	$d_p = 0,\quad d_t = 0$
$r_p = 0,\quad w_t = 9$	$r_p = 0,\quad w_t = 3$	$r_p = 1,\quad w_t = 1.$

Die (I. Bd., § 33,2) als Aufriß und Kreuzriß des kubischen Kreises erhaltenen Linien sind vom Typus II, wobei der Doppelpunkt isoliert ist. Für $\varrho = 0$, $2\pi/3$, $4\pi/3$ ist die Tangente der Kardioide zur y-Achse normal. Die zugehörigen Schmiegungsebenen des kubischen Kreises sind zur Aufrißebene normal und für $\varrho = \pi/3$, $3\pi/3$, $5\pi/3$ werden sie zur Kreuzrißebene senkrecht. Daraus ergeben sich die Wendetangenten und die zugehörigen Wendepunkte für den Aufriß und Kreuzriß; insbesondere ist u''' eine Wendeasymptote für den Kreuzriß.

Die Zissoide des Diokles, welche sich (I. Bd., § 32,2) als Doppelspur der zur Vivianischen Linie gehörigen Torse ergab, ist eine Linie 3. Ordnung vom Typus III. Sie hat A' als Rückkehrpunkt und h_1 als Wendeasymptote. Aus jedem Punkte P, der zwischen der Linie und ihrer Wendeasymptote liegt, kann man 3 Tangenten legen; wenn aber der Punkt P die Linie oder die Wendeasymptote überschreitet, werden 2 von diesen Tangenten konjugiert imaginär.[10]

3. Man kann auch die Krümmung der Zentralprojektion einer Plan- oder Raumkurve untersuchen. Zunächst gilt wieder die früher (I. Bd., § 16,3) gefundene Beziehung:

$$\frac{k_p}{k_r} = \frac{\lambda^3}{\varphi}.$$

Dabei bedeutet λ die Längenverzerrung für den Punkt T der Tangente t und φ die Flächenverzerrung für den Punkt T der Schmiegungsebene ε der Raumkurve. Die

Figur 55 zeigt in einer schiefen Projektion die Bildebene δ, den Sehpunkt D, den Hauptpunkt D_u, den Kurvenpunkt T mit seinem Bilde T_c, die Tangente t mit ihrem Bilde t_c, auf t die zwei benachbarten Punkte 1, 2, die Schmiegungsebene ε (e, e_u, e_v) und auf ihr den dritten benachbarten Punkt 3 sowie den Fußpunkt C der Normalen aus D. Zieht man durch T_c zu $\overline{1\,2}$ eine Parallele $\overline{1'\,2'}$, so sind

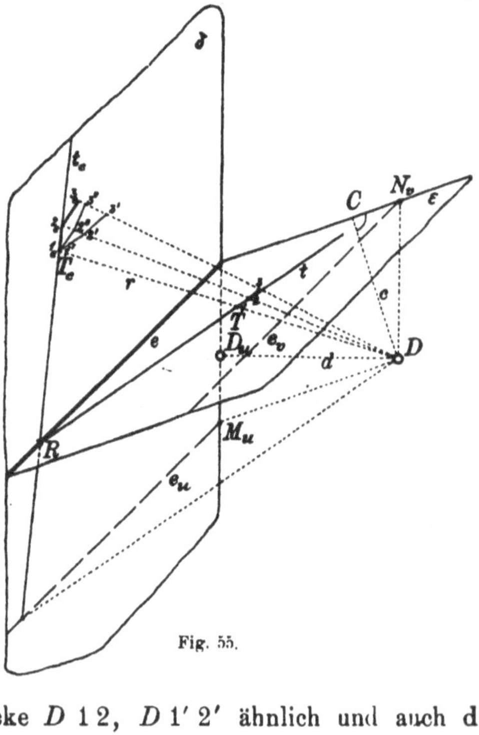

Fig. 55.

die Dreiecke $D\,1\,2$, $D\,1'\,2'$ ähnlich und auch die Dreiecke $R\,T\,T_c$, $T_c\,2'\,2_c$ kann man als ähnlich betrachten, weil die Seite $2'\,2_c$ als parallel zum Sehstrahle $T\,T_c$ aufgefaßt werden kann. Es ist daher

$$\frac{1'\,2'}{1\,2} = \frac{D\,T_c}{D\,T} \quad \text{und} \quad \frac{1_c\,2_c}{1'\,2'} = \frac{R\,T_c}{R\,T},$$

also die Längenverzerrung $\lambda = \frac{D\,T_c}{D\,T} \cdot \frac{R\,T_c}{R\,T}$.

Projiziert man das Dreieck der drei benachbarten Punkte 1, 2, 3 zunächst auf die durch T_c gehende, zu ε parallele Ebene, so erhält man ein Dreieck 1′ 2′ 3′. In der Umgebung von T_c kann man die Sehstrahlenpyramide als Prisma betrachten; sein Normalschnitt sei 1″ 2″ 3″. Gegen diesen Normalschnitt haben die Schnitte 1′ 2′ 3′ und $1_c\,2_c\,3_c$ Neigungswinkel, welche den Winkeln gleich sind, die vom Sehstrahle r mit den Abständen c und d gebildet werden. Es ist daher

$$\frac{1'\,2'\,3'}{1\;2\;3}=\left(\frac{DT_c}{DT}\right)^2, \qquad \frac{1''\,2''\,3''}{1'\,2'\,3'}=\frac{c}{DT}, \qquad \frac{1_c\,2_c\,3_c}{1''\,2''\,3''}=\frac{DT_c}{d},$$

also die Flächenverzerrung $\varphi=\left(\dfrac{DT_c}{DT}\right)^3\cdot\dfrac{c}{d}$.

Daraus ergibt sich $\dfrac{k_p}{k_r}=\left(\dfrac{RT_c}{RT}\right)^3\cdot\dfrac{d}{c}$.

Wendet man auf das Dreieck RTT_c den Sinussatz an, so kann man das Verhältnis $RT_c:RT$ durch jenes der Sinus der gegenüberliegenden Winkel ersetzen. Es ist also auch

$$\frac{k_p}{k_r}=\left(\frac{\sin rt}{\sin rt_c}\right)^3\cdot\frac{d}{c}.$$

Kommt eine Umlegung der Ebene ε in Betracht, wobei sich ein Kollineationszentrum L ergibt, so kann das Verhältnis $d:c$ wegen der Ähnlichkeit der Dreiecke DD_uM_u, DCN_v durch das Verhältnis $LM_u:ee_u$ ersetzt werden, welches auch (§ 14, 2) gleich $1:\delta$ ist.

Wenn die Tangente t zur Bildebene parallel ist, so fällt der kubische Faktor weg. Berührt die Ebene ε die Kugel $[D, d]$, so entfällt der zweite Faktor. Ist die Linie ein Kreis und ist der Sehstrahl des Mittelpunktes zur Ebene des Kreises senkrecht, so daß die Sehstrahlen einen Drehkegel bilden, dann ist $k_r\cdot\dfrac{d}{c}$ dem Krümmungsradius k_A für den Scheitel der Hauptachse des Kegelschnittes gleich, ferner ist der Winkel rt gleich $\pi/_2$ und der Winkel rt_c gleich dem Winkel, welchen der Leitstrahl des Kegelschnittes mit der Tangente bildet (I. Bd., § 20, 3). Wird der Winkel, welchen der Leitstrahl mit der Normalen bildet, mit φ bezeichnet, so ergibt sich

$$k_p = \frac{k_A}{\cos \varphi^3}.$$

Trägt man also auf dem Leitstrahle von T aus k_A auf, errichtet im Endpunkte eine Senkrechte bis zum Schnitte mit der Normalen, hier wieder eine Senkrechte bis zum Schnitte mit dem Leitstrahle und hier nochmals eine Senkrechte bis zum Schnitte mit der Normalen, so ist dieser Schnittpunkt der Krümmungsmittelpunkt K. Dies vereinfacht sich noch dadurch, daß der erste Schnittpunkt auf der Hauptachse liegt.[11]

B. Beziehung auf ein Achsensystem; das Zweibildersystem (Angewandte Perspektive).

§ 17. Das Verfahren der perspektiven Maßstäbe oder die zentrale Axonometrie.

1. In der angewandten Perspektive wird die Bildebene δ zumeist aufrecht vorausgesetzt. Die abzubildenden Körper (häufig auch den Beschauer) denkt man sich auf einer horizontalen Grundebene stehend. Die Fluchtgerade der Grundebene und aller horizontalen Ebenen ist eine durch den Hauptpunkt D_u gehende Horizontale h_u; sie heißt „Horizont" (Fig. 56). Die Bildspur h der Grundebene ist in einer gewissen Tiefe parallel zu h_u. Zwischen h_u und h erscheinen jene Punkte der Grundebene, welche hinter der Bildebene liegen; unter h erscheinen jene Punkte der Grundebene, welche zwischen Bild- und Verschwindungsebene liegen.

Befindet sich der abzubildende Körper in Stirnlage, so kann die Bildspur h als y-Achse und die Bildebene als $[yz]$-Ebene betrachtet werden.

Ein Punkt $P(P', P'')$ ist dann der Eckpunkt eines Rechteckes $PP'YP''$. Die Bilder der zwei zur Bildebene normalen Seiten des Rechteckes, welche durch Y und P'' gehen, haben den Hauptpunkt D_u als Fluchtpunkt. Für die Umlegung der Grundebene sind die Drehsehnen unter $\pi/4$ nach abwärts geneigt. Der untere Distanzpunkt D^0 ist daher der Fluchtpunkt der Bilder aller Drehsehnen. Das Bild der Drehsehne des Punktes P' ist also $P'D^0$; es schneidet YD_u im zentralen Grundrisse P'_c. Das Bild der vierten Seite des Rechteckes ist parallel zu YP'' und ergibt auf $P''D_u$ die Zentralprojektion P_c des Punktes P. Die Zentralprojektion P_c und der zentrale Grundriß P'_c liegen wieder auf einem Ordner.

Eine Gerade g (g', g'') hat die Aufrißspur zugleich als Bildspur G. Für die Abbildung der Geraden g' ist der

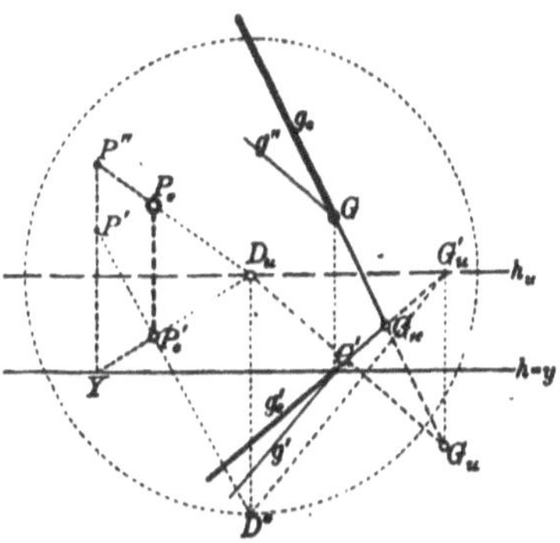

Fig. 56.

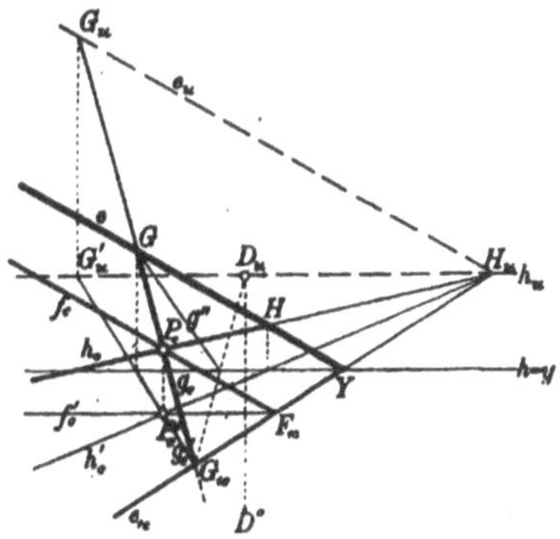

Fig. 57.

Schnittpunkt von g' und h die Bildspur G'; der Strahl, welcher durch D^0 parallel zu g' geht, liefert im Schnitte mit dem Horizonte h_u den Fluchtpunkt G'_u. Dann ist $G'G'_u$ der zentrale Grundriß g'_c der Geraden. Der Sehstrahl, welcher zu g selbst parallel ist, hat den Strahl, der durch D_u parallel zu g'' geht, als Aufriß. Dieser wird vom Ordner des Punktes G'_u im Fluchtpunkte G_u geschnitten. Dann ist GG_u die Zentralprojektion g_c der Geraden. Der Schnittpunkt von g_c und g'_c ist die zentrale Grundspur G_{1c}.

Der zentrale Grundriß und der umgelegte Grundriß sind perspektiv kollinear. Das Kollineationszentrum ist der untere Distanzpunkt D^0; die Kollineationsachse ist die Bildspur h der Grundebene (§ 14, 1).

Die Abbildung der Punkte P durch (P_c, P'_c) und der Geraden g durch (g_c, g'_c) gibt wieder ein brauchbares Zweibildersystem. In diesem sind die Aufgaben über das „Verbinden“ einfacher zu lösen als in dem früher behandelten Zweispurensysteme. Die Aufgaben des Verbindens und Schneidens können dabei mit denselben Linien ausgeführt werden wie bei den zugeordneten Normalrissen, bei axonometrischer oder schiefer Projektion.[12]

Ist eine Ebene ε (e, e_u) gegeben (Fig. 57), so hat sie eine Grundspur e_1, deren Bild sich als Verbindungsgerade des Schnittpunktes der Spuren e, h und des Schnittpunktes der Fluchtgeraden e_u, h_u ergibt; es heißt zentrale Grundspur e_{1c}. Nun ist eine Gerade g abgebildet, welche auf der Ebene liegt, ferner ein Punkt P, welcher auf der Geraden, also auch auf der Ebene ε liegt. Jene Ebene, welche durch g geht und zur Grundebene senkrecht ist (also den Grundriß g' liefert), hat eine zu h senkrechte Bildspur; jene Ebene, welche durch g geht und zur Bildebene senkrecht ist (also den Aufriß g'' liefert), hat eine durch den Hauptpunkt D_u gehende zentrale Grundspur. Es ist auch die durch P gehende Frontale f abgebildet; ihr zentraler Grundriß f'_c ist zu h parallel. Der Schnittpunkt der zentralen Grundspur e_{1c} mit dem Horizonte h_u ist der Fluchtpunkt H_u aller Horizontalen der Ebene und ihrer Grundrisse.

2. Die Innenansicht eines Zimmers [$l = 6$ m, $b = 5$ m, $h = 4$ m] soll für Stirnstellung gezeichnet werden. In diesem Falle wird die Bildebene δ parallel zur $[yz]$-Ebene des Gegenstandes angenommen. Die vordere Wand des Zimmers ist weggenommen und in einer Entfernung e von ihr ist der Beschauer aufgestellt, während die Bildebene δ im Abstande d vom Auge sich befindet. Die Augenhöhe über dem Boden des Zimmers ist also ungefähr 1,6 m. Der zur Bildebene senkrechte Hauptstrahl soll den Gegenstand nicht weit von der Mitte zwischen seinem rechten und linken Rande treffen.

Bei der Wahl von d und e sind physiologische Umstände zu berücksichtigen. Damit das normale Auge ein Bild ohne jede Anstrengung deutlich sehe, muß es in eine Entfernung von ungefähr 25 cm — in die deutliche Sehweite — gebracht werden. Das Auge ist aber anpassungsfähig, so daß man mit geringer Muskelanstrengung sowohl bei kleinerer Entfernung bis zu 10 cm als auch bei größerem Abstande (ohne besondere Grenze) deutlich sehen kann. Aus diesem Grunde wäre $d = 10$ cm als eine untere Grenze für die Wahl der Distanz zu betrachten. Ein zweiter Umstand ist der, daß ein Gegenstand von größeren Abmessungen mit ruhigem Auge nur dann auf einmal überblickt werden kann, wenn er sich ganz innerhalb des Sehkegels befindet, dessen Erzeugende mit dem Hauptstrahle höchstens einen Winkel $\beta = \pi/_6$ einschließen, weil die deutliche Wahrnehmung von der Blickrichtung aus ringsum ziemlich rasch abnimmt. Da aber der Kopf und besonders das Auge beim Schauen nicht ruhig bleibt, kann man $\beta = \pi/_4$ als zulässig betrachten. Daraus folgt, daß das Bild ganz innerhalb des Distanzkreises liegen soll und daß die Entfernung e mindestens die Hälfte bis zum Anderthalbfachen der größten Abmessung des Gegenstandes betragen soll. Eine große Distanz hat aber wieder den Nachteil, daß man kleine Einzelheiten des Bildes nicht mehr wahrnimmt, wenn nämlich der zugehörige Sehwinkel unter die Grenze von 30″ sinkt*). Für das vorliegende Beispiel sei $d = 10$ cm und $e = 5$ m.

Findet nicht eine unmittelbare Aufnahme statt, so kann man sich den Gegenstand im Verhältnisse d/e perspektiv ähnlich verkleinert denken, wodurch er ganz an die Bildebene δ heranrückt. Es liegt dann der Ursprung O, die y-Achse (zugleich Grundlinie h) und die z-Achse sowie das vordere Wandrechteck auf der Bildebene, so daß man auf diesen beiden Achsen die Maßstäbe mit der im Verhältnisse $d/e = {}^1/_{50}$ verkleinerten Einheit (2 cm) zu zeichnen hat. Mit Rücksicht auf die im Buche verfügbare Breite ist die ganze Konstruktion in halber Größe, also mit der Einheit 1 cm ausgeführt (Fig. 58); das Bild wäre dann, wie es auch angedeutet ist, wieder auf das Doppelte perspektiv ähnlich in bezug auf H_u zu vergrößern. Dabei kommt es für einen Punkt nur auf das Verdoppeln der von H_u ausgehenden Strecke und für eine Gerade auf.

*) Bei den in Büchern gemachten Angaben über die Wahl der Distanz wird manchmal d mit e verwechselt oder vermengt.

das Ziehen einer Parallelen durch einen bereits gefundenen Punkt hinaus. Der Horizont h_u ist im Abstande 1,6 cm parallel zur Grundlinie h; der Hauptpunkt H_u ist um $^1/_8$ cm von der Mitte nach rechts gerückt. Das Bild x_c der x-Achse ist die Gerade OH_u. Um das Auftragen des Maßstabes auf der x-Achse vorzunehmen, legt man diese auf die Spur der Kreuzrißebene um, etwa so, daß

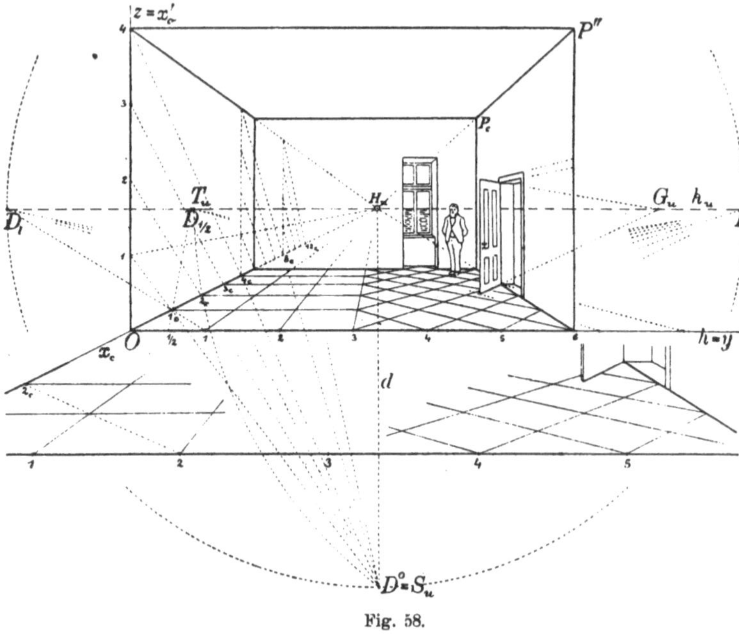

Fig. 58.

der rückwärtige Teil x_0' mit dem positiven Teile der z-Achse zusammenfällt; dann ist der untere Distanzpunkt D^0 als Fluchtpunkt der unter $\pi/_4$ nach abwärts gehenden Drehsehnen der zugehörige Meßpunkt. Verbindet man also D^0 mit den Punkten von z, so erhält man auf x_c die Bilder 1_c bis 4_c. Will man noch weitere Teilpunkte finden, so errichtet man in 4_c die Parallele zu z und überträgt auf sie durch den Meßpunkt H_u den Maßstab von z; durch Verbinden mit D^0 bekommt man die Punkte bis 8_c. Dies kann man mehrmals wiederholen. Man kann aber die x-Achse auch auf die y-Achse umlegen; dann ist der linke Distanzpunkt D_l als Meßpunkt zu benützen. Liegen die Distanzpunkte schon außerhalb der Zeichenfläche, so kann der Maßstab für x_c gefunden werden, indem man statt D_l den nur um $d/_2$ von H_u entfernten Punkt $D_{1/2}$ benützt und ihn mit den Punkten des auf die halbe Einheit bezogenen Maßstabes der y-Achse verbindet. Nun kann das Bild des rechtwinkligen Parallelepipedes, insbesondere das Bild P_c des O gegenüberliegenden Eckpunktes P gezeichnet werden.

In der linken Hälfte des Bodens ist eine quadratische Täfelung[2] abgebildet, deren Seiten die Hauptrichtungen haben*); in der rechten Hälfte sind die Seiten der Quadrate unter $\pi/_4$ nach links und rechts geneigt, wobei die beiden Distanzpunkte D_l und D_r als Fluchtpunkte zu verwenden sind. Rechts ist eine offene Türe [1,15 m; 2,15 m] abgebildet. Durch den Fluchtpunkt G_u ist der Winkel $G_u D^0 H_u$ angegeben, welchen der Türflügel mit der x-Richtung bildet. Das Auftragen der Breite der Türe geschieht durch den Meßpunkt T_u, wobei die Grundebene $[h, h_u]$ als Hilfsebene dient. Durch das Fenster der Rückwand sieht man aufs Meer, welches im Bilde durch den Horizont h_u nach oben begrenzt ist. Für eine menschliche Figur erscheinen die Augen in der Höhe von h_u. Wird der Sehpunkt höher als 1,6 m angenommen, so erscheinen die Menschen im gleichen Verhältnisse unter h_u (Hochsicht); im entgegengesetzten Falle ragen die Bilder der Menschen im gleichen Verhältnisse über den Horizont hinauf (Tiefsicht).

3. Die Innenansicht eines Zimmers [$l = 6$ m, $b = 5$ m, $h = 4$ m] soll nun für Drehstellung gefunden werden (Fig. 59). In diesem Falle wird die Bildebene δ noch parallel zu z angenommen, aber so, daß sie mit der $[yz]$-Ebene einen Winkel ϱ bildet. Die Grundlinie h, der Horizont h_u, der Hauptpunkt H_u und die Distanz d seien wie im vorigen Beispiele gewählt. Der Eckpunkt des Zimmers, welcher als Ursprung O des Achsensystems angenommen ist, sei $1^3/_4$ m nach links und $3^1/_2$ m nach rück-

*) Ein solches Quadratnetz kann auch dazu dienen, eine beliebig gestaltete Figur der Grundebene (z. B. eine Gartenanlage) in Perspektive zu setzen.

wärts verlegt. Denkt man sich die Grundebene umgelegt, so kann hiernach O_0' gezeichnet werden. Die umgelegte Achse y_0' bildet mit h den Drehungswinkel $\varrho = \pi/_6$ und schneidet h in B; x_0' schneidet h in A. Für die Umlegung der Grundebene (§ 14, 1) ist H_u der Fluchtpunkt der Spurnormalen und D^0 der Fluchtpunkt S_u der Drehsehnen sowie das Kollineationszentrum, wodurch O_c, x_c, y_c und

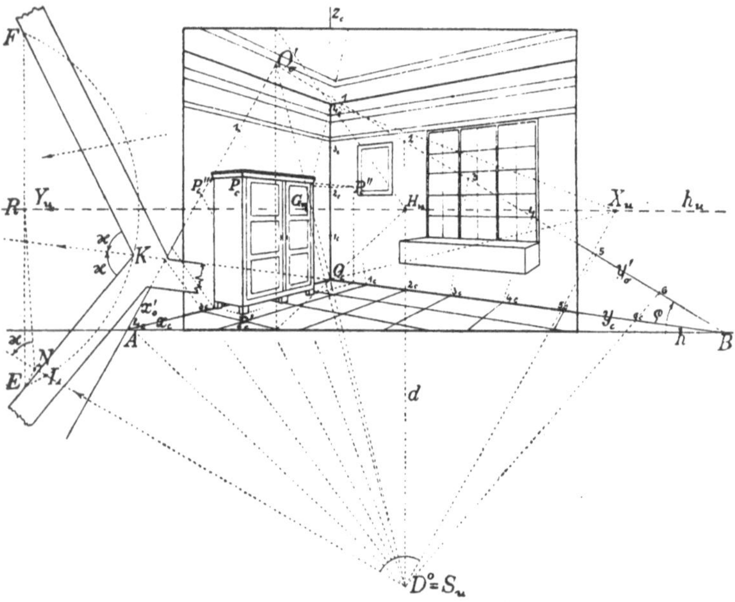

Fig. 59.

die Maßstäbe für diese beiden Achsen gefunden werden können. Zieht man durch D^0 die Parallele zu x_0', so erhält man auf h_u den Fluchtpunkt X_u der x-Achse; die Parallele zu y_0' ergibt den Fluchtpunkt Y_u der y-Achse. Nun kann im Bilde die quadratische Bodentäfelung gezeichnet werden.

Liegt Y_u nicht mehr auf der Zeichenfläche, so kann man eine Hilfskonstruktion (I. Bd., § 41,4) verwenden, oder man hilft sich durch Anstückelung der Zeichenfläche. Auch Hilfsinstrumente hat man für diesen Zweck hergestellt, welche Perspektivlineal oder Fluchtpunktschiene heißen. Die einfachste Form eines solchen zeigt die Abbildung. Es besteht aus drei Armen, welche zwei Gleitkanten und eine Zeichenkante aufweisen, die von einem Punkte K ausgehen. Die Gleitkanten bilden mit der Zeichenkante den gleichen Winkel $\varkappa$. Zur Einstellung wählt man auf dem Horizonte h_u nahe dem Rande einen Punkt R und errichtet eine Normale. Dann legt man die Schiene so, daß die Zeichenkante an $S_u Y_u$ anliegt, während die obere Gleitkante durch R geht. In dem dadurch gefundenen Punkte N errichtet man eine Normale, welche die frühere in einem Punkte E schneidet. Zu diesem symmetrisch in bezug auf h_u ist F. Läßt man die Schiene an den beiden Punkten (Nadeln) E und F gleiten, so beschreibt K einen Kreis, welcher durch E, F und Y_u geht. Die Verlängerung der Zeichenkante geht dabei immer durch den unerreichbaren Punkt Y_u. Die Gleitkanten sollen etwas länger als EF sein und die Zeichenkante soll über das ganze Bild reichen. Die Richtigkeit der Konstruktion ergibt sich, wenn man K nach L auf $S_u Y_u$ rücken läßt. Dann bilden LE und LF mit $S_u Y_u$ wieder den Winkel $\varkappa$. Verlängert man die Normale EN bis zum Schnitte mit LF, so entsteht ein gleichschenkliges Dreieck, dessen Basis durch N halbiert wird. Da EF durch R halbiert ist, so muß NR parallel zu LF sein, muß also auch mit $S_u Y_u$ den Winkel $\varkappa$ bilden.[13]

Um den Maßstab für die z-Achse zu finden, legt man durch z die zur Bildebene senkrechte Ebene (Fluchtgerade $H_u S_u$). Auf der Bildspur dieser Ebene wird der Maßstab in wahrer Größe hergestellt und durch den Meßpunkt H_u auf z_c übertragen. Nun kann wieder das Bild P_c eines beliebigen Punktes P aus seinen Koordinaten $[x = 2{,}8;\ y = 0{,}7;\ z = 2{,}1]$ mit Hilfe des zentralen Grundrisses P'_c und zentralen Aufrisses P''_c oder Kreuzrisses P'''_c gefunden werden. Die Halbierungsgerade des Winkels $X_u D^0 Y_u$ liefert den Gehrungsfluchtpunkt G_u. Die Bilder der Diagonalen der Bodenquadrate gehen durch ihn. Die Eckpunkte von Streifen, welche an der Decke angebracht sind, erscheinen auf der Geraden $4_c G_u$.

Die in **2.** und **3.** besprochene Abbildung ist das Verfahren der perspektiven Maßstäbe oder die zentrale Axonometrie.

§ 18. Das Verfahren der zugeordneten Bilder.

1. Die zu einer Haustüre führenden Stufen mit beiderseitigem Geländer sollen in Stirnstellung abgebildet werden (Fig. 60). Dabei sei nun vorausgesetzt,

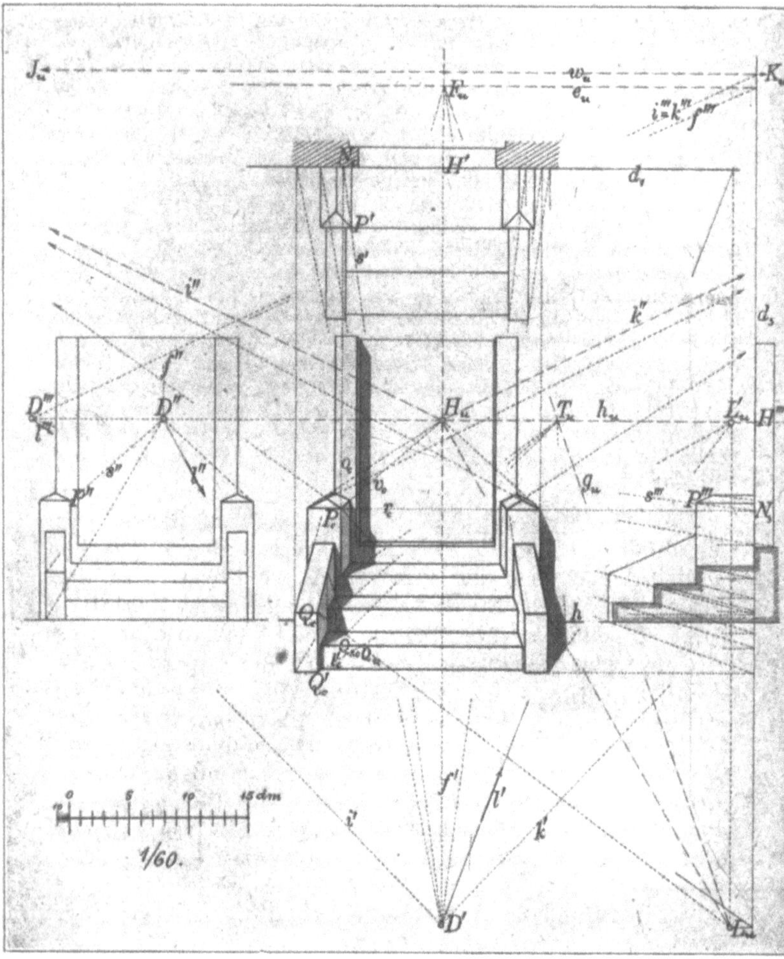

Fig. 60.

daß die Normalrisse des Gegenstandes auf $^1/_{60}$ verkleinert gezeichnet vorliegen. Stellt sich der Beschauer in der Entfernung $e = 6$ m vom Hause auf und nimmt man eine Distanz $d = 10$ cm an, so rückt der

Körper bei ähnlicher Verkleinerung im Verhältnisse $d/e = {}^1/_{60}$ mit der Wandfläche in die Bildebene δ und dementsprechend wird der gegebene Aufriß unmittelbar auf die Bildebene gelegt. Die Augenhöhe 160 cm wird dadurch auf $2^2/_8$ cm herabgesetzt. Der Aufriß D'' des Sehpunktes fällt mit dem Hauptpunkte H_u zusammen und sei um 12 cm von der Mitte der Türe nach rechts hin angenommen. Der gegebene Grundriß des Gegenstandes mit dem Grundrisse D' des Sehpunktes, sowie der gegebene Kreuzriß des Gegenstandes mit dem Kreuzrisse D''' des Sehpunktes werden in geeigneter Weise*) auf die Bildebene umgelegt, so daß $D' H' = D''' H''' = d$ ist. Die Spur von δ auf der Grundebene sei d_1, jene auf der Kreuzrißebene sei d_3. Der Sehstrahl s, welcher nach einem beliebigen Punkte P des Körpers geht, hat die Risse $s' = D' P'$, $s'' = D'' P''$ und $s''' = D''' P'''$. Der von vorn kommende Sehstrahl v durch P hat eine Zentralprojektion v_c, welche mit s'' zusammenfällt; P_c muß also auf $s'' = v_c$ liegen. Die doppelt projizierende Ebene, welche durch s und den von oben kommenden Sehstrahl o von P geht, schneidet die Grundebene in der Geraden s' und die Bildebene in o_c; daher müssen s' und o_c durch denselben Punkt N_1 von d_1 gehen. Die doppelt projizierende Ebene, welche durch s und den von rechts kommenden Sehstrahl r von P geht, schneidet die Kreuzrißebene in der Geraden s''' und die Bildebene in r_c; daher müssen s''' und r_c durch denselben Punkt N_3 von d_3 gehen. Die drei Geraden v_c, o_c und r_c schneiden sich dann in einem Punkte und dieser ist das Bild P_c des Punktes P. Bei der Durchführung wird man auf die Schwierigkeit stoßen, daß die Normalrisse übereinander liegen und zwar gerade dort, wo das Perspektiv-Bild gezeichnet werden soll. Diesem Übelstande kann dadurch abgeholfen werden, daß man den Aufriß mit D'' nach links zur Seite schiebt, den Grundriß mit D' und d_1 nach oben und den Kreuzriß mit D''' und d_3 nach rechts verschiebt, bis der Platz für das Perspektiv-Bild frei wird. Es fällt dann v_c nicht mehr mit s'' zusammen, sondern geht durch H_u parallel zu s'';

*) Nämlich so, daß nicht etwa die Rückseite des Blattes nach oben kommt.

für das aufrechte o_c und das wagrechte r_c bringt die Verschiebung keine Änderung mit sich. Zur Probe und größeren Genauigkeit benützt man aber nicht bloß die Bilder der Eckpunkte, sondern sucht auf gleiche Art auch die Fluchtpunkte der schiefen Kanten, indem man die Sehstrahlen legt, welche zu diesen Kanten parallel sind. Der Strahl $f(f', f'', f''')$, welcher zu den schiefen Kanten des Geländers parallel ist, ergibt den Fluchtpunkt F_u und die Fluchtgerade e_u der aufsteigenden Flächen. Die Strahlen i, k sind zu den Graten der Abdachung parallel und ergeben die Fluchtpunkte J_u, K_u sowie die Fluchtgerade w_u der Ebene der Walme; i'', k'' sind zugleich die Fluchtgeraden der Sattelflächen.

Setzt man noch Parallelbeleuchtung voraus, so sind die Lichtstrahlen l durch ihren Fluchtpunkt L_u gegeben (für Diagonalbeleuchtung wäre L_u der Eckpunkt eines Quadrates, welches $H_u D^0 = d$ als Seite hat). Der Aufriß l'' hat die Richtung von $H_u L_u$. Die Grundrisse l'_c der Lichtstrahlen gehen nach einem Fluchtpunkte L'_u, welcher auf dem Horizonte und auf dem Ordner von L_u liegt. Die Kreuzrisse l'''_c haben ihren Fluchtpunkt auf der Fluchtgeraden der Kreuzrißebene und auf der Horizontalen durch L_u. Durch Zerlegung und Ergänzung des Körpers kann wie sonst der Selbstschatten gefunden werden. Man legt durch Q den Lichtstrahl, also $Q_c L_u = l_c$ und $Q'_c L'_u = l'_c$; der Schnittpunkt von l_c und l'_c ist das Bild Q_{1c} des Schattens von Q auf die Grundebene. Der Schatten der aufrechten Seitenkante fällt in die Gerade l'_c; er tritt auf die erste Stufe über und zwar zuerst aufrecht und dann nach L'_u gehend bis Q_{sc}. Durch die schiefe Kante geht eine Lichtstrahlebene γ, für welche $F_u L_u = g_u$ die Fluchtgerade ist. Der Schnittpunkt von g_u und h_u ist der Fluchtpunkt T_u des Schattens auf die drei horizontalen Stufenebenen; der Schatten auf die aufrechten Stufenebenen beginnt beim Schnittpunkte und ist zu g_u parallel. Der zweite Teil des Geländers ergibt einen Schlagschatten in l'_c, aufrecht, parallel zu l'', nach H_u, parallel zu l'', wieder aufrecht und parallel zu l''.[14]

2. Für die Abbildung eines Hauses ist die Stirnlage nicht passend, weil man bloß die vordere Wand sehen würde. Es sei also eine Drehung des Achsensystemes

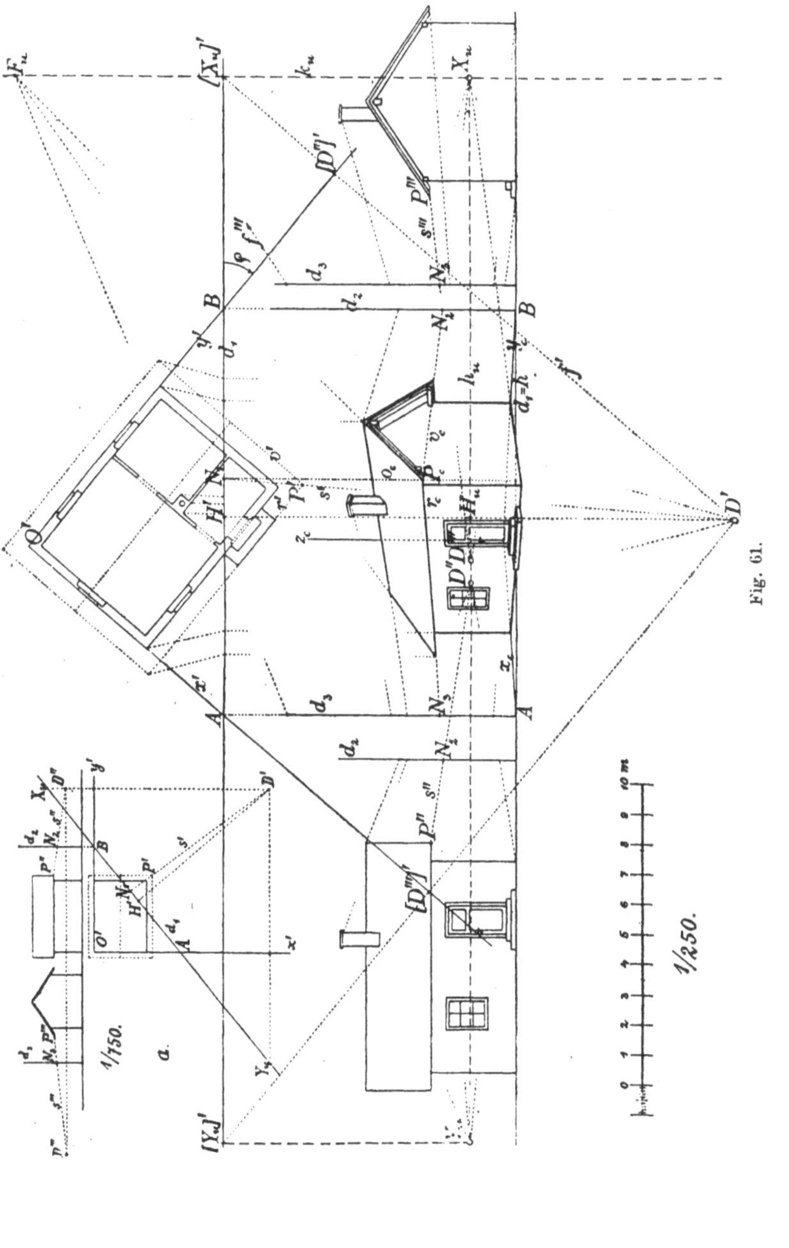

Fig. 61.

um den Winkel $\varrho = 40^{0}$ vorausgesetzt (Fig. 61). Die Normalrisse seien, auf $^{1}/_{250}$ verkleinert, gegeben und in gehöriger Weise*) auf die Bildebene δ um die Spuren d_1, d_2, d_3 umgelegt. Der Hauptstrahl gehe neben dem rechten Rande der Haustüre vorüber und die Distanz $d = H'D'$ sei 7 cm. Der Beschauer ist also ungefähr in der Entfernung $e = 17$ m von der Türe aufgestellt; seine Augenhöhe wird durch die Verkleinerung des Gegenstandes auf 0,64 cm herabgesetzt (h, h_u, H_u). Der von D ausgehende Sehstrahl, welcher zur Aufrißebene senkrecht ist, schneidet diese im Aufrisse D'' des Sehpunktes und die Bildebene im Fluchtpunkte X_u aller Geraden von der Richtung der x-Achse. Der von D ausgehende Sehstrahl, welcher zur Kreuzrißebene senkrecht ist, schneidet diese in D''' und die Bildebene im Fluchtpunkte Y_u aller Geraden von der Richtung der y-Achse. Mit dem Aufrisse des Gegenstandes wird auch D'' umgelegt und ebenso mit dem Kreuzrisse der Punkt D'''. Der Sehstrahl s, welcher von D nach einem beliebigen Punkte P des Körpers geht, hat die Risse $s' = D'P'$, $s'' = D''P''$ und $s''' = D'''P'''$. Die doppelt projizierende Ebene, welche durch s und den von oben kommenden Sehstrahl o von P geht, schneidet die Grundebene in der Geraden s' und die Bildebene in o_c; daher müssen s' und o_c durch denselben Punkt N_1 von d_1 gehen. Die doppelt projizierende Ebene, welche durch s und den zur Aufrißebene senkrechten Sehstrahl v geht, schneidet die Aufrißebene in s'' und die Bildebene in v_c, so daß s'' und v_c durch denselben Punkt N_2 von d_2 gehen. Das Bild v_c ergibt sich also, indem man N_2 mit dem Fluchtpunkte X_u verbindet. Die doppelt projizierende Ebene, welche durch s und den zur Kreuzrißebene senkrechten Sehstrahl r geht, schneidet die Kreuzrißebene in s''' und die Bildebene in r_c, so daß s''' und r_c durch denselben Punkt N_3 von d_3 gehen. Das Bild r_c findet man somit, indem man N_3 mit dem Fluchtpunkte Y_u verbindet. Die drei Geraden o_c, v_c, r_c müssen durch einen Punkt gehen und dieser ist das Bild P_c des Punktes P. Das Perspektiv-Bild des Körpers steht also mit den drei

*) Nämlich so, daß nicht etwa die Rückseite des Blattes nach oben kommt.

umgelegten Normalrissen in einer einfachen Beziehung. Dabei heißen die Büschel $D'(s')$, $Z_\infty(o_c)$, ferner $D''(s'')$, $X_u(v_c)$, sowie $D'''(s''')$, $Y_u(r_c)$ gegnerische Kern-Strahlbüschel und ihre Scheitel Kernpunkte; die Reihen $d_1(N_1)$, $d_2(N_2)$, $d_3(N_3)$ heißen Kern-Punktreihen und ihre Träger Kerngerade.

Um das Übereinanderliegen der Risse zu beseitigen, wird der Grundriß mit D' und d_1 nach oben, der Aufriß mit D'' und d_2 nach links und der Kreuzriß mit D''' und d_3 nach rechts so weit verschoben, bis der Platz für das Perspektiv-Bild frei wird. Durch die erste Verschiebung wird das Parallelstrahlbüschel $Z(o_c)$ nicht geändert. Wegen der beiden anderen Verschiebungen müssen die Kern-Punktreihen d_2 und d_3 von den neuen Geraden auf die früheren kongruent übertragen werden. Für die schiefen Dachkanten sucht man den Fluchtpunkt F_u, indem man den zu ihnen parallelen Sehstrahl f aus D zieht. Zu f''' sucht man den entsprechenden Strahl des Kernbüschels Y_u und dieser schneidet die Fluchtgerade k_u der Kreuzrißebene im Punkte F_u. Auch die Schnittpunkte der Geraden mit der Bildebene δ können zur Probe benützt werden. Will man die drei Normalrisse des vorgelegten Planes nicht auseinanderschneiden, so kann man den Plan als Nebenfigur (a.) benützen*), die Bildebene δ durch d_1 und den Sehpunkt D durch D', D'' darin annehmen. Es sind dann nur die Kernpunkte X_u, Y_u auf h_u zu übertragen und die Kernreihen d_1, d_2, d_3 im Perspektiv-Bilde kongruent zu machen. Für jeden Punkt P_c ist dabei nur die Übertragung zweier Strecken AN_1, AN_3 oder BN_1, BN_2 notwendig. Diese in **1.** und **2.** besprochene Herstellung des Perspektiv-Bildes kann das Verfahren der zugeordneten Bilder[15] genannt werden (I. Bd., § 44, 6).

§ 19. Körper mit Kugel, Zylinder und Drehfläche. Ungewöhnliche Annahme des Sehpunktes und der Bildfläche.

1. Ein in der Richtung der x-Achse verlaufender romanischer Kreuzgang (Breite 2,75 m, Wandhöhe 2,4 m) sei abzubilden, wobei der Beobachter sich in der Ent-

*) Wegen Platzmangels ist die Nebenfigur noch auf $^1/_3$ verkleinert.

fernung $e = 5$ m von der $[yz]$-Ebene befinde. Wird eine Distanz $d = 10$ cm angenommen, so rückt der Körper bei einer ähnlichen Verkleinerung auf $^1/_{50}$ bis zur Bildebene δ

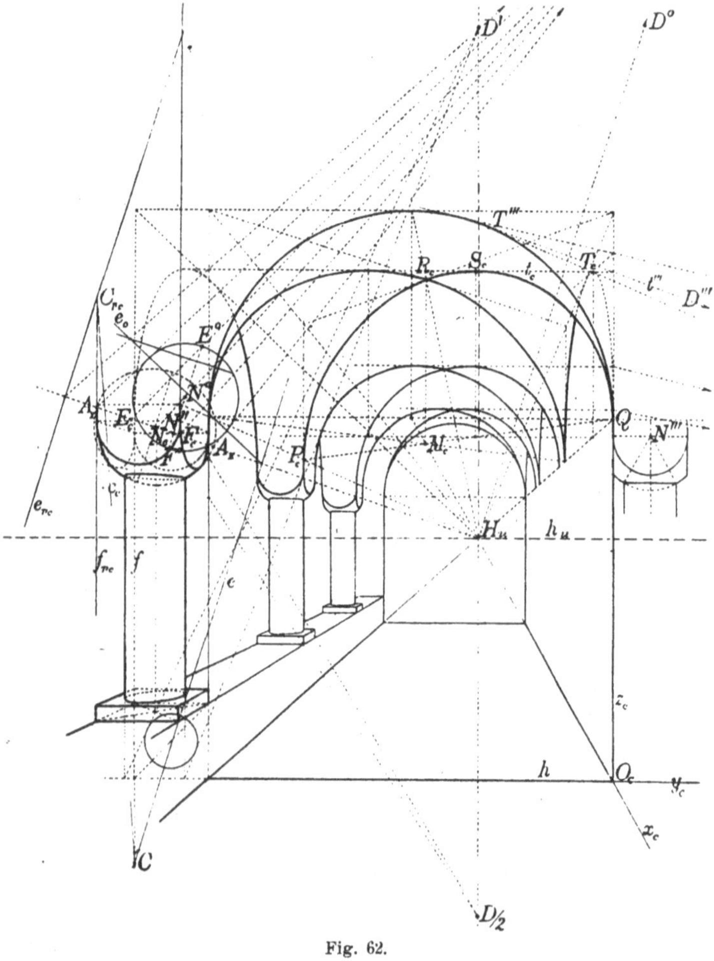

Fig. 62.

heran. Durch die Augenhöhe von 1,6 m ist der Horizont h_u bestimmt und auf ihm liege der Hauptpunkt H_u im rechten Drittelungspunkte der Breite (Fig. 62). Auf der

Gartenseite sind Säulen angebracht. Für das Kugelkapitäl einer solchen Säule ist die untere Hälfte einer Kugel mit dem Mittelpunkte N angenommen. Dem horizontalen Großkreise ist ein Quadrat eingeschrieben. Die aufrechten Ebenen durch die Quadratseiten ergeben vier begrenzende Halbkreise, von welchen zwei in gleicher Form, die beiden anderen als Halbellipsen erscheinen. Längs des Horizontalkreises, dessen Durchmesser von N aus unter $\pi/_8$ gesehen wird, findet der Übergang zur zylindrischen Säule statt. Der scheinbare Umriß der Kugel ist eine Ellipse (wie hier), Parabel oder Hyperbel, je nachdem die Kugel die Verschwindungsebene nicht trifft, berührt oder schneidet. Um ihn zu finden, legt man die Ebene, welche durch DN geht und senkrecht zur Bildebene ist (I. Bd., § 22, 8). Ihre Bildspur $H_u N''$ gibt die Lage der Hauptachse an. Legt man die Ebene um, so ergeben die Tangenten aus D^0 an den Großkreis mit dem Mittelpunkte N^0 die Scheitel A_I, A_{II} der Hauptachse. Die Sehstrahlen durch die Endpunkte E^0, F^0 des zur Bildebene normalen Durchmessers ergeben die Brennpunkte E_c, F_c des Umrisses, woraus die Linie gezeichnet werden kann. Die Ebene des wahren Umrisses hat die Spuren e und e_0; das Bild der Spur e_p auf der Ebene des vorderen Halbkreises ist e_{pc}. Die Ebene des linken Halbkreises hat die Spuren f, f_{pc}. Das Bild c_c der Schnittgeraden der beiden Ebenen ergibt sich aus den Schnittpunkten C und C_{pc} der Spuren. Es enthält den Punkt, in welchem das Bild des Halbkreises den scheinbaren Umriß berühren muß (analog für die anderen Kreise). Der scheinbare Umriß der zylindrischen Säule ergibt sich durch die Tangenten aus D' an den Grundriß des Zylinders (Untersicht).

Das Kreuzgewölbe wird von zwei Halbzylindern mit gleichem Radius gebildet, deren Achsen sich rechtwinklig in einem Punkte M schneiden (I. Bd., § 31, 3 u. § 34, 3). Es sind zunächst die Basiskreise der Zylinder abzubilden. Der vordere Halbkreis ist zugleich der mit der Kreuzrißebene umgelegte Basiskreis. Zieht man dann die Tangente t''' aus D''', so ist die entsprechende Gerade t_c der scheinbare Umriß des Zylinders; aus dem Berührungspunkte T''' erhält man den Berührungspunkt T_c für das Bild des

Basiskreises. Der Schnitt der Halbzylinder besteht aus den Hälften von zwei gleichseitigen Ellipsen. Für das Bild der einen dieser Ellipsen ist das Bild $P_c Q$ der großen Achse wieder ein Durchmesser, woraus man den Mittelpunkt und dann den konjugierten Halbmesser finden kann; $M_c R_c$ ist die Hälfte einer konjugierten Sehne. Den Berührungspunkt S_c mit dem scheinbaren Umrisse t_c kann man als Bild des Schnittpunktes S der Umrißerzeugenden t mit der Ebene der Ellipse finden.

Bei diesem Beispiele sind beide Verfahren zur Anwendung gebracht. An den Säulen kommen gewöhnlich auch noch Wülste vor. Um den scheinbaren Umriß einer Drehfläche überhaupt zu finden, benützt man die zugeordneten Normalrisse, sucht den Berührungskegel der Fläche aus dem Sehpunkte D (§ 33 und § 39, 4) und seine Schnittlinie mit der Bildebene δ.

2. Eine ungewöhnliche Annahme des Sehpunktes findet statt, wenn es sich um ein übersichtliches Bild einer Stadt oder eines größeren Gebäudekomplexes handelt. Der Beschauer wird da auf einem Turm oder einer benachbarten Anhöhe stehend vorausgesetzt. Die Augenhöhe ist also eine bedeutende; der Horizont h_u liegt in der Nähe des oberen Bildrandes. Eine solche Abbildung heißt Vogelperspektive.

Eine ungewöhnliche Annahme der Bildebene macht man, wenn es sich darum handelt, einen Raum nach oben hin höher oder ganz offen erscheinen zu lassen. Man denkt sich dann die Decke als horizontale Bildebene, auf welcher die nach obenhin fortgesetzt gedachte architektonische Gestaltung der Seitenwände abgebildet wird, wobei der Beschauer vom Boden aus nach oben blickend vorausgesetzt wird. Die Bilder der aufrechten Kanten laufen im Hauptpunkte zusammen. Ein solches Bild heißt Deckengemälde. Noch umständlicher wird die Sache, wenn die Decke nicht eben, sondern sphärisch oder zylindrisch ist.

Um den Eindruck nachzuahmen, welchen man von einer Aussichtswarte aus empfängt, wird eine aufrechte Zylinderfläche als krumme Bildfläche angenommen, wobei der Beschauer in der Zylinderachse stehend und nach allen Seiten blickend vorausgesetzt wird. Ein solches Bild heißt Rundgemälde (Panorama). Bei einer krummen Bildfläche sind die Bilder von Geraden im allgemeinen nicht wieder Gerade.

§ 20. Relief- und Bühnenperspektive.

1. Ein Zimmer ($l = 6$ m, $b = 4{,}5$ m, $h = 3{,}5$ m), in dessen Mitte ein Tisch steht, ist auf $^1/_{150}$ verkleinert durch seine Normalrisse gegeben. Das auf der Ebene δ (d_1, d_3) liegende Wandrechteck dieses Modelles sei weggenommen und im Abstande $4^2/_3$ cm von δ ein Sehpunkt D gewählt (Fig. 63). Nun soll von dem Modelle ein Raumbild oder Relief hergestellt werden, wobei folgende Festsetzungen gelten:

1. Jedem Punkte P des Modells entspricht ein Punkt P_r des Reliefs, so daß die Verbindungsgerade durch D geht.

Jeder Ebene ε entspricht eine Ebene ε_r, so daß die Schnittgerade auf δ liegt.

Jeder Geraden g entspricht eine Gerade g_r, so daß die Verbindungsebene durch D geht und ihr Schnittpunkt auf δ liegt.

2. Bei Inzidenz der Elemente P, g, ε sind auch die entsprechenden Elemente P_r, g_r, ε_r inzident.

Modell und Relief sind perspektiv kollinear mit dem Sehpunkte D als Zentrum und der Ebene δ als Koinzidenzebene (Spurebene). Der uneigentlichen Ebene des Gegenstandsraumes entspricht eine Fluchtebene (u_1, u_3), welche in einem gewählten Abstande a (2 cm) parallel hinter δ liegt. Der ganze Raum hinter δ ist also durch die schmale Schichte zwischen δ und der Fluchtebene abgebildet. Für die Verschwindungsebene (v_1, v_3), welche symmetrisch im Abstande a von D parallel zu δ ist, rückt das Bild ins Unendliche. Der Hauptstrahl, welcher durch D senkrecht zu δ geht, schneidet die Fluchtebene im Hauptfluchtpunkte H_u und die Verschwindungsebene im Hauptverschwindungspunkte H_v. Die Ebene, welche durch D parallel zur Grundebene ist, schneidet die Fluchtebene im Horizont h_u. Das Bild der Grundebene steigt also von der Spur h zu dieser Fluchtgeraden h_u auf und das Bild der Decke fällt zu h_u ab. Ebenso kann man das Bild einer Geraden durch Spur und Fluchtpunkt finden.

Mit Hilfe des Sehstrahles $s = DP$ kann man zu einem Punkte P (P', P'', P''') den entsprechenden Punkt P_r (P'_r, P''_r, P'''_r) des Reliefs finden. Den Geraden des Modells, welche zu δ senkrecht sind, entsprechen solche Gerade im Relief, welche in H_u zusammenlaufen. Umgekehrt ent-

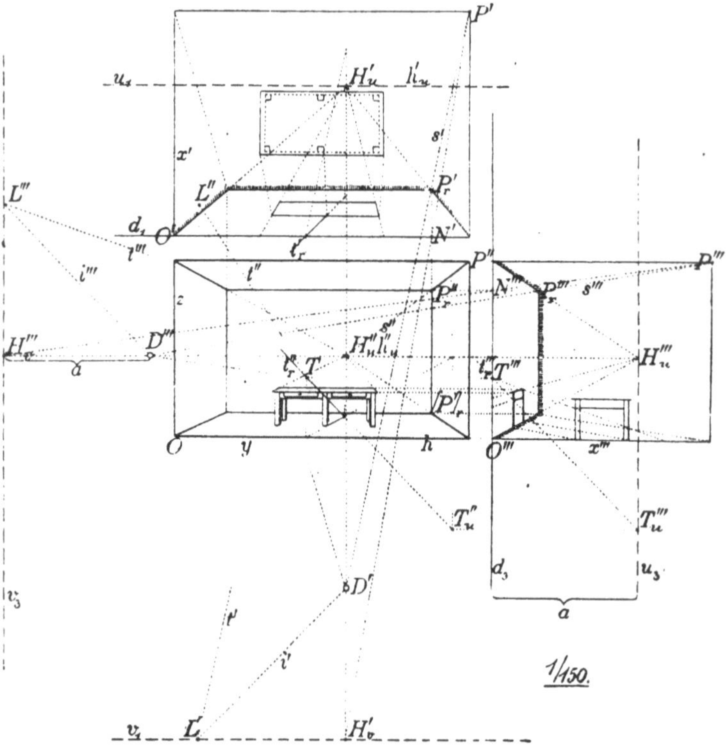

Fig. 63.

sprechen den zu δ senkrechten Geraden des Reliefs solche Gerade des Modellraumes, welche durch H_v gehen. Der Normalen $P_r N$ entspricht also die Gerade PNH_v. Daraus folgt unmittelbar der Satz:

Der Aufriß des Reliefs auf δ ist zugleich das ebene Perspektiv-Bild des Modells aus dem Hauptverschwindungspunkte H_v als Sehpunkt. Der Grundriß des Reliefs ist mit dem Grundrisse des Modells perspektiv kollinear mit D' als Zentrum und d_1 als Achse; der Kreuzriß des Reliefs ist mit dem Kreuzrisse des Modells perspcktiv kollinear mit D''' als Zentrum und d_3 als Achse. Ist also auf der Vorderfläche des Steinblockes der Aufriß des Reliefs gezeichnet, so kann man aus dem Grund- oder Kreuzrisse entnehmen, wie tief man von P_r'' aus mit dem Grabstichel eindringen muß, um zum Punkte P_r des Reliefbildes zu gelangen. Bezeichnet man DH_u wieder als Distanz d, so hat die perspektive Kollineation (§ 14, 2) die Charakteristik $\delta = a/d$. Rückt das Modell perspektiv ähnlich bis zur wahren Größe hinaus, so ist wieder perspektive Kollineation vorhanden, aber mit einer neuen Spurebene δ_n, welche sich aus dem Schnitte der neuen Grundebene mit der ansteigenden Bodenebene des Reliefs ergibt.[16]

Man hat gegen die Bedeutung der Reliefperspektive den Einwand erhoben, daß sie die Sonnenbeleuchtung des Modells nicht wiederzugeben imstande ist. Scheint nämlich die Sonne dem Beschauer ins Antlitz, so müßte in dem auf der Fluchtebene liegenden Sonnenbilde L_u ein leuchtender Körper angebracht werden, was undurchführbar ist; befindet sich aber die Sonne im Rücken des Beschauers, so müßte das Relief durch Lichtstrahlen beleuchtet werden, welche nach dem unter dem Horizonte liegenden Fluchtpunkte L_u konvergieren, was noch weniger durchführbar ist. Wird das Relief selbst der Sonnenbeleuchtung ausgesetzt, so entspricht dies einer Zentralbeleuchtung des Modells aus einem Punkte L der Verschwindungsebene, was nicht eine unmögliche Voraussetzung ist; zerstreutes Licht ist aber am passendsten. In der Abbildung ist die Annahme für Diagonalbeleuchtung des Reliefs gemacht. Der von D in der Richtung der Würfeldiagonalen ausgehende Strahl i trifft die Verschwindungsebene in dem Punkte L (L', L'''). Der von L ausgehende Strahl t (t', t'', t''') trifft einen an dem mittleren Fuße des Tisches befindlichen Eckpunkt. Für den entsprechenden Lichtstrahl t_r des Reliefs sind die Normalrisse t_r', t_r'', t_r''' unter $\pi/4$ gegen die Horizontale geneigt. Man kann dann leicht die Bildspur T, den Fluchtpunkt T_u und den Schatten auf die Bodenebene finden. Die getroffene Wahl hat das ungünstige, daß die Decke unbeleuchtet ist und auf die Wände Schlagschatten wirft, was aber durch Tiefersetzen von L vermieden werden kann.

2. Beim Denkmünzenrelief kommt häufig der besondere Fall der orthogonalen, perspektiven Affinität vor, bei welcher der Sehpunkt D senkrecht zu δ ins Unendliche rückt, so daß es sich nur um eine starke, aber gleichmäßige Verkürzung der Breitenrichtung handelt.

In der Bühnenperspektive verwendet man ein Gemenge von Vollkörpern (Personen und die von ihnen benützten Einrichtungstücke), Relief (Wände, manchmal auch die Decke, der Boden ist nur etwa 1:25 ansteigend, Häuser) und ebenen Perspektivbildern (Hintergrund auf einer vor der Fluchtebene liegenden Ebene gemalt, Decke auf der Rückwand und einer herabhängenden Soffitte gemalt, Bäume, Versatzstücke). Die Rücksichtnahme auf sehr verschiedene Umstände schließt eben eine einheitliche Darstellung gänzlich aus.[17]

§ 21. Instrumente zur Herstellung eines Perspektivbildes.

1. Das Bestreben, Instrumente zur Herstellung eines Perspektivbildes zu finden, hat sich auf zwei Wegen geltend gemacht: kinematisch und optisch.

A. Man suchte zunächst die Verwandtschaft der perspektiven Kollineation kinematisch zu verwirklichen. Durch Hinzufügung des Froschschenkelmechanismus kam ein brauchbares Instrument zustande, der Perspektograph von H. Ritter*). Man stellt damit aus dem Grundrisse eines Gebäudes den Perspektiv-Grundriß her, ebenso nach neuer Einstellung aus anderen wichtigen Horizontalschnitten das zugehörige Perspektivbild. Fügt man noch die Bilder der aufrechten Kanten hinzu, so ergibt sich ein ziemlich gutes Perspektivbild des Gebäudes.

G. Hauck hat den von ihm näher untersuchten Zusammenhang zwischen dem Perspektivbilde und den Normalrissen (§ 18, Fig. 60 und 61) in seinem Perspektiv-Apparat**) kinematisch verwirklicht.

---

*) Beschrieben und abgebildet im 27. Bd. der Sammlung Schubert, K. Doehlemann, Geometrische Transformationen I. (1902), S. 199. Eine Verbesserung dieses Instrumentes rührt von K. Mack her [Jahresbericht d. d. Math. Ver., 31. Bd. (1922), Sitzgsber. d. Akad. Wien, 127. Bd. (1918) u. 131. Bd. (1922)].

**) Beschrieben und abgebildet in der „Festschrift der technischen Hochschule zu Berlin“ (1884). Verbesserung von E. Brauer, Zft. d. Vereins d. Ing., 35. Bd. (1891). Beide auch im „Katalog math. Modelle“, München (1892), S. 234. Eine andere Anordnung von E. Brauer, Zft. f. Math. u. Ph., 43. Jahrg. (1898).

B. Ein überraschender Grad von Vollkommenheit in der Herstellung von Perspektiv-Bildern wurde auf dem Wege der Optik erreicht. Schon von den Begründern der Perspektive (um 1500 n. Chr.) wurde die Bildebene als eine mit Lack überzogene Glastafel verwirklicht, die Lage des Auges durch ein an einem Ständer angebrachtes Guckloch festgesetzt und das Bild nach dem unmittelbaren Eindrucke des Beschauers in die Lackschichte eingeritzt. Zur selben Zeit wurde auch schon die Lochdunkelkammer bekannt. Aus diesen Anfängen entwickelte sich die heutige photographische Dunkelkammer, bei welcher die Glastafel durch eine lichtempfindliche Platte (Daguerre 1839) und die einfache Lücke durch ein aus mehreren Linsen

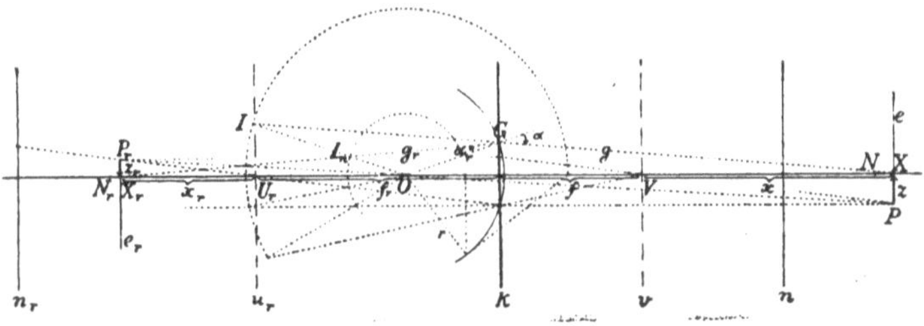

Fig. 64.

zusammengesetztes Objektiv (Jos. Petzval 1840) ersetzt ist.

2. Um die Wirkung des Objektivs kurz anzudeuten, sei der einfachste Fall beschrieben, wo zwei stofflich verschiedene Körper längs einer Achse x angeordnet und durch den Abschnitt einer Kugel $[O, r]$ voneinander getrennt sind (Fig. 64). Da besteht folgende Beziehung:

1. Jeder Lichtstrahl g, welcher in einem Punkte G der Kugelfläche einfällt, geht in einen gebrochenen Strahl g_r über*), so daß für die Winkel α und α_r, welche

*) Der gebrochene Strahl kann konstruiert werden,[18] indem man zwei konzentrische Kugeln mit den Halbmessern $c/c_r \cdot r$ und $c_r/c \cdot r$ herstellt, die sich in einer Inversion in bezug auf die Kugel $[O, r]$ entsprechen. Dem entfernteren Schnittpunkte J von g mit der äußeren Kugel entspricht dann der Punkt J_n der inneren Kugel. Nun ist das Dreieck $OGJ \sim OJ_nG$, wobei sich die Seiten und auch die Höhen von O auf GJ und GJ_n wie $c : c_r$ verhalten. Es ist also

$$r \sin \alpha : r \sin \alpha_r = c : c_r .$$

mit dem Einfallslote OG gebildet werden, $\sin\alpha / \sin\alpha_r = c/c_r$ ist, wobei c, c_r die Fortpflanzungsgeschwindigkeiten des Lichtes in den beiden Stoffen sind.

2. Das Lichtstrahlenbündel, welches von einem Punkte P des Gegenstandsraumes ausgeht, wird durch die Brechung an der Kugel bei Beschränkung auf Punkte und Strahlen, welche sich in der Umgebung der optischen Achse x befinden, näherungsweise wieder in ein Strahlbündel verwandelt, dessen Scheitel P_r das Bild des Punktes P heißt.

3. Jeder Strahl, welcher nach dem Mittelpunkte O gerichtet ist, geht ungebrochen weiter, so daß P und P_r immer auf einem Strahle durch O liegen müssen.

Aus diesen drei Umständen folgt, daß die Verwandtschaft zwischen Gegenstands- und Bildraum eine perspektive Kollineation mit O als Zentrum und mit der Scheiteltangentialebene $\varkappa$ (Spur k) als Koinzidenzebene ist. Einem Punkte X der Achse entspricht ein Punkt X_r, der auch auf der Achse liegt. Jeder zu x senkrechten Ebene ε entspricht eine ebensolche Ebene ε_r, auf welcher ein ähnliches Bild der Ebene ε mit O als Ähnlichkeitszentrum entsteht. Der uneigentlichen Ebene entspricht eine Fluchtebene (Spur u_r); sie heißt hier Brennebene. Der uneigentlichen Ebene des Bildraumes entspricht eine Verschwindungsebene (Spur v). Bezeichnet man die Abstände der Verschwindungs- und Fluchtebene von $\varkappa$ als Brennweiten mit f und f_r, so läßt sich aus der Ähnlichkeit der vorkommenden Dreiecke zeigen, daß im Grenzfalle

$$f = -\frac{c_r}{c - c_r} \cdot r \quad \text{und} \quad f_r = \frac{c}{c - c_r} \cdot r$$

ist, wobei

$$f_r - |f| = r\,.$$

Zu einem Punkte P, der nicht auf der Achse liegt, kann man das Bild P_r finden, indem man den Strahl PO zieht, ferner den zu x parallel einfallenden und den zu x parallel austretenden Strahl PV benützt. Bei Verwendung von Koordinaten entspricht dem Punkte P (x, z) der Punkt P_r (x_r, z_r), wobei x und x_r von V beziehungsweise U_r

aus gezählt sein sollen. Aus ähnlichen Dreiecken ergibt sich dann

$$\frac{x_r}{z_r} = \frac{f_r}{z} \quad \text{und} \quad \frac{x}{z} = \frac{f}{z_r}.$$

Daraus erhält man $x \cdot x_r = f \cdot f_r$, wobei f negativ ist.

Das ist die Beziehung für entsprechende Punkte X, X_r der optischen Achse. Daraus folgt

$$\frac{dx_r}{dx} = \frac{-ff_r}{x^2}.$$

Das ist die Axialverzerrung. Sie ist eine Vergrößerung für $x < \sqrt{-ff_r}$, eine Verkleinerung für $x > \sqrt{-ff_r}$; es ist aber dx_r immer mit dx gleichgerichtet.

$$\frac{z_r}{z} = \frac{f}{x} = \frac{x_r}{f_r}.$$

Das ist die Lateralverzerrung, nämlich das Ähnlichkeitsverhältnis für entsprechende Ebenen ε, ε_r, die zur optischen Achse senkrecht sind. Sie wird $+1$ für $x = f$ (in der Koinzidenzebene sind zwei kongruente Felder in Deckung), ist eine Vergrößerung für x zwischen f und $-f$, wird -1 für $x = -f$ (auf den Ebenen ν und ν_r liegen kongruente Felder mit Drehung um π) und für $x > -f$ ist eine Verkleinerung vorhanden.

Für ein positives x erhält man also ein wirkliches räumliches Bild (Relief), bei welchem oben mit unten und rechts mit links vertauscht ist, während die Breitenrichtung dieselbe bleibt wie beim Gegenstande; für ein negatives x (bis zu f) erhält man ein virtuelles räumliches Bild, welches durchaus gleichgerichtet ist wie der Gegenstand.

Sind ζ und ζ_r die Winkel, welche der einfallende Strahl XG, bzw. der gebrochene Strahl GX_r mit der Achse bilden, so ist

$$\frac{\operatorname{tg} \zeta_r}{\operatorname{tg} \zeta} = -\frac{x - f}{f_r - x_r} = -\frac{x}{f_r} = -\frac{z}{z_r} \cdot \frac{f}{f_r}.$$

Das ist die Winkelverzerrung. Sie wird $+1$ für $x = -f_r$, also für den Punkt O; dagegen wird sie -1 für $x = f_r$, was ein Strahlbündel N liefert, welches gegen N_r um NN_r verschoben und um π um die Achse x gedreht ist.

Es ist $\frac{z_r}{z} \cdot \frac{\operatorname{tg} \zeta_r}{\operatorname{tg} \zeta} = \frac{c_r}{c}$; also das Produkt des Ähnlichkeitsverhältnisses für ε, ε_r und der Winkelverzerrung für die Strahlbündel X, X_r ist konstant.

3. Sind zwei oder mehrere sphärische Trennungsflächen vorhanden, welche ihre Mittelpunkte auf der Achse haben, wie es beim photographischen Objektiv der Fall ist, so setzen sich alle Verwandtschaften wieder zu einer Kollineation (Fig. 65) zusammen, welche nicht perspektiv ist, aber durch eine Verschiebung in eine solche übergeführt werden kann. Statt des Bündels O sind nämlich

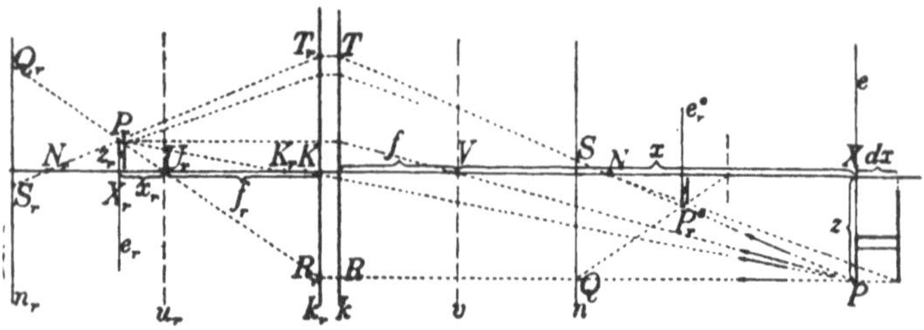

Fig. 65.

zwei kongruente Bündel K, K_r vorhanden, deren Scheitel Knotenpunkte heißen, und statt der Koinzidenzebene sind zwei kongruente Ebenen $\varkappa$, $\varkappa_r$ da, welche Hauptebenen heißen, wobei die Strecke KK_r dem Abstande $\varkappa\varkappa_r$ gleich ist. Es sind noch zwei Bündel N, N_r vorhanden, deren Strahlen mit der Achse entgegengesetzt gleiche Winkel bilden, und zwei Felder ν, ν_r, welche bei Vereinigung das Ähnlichkeitsverhältnis -1 besitzen. Es bestehen auch hier die oben gezeigten Gleichungen.

Ist nun ein Gegenstand (Stuhl) vor der Verschwindungsebene aufgestellt, so kann das Bild konstruiert werden. Es ist nur zu beachten, daß dem Strahle PK der parallele Strahl K_rP_r, einem Punkte T von $\varkappa$ der gleich liegende Punkt T_r von $\varkappa_r$, dem Strahle PN der symmetrisch liegende Strahl N_rP_r und dem Punkte S von ν der ungleich liegende Punkt S_r von ν_r entspricht.

Das entstehende Raumbild kann durch Verschiebung um die Strecke $N_r N$ und Drehung von π um die optische Achse in solche perspektive Lage gebracht werden, daß es sich wie ein Relief zum Gegenstande verhält. In der Zeichnung ist diese Lage (P_r^0) angedeutet.

Das räumliche Bild läßt sich nicht festhalten. Wird aber die empfindliche Platte in die Lage ε_r gebracht, so entsteht auf ihr ein wohl nicht in allen Teilen scharfes ebenes Bild des Gegenstandes. Durch die erwähnte Verschiebung nach ε_r^0 und Drehung von π erscheint es als aufrechtes Bild. Dabei ist aber hell und dunkel vertauscht, weshalb es „Negativ" heißt. Durch Kopieren wird es in ein „Positiv" umgewandelt, wodurch ein gutes Perspektivbild des Gegenstandes gewonnen ist. Wird die Ebene ε schief aufgestellt, so entspricht ihr eine Ebene ε_r, wobei $\varkappa$ und $\varkappa_r$ von den beiden Ebenen in gleich liegenden Geraden geschnitten werden. Die beiden Ebenen sind kollinear verwandt, so daß man etwa den Grundriß in den perspektiven Grundriß umsetzen kann. Darauf beruht der Perspektograph von Th. Scheimpflug*).

Das menschliche Auge ist auch eine photographische Dunkelkammer. Als empfindliche Platte wirkt die Netzhaut; als Objektiv wirkt ein Linsensystem, für welches die Hauptebene $\varkappa$ durchschnittlich 1,75 mm hinter dem Hornhautscheitel liegt, $f = 15{,}5$ mm, $f_r = 20{,}7$ mm und $KK_r = \varkappa\varkappa_r = 0{,}35$ mm ist.

§ 22. Auffassung des Bildes, Räumlichsehen und Wiederherstellung des Gegenstandes.

1. Die Auffassung des Bildes, nämlich das Erlangen einer Vorstellung von dem abgebildeten Gegenstande wird bei größeren Körpern durch ein Perspektiv-Wandbild oder bei kleineren Körpern (Bau- und Maschinenbestandteilen) durch ein normal axonometrisches Bild in befriedigender Weise bewirkt (weniger durch eine schiefe Projektion). Dabei ist es nicht notwendig,

*) Abgebildet im „Archiv für Photogrammetrie", 3. Bd. (1911—13), S. 204.

daß das Bild in aufrechter Stellung und das Auge in der richtigen Lage zur Bildebene sich befindet, ja es kann ein Bild auch unter ganz abweichenden Umständen einen mächtigen Eindruck auf den Beschauer machen, wenn es eben von einem Künstler herrührt. Die gute Auffassung eines Bildes ist aber zum großen Teile das Ergebnis von Erziehung und Übung. Wird ein Deckengemälde, welches nur architektonischen Schmuck aufweist, an die Wand gehängt, so wird es von den meisten Beschauern wegen der Seltenheit des Vorkommens nicht aufgefaßt, und es ist bekannt, daß bei Laien schon für einen Grundriß kein Verständnis vorhanden ist. Es verhält sich da ähnlich wie beim Lesen eines Schriftstückes. Das Geschriebene kann das Vorstellungsvermögen des Lesers mächtig anregen, wenn es eben von einem bedeutenden Schriftsteller herrührt; ohne Schulung ist aber ein Lesen ausgeschlossen.

Wird jedoch ein Perspektivbild nur mit einem Auge ruhig angesehen, wobei das Bild in der richtigen Stellung und das Auge in der passenden Lage zum Bilde sich befindet, so erhält man nicht bloß eine Vorstellung von dem abgebildeten Gegenstande, sondern es tritt bei einigem Bemühen das „Räumlichsehen" ein. Dabei kommen freilich Täuschungen über „hohl und erhaben" vor. Solche Täuschungen haften aber nicht bloß den Bildern an, sondern kommen auch bei den Körpern selbst vor. Wird z. B. ein aus Papier hergestellter Oktant nur mit einem Auge betrachtet, so wird man es leicht dazu bringen, daß er, obwohl er dem Auge die erhabene Seite zukehrt, plötzlich hohl erscheint.[19] Ist das Bild mit zu kleiner Distanz hergestellt, so kann das Räumlichsehen erst herbeigeführt werden, indem man eine passende Konvexlinse vors Auge hält (Verant).

2. Bei einem Gemälde und auch bei einem photographischen Bild ist die Lage des Sehpunktes nicht unmittelbar angegeben; sie kann aber unter Umständen aus der Abbildung durch Konstruktion gefunden werden. Ist unter anderem ein eckiger Körper in Stirnstellung abgebildet, so ist der Schnittpunkt der Bilder von zwei zur Bildebene senkrechten Kanten der Hauptpunkt H_u. Ist ein eckiger Körper in Drehstellung abgebildet (Fig. 66), so erhält man die Fluchtpunkte X_u, Y_u als Schnittpunkte von

Kantenbildern der x- und y-Richtung. Die Verbindungsgerade $X_u Y_u$ ist der Horizont h_u und der Kreis, welcher $X_u Y_u$ als Durchmesser besitzt, muß den unteren und oberen Distanzpunkt D^0 enthalten. Kann dann etwa noch der Gehrungsfluchtpunkt G_u der Abbildung entnommen werden, so schneidet der Kreis, welcher durch X_u, G_u geht und den Peripheriewinkel $\pi/_4$ enthält, den früheren Kreis in D^0, woraus sich der Hauptpunkt H_u und die Distanz d ergibt. Einfacher ist es, wenn man bei X_u und Y_u eine Senkrechte zu h_u zieht, durch G_u die zwei Geraden unter $\pi/_4$ legt bis zu den Schnittpunkten S, T und von G_u auf die Verbindungsgerade wieder ein Lot fällt, der Fußpunkt ist D^0.

Erscheinen in der Abbildung aufrecht stehende Personen oder kennt man die wahre Größe t einer anderen vom

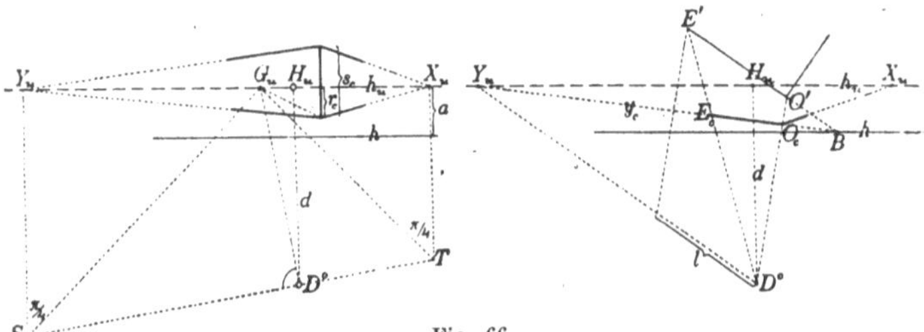

Fig. 66.

Boden aufragenden Strecke, so kann man daraus die Augenhöhe a finden. Setzt man dabei eine Verkleinerung des Gegenstandes in einem gegebenen Verhältnisse d/e voraus, so hat t in dieser Verkleinerung die Größe $s = d/e \cdot t$, welche im Bilde als s_c erscheint. Liegt nun ein Teil r_c von s_c unter h_u, so ist $r_c/s_c \cdot s = a$ die Augenhöhe für die Abbildung, also die Tiefe, in welcher die Grundlinie h unter h_u liegt. Ist statt der aufrechten Strecke die wahre Größe einer Längskante OE bekannt, so trägt man die in einem gewählten Verhältnisse d/e verkleinerte Länge l auf $D^0 Y_u$ von D^0 aus auf, zieht durch den Endpunkt eine Parallele zu $D^0 O_c$ bis zum Schnittpunkte E' mit $D^0 E_c$ und durch E' eine Parallele zu $D^0 Y_u$. Diese Parallele enthält auf $D^0 O_c$ den Punkt O' und auf $O_c E_c$ den Punkt B der Grundlinie h. Nun kann man den orthogonalen Grundriß und dann auch die beiden anderen Risse finden. Es ist also eine Wiederherstellung des Gegenstandes (soweit er im Bilde sichtbar ist) in der gewählten Verkleinerung d/e möglich.[20]

3. Für messende Zwecke wurde die Dunkelkammer zum Phototheodolit ausgestaltet. Macht man damit von zwei Standpunkten aus Aufnahmen und ermittelt dabei aus den Abmessungen des Apparates nach möglichst scharfer Einstellung die Lage des Sehpunktes zur Bildebene — die innere Orientierung — sowie die gegenseitige Lage der Apparate und der Aufstellungsorte — die äußere Orientierung —, so kann man aus den beiden erhaltenen Perspektivbildern im Sinne des „Vorwärtseinschneidens" die Normalrisse finden, also eine Wiederherstellung des Gegenstandes durchführen, ohne Kenntnisse über seine Beschaffenheit. Dieses Anwendungsgebiet wird als Photogrammetrie (§ 59, 2) bezeichnet.[21]

Das Schauen mit den beiden Augen bewirkt das Räumlichsehen der Körper ohne jede Anstrengung, indem die beiden den Sehpunkten R und L entsprechenden Netzhautbilder ebenfalls im Sinne des Vorwärtseinschneidens zu einer räumlichen Wiederherstellung des Gegenstandes führen. Das Stereoskop ist ein Instrument, welches diesen Vorgang nachahmt, wobei die Netzhautbilder durch ein in das Instrument eingefügtes Doppelbild hervorgerufen werden. Zur Herstellung stereoskopischer Bilder bedient man sich einer Dunkelkammer, welche durch eine lichtdichte Scheidewand in zwei Hälften geteilt ist. Jede Hälfte ist mit einem Objektiv versehen, so daß die optischen Achsen parallel sind in einem Abstande, welcher dem mittleren Augenabstande $b = 65$ mm gleich ist. Man erhält zwei Bilder, von welchen das eine dem rechten Auge R und das andere dem linken Auge L entspricht. Hat man die beiden Bilder auf gemeinsamer Glasplatte entstehen lassen, so muß man nach dem Kopieren die Bilder auseinanderschneiden und vertauschen (§ 21, 3). Die Figur 67 zeigt auf $^3/_4$ verkleinert die stereoskopische Abbildung eines Würfels, bei welchem die eine Diagonale des Grundquadrates in der Symmetrieebene des Beobachters liegt. Durch das Stereoskop entsteht aus diesem Doppelbilde ein subjektives Raumbild.

Die Bilder P_{c1} und P_{c2} eines Punktes P (der einen Würfelfläche) liegen immer auf einem horizontalen Ordner. Die Fluchtpunkte G_{u1} und G_{u2} einer Geraden g liegen also auch auf einem solchen Ordner und zwar immer im Augenabstande $b = H_{u1} H_{u2}$. Der Fluchtpunkt P_{u_2} des Sehstrahles LP liegt daher auch in der Entfernung b von P_{c_1}; P_{c2} liegt dann dem Punkte P_{c1} näher als P_{u2} um eine Strecke p, welche Parallaxe heißt. Aus den beiden Stereoskopbildern kann man wieder die Normalrisse finden, also eine Wiederherstellung des Gegen-

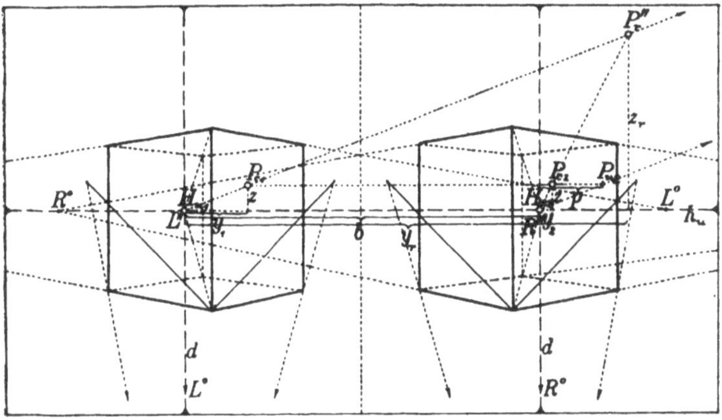

Fig. 67.

standes durchführen. Die Aufrisse der Sehstrahlen LP und RP sind $L''P_{c1}$ und $R''P_{c2}$; sie schneiden sich im Aufrisse P_r'' des Raumpunktes P_r. Auch den Grundriß könnte man leicht herstellen. Dieser Vorgang wurde zur Stereophotogrammetrie ausgebildet. Die Wiederherstellung wird aber gewöhnlich nicht durch Konstruktion, sondern durch Rechnung auf Grund einer mikroskopischen Ausmessung der beiden Bilder vorgenommen. Bezieht man die Bilder auf die Hauptpunkte H_{u1} und H_{u2}, so hat P_{c1} die Koordinaten y_1, z und P_{c2} die Koordinaten y_2, z, welche mikrometrisch ermittelt werden. Bezieht man dann den Gegenstand auf L als Ursprung, so erhält man aus y_1, z und $p = y_1 - y_2$ wegen der Ähnlichkeit der vorkommenden Dreiecke ($P_r'' R'' L''$ $R'' P_{c2} P_{u2}$) die Koordinaten des Punktes P_r:

$$x_r = d \cdot \frac{b}{p}, \qquad y_r = y_1 \cdot \frac{b}{p}, \qquad z_r = z \cdot \frac{b}{p},$$

wobei d der Abstand des Punktes N von e_r^0 in Figur 65 ist.[22]

Geschichtliche und literarische Bemerkungen.

[1] Die Regeln, welche Euklid in seiner Optik gibt (290 v. Chr.), beziehen sich eigentlich nicht auf die Abbildung, sondern auf die scheinbare Größe der Gegenstände und sind offenbar nur Beobachtungsergebnisse. Der römische Architekt Vitruvius Pollio erwähnt in seinem zehnbändigen Werke (etwa 10 v. Chr.) an einer Stelle kurz die „Scenographie", womit wahrscheinlich ein Perspektivbild gemeint ist. Es ist daher anzunehmen, daß man es bei den Gemälden der griechischen und römischen Kulturperiode, von welchen uns keines erhalten blieb und welche wir nur aus Beschreibungen oder Nachbildungen (Wandmalereien, Bodenmosaik, Vasenbilder) kennen, mit vielleicht vorzüglichen Leistungen auf Grund der unmittelbaren Anschauung, aber ohne geometrische Grundlage zu tun habe. Erst in der Renaissancezeit begann sich der Begriff „Fluchtpunkt" und „Fluchtgerade" zu entwickeln, zunächst aber nur als „Hauptpunkt" und „Horizont". Die allgemeine Auffassung dieses Begriffes dürfte von G. Ubaldo del Monte (1600) herrühren. S. Stevin (1608), G. Desargues (1636), van's Gravesande (1711), Brook Taylor (1719) und J. H. Lambert (Freye Perspective, 1759) trugen zur weiteren Entwicklung des Konstruierens mit Flucht- und Verschwindungselementen sowie zur Einführung der perspektiven Kollineation bei. Der Gegenstand fand dann eine rein geometrische Weiterentwicklung als projektive Geometrie durch L. Carnot (1801), J. V. Poncelet (1822), A. Möbius (1827), J. Steiner (1832), M. Chasles (1837, 1852), v. Staudt (1847, 1856). W. Fiedler (Darst. Geom., 1871) führte eine Wiedervereinigung der Zentralprojektion mit der projektiven Geometrie durch und behandelte die anderen Projektionsmethoden nur als besondere Fälle. [A. § 11—15]

[2] Zur Zeit der Renaissance bemühte man sich zunächst eine Bodentäfelung in den Bildern herzustellen und Höhen aufzutragen. Hervorzuheben sind L. B. Alberti (1436) und besonders Piero de' Franceschi, dessen handschriftliches Werk (etwa 1480) überraschenden Inhaltes erst 1899 von C. Winterberg herausgegeben wurde. Er beschränkt sich wohl auf die Stirnstellung des Achsensystemes, gibt aber den Körpern selbst verschiedene Stellungen. A. Dürer blieb in seinem Buche (Underweysung 1525, neu herausgegeben von A. Peltzer 1908) und in seinen Bildern auch bei der Stirnstellung. [B. § 17,2, 18]

[3] Von späteren Büchern und Schriften seien genannt: G. Schreiber (Maler. Persp., 1854), J. de la Gournerie (Traité de persp. lin., 1859), G. Peschka und E. Koutny (Freie Persp. 1868), G. Niemann (Hb. d. Lin. persp., 1888 u. 1902), J. J. Pillet (Tr. de persp. lin., 3. Aufl., 1901), K. Doehlemann (Zft. f. Math. u. Phys., 52. Bd., 1905), G. Hauck (Maler. Persp., 1910), K. Doehlemann (Grundzüge d. Persp., 1916), G. Wolff (Math. u. Mal., 1916) und die Abschnitte in den umfassenden Werken. Zur Geschichte der Perspektive: M. Poudra (Hist. d. l. persp., 1864), Ch. Wiener (1. Bd. Nr. 5—18 u. 29—37), M. Cantor (Gesch. d. Math., 4. Bd. [G. Loria, 1908]), E. Papperitz (Enzykl. d. math. Wiss., 3. Bd., I, 6, 1910), R. Müller (Jahresber. d. Math. Ver., 23. Bd., 1914), H. Schuritz (Die Perspektive in der Kunst Dürers, Diss., Darmstadt 1919), H. Wieleitner (Repert. f. Kunstwissenschaft, 42. Bd., 1920).

[4] G. Hauck (Maler. Persp., S. 53) schlug diese Bezeichnung vor. [§ 12,2]

[5] Seit 1901 behandelt der Verfasser auf Anregung L. v. Tetmajers die Polarität und Antipolarität (I. Bd., § 10 u. 14) in seinen Vorlesungen und verwendet die letztere bei den Aufgaben über Normalität, was früher in keinem Buche über darstellende Geometrie der Fall war. [§ 13,2]

[6] Poncelet [Traité (1822) No. 109—122], Fiedler (D. G., 3. Aufl, 1. Bd., § 33, Aufg. 20), Rohn-Papperitz (L. d. d G., 1. Bd., 1893 S. 183), Schlömilch, Beyel (Zft. f. Math. u. Phys., 40. Bd., 1895), Schüssler (Zft. f. Math. u. Phys., 42. Bd., 1897), Sobotka (Monatsh. f. Math. u. Phys., 10. Jg., 1899), M. Baur (Math.-nat Mitt. Stuttgart, 5. Bd., 1903), Th. Schmid (Sitzgsber. Akad. Wien, 127. Bd., 1918). [§ 15,3]

[7] Poncelet [Traité (1822) No. 341], Poudra [Nouv. ann. (1855) u. compléments (1868)], O. Schlömilch (Zft. f. Math. u. Phys., 1. Bd., 1856), Schlömilch, Pelz, Schur (Zft. f. Math. u. Phys., 39. Bd., 1894), J. Sobotka (Sitzgsber. Akad. Wien, 109. Bd., 1900). [§ 15,4]

[8] A. Beck (Math. Ann., 14. Bd., 1879, u. Züricher Vierteljahrschr., 33. Jg., 1888). [§ 16,1]

[9] G. Kohn (Enzykl. III, C. 5), G. Loria (Spez. ebene Kurven. 1902, 2. Auflage 1910/11). [§ 16,2]

[10] E. Czuber (Monatsh. f. Math. u. Phys., 3. Jg., 1892). [§ 16,2]

[11] L. Geisenheimer (Zft. f. Math. u. Phys., 25. Jg., 1880), Wiener (D. G., 1. Bd., 1884, S. 217), Rohn-Papperitz (D. G., 1. Bd., 1893, S. 304), C. Heumann (Archiv d. Math. u. Phys., 6. Bd., 1904), A. Kanda (Monatsh. f. Math. u. Phys., 24 Jg., 1913). [§ 16,3]

[12] R. Staudigl (Sitzgber. Akad. Wien, 64. Bd., 1871). [§ 17,1]

[13] P. Nicholson hat schon vor 1814 ein solches Instrument gefunden: G. Schreiber (Maler. Persp., 1854, S. 173), J. J. Pillet (Traité d. persp., 3. Ausg., 1901), R. Mehmke (Zft. f. Math. u. Phys., 42. Bd., 1897), K. Rohrbach (Zft. f. Math. u. Phys., 46. Bd., 1901), F. Schilling (Zft. f. Math. u. Phys., 56. Bd., 1908), E. Müller (D. G., 2. Bd., 1916, S. 292). [§ 17,3]

[14] Piero de' Franceschi, Prospectiva pingendi (etwa 1480 geschrieben, erst 1899 herausgegeben von Winterberg), Albrecht Dürer (Underweysung der Messung, 1525). [§ 18,1]

[15] G. Hauck (Neue Konstruktionen der Perspektive u. Photogr., Journal f. Math., 95. Bd., 1883), Th. Schmid (Monatsh. f. Math. u. Phys., 4. Jg., 1893). [§ 18,2]

[16] J. Morstadt (Zft. f. Math. u. Phys., 12. Jg., 1867), R. Staudigl (Grundz. d. Rel. persp., 1868), L. Burmester (Grundz. d. Rel. persp., 1883). [§ 20,1]

[17] J. de la Gournerie (Tr. d. persp. lin., 1859), L. Burmester (Allg. österr. Bauzeitung, 49. Jg., 1884). [§ 20,2]

[18] Aus einem von K. Weierstraß 1856 auf der Naturforscherversammlung zu Wien gehaltenen Vortrage (Werke, 3. Bd. S. 175). [§ 21,2]

[19] L. Burmester [Zft. f. Psychologie, 41. Bd. (1906) u. 50. Bd. (1908)]. Andere optische Täuschungen beziehen sich auf den Parallelismus oder die Schätzung der Größe von Strecken, Winkeln und Flächen; F. Schilling (Anw. d. darst. Geom., 1904). [§ 22,1]

[20] J. H. Lambert [Freye Perspective (1759), 8. Abschnitt] löst schon solche Umkehrungsaufgaben. [§ 22,2]

[21] G. Hauck (Journ. f. Math., 95. Bd., 1883), S. Finsterwalder (Jahresber. d. d. Math. Ver., 6. Bd., 1897, u. Enzykl. d. math. Wiss., 6. Bd., 1906, S. 98), F. Schilling (Anw. d. d. G., 1904, S. 98), J. Torroja (Archiv f. Photogrammetrie, 2. Bd.). [§ 22,3]

[22] F. Schilling (Geom. Theorie d. Stereophotogrammetrie, Zft. f. Vermessungswesen, 40. Bd., 1911). [§ 22,3]

III. Abschnitt.

Dreh- und Rohrflächen.

A. Drehflächen zweiten Grades.

§ 23. Umriß, Flächenpunkt, Berührungsebene, Flächennormale; Parallelschnitte zum Hauptmeridian.

1. Bei Drehung einer Ebene um eine ihrer Geraden beschreibt jeder Punkt einen Kreis und jede Linie der Ebene eine Drehfläche. Die von den Punkten der Linie beschriebenen Kreise heißen Parallelkreise der Fläche und die einzelnen Lagen der Linie selbst heißen Meridiane der Fläche. Aus dieser Entstehung der Fläche

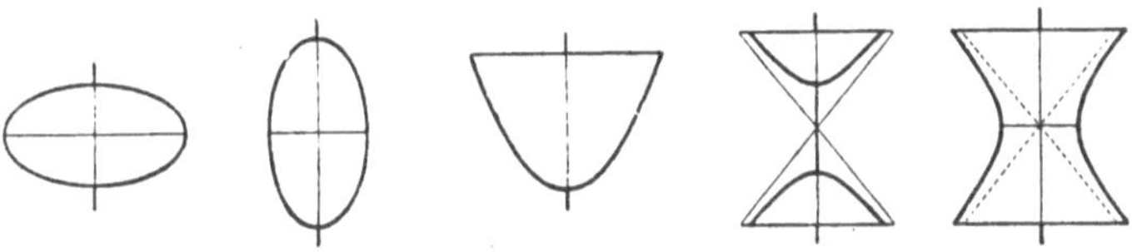

Fig. 68.

ist zunächst zu ersehen: Die Drehfläche wird längs eines Parallelkreises von einem Drehkegel oder Drehzylinder berührt, längs eines Meridianes von einem Zylinder, welcher den Meridian als Normalschnitt hat.

Außer den schon behandelten Drehflächen: Kugel, Drehzylinder, Drehkegel sollen zunächst folgende fünf Drehflächen zweiten Grades (Fig. 68) untersucht werden.

<table>
<tr><td colspan="2">Eine Ellipse, welche sich um ihre</td><td rowspan="5">Eine Parabel, welche sich um ihre Achse dreht, beschreibt ein

Drehparaboloid.</td><td colspan="2">Eine Hyperbel, welche sich um ihre</td></tr>
<tr><td>kleine</td><td>große</td><td>reelle</td><td>imaginäre</td></tr>
<tr><td colspan="2">Achse dreht, beschreibt ein</td><td colspan="2">Achse dreht, beschreibt ein</td></tr>
<tr><td>abgeplattetes</td><td>eiförmiges</td><td>zweischaliges</td><td>einschaliges</td></tr>
<tr><td colspan="2">Drehellipsoid.</td><td colspan="2">Drehhyperboloid.</td></tr>
</table>

Der kleinste Parallelkreis des einschaligen Hyperboloides heißt **Kehlkreis**. Das Paraboloid und die Hyperboloide erstrecken sich ins Unendliche. Man denkt sich daher diese Flächen durch **Randkreise** begrenzt. Durch Drehung der Asymptoten entsteht ein Drehkegel, welcher das Hyperboloid längs des unendlich fernen Parallelkreises berührt. Er heißt **Asymptotenkegel** der Fläche.

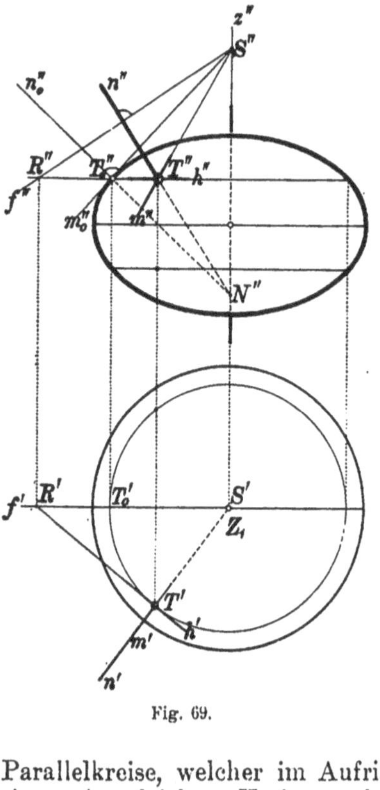

Fig. 69.

Bei der einfachsten Stellung, in welcher die Drehachse zur z-Achse parallel ist, heißt der zur Aufrißebene parallele Meridian der **Hauptmeridian**. Er bildet für den **Aufriß** den **wahren Umriß**; der **scheinbare Umriß** ist eine kongruente Linie. Ist zunächst ein **Ellipsoid** abzubilden (Fig. 69), so ist der größte Parallelkreis der **wahre Umriß** für den **Grundriß**.

2. Ist nun ein **Flächenpunkt** T abzubilden, so kann man eine Projektion, z. B. T'', wählen. Durch den zu T'' gehörigen Sehstrahl v kann man eine zur Drehachse normale Ebene legen. Sie schneidet die Fläche in einem Parallelkreise, welcher im Aufrisse als Gerade, im Grundrisse als gleicher Kreis erscheint. Dieser Kreis wird von dem Grundrisse des Sehstrahles (vom Ordner) in zwei Punkten T' geschnitten. Zu jedem Punkt T'' gehören also hier zwei Punkte T'. Nimmt man T' als gegeben an, so kann man zunächst den Grundriß des Parallelkreises zeichnen, wozu dann der Ordner des Punktes T_0, der auf dem Hauptmeridiane liegt, zwei Parallelkreise im Aufrisse ergibt. Man erhält also auch zu T' zwei Punkte T''.

Es soll nun die zum Flächenpunkte T gehörige Tangentialebene τ und Flächennormale n gefunden werden. Die Tangentialebene für den Punkt T ist bestimmt durch die Tangente h des Parallelkreises und durch die Tangente m des durch T gehenden Meridianes. Die Projektionen h', h'' und m' ergeben sich unmittelbar. Um m'' zu finden, dreht man den Punkt T zuerst in den Hauptmeridian nach T_0 und zieht da die Tangente m_0, welche die Drehachse in einem Punkte S schneidet. Beim Zurückdrehen bleibt dieser Punkt S ungeändert, so daß $S'' T'' = m''$ ist. Die durch S gehende frontale Gerade f der Tangentialebene ergibt sich im Aufrisse durch den Schnittpunkt R von h. Der Grundriß n' der Flächennormalen fällt mit m' zusammen; der Aufriß n'' ist senkrecht zu f''. Man kann aber auch zuerst für T_0 die Flächennormale n_0 zeichnen. Ihr Schnittpunkt N mit der Drehachse bleibt ungeändert; daher ist $N'' T''$ der Aufriß der Flächennormalen.

3. Die Gleichung des Hauptmeridianes der Ellipsoide, beziehungsweise Hyperboloide ist:

$$\frac{y^2}{a^2} + \frac{z^2}{b^2} = 1, \qquad \pm \frac{y^2}{a^2} \mp \frac{z^2}{b^2} = 1\text{*)}.$$

Ersetzt man y^2 durch $(x^2 + y^2)$, so erhält man die Gleichung

der Drehellipsoide	der Drehhyperboloide
$\frac{x^2+y^2}{a^2} + \frac{z^2}{b^2} = 1$	$\pm \frac{x^2+y^2}{a^2} \mp \frac{z^2}{b^2} = 1.$

Es sollen nun bei der einfachsten Stellung die Schnittlinien der Drehflächen zweiten Grades mit Ebenen untersucht werden, welche im Abstande d von der Drehachse zur Aufrißebene parallel sind. Zunächst sei ein eiförmiges Ellipsoid angenommen und eine Ebene ε (e_1, e_3), für welche der Abstand d kleiner ist als der Radius des Umrißkreises (Fig. 70). Setzt man in der Gleichung des Ellipsoides $x = d$, so sieht man, daß die Schnittlinie eine

*) Von dem Falle, daß beide Glieder negativ sind, soll hier abgesehen werden, weil er zu einer imaginären Fläche führt.

Ellipse ist. Die auf der Spur e_1 liegende Sehne des Umrißkreises ist die kleine Achse $2b_e$ der Ellipse und die auf der Spur e_3 liegende Sehne der Umrißellipse ist die große Achse $2a_e$. Der Kreis mit dem Radius $O''B''$ schneidet auf e_3 wieder die Sehne $2b_e$ ab. Die Affinität dieses Kreises mit der Umrißellipse hat die Charakteristik $\delta = b_e/a_e = b/a$; es ist also das Achsenverhältnis für die Schnittellipse gleich jenem für die Umrißellipse. Der Aufriß der Schnittellipse ist mit der Umrißellipse perspektiv ähnlich, wobei O''

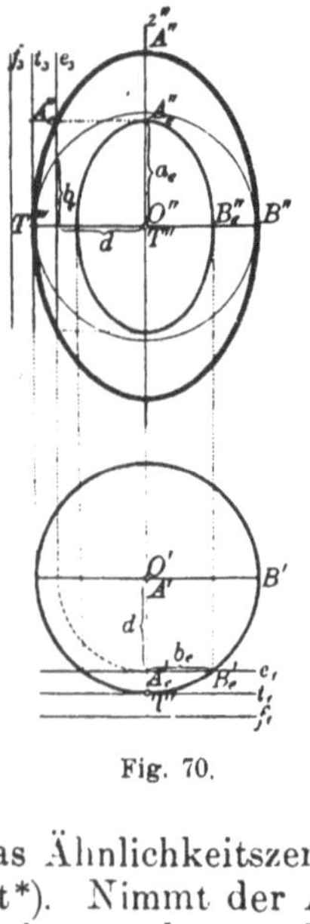

Fig. 70.

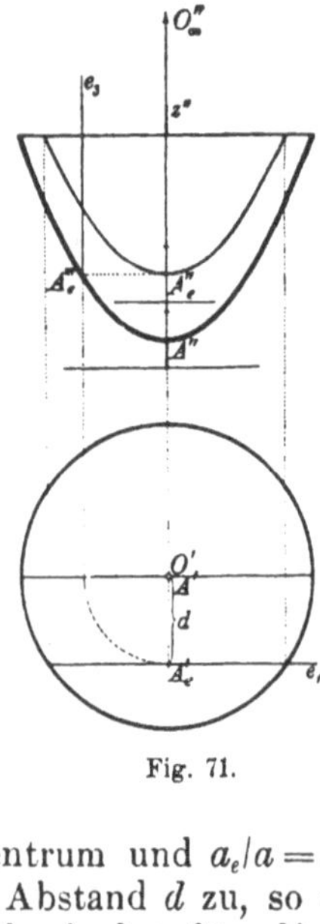

Fig. 71.

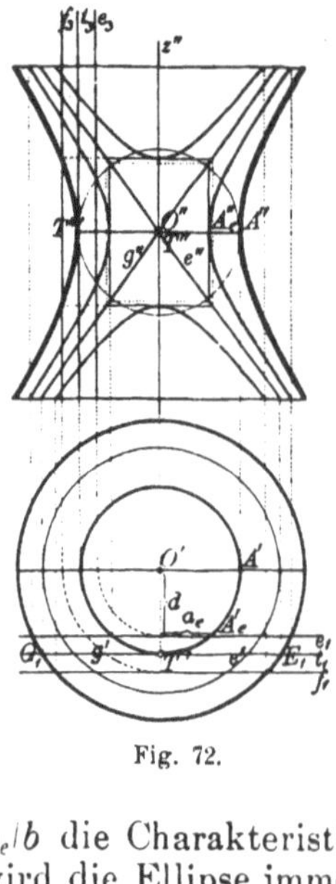

Fig. 72.

das Ähnlichkeitszentrum und $a_e/a = b_e/b$ die Charakteristik ist*). Nimmt der Abstand d zu, so wird die Ellipse immer kleiner und verschwindet für die Tangentialebene τ des Punktes T. Wird der Abstand noch größer, so ergibt sich eine imaginäre Schnittlinie.

Das Drehparaboloid (Fig. 71) kann man als Grenzfall des eiförmigen Drehellipsoides auffassen, wobei der eine Scheitel und damit auch der eine Brennpunkt sowie der Mittelpunkt O ins Unendliche rückt. Ersetzt man in der Gleichung der Meridianparabel $[y^2 = 2pz]$ wieder y^2 durch

---

*) Man sagt in diesem Falle auch „homothetisch“.

$x^2 + y^2$, so erhält man als Gleichung des Drehparaboloids

$$x^2 + y^2 = 2pz.$$

Als Schnitte mit frontalen Ebenen ergeben sich hier Parabeln, und zwar, weil die Charakteristik $a_e/a = 1$ ist, — kongruente Parabeln, so daß im Aufrisse die Umrißparabel nur um eine gewisse Strecke $[d^2/2p]$ nach aufwärts verschoben erscheint.

Es sei nun ein einschaliges Hyperboloid (Fig. 72) in Betracht gezogen. Die Ebene ε habe zunächst einen Abstand d, welcher kleiner ist als der Radius des Kehlkreises. Setzt man in der Gleichung des Hyperboloides $x = d$, so sieht man, daß die Schnittlinie eine Hyberbel ist. Die auf der Spur e_1 liegende Sehne des Kehlkreises ist die reelle Achse $2a_e$ der Hyperbel. Die Ebene ε schneidet den unendlich fernen Parallelkreis der Fläche in den uneigentlichen Punkten der beiden Erzeugenden des Asymptotenkegels, welche zur schneidenden Ebene parallel sind. Die zugehörigen Tangentialebenen des Kegels und des Hyperboloides schneiden ε in den Asymptoten der Schnittlinie. Ihr Aufriß fällt mit den Asymptoten der Umrißhyperbel zusammen. Der Aufriß der Schnitthyperbel hat also dieselben Asymptoten wie die Umrißhyperbel, also auch dasselbe Achsenverhältnis. Der Aufriß der Schnitthyperbel ist auch mit der Umrißhyperbel perspektiv ähnlich mit O'' als Ähnlichkeitszentrum und a_e/a als Charakteristik. Aus der reellen Achse und aus den Asymptoten kann die Schnitthyperbel leicht gezeichnet werden. Nimmt der Abstand d zu, so bleiben die Asymptoten dieselben, die reelle Achse wird aber immer kleiner und verschwindet für die Tangentialebene τ des Punktes T. In diesem Grenzfalle geht die Schnitthyperbel in ein Geradenpaar über, nämlich für $d = a$ erhält man $\frac{y^2}{a^2} - \frac{z^2}{b^2} = 0$, was in $\frac{y}{a} + \frac{z}{b} = 0$ und $\frac{y}{a} - \frac{z}{b} = 0$ zerfällt. Die Ebene τ berührt die Fläche im Punkte T und schneidet sie in zwei Geraden e und g, welche den oben erwähnten Erzeugenden des Asymptotenkegels parallel sind. Ist der Abstand d größer als a, so ergibt die auf der Kreuzrißspur f_3 liegende Sehne der Umrißhyperbel jetzt die reelle Achse der Schnitthyperbel auf z''. Außerdem sind wieder e'', g'' die Asymptoten für den Aufriß der Schnitthyperbel.

4. Dreht sich die Gerade e (oder g) um die z-Achse, so beschreibt jeder Punkt einen Parallelkreis der Fläche. Die Gerade bleibt daher bei der Drehung ganz auf der Fläche. Sie hat mit ihrer Nachbarlage keinen Punkt gemein, weil die Gerade die Achse nicht schneidet und nur Punkte der Achse unverändert bleiben. Die Fläche besitzt also ein ganzes System von Geraden e (bzw. g), von welchen je zwei benachbarte windschief sind. Die Fläche kann also auch durch Drehung einer solchen Geraden entstehen, weshalb man die Geraden e (und g) Erzeugende nennt. Eine Fläche, welche ein System von Geraden enthält, von denen je zwei benachbarte im allgemeinen windschief sind, heißt eine windschiefe Fläche. Das einschalige Drehhyperboloid ist in zweifacher Weise eine windschiefe Fläche*). Durch jeden Punkt T dieser Fläche gehen zwei Erzeugende (e, g), welche die zugehörige Tangentialebene bestimmen. Die Projektionen der Erzeugenden sind Tangenten des betreffenden scheinbaren Umrisses.

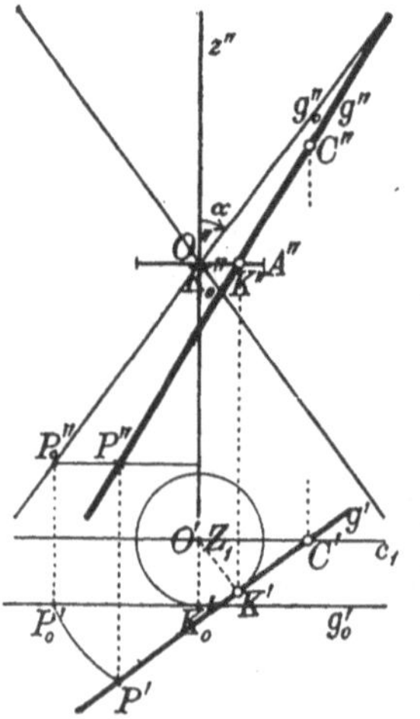

Fig. 73.

Umkehrungsaufgabe: Eine beliebige Gerade g (g', g'') sei gegeben. Es kann nun gezeigt werden, daß durch Drehung der Geraden um die z-Achse ein einschaliges Drehhyperboloid entsteht (Fig. 73). Fällt man von Z_1 die Normale zu g', so ist ihr Fußpunkt der Grundriß K' jenes Punktes der Geraden, welcher von der Drehachse den kleinsten Abstand hat; der Punkt K beschreibt daher den Kehlkreis. Jeder andere Punkt P von g beschreibt einen Parallelkreis. Dreht man die Gerade in die Lage g_0, wo sie zur Aufrißebene parallel ist, so daß g_0' eine zu y parallele

*) Dabei sind die Erzeugenden e rechts geschraubt, während die Erzeugenden g links geschraubt sind (I. Bd. § 7,4 und II. Bd. § 52,2).

Tangente des Kehlkreises wird, dann ist $K_0'' P_0'' = g_0''$ eine Asymptote der Umrißhyperbel. Für den Winkel α, welchen die Gerade mit der Drehachse bildet, ist also $\operatorname{tg} \alpha = a : b$. Nun ist

$$O'P' = \sqrt{x^2 + y^2} \quad \text{und} \quad K'P' = \sqrt{x^2 + y^2 - a^2}\,.$$

Aus dem rechtwinkligen Dreiecke mit der Hypotenuse KP folgt $K'P' : z = \operatorname{tg} \alpha = a : b$,

also

$$x^2 + y^2 - a^2 = \frac{a^2}{b^2} \cdot z^2$$

und

$$\frac{x^2 + y^2}{a^2} - \frac{z^2}{b^2} = 1\,.$$

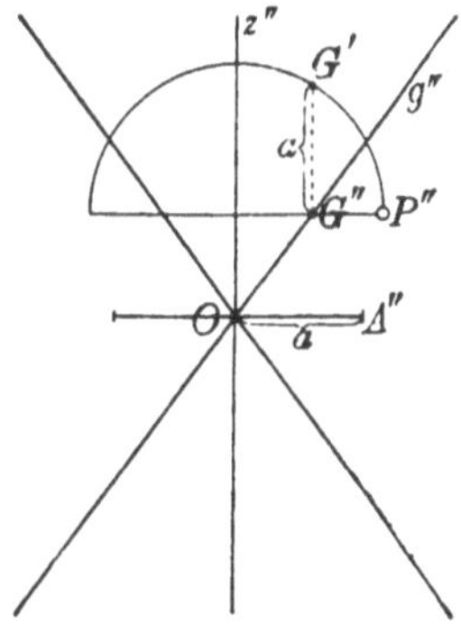

Fig. 74.

Für jeden Punkt P von g bei allen Lagen gilt also die Gleichung des einschaligen Hyperboloides. Für die Umrißhyperbel kennt man bereits die reelle Achse und die Asymptoten. Überdies ist g'' eine Tangente und der Aufriß C'' des Schnittpunktes der Geraden g mit der Ebene des Umrißmeridianes ist der zugehörige Berührungspunkt. Man kann auch C statt P benützen.

Übungsaufgaben: 1. Von einer Hyperbel sind die Asymptoten und ein Punkt gegeben. Man soll die reelle Achse finden. [Man kann die Hyperbel als scheinbaren Umriß eines einschaligen Hyperboloides betrachten (Fig. 74) und P'' als einen Punkt desselben. Der zugehörige Parallelkreis schneidet die Erzeugende g, welche im Aufrisse als Asymptote g'' erscheint, in einem Punkte G. Der (negative) Grundriß ergibt in $G''G'$ den Abstand des Punktes G und der Erzeugenden g von der Aufrißebene, also den Radius des Kehlkreises, der zugleich die halbe reelle Achse a der Hyperbel ist.]

2. Es sind die Schnittpunkte einer Hyperbel (durch reelle Achse und Asymptoten gegeben) mit einer zur reellen Achse parallelen Geraden zu suchen.

3. Man soll durch eine Gerade Ebenen legen, welche ein gegebenes einschaliges Drehhyperboloid nach Parabeln schneiden.

4. Es ist ein Würfel gegeben, dessen Hauptdiagonale zur z-Achse parallel ist und von welchem keine Kante zur Aufrißebene parallel sein soll. Was entsteht aus den Kanten des Würfels, wenn sich dieser um die z-Achse dreht? (Zone eines besonderen Hyperboloids und die zu den beiden Randkreisen gehörigen Normalenkegel.) Was entsteht, wenn man für jeden Horizontalschnitt des Würfels einen äquivalenten Kreis sucht? (Drehellipsoid mit zwei berührenden Drehkegeln.)

§ 24. Parallelschnitte, Normalschnitte und schiefe Schnitte für einen Flächenpunkt.

1. Vergleicht man die Parallelschnitte im Falle des Ellipsoides mit jenen des einschaligen Hyperboloides, so zeigt sich ein wesentlicher Unterschied. Beim Ellipsoide liegt die Fläche ganz auf der einen Seite der Tangentialebene, dagegen beim Hyperboloide zum Teil auf der einen Seite, zum Teil auf der anderen Seite der Berührungsebene. Auch bei einer beliebigen Fläche kommt in erster Annäherung ein derartiges Verhalten vor; benachbarte Parallelebenen zur Tangentialebene schneiden nämlich die Fläche in der Umgebung des Berührungspunktes entweder ellipsenartig und imaginär oder beiderseits hyperbelartig. Man unterscheidet hiernach elliptische und hyperbolische Flächenpunkte. Für einen Punkt T eines Kegels ergibt eine benachbarte Parallelebene zur Tangentialebene eine Parabel als Schnitt (beim Zylinder zwei parallele Gerade als Grenzfall einer unendlich langgestreckten Parabel). Solche Flächenpunkte heißen parabolische Punkte. Das Ellipsoid, das Drehparaboloid und das zweischalige Hyperboloid weisen elliptische Punkte auf, das einschalige Hyperboloid hyperbolische Punkte; nur die uneigentlichen Punkte der Hyperboloide sind parabolische Punkte.

2. Die Schnittlinien der Ebenen, welche durch die Flächennormale des Punktes T gehen, heißen Normalschnitte. Die Ellipse $[O, a, b]$ sei der Hauptmeridian eines abgeplatteten Drehellipsoides (Fig. 75a); er hat die Gleichung

$$\frac{y^2}{a^2} + \frac{z^2}{b^2} = 1 .$$

Die durch den Punkt P gehende Normalebene von T bilde mit dem Meridiane den Winkel α und der Radius OP sei p; dann geht die obige Gleichung über in

$$\frac{(p \sin\alpha)^2}{a^2} + \frac{(p\cos\alpha)^2}{b^2} = 1$$

oder

$$\frac{\sin\alpha^2}{a} + \frac{\cos\alpha^2}{\frac{b^2}{a}} = \frac{1}{\frac{p^2}{a}} .$$

In dieser Gleichung ist a der Radius r des Äquators, b^2/a der Krümmungsradius r_0 des Meridianschnittes und $p^2/a = k$ jener des beliebigen Normalschnittes für den Punkt T. Daraus ergibt sich die Eulersche Gleichung

$$\frac{\sin \alpha^2}{r} + \frac{\cos \alpha^2}{r_0} = \frac{1}{k},$$

welche die Abhängigkeit des Krümmungshalbmessers k eines Normalschnittes im Punkte T vom Winkel α angibt, welchen die Ebene dieses Normalschnittes mit der Ebene

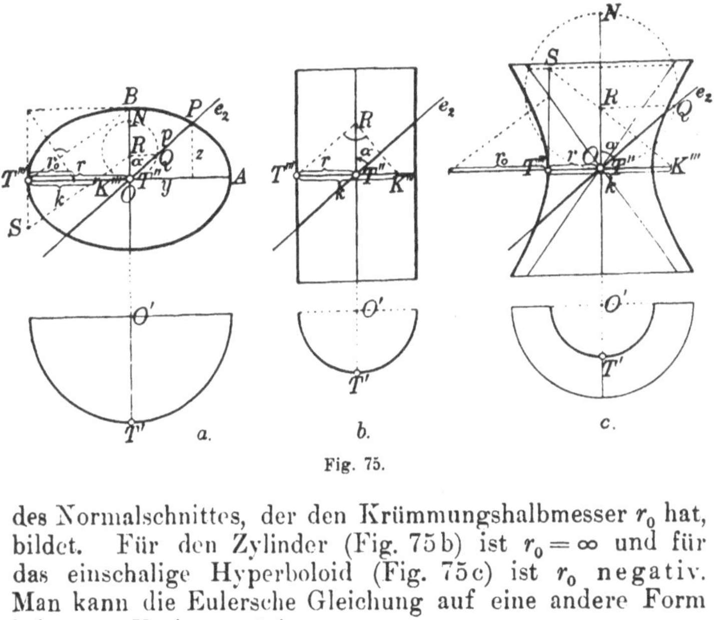

Fig. 75.

des Normalschnittes, der den Krümmungshalbmesser r_0 hat, bildet. Für den Zylinder (Fig. 75b) ist $r_0 = \infty$ und für das einschalige Hyperboloid (Fig. 75c) ist r_0 negativ. Man kann die Eulersche Gleichung auf eine andere Form bringen. Es ist zunächst

$$k\,[r_0 \sin \alpha^2 + r \cos \alpha^2] = r \cdot r_0,$$

$$\frac{k}{r} = \frac{r_0}{[r_0 + (r - r_0) \cos \alpha^2]}.$$

Man erhält also

für das Ellipsoid	für den Zylinder	für das Hyperboloid
$\dfrac{k}{r-k} = \dfrac{r_0}{(r-r_0)\cos \alpha^2}$	$k = \dfrac{r}{\sin \alpha^2}$	$\dfrac{k}{k-r} = \dfrac{r_0}{(r+r_0)\cos \alpha^2}.$

Hieraus ergeben sich einfache Konstruktionen für den Krümmungshalbmesser k aus r, r_0 und α. Man macht auf der Tangente für T''' die Strecke $T''' S = r_0$, dann zeichnet man für das Ellipsoid den Kreis mit dem Durchmesser $ON = (r - r_0)$ und für das Hyperboloid einen solchen mit dem Durchmesser $ON = (r + r_0)$. Die Spur e_2 der Ebene des Normalschnittes, welcher einen gegebenen Winkel α mit dem Meridiane bildet, schneidet diesen Kreis noch in einem Punkte Q; dann ist $OQ = (r \mp r_0) \cos \alpha$. Fällt man von Q die Normale QR zum Durchmesser ON, so ist $OR = (r \mp r_0) \cos \alpha^2$. Die Verbindungsgerade SR ergibt den Kreuzriß K''' des zu diesem Normalschnitte gehörigen Krümmungsmittelpunktes K; denn wegen der Ähnlichkeit der Dreiecke $T''' SK'''$ und ORK''' sind die oben gefundenen Proportionen erfüllt. Die Konstruktion läßt sofort erkennen, daß r und r_0 Extreme sind; sie heißen deshalb die Hauptkrümmungshalbmesser für T. Für den Zylinder hat man nach der obigen Gleichung (I. Bd., § 29, 2) $T''' R$ parallel zu e_2 zu ziehen; die Normale dazu in R ergibt den Kreuzriß K''' des zugehörigen Krümmungsmittelpunktes K.

Die Eulersche Gleichung und die daraus abgeleiteten Konstruktionen gelten für jeden gewöhnlichen Punkt einer beliebigen Fläche. Nach der Krümmung der Normalschnitte wird die Krümmung der Fläche selbst beurteilt. Man sagt: „Die Fläche ist in einem elliptischen Punkte konvex-konvex, in einem hyperbolischen Punkte konvex-konkav."

Übungsaufgabe: Es ist die Linie zu untersuchen, welche von den Brennpunkten aller Normalschnitte für den Punkt T des Drehzylinders gebildet wird.

3. Ein abgeplattetes Ellipsoid werde mit einer schiefen Ebene geschnitten, welche zur Aufrißebene normal ist. Die Schnittlinie ist auch hier eine Ellipse. Sie erscheint im Aufrisse als Sehne $A''B''$ des Umrisses; im Grundrisse erscheint sie als Ellipse, welche den Umrißkreis doppelt berührt (Fig. 77). Geht die Ebene durch die Tangente t des Punktes T des Umrißkreises (Fig. 76), so wird der Grundriß des schiefen Schnittes eine Ellipse, für welche die beiden Paare von benachbarten Punkten, die sie mit dem Umrißkreise gemein hat, bei T' zusammenrücken. Der Umrißkreis ist also für diese Ellipse der Krümmungskreis des Scheitels T' der kleinen Achse. O' der Mittelpunkt und $O'T' = k$ der Krümmungsradius.

Übungsaufgabe: Was für eine Linie bilden die Scheitel der großen Achsen für die Grundrisse aller schiefen Schnitte durch t? [$a^2/b = k$; $a^2 = k \cdot b$.]

Für den angenommenen Flächenpunkt T ist nun der Umrißkreis der durch die Tangente t gehende Normalschnitt und die Ellipse ein durch t gehender schiefer Schnitt, dessen Ebene mit dem Normalschnitte den Winkel ε bildet. Verwendet man jetzt die früher (I. Bd., § 16, 3) gezeigte Gleichung

$$\frac{k_p}{k_r} = \frac{\sin \alpha^3}{\cos \varepsilon},$$

so ist hier $\alpha = \pi/_2$, $k_p = k$ und $k_r = k_s$, nämlich der Krümmungsradius des schiefen Schnittes für den Punkt T und es folgt:

$$k_s = k \cdot \cos \varepsilon.$$

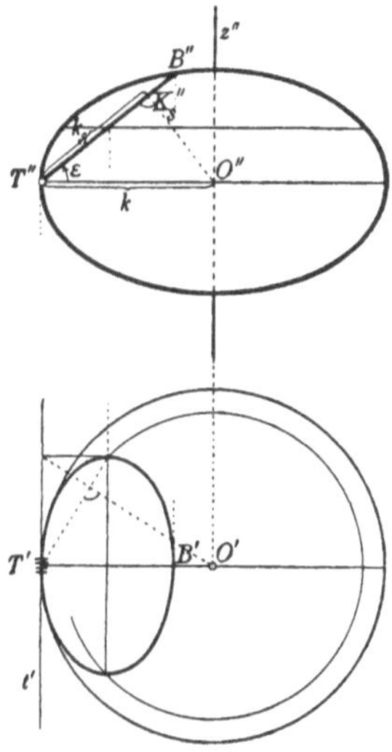

Fig. 76.

Diese Beziehung, welche für jeden gewöhnlichen Punkt einer beliebigen Fläche gilt, heißt der Meusniersche Satz:

„Der Krümmungsmittelpunkt eines durch eine Tangente t eines Flächenpunktes T gehenden schiefen Schnittes ist der Fußpunkt der Normalen, welche man aus dem Krümmungsmittelpunkte des zugehörigen Normalschnittes auf die schiefe Ebene fällt."

Durch den Eulerschen und den Meusnierschen Satz ist man imstande, den Krümmungskreis für jeden durch einen Flächenpunkt T gehenden Schnitt zu konstruieren, wenn man die beiden Hauptkrümmungshalbmesser kennt.

§ 25. Zwei ebene Schnitte. Schnittpunkte und Berührungsebenen für eine Gerade.

1. Es sei wieder die Drehfläche von einer schiefen Ebene geschnitten, welche zur Aufrißebene normal ist (Fig. 77). Wählt man nun einen beliebigen Parallelkreis PR und schneiden sich die Geraden AR und BP in einem Punkte S, ferner AP und BR in einem Punkte T, so kann man die Punkte S und T als Spitzen von Kegeln betrachten, welche den Parallelkreis als Basis besitzen. Diese Kegel schneiden das Ellipsoid noch in einer Linie zweiter Ordnung, welche mit dem ursprünglichen ebenen Schnitte identisch sein muß, da sie wegen der Symmetrie auch zur Aufrißebene normal sein und durch die Punkte A, B gehen muß. Man findet also:

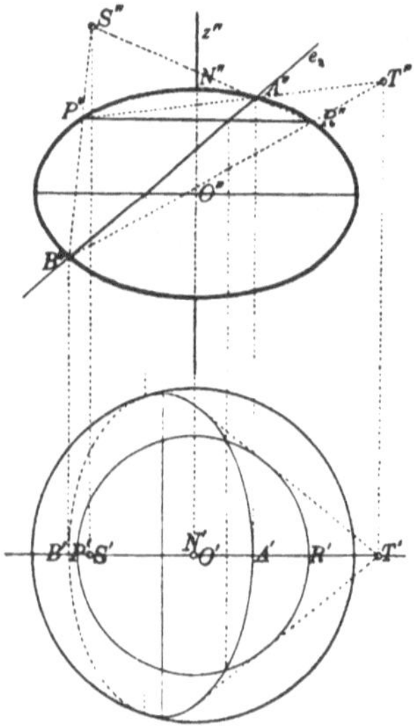

Fig. 77.

„Jeder ebene Schnitt einer Drehfläche zweiten Grades liegt mit einem beliebigen Parallelkreise auf zwei Kegeln zweiten Grades, deren Spitzen auf der Meridianebene liegen, welche zur schneidenden Ebene normal ist. Die eine Kreisschnittebene der beiden Kegel ist zur Drehachse z normal."

Wählt man als Parallelkreisebene die Tangentialebene des Scheitels N, wobei der Parallelkreis unendlich klein wird, so gehen die beiden Kegel in e i n e n mit der Spitze N über und es ergibt sich:

„Jeder ebene Schnitt einer Drehfläche zweiten Grades wird aus einem Scheitel auf eine Parallelkreisebene als Kreis projiziert."

Betrachtet man das D r e h p a r a b o l o i d mit z als Drehachse (Fig. 78), so liegt der Sehpunkt für den

Grundriß im uneigentlichen Scheitel des Paraboloides. Daraus folgt:

„Der Grundriß eines schiefen Schnittes eines Drehparaboloides, welches z als Drehachse hat, ist ein Kreis; die Grundrisse von Parallelschnitten sind konzentrische Kreise."

Man kann dies auch noch anders einfach nachweisen. Ist die Ebene ε zur Aufrißebene normal, so erscheint der Ellipsenschnitt als Strecke $A_I''A_{II}''$ auf der Spur e_2. Alle Punkte des Drehparaboloides haben vom Brennpunkte F und von der Leitebene δ (Spur d_2) denselben Abstand, sind also die Mittelpunkte von Kugeln, welche durch F gehen und die Ebene δ berühren. Die Punkte der Ebene ε sind Mittelpunkte von Kugeln, welche durch F und daher auch durch den zu F in bezug auf ε symmetrisch liegenden Punkt G gehen (Kugelbündel). Die Punkte der Schnittellipse sind dann die Mittelpunkte von Kugeln, welche durch F und G gehen und auch die Ebene δ berühren. Bezeichnet man den Schnittpunkt der Geraden FG und der Leitebene δ mit D, ferner die Berührungspunkte der genannten Kugeln mit E, so ist

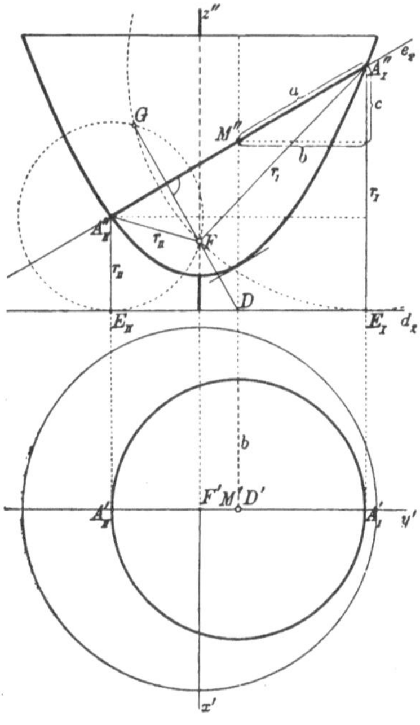

Fig. 78.

$$\overline{DE}^2 = \overline{DF} \cdot \overline{DG};$$

es ist also die Strecke DE für alle Kugeln gleich und die Berührungspunkte E bilden den Kreis $[D, DE]$. Die zugehörigen Berührungshalbmesser der Kugeln bilden einen Drehzylinder, welcher den Ellipsenschnitt auf die

Grundebene projiziert*).[8] Der Punkt D liegt auf dem Durchmesser des Paraboloides, welcher zur Ebene ε konjugiert ist, der also durch den Mittelpunkt M der Ellipse und durch den Berührungspunkt der zu e_2 parallelen Tangente des Hauptmeridianes geht. Die Lage des Punktes D ist nur von der Neigung der Ebene ε gegen die Leitebene δ abhängig; es ist nämlich

$$D'F' = p \cdot \operatorname{tg}(\delta\varepsilon).$$

Der Radius des Kreises ist gleich der Halbachse b der Ellipse und der Höhenunterschied des Punktes A_I und des Mittelpunktes M ist gleich der Exzentrizität c der Ellipse. Daraus folgt aber weiter, daß der Unterschied der Radien $A_I E_I = A_I F = r_I$ und $A_{II} E_{II} = A_{II} F = r_{II}$ gleich $2c$ ist, so daß F ein Punkt der zum Ellipsenschnitte gehörigen Fokalhyperbel ist (I. Bd., § 21, 1).

„Die ebenen Schnitte eines Drehparaboloides werden aus dem Brennpunkte F durch Drehkegel projiziert."

Für die analytische Behandlung hat man die Gleichungen:

$$\text{Drehparaboloid} \ldots \quad x^2 + y^2 = 2pz,$$
$$\text{Ebene } \varepsilon \ldots\ldots \quad z = my + n.$$

Die Elimination des z aus diesen beiden Gleichungen ergibt die Gleichung eines Kreises:

$$x^2 + (y - mp)^2 = m^2p^2 + 2np\,.$$

2. Man kann diese Sätze zur einfachen Lösung von Aufgaben benützen, z. B.

„Es sind die Schnittpunkte einer Geraden r mit einer Drehfläche zweiten Grades zu suchen." Man legt (Fig. 79) durch die Gerade r eine Ebene, welche zur Aufrißebene normal ist. Die Schnittlinie erscheint im Aufrisse als Sehne $A''B''$ des Umrisses. Die Punkte A'', B'' können dabei durch Affinität mit dem Lineal und Zirkel gefunden werden. Diese Schnittlinie liegt mit dem Äquator QR auf zwei Kegeln zweiten Grades. Die Spitze P eines solchen Kegels ist der Schnittpunkt von AQ und BR. Da P

*) Sucht man für einen Punkt T der Schnittellipse die Tangente t, so ist T' der Fluchtpunkt der Flächennormalen für F als Sehpunkt und δ als Bildebene, ferner ist D' der Fluchtpunkt der Normalen zur Ebene ε. Dann ist aber $T'D'$ die Fluchtgerade der Normalebene und zu dieser muß t' senkrecht sein. Hiermit ist auch die Tangenteneigenschaft des Kreises nachgewiesen.

auf der Ebene des Hauptmeridianes liegt, so muß P' auf der Grundspur c_1 desselben sein. Der Äquator QR ist die Projektion der Schnittlinie aus dem Punkte P auf die Ebene des Äquators. Projiziert man dann auch die Gerade r aus P auf die Äquatorebene, so ergibt sich die Projektion r_c aus der Grundspur R_1 von r und aus

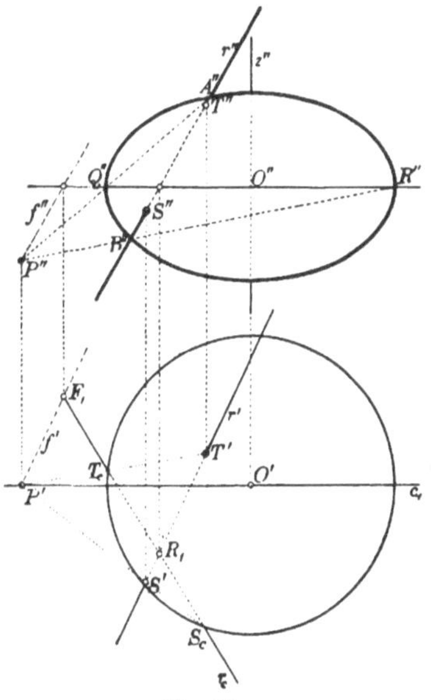

Fig. 79.

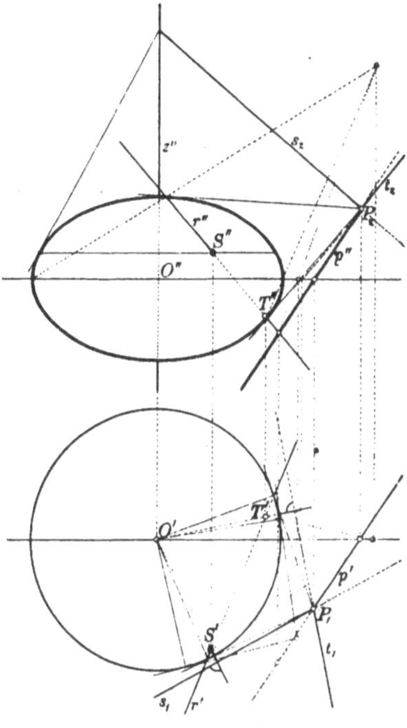

Fig. 80.

der Spur F_1 des Parallelstrahles f durch P zu r. Die Projektion r_c schneidet den Äquatorkreis in zwei Punkten S_c, T_c, aus welchen sich durch Verbinden mit P' die Punkte S', T' auf r', ferner durch Ordner die Punkte S'', T'' auf r'' ergeben*). Aus der Lage der Punkte S', T' in bezug auf den Grundriß c_1 der Umrißellipse ist zu ersehen, welcher der beiden Schnittpunkte im Aufrisse

*) Es ist also hier der schon gezeichnete Äquatorkreis zur Aufsuchung der Schnittpunkte benützt.

sichtbar ist, und aus der Lage der Punkte S'', T'' in bezug auf den Aufriß des Umrißkreises folgt die Sichtbarkeit im Grundrisse.

Übungsaufgabe: Es sind die Schnittpunkte einer Geraden r mit einem Drehparaboloide zu suchen.

3. Auch die Polareigenschaften der Kugel sind teilweise für die Drehflächen zweiten Grades gültig. Die Berührungspunkte aller Tangentialebenen, welche man durch einen Punkt P an eine solche Fläche legen kann, befinden sich auf einer Ebene π. Man nennt wieder P den Pol und π die Polarebene in bezug auf die Fläche. Die Ebene π ist aber nicht mehr senkrecht zur Geraden OP. Der Berührungskegel ist im allgemeinen nicht ein Drehkegel, sondern ein Kegel zweiten Grades, und die Berührungslinie nicht ein Kreis, sondern ein Kegelschnitt. Wenn der Pol eine Gerade p beschreibt, so dreht sich die Polarebene auch um eine Gerade r; die Geraden p und r heißen Polargeraden.

„Es sei zur Geraden p die Polargerade r zu suchen.“

Man sucht (Fig. 80) die Schnittpunkte P_1 und P_2 der Geraden p mit den Ebenen der beiden Umrisse. Die Polare von P_1 in bezug auf den Umrißkreis ist der Grundriß r' der Polargeraden von p (I. Bd., § 11, 4) und die Polare von P_2 in bezug auf die Umrißellipse ist der Aufriß r'' der Polargeraden von p. Nun kann man wie im vorigen Beispiele noch die Schnittpunkte von r mit der Fläche suchen.

„Es sind die Berührungsebenen aus einer Geraden p an die Drehfläche zu legen.“

Die vorhin gefundenen Schnittpunkte S, T von r sind die Berührungspunkte der beiden Berührungsebenen σ, τ. Die Spur t_1 der Berührungsebene τ auf der Ebene des Umrißkreises geht durch P_1 und ist die Polare t_1 von T' in bezug auf den Umrißkreis. Die Spur der Berührungsebene τ auf der Ebene der Umrißellipse geht durch P_2 und ist die Polare t_2 von T'' in bezug auf die Umrißellipse.

Übungsaufgaben: 1. Eine Schnur von bestimmter Länge l_1 ist mit ihren beiden Enden in den Punkten E, F der z-Achse befestigt. Eine zweite Schnur von anderer Länge l_2 ist in den

Punkten F, G befestigt, wobei FG eine zur Aufrißebene parallele Gerade sei. Was für eine Linie beschreibt ein Ring T, durch welchen beide Schnüre gezogen sind und von welchem diese Schnüre gespannt werden?[4]

2. Es ist für ein Drehparaboloid zu zeigen:

α) Die Grundrisse von Polargeraden p, r sind zueinander normal.

β) Die Grundrisse der ebenen Schnitte durch zwei Polargeraden p, r sind konjugierte Kreisbüschel.

§ 26. Lichtgrenze und Schlagschatten ins Innere.

1. „Es soll für einen leuchtenden Punkt L die Lichtgrenze einer Drehfläche zweiten Grades gesucht werden; insbesondere soll für Diagonalbeleuchtung die Lichtgrenze eines eiförmigen Drehellipsoides (Fig. 81) ermittelt werden.“ Die Lichtgrenze liegt auf der Polarebene des uneigentlichen Lichtpunktes, also auf einer Diametralebene. Die Ebene, welche durch die Drehachse parallel zu den Lichtstrahlen geht, ist eine Symmetrieebene für die räumliche Anordnung. Auf ihr liegt daher die eine Achse der Lichtgrenze; der dazu senkrechte Durchmesser des Umrißkreises ist die zweite Achse BB. Um die Endpunkte der ersten Achse zu finden, dreht man die Symmetrieebene in die Ebene des Hauptmeridianes. Der Lichtstrahl l kommt dabei in die Lage l_0 (l_0', l_0''). Die Berührungspunkte A_0'' der Tangenten an die Umrißellipse, welche zu l_0'' parallel sind, ergeben zurückgedreht die Scheitel A der ersten Achse. Für den Grundriß der Lichtgrenze hat man dadurch die Achsen, für den Aufriß zwei konjugierte Durchmesser gefunden. Zieht man zu l'' die parallelen Tangenten an die Umrißellipse, so ist die Verbindungsgerade f der beiden Berührungspunkte F eine Frontale der Ebene der Lichtgrenze. Die Lichtgrenze wird bei den Punkten F unsichtbar und ihr Aufriß muß bei diesen Punkten die Umrißellipse berühren.

Ist die Fläche ein einschaliges Hyperboloid, so kann der zu l_0'' konjugierte Durchmesser der Umrißhyperbel imaginäre Endpunkte haben; der Durchmesser geht aber durch den Pol von l_0'', welchen man in diesem Falle leicht finden kann. Die hiermit erhaltene Polarebene schneidet den Asymptotenkegel in den Asymptoten der Hyperbel, so daß man nach dem Zurückdrehen eine Achse und die Asymptoten der Lichtgrenze kennt. Die Erzeugenden des Asymptotenkegels, welche seine Lichtgrenze bilden, sind die Asymptoten der Lichtgrenze des Hyperboloids. Beim einschaligen Hyperboloide ist die Lichtgrenze eine Ellipse oder Hyperbel, je nachdem der durch den Mittelpunkt O gehende Lichtstrahl innerhalb oder außerhalb des Asymptotenkegels liegt. Liegt l auf dem Kegel selbst, so ergeben sich die zwei dazu

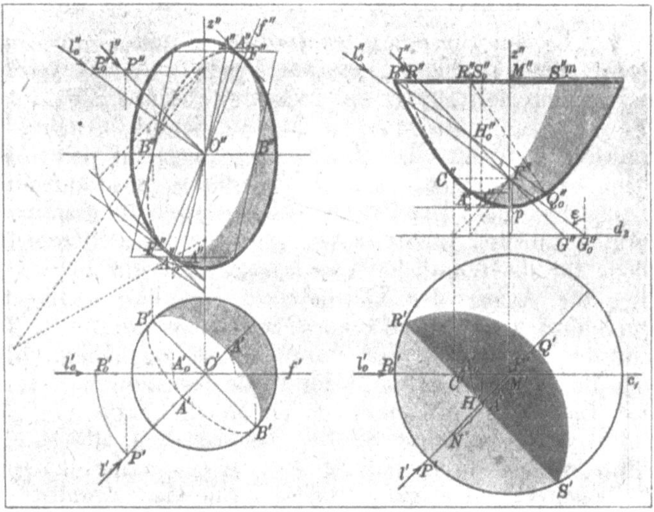

Fig. 81. Fig. 82.

parallelen Erzeugenden des Hyperboloides als Lichtgrenze.

Die anderen Isophoten sind nicht mehr ebene Schnitte, sondern Raumkurven vierter Ordnung und können so konstruiert werden, wie bei einer allgemeinen Drehfläche (§ 35, 1).

Übungsaufgabe: Es sind die hellsten Punkte einer Drehfläche zweiten Grades zu suchen.

2. „Es soll noch die Diagonalbeleuchtung eines Drehparaboloides [Brennpunkt F, Leitebene δ] untersucht werden (Fig. 82)."

Die Ebene der Lichtgrenze geht durch den uneigentlichen Mittelpunkt O_∞ des Paraboloides, ist also zur Drehachse parallel; die Lichtgrenze ist somit hier eine Parabel und der Berührungszylinder ist ein parabolischer. Um den Scheitel der Parabel zu finden, dreht man wieder die Symmetrieebene $[lz]$ in die Ebene des Hauptmeridianes, wobei der durch den Brennpunkt F gehende Lichtstrahl l in die Lage l_0 kommt. Der Berührungspunkt A_0'' der Tangente an die Umrißparabel, welche zu l_0'' parallel ist, ergibt sich, indem man bei F'' eine Senkrechte zu l_0'' bis zum Schnitte mit der Leitgeraden d_2 zieht. Die durch diesen Punkt gehende Parallele zur z-Achse ist der Aufriß der Lichtgrenze für die gedrehte Lage, wodurch man A_0' und A_0'' findet. Durch Zurückdrehen erhält man A', A''. Es ist $M'A' = p \cdot \operatorname{cotg} \varepsilon$. Die durch A' senkrecht zu l' gehende Sehne $R'S'$ ist der Grundriß der Lichtgrenze und A'' ist der Scheitel für den Aufriß der Lichtgrenze. Die Sehne $R'S'$ schneidet die Grundspur c_1 des Hauptmeridianes in einem Punkte C'. Dann ist C'' der Punkt, in welchem die Lichtgrenze unsichtbar wird und bei welchem der Aufriß der Lichtgrenze die Umrißparabel berühren muß*); man kann aber C'' auch als Berührungspunkt der zu l'' parallelen Tangente finden, indem man bei F'' eine Senkrechte zu l'' zieht bis zum Schnitt mit d_2.

Der Schlagschatten des Randkreises $[M, m]$ ins Innere der paraboloidischen Schale ist eine Ellipse (§ 25, 1), deren Ebene durch die Sehne RS und durch den Schatten Q des Punktes P des Randkreises geht. Zieht man durch P_0'' die Parallele zu l_0'', so ergibt sich Q_0'' und dann ist $R_0''Q_0''$ für die gedrehte Lage der Aufriß der Schlagschattenellipse. Ihr Grundriß ist der Kreis, welcher durch die Punkte Q', R', S' geht. Da nun die Sehne $P_0''Q_0''$, welche zur Tangente bei A_0'' parallel ist, durch den Durchmesser des Punktes A_0'' bei H_0'' halbiert wird, so muß auch $H'P' = H'Q'$ sein. Daraus folgt aber, daß der Kreis $[Q'R'S']$ zum Randkreise $[M, m]$ in

*) Für Diagonalbeleuchtung geht der Aufriß der Lichtgrenze auch durch den Brennpunkt F''. Der Halbierungspunkt der Strecke $C''F''$ ist der Brennpunkt und die Scheiteltangente der Umrißparabel ist die Leitgerade für den Aufriß der Lichtgrenze.

bezug auf $R'S'$ symmetrisch liegt. Macht man also $H'M' = H'N$, so ist der Kreis $[N, m]$ der Grundriß der Schlagschattenellipse.

§ 27. Schnittlinie zweier Drehflächen.

1. Die Schnittlinie zweier Drehflächen kann nur in besonderen Fällen einfach gefunden werden, z. B. wenn zwei Drehflächen, deren Achsen sich in einem Punkte O schneiden, so aufgestellt sind, daß die Ebene der beiden Achsen zu einer Projektionsebene parallel ist und die eine der beiden Achsen zur anderen Projektionsebene normal ist.[5]

Um Punkte der Schnittlinie zu finden (I. Bd., § 31,1), kann man hier als Hilfsflächen Kugeln benützen, welche den Schnittpunkt O der beiden Achsen als Mittelpunkt haben. Jede solche Kugel schneidet beide Flächen nach Parallelkreisen, die eine Anzahl von Schnittpunkten ergeben, welche der gesuchten Schnittlinie angehören.

Es sei etwa ein eiförmiges Drehellipsoid mit der Achse y und ein Drehkegel mit der Achse z vorausgesetzt (Fig. 83). Hier ergibt jede Kugel zwei Paare von Parallelkreisen, also acht Punkte der Schnittlinie. Die Parallelkreise erscheinen im Aufrisse als Paare von parallelen Geraden, welche vier Punkte T'' ergeben, von denen jeder die Projektion von zwei Punkten ist. Die Schnittlinie ist eine Raumkurve vierter Ordnung, welche im Aufrisse als Hyperbel erscheint (I. Bd., § 31,3 und 7). Da die Parallelkreise der einen Fläche auch im Grundrisse als Kreise erscheinen, kann man die acht Punkte T' durch Ordner finden. Der Grundriß ist eine (aus zwei Ästen bestehende) Linie vierter Ordnung. Die Hilfskugel, welche das Ellipsoid berührt (in zwei benachbarten Parallelkreisen schneidet), ergibt die Scheitel A'' der Hyperbel, wobei die Aufrisse der anderen Parallelkreise die zugehörigen Tangenten sind. Die eingezeichnete größere Kugel schneidet wohl beide Flächen noch in reellen Kreisen und im Aufrisse ergeben sich vier Punkte T'', aber drei von diesen sind die Projektionen von je zwei konjugiert imaginären Punkten der Raumkurve. Die

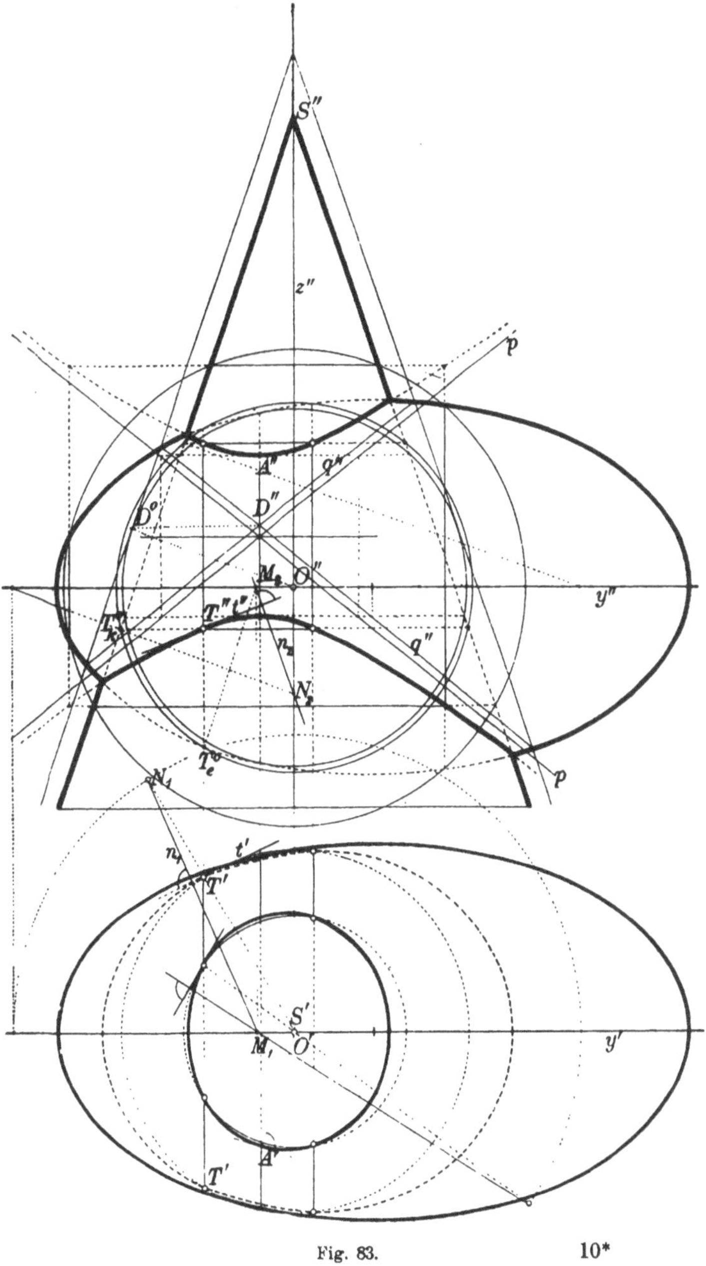

Fig. 83.

Ebene der beiden Achsen schneidet die Flächen in den Umrißmeridianen, woraus sich auch vier Punkte der Schnittlinie ergeben.

Um die Tangente t für einen Punkt T zu finden, sucht man die Flächennormale m des Ellipsoides mit der Spur M_2 (§ 23, 2) und die Flächennormale n des Kegels mit der Spur N_2 (I. Bd., § 11, 5). Die Verbindungsgerade der Punkte M_2 und N_2 ist die Aufrißspur n_2 der Normalebene ν für den Punkt T der Raumkurve. Der Aufriß t'' der Tangente ist senkrecht zu n_2. Sucht man auch die Grundspuren M_1, N_1, so ist der Grundriß t' der Tangente senkrecht zur Verbindungsgeraden n_1 dieser Spuren. Die Tangente des Punktes A ist horizontal; ihr Grundriß ist senkrecht zu $O' A'$. Verschiebt man den Kegel in der Richtung der z-Achse aufwärts, bis er die das Ellipsoid berührende Kugel auch berührt, dann wird die Achse der Aufrißhyperbel verschwindend klein, d. h. die Hyperbel zerfällt in ein Geradenpaar q'', welches man aus den Umrißschnittpunkten finden kann. Diese Geraden müssen durch den Aufriß D'' der beiden Punkte D gehen, in welchen der verschobene Kegel das Ellipsoid berührt; der Punkt D'' ergibt sich als Schnittpunkt der Aufrisse der beiden Berührungskreise. Zieht man durch den Mittelpunkt zu diesen beiden Geraden Parallele, so erhält man die Asymptoten der Aufrißhyperbel; denn bei Verschiebung des Kegels entstehen ähnliche Hyperbeln.

2. In Figur 84 ist ein Ventilgehäuse abgebildet. Dieses ist ein Hohlkörper, dessen äußere und innere Wandfläche ähnliche eiförmige Drehellipsoide mit der Achse y sind. Nach oben schließt sich ein zylindrischer Ansatz (Hals) mit der Achse z an. Teile von hohlen Drehkegeln mit der Achse z bilden in dem Hohlkörper eine Scheidewand und tragen eine horizontale Platte mit zylindrischer Bohrung, welche zur Aufnahme des Ventilsitzes dient. Der Hals und der ellipsoidische Hohlkörper gehen in Flanschen über.

Zunächst ist aus der kleinen Halbachse b und aus dem bekannten Punkte T die halbe große Achse a konstruiert. Dann sind die Schnittlinien des Zylinders und der Kegel mit dem Ellipsoide wie vorhin konstruiert. Ihre Aufrisse sind Hyperbeln. Um für die erste Hyperbel

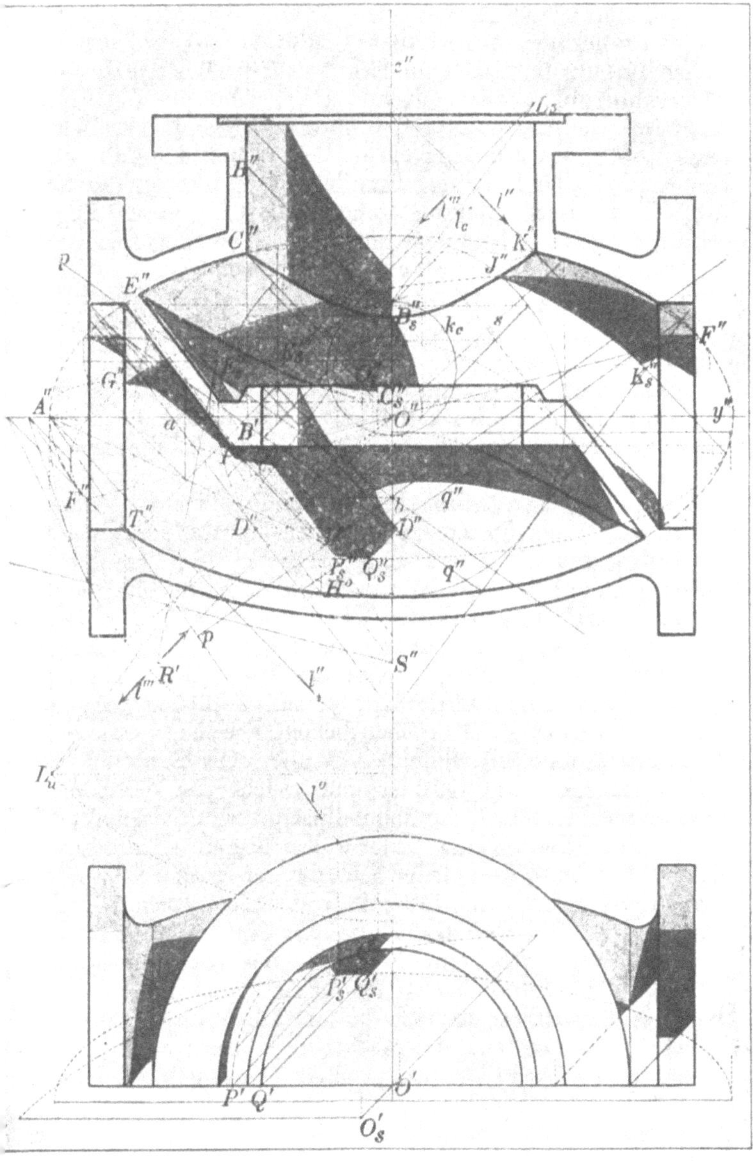

Fig. 84.

die Asymptoten zu finden, benützt man den Drehzylinder mit der Achse z und mit dem Radius b. Er berührt das Drehellipsoid in zwei Punkten, weshalb der Aufriß der Schnittlinie in zwei Gerade s zerfällt. Um für die zweite Hyperbel die Asymptoten zu finden, verschiebt man den Kegel nach abwärts, bis er die das Ellipsoid berührende Kugel $[O, b]$ längs eines Parallelkreises und daher das Ellipsoid in zwei Punkten D berührt. Für diesen Kegel zerfällt der Aufriß der Schnittlinie in zwei Gerade q'', zu welchen die Asymptoten p parallel sind.

3. Für Diagonalbeleuchtung sind dann wie früher die Lichtgrenzen der einzelnen Flächen bestimmt*); z. B. für den Kegel mit der Spitze S ist die Lichtgrenze gesucht, indem der Schnittpunkt des durch die Spitze gehenden Lichtstrahles mit der als Basisebene benützten xy-Ebene gesucht wurde und aus R' die Tangenten an den Basiskreis gelegt wurden. Ebenso sind die Schlagschatten des Randes ins Innere der Zylinder wie früher gefunden. Vom Punkte B an wirft die Randerzeugende des aufrechten Zylinders einen Schatten ins Innere des Ellipsoides. Er ist eine Ellipse, für welche mit Hilfe eines in den Aufriß hineingelegten Grundrisses die Achsen konstruiert wurden. Der Punkt C wirft Schatten ins Innere des mittleren Zylinders, ebenso ein Teil der Randellipse (Raumkurve vierter Ordnung). Dann fällt der Schatten auf die horizontale Begrenzungsebene, welcher aus dem Schatten O_s des Mittelpunktes O und dem Schatten der beiden Achsen hergestellt ist und welcher im Grundrisse sichtbar ist. Ein Teil der Randellipse bis zum Eckpunkte E wirft den Schatten ins Innere des Kegels (Raumkurve vierter Ordnung), worauf der Schatten der Randerzeugenden des Kegels folgt. Bei G beginnt der Schlagschatten des Randkreises ins Innere des Ellipsoides. Der durch A gehende Lichtstrahl ist nach l^0 in die Ebene des Hauptmeridianes gedreht. Die Parallelen zu l^0 durch T und E schneiden die Meridianellipse noch in A (zufällig) und H^0. Die Strecke AH^0 ist dann der Aufriß der Schattenellipse für die gedrehte Lage der Lichtstrahlen, woraus man konju-

*) Die Abrundungen an den Flanschen sind Teile von Ringflächen (§ 34—36).

gierte Durchmesser des Aufrisses der Schattenellipse findet. Es kommt dann der Schlagschatten des äußeren Basiskreises (Raumkurve vierter Ordnung) und der Randerzeugenden des Zylinders, der Lichtgrenze des Kegels (Schnitt mit der Berührungsebene), des Basiskreises des Kegels, einer zur y-Achse parallelen Strecke PQ (Ellipse, mit Hilfe des Kreuzrisses gefunden), der Zylindererzeugenden, des oberen Randkreises, des unteren Randkreises und wieder einer zur y-Achse parallelen Strecke ins Innere des Ellipsoides, woran sich der Schlagschatten dieser Geraden ins Innere des Kegels (Ellipse, mit Hilfe des Kreuzrisses gefunden) anschließt. Rechts wirft wieder eine Kegelerzeugende Schatten ins Innere des Zylinders und des Ellipsoides, ferner der Randkreis des Kegels Schatten auf das Ellipsoid. Endlich beginnt noch bei J Schlagschatten der Raumkurve vierter Ordnung ins Innere des Ellipsoides. Er ist die zur Randlinie in bezug auf die Ebene der Lichtgrenze in der Richtung der Lichtstrahlen schief symmetrische Raumkurve vierter Ordnung. Der Schatten K_s eines Punktes K der Raumkurve ist der Schnittpunkt des Lichtstrahles l mit dem Ellipsoide. Die zur Aufrißebene normale Hilfsebene durch l schneidet eine Ellipse aus, welche aus dem Scheitel A auf die Kreuzrißebene projiziert den Kreis k_c ergibt. Die Zentralprojektion l_c des Lichtstrahles geht durch die Kreuzrißspur L_3 und durch den Fluchtpunkt L_u; sie schneidet den Kreis in zwei Punkten, die aus A auf l projiziert die Punkte K'' und K_s'' ergeben. Für K_s'' ist l'' die Tangente, weil bei K die Tangente zur Aufrißebene normal ist. Es schließt sich noch der Schatten der Randellipse ins Innere des Ellipsoides (eine Ellipse) und des Zylinders (Raumkurve vierter Ordnung) an.

§ 28. Umriß der Drehfläche zweiten Grades für orthogonale Axonometrie und schiefe Projektion.

1. Die Bestimmung des scheinbaren Umrisses einer Drehfläche für orthogonale Axonometrie ist von der Drehung des Achsensystemes unabhängig, wenn die Drehachse der Fläche mit der z-Achse des Achsensystemes zusammenfällt oder dazu parallel ist. Es sei also nur eine Neigung ν vorausgesetzt.

Betrachtet man zunächst ein eiförmiges Drehellipsoid (Fig. 85), so ist der scheinbare Umriß eine Ellipse, welche O_a als Mittelpunkt und auch b als halbe kleine Achse besitzt. Um die große Achse zu finden, legt man die Meridianebene, welche zur Bildebene normal ist, um und hat dann die Tangenten an die umgelegte Meridianellipse zu konstruieren, welche zum umgelegten Sehstrahle v^0 parallel sind. Zieht man durch den Brennpunkt F^0 die Senkrechte zur Richtung v^0, so schneidet sie den Kreis $[O^0, a]$ in zwei Punkten H^0, durch welche die verlangten Tangenten parallel zu v^0 gehen (I. Bd. § 13, 3). Diese berührenden Sehstrahlen treffen z_a in den Scheiteln der großen Achse für die Umrißellipse. Es ist also

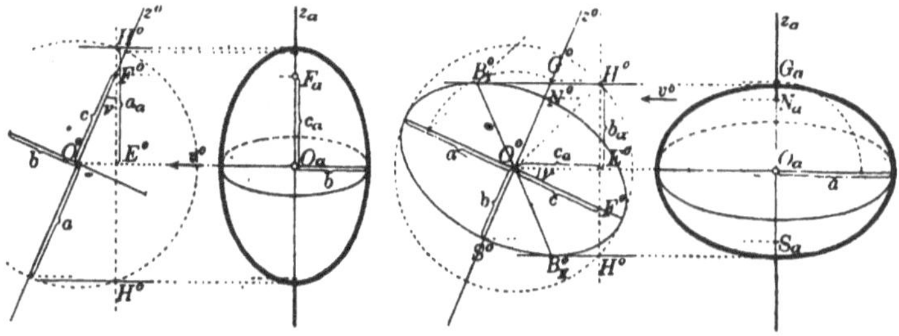

Fig. 85. Fig. 86.

$E^0 H^0 = a_a$ gleich der halben großen Achse der Umrißellipse. Sie ist die Kathete des rechtwinkeligen Dreieckes $O^0 E^0 H^0$, somit

$$a_a^2 = a^2 - \overline{O^0 E^0}^2.$$

Subtrahiert man beiderseits b^2 und nennt man c die Exzentrizität der Meridianellipse, ferner c_a die Exzentrizität der Umrißellipse, so folgt

$$c_a^2 = c^2 - \overline{O^0 E^0}^2.$$

Nun läßt das rechtwinklige Dreieck $O^0 E^0 F^0$ erkennen, daß $E^0 F^0 = c_a$ ist, daß also die Brennpunkte F^0 und F_a auf einer Horizontalen liegen und daß $c_a = c \cdot \cos \nu$ ist.

Die axonometrischen Bilder der Brennpunkte eines eiförmigen Drehellipsoides sind die Brennpunkte des Umrißkegelschnittes.[6]

Dieser Satz läßt sich sofort auf das Drehparaboloid übertragen (er gilt auch für das zweischalige Hyperboloid), so daß man in diesem Falle den Scheitel und den Brennpunkt F_a der Umrißparabel leicht finden kann; der Parameter $p_a = p/\cos\nu$.

Für ein abgeplattetes Drehellipsoid (Fig. 86) ist der scheinbare Umriß eine Ellipse, welche a als halbe

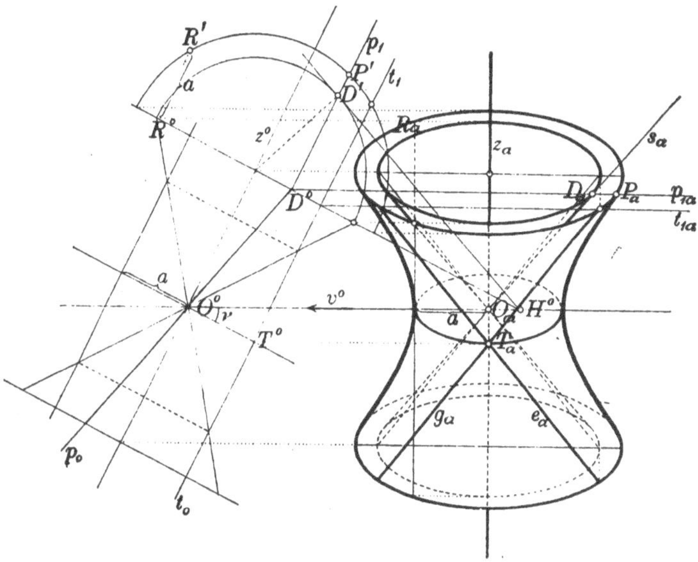

Fig. 87.

große Achse besitzt. Die Scheitel der anderen Achse erhält man in analoger Weise aus der umgelegten Meridianellipse wie beim eiförmigen Ellipsoide. Auf der nichtgedrehten Kreuzrißebene erscheint der wahre Umriß als Durchmesser $B_I B_{II}$, welcher der Richtung v^0 konjugiert ist. Es ist hier $E^0 H^0 = b_a$ und, da $O^0 H^0 = a$ ist, so muß $O^0 E^0 = c_a$ sein. Es ist also wieder $c_a = c \cdot \cos\nu$. Macht man $O^0 G^0 = O^0 F^0 = c$, so ist G^0 ein Antibrennpunkt der Meridianellipse und sein axonometrisches Bild G_a, für welches $O_a G_a = c \cdot \cos\nu = c_a$ ist, ein Antibrennpunkt der Umrißellipse.

Die axonometrischen Bilder der Antibrennpunkte eines abgeplatteten Drehellipsoides sind die Antibrennpunkte des scheinbaren Umrisses*).

2. Es soll noch ein einschaliges Drehhyperboloid mit seinem Asymptotenkegel abgebildet werden, wenn beide durch zwei parallele Ebenen begrenzt sind (Fig. 87). Die umgelegte Meridianhyperbel sei durch die halbe reelle Achse a und durch die Asymptoten angenommen. Legt man zunächst den Randkreis des Asymptotenkegels mit einer neu gewählten Grundebene um, so findet man den Punkt R' des zugehörigen Randkreises des Hyperboloides, indem man beachtet, daß er sowie die ganze zur nichtgedrehten Kreuzrißebene parallele Erzeugende den Abstand a von dieser Ebene hat. Man hat also nur auf der Senkrechten bei R^0 den Abstand a aufzutragen. Der konzentrische Kreis durch R' ist dann der Grundriß des Randkreises.

Der scheinbare Umriß des Hyperboloides hat wieder a als eine Halbachse. Der wahre Umriß liegt auf der Polarebene π des uneigentlichen Sehpunktes, welche zugleich die Polarebene in bezug auf den Asymptotenkegel ist. Die letztere kann man erhalten, indem man durch die Spitze O des Kegels den Sehstrahl v legt, den Schnittpunkt H dieses Sehstrahles mit der Basisebene sucht und aus dem Punkte H die Tangenten an den Basiskreis zieht. Die beiden Berührungspunkte D (D', D^0) bestimmen die beiden Erzeugenden, welche den wahren Umriß des Asymptotenkegels bilden, wobei auch die Spuren p_1, p_0, p_{1a} der Ebene π gefunden sind. Die axonometrischen Bilder der Punkte D ergeben sich auf p_{1a}, indem man die Strecke D^0D' von z_a aus nach beiden Seiten aufträgt. Die Verbindungsgeraden von O_a mit den Punkten D_a bilden den scheinbaren Umriß des Asymptotenkegels und sind auch die Asymptoten s_a des scheinbaren Umrisses des Hyperboloides, wodurch die Umrißhyperbel bestimmt ist. Die Bilder des Kehlkreises und der Randkreise sind leicht herzustellen. Das Bild des oberen Randkreises muß den scheinbaren Umriß im Punkte P_a berühren, welcher sich ergibt, wenn man auf p_{1a} die Strecke D^0P' von z_a aus auf-

*) Auch für das einschalige Hyperboloid geltend.

trägt. Für den vordersten Punkt T des Kehlkreises sind auch die beiden Erzeugenden e und g in der Abbildung angegeben, welche auf der Tangentialebene τ (t_0, t_1, t_{1a}) liegen und zu den Erzeugenden des Asymptotenkegels, welche auf der Ebene des Hauptmeridianes liegen, parallel sind.

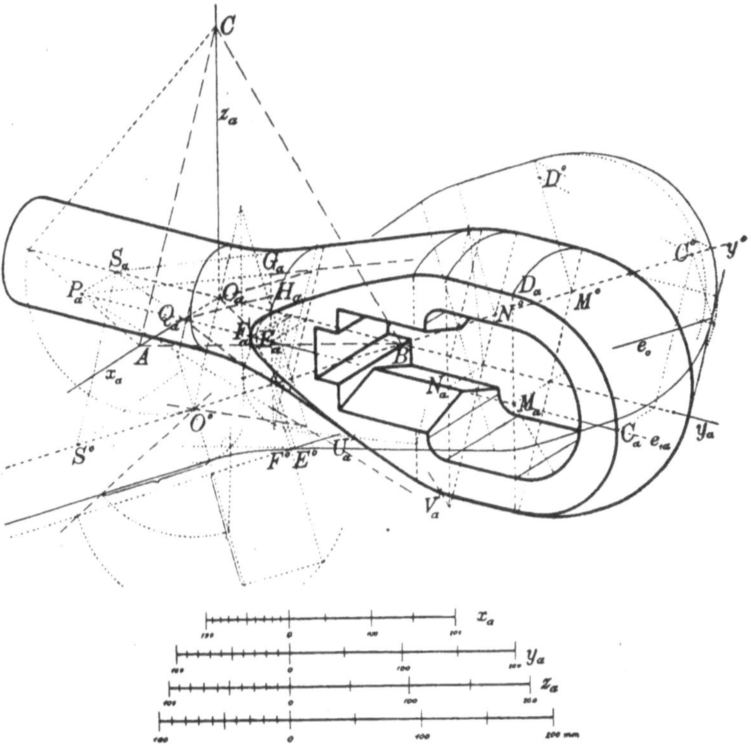

Fig. 88.

Wenn die Neigung ν größer ist als der Winkel, welchen die Asymptote der Meridianhyperbel mit der reellen Achse bildet, ergibt sich eine Ellipse, welche dann einen inneren Umriß bildet. Ihre Achsen findet man so wie bei den Ellipsoiden.

3. In Figur 88 ist ein Schubstangenkopf*) abge-

*) Nr. 14 der „Maschinenbaulichen Beispiele" des Verfassers.

bildet, wobei $\xi = 105^0$ und $\eta = 120^0$ gewählt wurde. Die Längsachse der Stange ist in die y-Achse gelegt, und zwar der Mittelpunkt des Hyperboloides in den Ursprung O des Achsensystemes. Die Umrisse der Drehflächen sind in der vorhin angegebenen Weise zu suchen, jetzt aber unter Benützung jener Ebene, welche durch die y-Achse geht und zur Bildebene senkrecht ist. Sie ist als neue Projektionsebene auf die Bildebene umgelegt. Diese neue Projektion ist auch benützt, um die Achsen der Schnittellipse, beziehungsweise die Achse und Asymptoten der Schnitthyperbel für die Parallelebene ε zu finden, für welche e_{1a} die axonometrische Grundspur ist, während e_0 die Spur nach einer Drehung und Umlegung bedeutet. Die Schnittellipse hat den Mittelpunkt M und die Scheitel C, D; der Schnittkreis der Kugel hat den Mittelpunkt N; die Schnitthyperbel des Kegels mit der Spitze S hat den Mittelpunkt P, den Scheitel E und die Asymptote PG; die Schnitthyperbel des Hyperboloides hat den Mittelpunkt Q, den Scheitel F und die Asymptote QH. Bei U_a und V_a berühren die Bilder der betreffenden Schnittlinien den scheinbaren Umriß.

Übungsaufgabe: Es ist auch die zugehörige Gabel so abzubilden, daß die Hauptrichtung in die y-Achse oder in die z-Achse fällt, und dabei Parallelbeleuchtung zu berücksichtigen.

4. Soll ein Drehellipsoid, welches O als Mittelpunkt und z als Drehachse besitzt, in schiefer Projektion abgebildet werden (Fig. 89), so erscheinen die Strecken OY und OZ in wahrer Größe, während OX in dem gegebenen Maße verzerrt als OX_s erscheint. Die Projektion des größten Parallelkreises ist die Ellipse, welche OY und OX_s als konjugierte Halbmesser hat. Der wahre Umriß des Ellipsoides ist eine Ellipse, für welche die Scheitel der einen Achse auf dem größten Parallelkreise liegen und die Berührungspunkte C' der zum Grundrisse s' des Sehstrahles parallelen Tangenten sind. Die Projektionen C_s dieser Punkte erhält man aus den Punkten C' durch die Affinität, welche zwischen dem schiefen und umgelegten Grundrisse besteht. Die zweite Achse des wahren Umrisses liegt auf dem Meridiane, welcher zu den Sehstrahlen parallel ist, und die Scheitel dieser Achse sind die Berührungspunkte der zu s parallelen Tangenten des Meridianes. Um diese Tangenten zu konstruieren, dreht man den Meridian in die Ebene des Hauptmeridianes, also in die Ellipse mit den Halbachsen OY, OZ und den Brennpunkten F. Anderseits dreht man den Sehstrahl s in die Bildebene. Dabei beschreibt der Punkt X einen Kreisbogen und kommt nach X^0; dann ist $X^0 X_s$ die gedrehte Lage s^0 des Sehstrahles. Fällt man vom Brennpunkte F eine Normale zu s^0, so schneidet sie den Scheitelkreis mit dem Radius OZ in zwei Punkten H^0, durch welche die zu s^0 parallelen Tangenten gehen. Diese Tangenten schneiden die z-Achse in den Punkten D und nun sind OC_s und OD zwei konjugierte Halbmesser des scheinbaren Umrisses des Drehellipsoides. Konstruiert man auch die Tangenten des Hauptmeridianes, welche zu s'' parallel sind, so sind ihre Berührungspunkte jene Punkte des scheinbaren Umrisses, bei welchen der Hauptmeridian unsichtbar wird*).

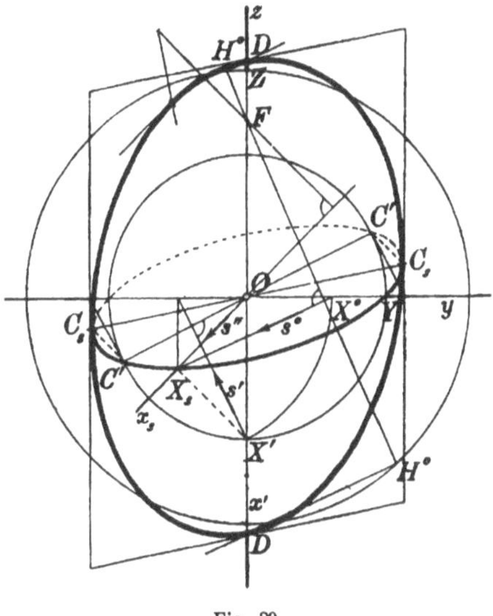

Fig. 89.

5. Für ein einschaliges Drehhyperboloid sei der Hauptmeridian durch die reelle Halbachse $OY = a$ und die imaginäre Halbachse OZ gegeben (Fig. 90). Es ergibt sich eine Ellipse als innerer Umriß oder eine Hyperbel als äußerer Umriß, je nachdem der Sehstrahl mit der z-Achse einen kleineren oder größeren Winkel einschließt als die

*) Wenn x die Drehachse ist, so wird X_s (wie bei der Kugel) der Brennpunkt des scheinbaren Umrisses. Die kleine Achse ist senkrecht zu $x_s = s''$ und gleich dem Durchmesser des in der Bildebene liegenden größten Parallelkreises.

Asymptote. Bei der hier gemachten Annahme des Sehstrahles wird der scheinbare Umriß eine Hyperbel. Aus den zu s' parallelen Tangenten des Kehlkreises findet man wie im vorigen Beispiele einen Halbmesser OC_s des scheinbaren Umrisses. Das Hyperboloid und sein Asymptotenkegel sind mit zwei zur Grundebene parallelen Ebenen geschnitten und die entstehenden Randkreise abgebildet, wobei der Radius des Randkreises wieder mit Hilfe des Punktes R gefunden ist, welcher auf der Erzeugenden g liegt, die durch den rückwärtigen Schnittpunkt von x mit dem Kehlkreise geht (§ 28, 2). Die Tangenten t_s, welche man aus dem Bilde $S_s = O$ der Spitze des Asymptotenkegels an die Projektion des Basiskreises legen kann, bilden den scheinbaren Umriß des Asymptotenkegels und zugleich die Asymptoten des scheinbaren Umrisses des Hyperboloides. Die Polare p_{1s} des Punktes S_s in bezug auf die Projektion des Basiskreises ist die schiefe Grundspur der Ebene des wahren Umrisses sowohl für den Kegel als auch für das Hyperboloid. Diese Polare und die Tangenten sind mit Hilfe der Affinität konstruiert. Dem Punkte S_s entspricht ein Punkt S'. Die Polare p_1 von S' schneidet den umgelegten Basiskreis in den Punkten D' und den umgelegten Randkreis des Hyperboloides in den Punkten P'. Die entsprechenden

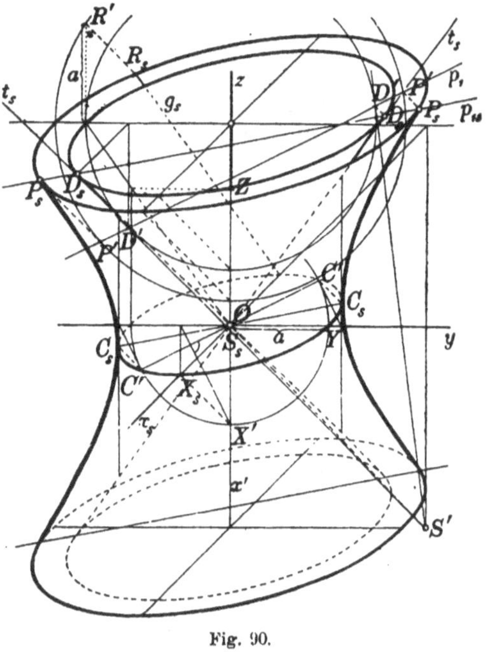

Fig. 90.

Punkte D_s sind die Berührungspunkte der Tangenten t_s mit der Projektion des Basiskreises und die Punkte P_s sind die Punkte, in welchen der scheinbare Umriß des Hyperboloides die Projektion des Randkreises berühren muß. Da man nun von der Umrißhyperbel die Asymptoten t_s, den Halbmesser OC_s und die zugehörige (zu z parallele) Tangente kennt, kann man leicht die Scheiteltangente finden (I. Bd., § 31, 6) und dann die Hyperbel zeichnen.

B. Drehflächen und Rohrflächen, insbesondere die Ringfläche. Schnittaufgaben.

§ 29. Parallelschnitte zum Hauptmeridian für die Ringfläche als Drehfläche.

1. Eine Drehfläche, bei welcher der Meridian ein Kreis $[M, r]$ ist, dessen Mittelpunkt M nicht auf der Drehachse liegt, sondern den Abstand $OM = m$ von ihr hat, heißt Ringfläche (Torus).

Auf jeder Ebene, welche durch die Drehachse geht, liegen zwei Meridiankreise, und auf jeder Ebene, welche zur Drehachse normal ist, liegen zwei Parallelkreise. Zwei Kreise können als zerfallene Linie vierter Ordnung betrachtet werden. Die Ringfläche ist eine Fläche vierter Ordnung. Sie wird von jeder Geraden in vier Punkten und von jeder Ebene in einer Linie vierter Ordnung geschnitten.

Aus jedem Punkte der Drehachse kann man der Fläche zwei Drehkegel umschreiben, und aus jedem Punkte in der Richtung einer Normalen zur Drehachse kann man der Fläche zwei Drehzylinder umschreiben. Die Ringfläche ist eine Fläche vierter Klasse. Durch jede Gerade gehen vier Tangentialebenen und durch jeden Punkt ein Berührungskegel vierter Klasse an die Fläche.

Bei der einfachsten Stellung (Drehachse z) ergeben sich im Grund- und Aufrisse je zwei Umrißkreise.

Die Gleichung des Meridiankreises ist

$$(y-m)^2+z^2=r^2.$$

Ersetzt man hierin y durch $\sqrt{x^2+y^2}$, so erhält man

$$(\sqrt{x^2+y^2}-m)^2+z^2=r^2$$

oder

$$(x^2+y^2+z^2+m^2-r^2)^2=4m^2(x^2+y^2)$$

als Gleichung der Ringfläche, woraus zu ersehen ist, daß die Fläche wirklich von der vierten Ordnung ist.

Wenn $m<r$ ist, so schneiden sich die beiden auf einer Meridianebene liegenden Kreise in zwei reellen Punkten der Drehachse. Die Fläche hat in diesen Punkten unendlich viele Tangentialebenen, welche einen Drehkegel bilden. Diese zwei singulären Punkte heißen konische Flächenpunkte (Doppelpunkte).

Wenn $m<r$, so teilen die konischen Punkte die Fläche in zwei Teile, die Kepler Apfel und Zitrone nannte (Fig. 91).[7]

Aus den horizontalen Tangenten der beiden Meridiankreise gehen bei der Drehung zwei singuläre Berührungsebenen hervor. Sie berühren die Fläche nicht bloß in einem Punkte, sondern in allen Punkten je eines Parallelkreises. Diese zwei singulären Tangentialebenen heißen Kegelschnittberührungsebenen. Die beiden Berührungstrecken der Umrißkreise gehören zum scheinbaren Umrisse der Fläche im Aufrisse.

Wenn $m>r$, so teilen die Berührungskreise der Kegelschnittberührungsebenen die Fläche in zwei Teile, die man Wulst und Kehle nennt (Fig. 92).

Die Abbildung eines Flächenpunktes T, der zugehörigen Tangentialebene τ und der Flächennormalen n geschieht wie bei den Drehflächen zweiten Grades (§ 23, 2), nur gehören hier zu jedem T'' vier Punkte T' (Fig. 91). Diese sind reell, wenn man T'' zwischen den beiden inneren Hälften der Meridiankreise wählt; beim Überschreiten der letzteren werden zwei Punkte T' konjugiert imaginär. Zu jedem T', welches zwischen den beiden Umrißkreisen gewählt wird, ergeben sich zwei reelle und zwei konjugiert imaginäre Punkte T''; beim Überschreiten des inneren Umrißkreises werden noch zwei Punkte T'' reell oder imaginär, je nachdem $m < r$ oder $m > r$ ist.

Übungsaufgabe: Drei gegebene Punkte $A(A', A'')$, $B(B', B'')$, $C(C', C'')$ sollen Flächenpunkte einer Ringfläche sein, welche z als Drehachse besitzt. Die scheinbaren Umrisse sind zu suchen.

2. Zur Aufsuchung der Schnittlinie einer Drehfläche mit einer frontalen Ebene kann man als Hilfs-

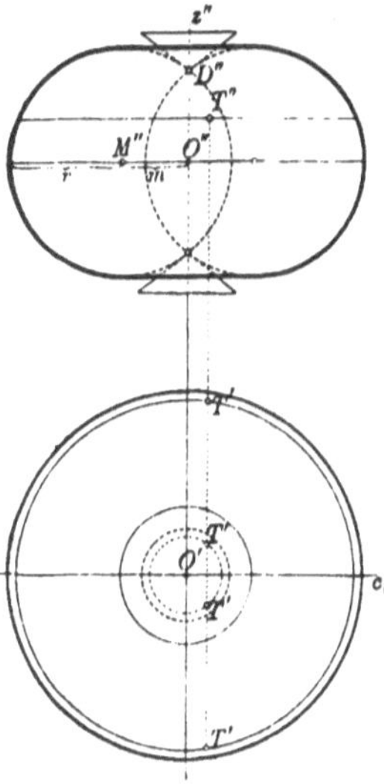

Fig. 91.

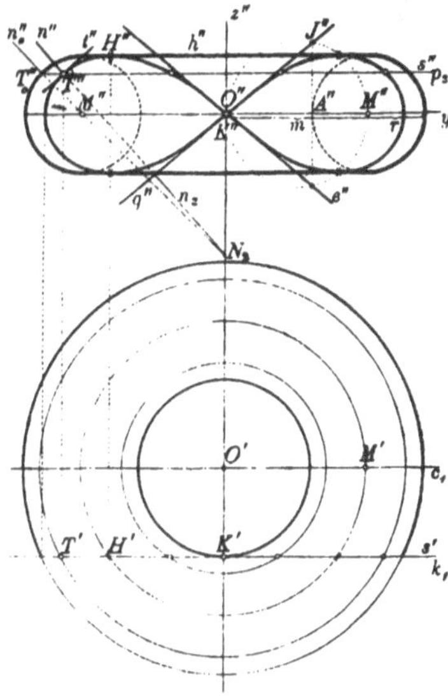

Fig. 92.

flächen die Ebenen benützen*), welche zur Drehachse z senkrecht sind.

Es sei die Drehfläche eine Ringfläche und die schneidende Ebene soll die Berührungsebene $\varkappa$ [Spur k_1] der Ringfläche im vordersten Punkte K des Kehlkreises sein (Fig. 92). Jede Hilfsebene π [Spur p_2] schneidet die Ringfläche in zwei Parallelkreisen, deren Grundriß man sofort finden kann, und die Ebene $\varkappa$ in einer Geraden s, deren Grundriß s' mit der Spur k_1 zusammenfällt. Die vier

*) Man kann auch Drehzylinder mit der gemeinsamen Achse z als Hilfsflächen verwenden.[8]

Schnittpunkte T der beiden Kreise mit der Geraden s sind dann Punkte der Schnittlinie vierter Ordnung. Der Aufriß der Schnittlinie ist in bezug auf z'' und y'' symmetrisch. Die Flächennormale der Ebene $\varkappa$ ist der zur Aufrißebene senkrechte Sehstrahl des Punktes T. Zieht man für den in den Hauptmeridian gedrehten Punkt T_0'' die Flächennormale n^0 der Ringfläche als Verbindungsgerade $T_0''M''$, so schneidet sie die Drehachse z in dem Punkte N_2, welcher auch die Spur der Flächennormalen n der Ringfläche auf der Ebene des Hauptmeridianes ist. Die Verbindungsgerade N_2T'' ist der Aufriß n'' der Flächennormalen und zugleich die Spur n_2 der Normalebene des Punktes T. Der Aufriß t'' der Tangente t der Schnittlinie für den Punkt T ist senkrecht zur Spur n_2.*)

Wählt man als Hilfsebene eine der beiden singulären Tangentialebenen, so werden die beiden Parallelkreise benachbart und ergeben auch zwei Paare von benachbarten Punkten, also zwei Punkte H mit derselben horizontalen Tangente h. Die Schnittlinie hat somit zwei Doppeltangenten. Wählt man die Ebene des Kehl- und Wulstkreises als Hilfsebene, so erhält man zwei Scheitel und zwei benachbarte Punkte bei K. Die Schnittlinie geht nämlich zweimal durch K; sie hat K als Doppelpunkt. Es gilt auch allgemein: Eine Tangentialebene schneidet die Fläche in einer Linie, welche den Berührungspunkt als Doppelpunkt hat.[9] Das einschalige Drehhyperboloid, welches denselben Kehlkreis wie die Ringfläche hat und dessen Meridianhyperbel den Meridiankreis der Ringfläche als Krümmungskreis für den Scheitel A besitzt, schmiegt sich der Ringfläche längs des Kehlkreises an; es ist ein Schmiegungshyperboloid. Aus der reellen Halbachse $O''A''$ und dem Krümmungsmittelpunkte M'' für den Scheitel A'' kann man die Asymptoten der Meridianhyperbel finden, indem man die Schnittpunkte J'' der Scheiteltangente und des Kreises, welcher $O''M''$ als Durchmesser besitzt, mit O'' verbindet; denn errichtet man in J'' die Senkrechte zu dieser Verbindungsgeraden, so trifft sie

*) „Der Aufriß der Schnittlinie einer Drehfläche mit einer zur Aufrißebene parallelen Ebene hat mit dem Hauptmeridiane in entsprechenden Punkten dieselbe Subnormale auf der z-Achse.“

die Achse y'' wirklich im Krümmungsmittelpunkte M''. Diese Asymptoten sind aber die Aufrisse e'', g'' der beiden Erzeugenden des Hyperboloides, welche durch den Punkt K gehen und auf der Berührungsebene $\varkappa$ liegen. Die Erzeugenden e, g sind die Doppelpunktstangenten der Schnittlinie. Wie man sieht, sind sie hier Wendetangenten und K ist ein Wendedoppelpunkt.

3. Für diese Aufgabe kann man als Hilfsflächen auch Kugeln benützen, welche die Drehfläche längs je

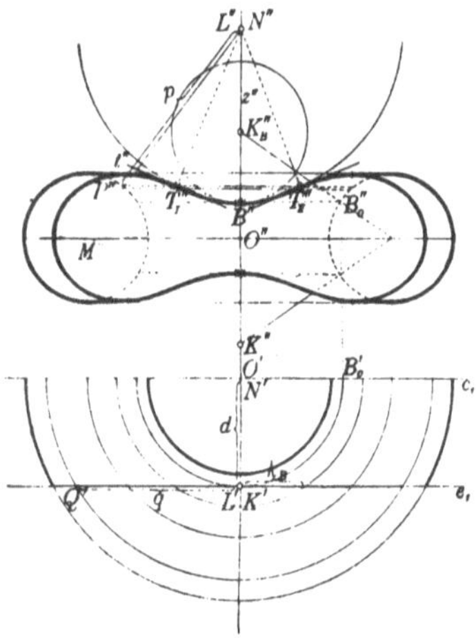

Fig. 93.

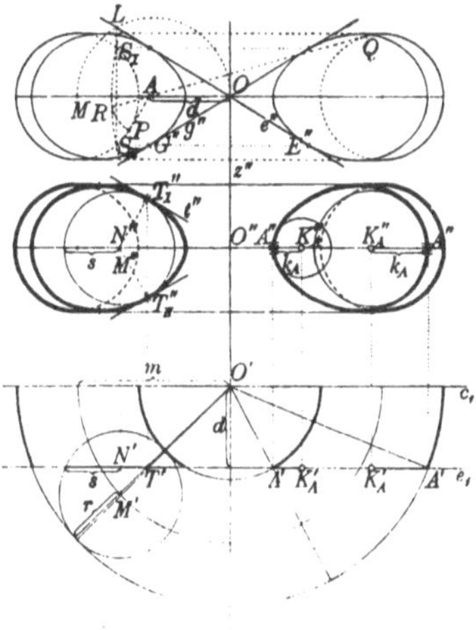

Fig. 94.

eines Parallelkreises berühren. Als Drehfläche sei wieder eine Ringfläche angenommen und die Ebene habe jetzt einen Abstand d von der Drehachse, für welchen $m > d > (m - r)$ ist (Fig. 93). Längs des Parallelkreises, welchen ein Punkt P des Hauptmeridianes beschreibt, wird die Drehfläche von einer Kugel berührt, deren Mittelpunkt N sich als Schnittpunkt der Drehachse z und der Flächennormalen PM ergibt; der Radius p der Kugel ist die Strecke PN. Der Kreis $[N', p]$ ist der scheinbare Umriß der Kugel für den Grundriß. Jede solche Hilfskugel schneidet die Drehfläche in zwei benachbarten Parallelkreisen und die Ebene ε in einem Kreise, dessen Mittelpunkt L der Fußpunkt der Normalen aus N auf ε ist.

Der Radius q dieses Kreises ist die halbe Sehne $L'Q'$ des Umrißkreises. Nun schneidet der Kreis $[L'', q]$ den Aufriß der beiden benachbarten Parallelkreise in zwei Paaren benachbarter Punkte T''_I und T''_{II} der Schnittlinie. Die Tangenten t'' des Schnittkreises für diese zwei Punkte sind daher auch Tangenten für den Aufriß der Schnittlinie und $[L'', q]$ ist ein doppelt berührender Kreis derselben. Die Schnittlinie zeigt jetzt vier Wendetangenten.

Wählt man insbesondere jene Parallelkreise, welche die Ebene ε berühren, welche also den Radius d besitzen und von den Punkten B_0 des Meridiankreises beschrieben werden, so erhält man die auf der Symmetrieachse z'' liegenden Punkte B''. Auf dem jetzt sich ergebenden Schnittkreise $[K''_B, k_B]$ rücken die sonst getrennten Punkte T''_I, T''_{II} in den Punkt B'' zusammen, so daß der Kreis mit der Schnittlinie vier benachbarte Punkte gemein hat. Für den Aufriß der Schnittlinie sind die Punkte B'' Scheitel und die Kreise $[K''_B, k_B]$ sind die zugehörigen Krümmungskreise, was für das Zeichnen der Linie von Wert ist. Aus ähnlichen Dreiecken erhält man

$$k_B = \frac{d\sqrt{r^2 - (m \mp d)^2}}{m \mp d}.$$

Bei einer Ringfläche mit reellen konischen Punkten können sich vier reelle Scheitel auf z'' ergeben.

Die Kugel $[M, r + d]$ schneidet die Drehachse in zwei Punkten. Diese sind die Mittelpunkte von Hilfskugeln, welche die Ebene ε berühren. Die zwei Berührungspunkte E sind in gewissem Sinne Brennpunkte der Schnittlinie (I. Bd., § 20, 2).[12]

§ 30. Parallelschnitte zum Hauptmeridian für die Ringfläche als Rohrfläche.

1. Ein System von ∞^1 Flächen, welche sich gesetzmäßig verändern (nach Lage, Form oder Größe), ergibt im allgemeinen eine Hüllfläche. Jede einzelne solche Fläche wird von der benachbarten in einer Linie geschnitten.

Längs dieser Linie, welche die Charakteristik heißt, berührt die veränderliche Fläche die Hüllfläche. Im vorangehenden erscheint die Drehfläche als Hüllfläche von Kugeln, welche ihre Mittelpunkte auf z haben; die Parallelkreise sind die Charakteristiken.

Die Hüllfläche von Kugeln, deren Mittelpunkte M auf einer ebenen oder räumlichen Kurve liegen und welche denselben Radius r haben, heißt eine **Rohrfläche**. Sie wird von jeder solchen Kugel längs des Großkreises berührt, dessen Ebene zur Tangente der Mittelpunktslinie im Punkte M senkrecht ist. Die Ringfläche ist eine Rohrfläche, deren Mittelpunktslinie der Kreis $[O, m]$ ist. Man kann also bei der Ringfläche (nicht aber bei einer beliebigen Drehfläche) auch das System der Kugeln $[M, r]$, welche die Fläche längs je eines Meridiankreises berühren, als Hilfsflächen benützen (Fig. 94). Die Ebene ε habe jetzt einen Abstand $d < (m - r)$. Jede solche Kugel schneidet die Drehfläche in zwei benachbarten Meridiankreisen und die Ebene ε in einem Kreise, welcher im Grundrisse als Sehne des Umrißkreises der berührenden Kugel erscheint. Der Grundriß N' des Mittelpunktes dieses Schnittkreises liegt auf dem Ordner des Punktes M und der Aufriß N'' fällt mit M'' zusammen; der Radius s des Kreises ist die halbe Sehne. Der Aufriß des Schnittkreises ist $[N'', s]$. Nun trifft der Schnittkreis die beiden benachbarten Meridiane in zwei Paaren von benachbarten Punkten T_I und T_{II} der Schnittlinie. Aus ihrem Grundrisse T' erhält man durch einen Ordner die Aufrisse T''_I, T''_{II}. In den beiden Punkten ist hiernach die Tangente t'' des Kreises zugleich die Tangente für den Aufriß der Schnittlinie und der Kreis $[N'', s]$ ist ein doppelt berührender Kreis derselben.[10] Die Spur e_1 der Ebene ε schneidet die Umrißparallelkreise in Punkten A'. Wählt man nun jene Meridianebenen, welche durch diese Punkte A gehen, so erhält man daraus die auf der Symmetrieachse y'' liegenden Punkte A''. Auf dem dabei sich ergebenden Schnittkreise rücken die sonst getrennten Punkte T''_I, T''_{II} in den Punkt A'' zusammen, so daß der Kreis mit der Schnittlinie hier vier benachbarte Punkte gemein hat. Für den Aufriß der Schnittlinie sind die Punkte A'' Scheitel und die Kreise $[K''_A, k_A]$ sind die zugehörigen Krümmungskreise, was wieder für das Ausziehen der Linie von Wert ist. Aus ähnlichen Dreiecken erhält man

$$k_A = \frac{r\sqrt{(m \pm r)^2 - d^2}}{m \pm r}.$$

Übungsaufgaben: 1. Was bilden die Krümmungsmittelpunkte K_A aller Parallelschnitte der Ringfläche?

2. Es ist das zum Wulstkreise gehörige Schmiegungsellipsoid und das zum Kehlkreise gehörige Schmiegungshyperboloid zu bestimmen. Dann kann man wieder k_A finden, indem man den Krümmungsradius r des Hauptmeridianes mit dem Ähnlichkeitsverhältnisse multipliziert.

2. Die Schnittlinie besteht in diesem Falle aus zwei getrennten Ästen und zeigt daher auch zwei innere Doppeltangenten, welche man in folgender Weise finden kann. Läßt man diese Doppeltangenten um die z-Achse rotieren, so entsteht ein einschaliges Drehhyperboloid, welches die Ringfläche längs zweier Parallelkreise berührt. Das Hyperboloid hat als Umrisse den Kreis $[O', d]$ und die Hyperbel, welche O'' als Mittelpunkt, d als halbe reelle Achse und die Meridiankreise $[M, r]$ als doppelt berührende Kreise besitzt. Um die Berührungsehne eines solchen Kreises zu finden, kann man einen Satz benützen, welcher leicht zu ersehen ist, wenn man bei der Untersuchung des „ebenen Schnittes eines aufrechten Kreiskegels" (I. Bd., § 20, 2) statt der zwei die Ebene berührenden Kugeln zwei die Ebene schneidende Berührungskugeln des Kegels annimmt. Solche Kugeln schneiden die Ebene in zwei doppelt berührenden Kreisen des Kegelschnittes, deren Mittelpunkte auf der Hauptachse liegen. „Es ist dann die Summe oder Differenz der Tangentenstrecken aus einem Punkte T des Kegelschnittes an die doppelt berührenden Kreise konstant, nämlich jenem Teile der Erzeugenden gleich, welcher zwischen den beiden Berührungskreisen der Kugeln mit dem Kegel liegt, und zwar Summe oder Differenz, je nachdem T zwischen diesen Berührungskreisen liegt oder nicht." Wendet man diesen Satz[11] zunächst auf den bekannten Scheitel A der Umrißhyperbel (Figur über dem Aufrisse) an, so ergeben die Tangenten aus A an die beiden doppelt berührenden Kreise durch Hinzufügung der einen Tangente AP zur anderen AQ die konstante Summe QR. Für die Berührungspunkte des ersten doppelt berührenden Kreises

ist die eine Tangente Null, also die andere Tangente gleich der konstanten Summe. Ein Kreis, welcher mit dem zweiten doppelt berührenden Kreise konzentrisch ist und durch den Endpunkt R der hergestellten Summe geht, schneidet daher auf dem ersten doppelt berührenden Kreise die verlangten Berührungspunkte S_I, S_{II} aus. Der Schnittpunkt der Berührungsehne $S_I S_{II}$ mit dem Kreise, welcher OM als Durchmesser besitzt, ist dann ein Punkt L der Asymptote der Umrißhyperbel, wie ein Blick auf die Fig. 92 des I. Bandes zeigt. Die beiden Asymptoten sind die Aufrisse e'', g'' der Erzeugenden des doppelt berührenden Hyperboloides für den vordersten Punkt des Kehlkreises. Die zwei Erzeugenden e, g sind die inneren Doppeltangenten der Schnittlinie vierter Ordnung; die von S_I und S_{II} beschriebenen Parallelkreise ergeben die Berührungspunkte E und G. Die Berührungspunkte jener vier Hilfskugeln, welche die Ebene ε berühren (die beiden Parallelen zu e_1 im Abstande r schneiden den Kreis $[O, m]$ in den Mittelpunkten) sind auch in gewissem Sinne Brennpunkte der Schnittlinie (I. Bd., § 20, 2).[12]

3. Die Schnittlinie der Ringfläche mit einer zur Drehachse parallelen Ebene heißt spirische Linie. Ihre Gleichung*) ergibt sich, wenn man in der Gleichung der Fläche $x = d$ setzt:

$$(y^2 + z^2 + d^2 + m^2 - r^2)^2 = 4\, m^2 (y^2 + d^2).$$

Die spirische Linie weist je nach dem Abstande d der Ebene von der Drehachse verschiedene Formen auf.

Außer den drei schon erwähnten Formen (Fig. 95a) ergibt sich für $d = m$ eine Linie, welche bei T_p eine Flachtangente aufweist (Fig. 95b), die durch Vereinigung der Doppeltangente mit den beiden zwischenliegenden Wendetangenten zustande kommt (I. Bd., § 26, 2 und § 33, 1). Bei weiter wachsendem d werden die Doppeltangenten isoliert (Fig. 95c), die Schnittlinie wird ellipsenartig, dann unendlich klein (bildet einen isolierten Doppelpunkt) und schließlich imaginär.[1]

*) Diese Gleichung läßt erkennen, daß sich für $d = r$ eine Cassinische Linie ergibt, insbesondere wenn $d = r = m/_2$ ist, eine Lemniskate.

Vergleicht man diese Schnitte mit jenen für das einschalige Hyperboloid, beziehungsweise Ellipsoid, so sieht man, daß die Schnittlinien auch hier in der Umgebung

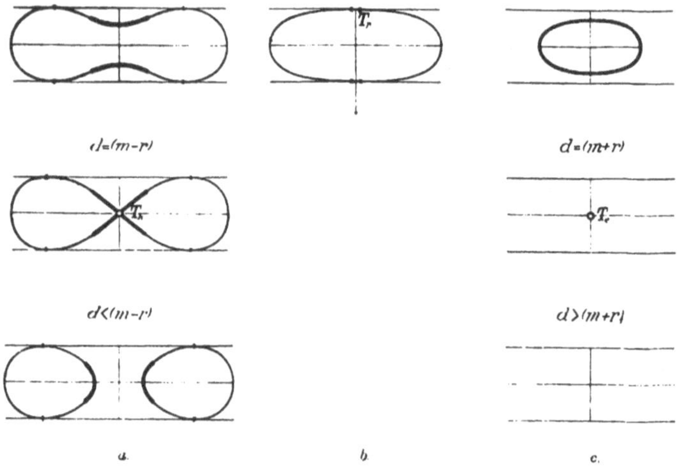

Fig. 95.

des Berührungspunktes für den einen Fall eine hyperbelartige, im anderen Falle eine ellipsenartige Form aufweisen. Man nennt daher auch hier T_h **einen hyperbolischen** und T_e **einen elliptischen Flächenpunkt.** Der hyperbel- oder ellipsenartige Teil der Schnittlinie einer zur Tangentialebene benachbarten Parallelebene ist auch der Schnitt mit einer oskulierenden Drehfläche zweiten Grades, ist also dem parallelen Meridianschnitte der letzteren ähnlich. Die Orthogonalprojektion dieses Meridianschnittes auf die Tangentialebene heißt **Indikatrix.** Die durch die Flächennormale von T_h oder T_e gelegten Ebenen ergeben Normalschnitte. Die Krümmung dieser Normalschnitte zeigt zwei Extreme. Nämlich für T_h hat der Meridianschnitt den Krümmungsmittelpunkt M und den Krümmungsradius r; der Parallelkreisschnitt hat den Krümmungsmittel-

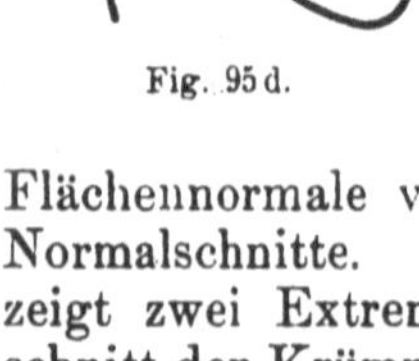

Fig. 95 d.

punkt O und den Krümmungsradius $(m-r)$. Diese beiden zueinander normalen Hauptschnitte sind also entgegengesetzt gekrümmt. Für die zwischenliegenden Normalschnitte rückt der Krümmungsmittelpunkt von M und O aus nach entgegengesetzten Richtungen vor und wird unendlich weit für jene Normalschnitte, die durch die Doppelpunktstangenten e und g gehen. Diese haben mit der Fläche drei benachbarte Punkte gemein und heißen deshalb die Haupttangenten des Flächenpunktes T_h. In Fig. 95d ist angedeutet, daß eine Tangente t für einen Doppelpunkt D als Grenzlage einer Geraden zu betrachten ist, welche mit der Linie drei benachbarte Punkte gemein hat.

Für T_e ist r der kleinste und $(m+r)$ der größte Krümmungsradius. Alle Normalschnitte sind nach derselben Seite gekrümmt und die Krümmungsmittelpunkte liegen zwischen M und O. Alle Punkte der Kehle sind hyperbolische Flächenpunkte; alle Punkte der Wulst sind elliptische Flächenpunkte.

Für einen Punkt T_p des Berührungskreises einer singulären Tangentialebene (Fig. 95b) ist der Meridiankreis ein Hauptnormalschnitt; der zweite Hauptnormalschnitt liegt auf der zur Aufrißebene parallelen Ebene und hat für T_p einen unendlich großen Krümmungsradius. Der Krümmungsradius wächst also hier von r bis ins Unendliche wie für einen Punkt eines Zylinders oder Kegels (§ 24, 1, 2). Alle Punkte der Berührungskreise der beiden singulären Tangentialebenen sind parabolische Flächenpunkte.

Übungsaufgabe: Es sollen die analogen Schnittlinien untersucht werden, wenn $m \gtreqless r$ ist.

§ 31. Schiefer Schnitt einer Ringfläche als Dreh- oder Rohrfläche.

1. Es soll nun die Schnittlinie einer Drehfläche mit einer Ebene von allgemeiner Lage gesucht werden. Die Ebene sei (Fig. 96) durch die auf der Hauptmeridianebene liegende Frontale f und die durch einen Punkt P von f gehende Horizontale h gegeben. Die Ebene schneidet die Drehachse z in einem Punkte S, für welchen der Schnittpunkt von f'' und z'' der Aufriß ist.

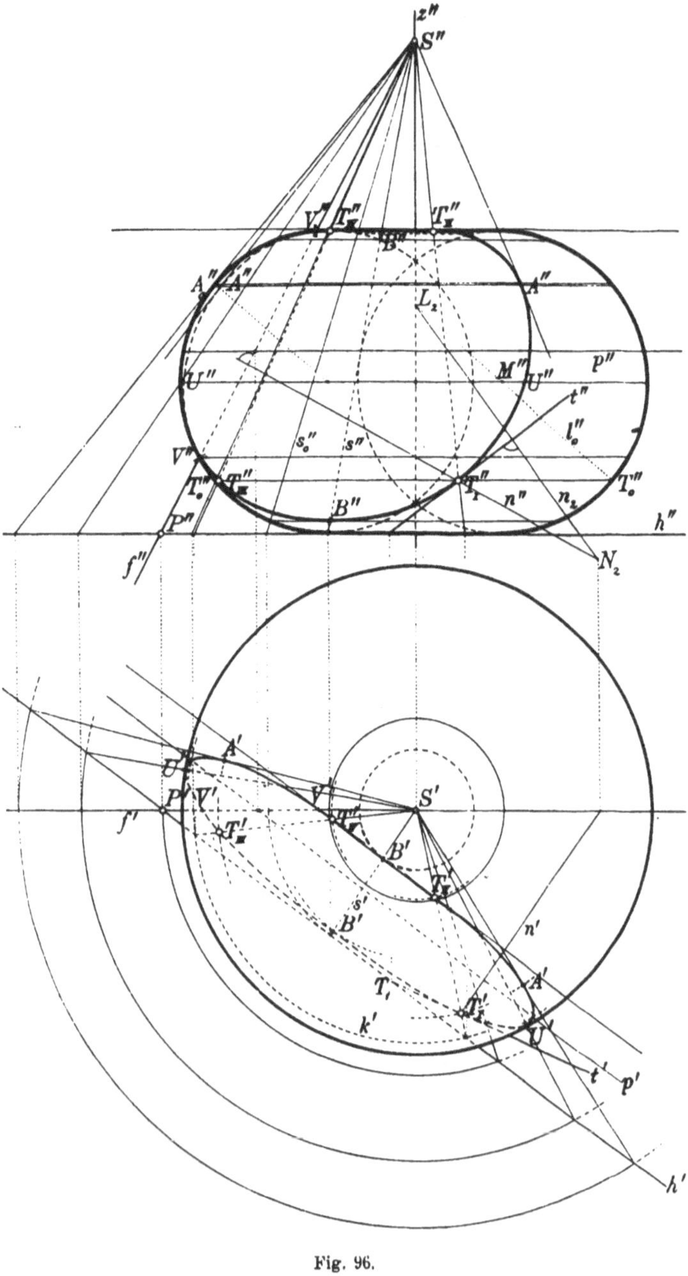

Fig. 96.

Man kann zunächst wieder als Hilfsflächen die Ebenen benützen, welche zur Drehachse z senkrecht sind. Jede solche Ebene schneidet die gegebene Ebene in einer Geraden p (p', p'') und die Drehfläche in Parallelkreisen, deren Grundrisse mit p' eine Anzahl von Punkten der Schnittlinie ergeben. Es ist aber vorteilhafter, als Hilfsflächen Drehkegel zu benützen, welche den Schnittpunkt S als Spitze und z als Achse besitzen. Die untere singuläre Tangentialebene sei als gemeinsame Basisebene der Kegel gewählt und auf dieser ein Basiskreis k angenommen. Die zugehörige Umrißerzeugende des Kegels schneidet den Hauptmeridian in einer Anzahl von Punkten T_0. Zu diesen gehören jene Parallelkreise, nach welchen der Kegel die Drehfläche schneidet. Die Schnittpunkte von h' mit dem Grundrisse k' des Basiskreises ergeben die Erzeugenden, nach welchen der Kegel die Ebene schneidet. Die Erzeugenden schneiden dann die Parallelkreise in einer Anzahl von (hier in vier) Punkten T der verlangten Schnittlinie. Die zu T gehörige Normale der Drehfläche hat auf der Ebene des Hauptmeridianes eine auf z liegende Spur L_2 und für die Normale n der Ebene ε ist $n' \perp h'$, $n'' \perp f''$, woraus man die Spur N_2 erhält. Die Verbindungsgerade $L_2 N_2$ ist die Spur n_2 der Normalebene ν. Die Senkrechte von T'' zu n_2 ist dann der Aufriß t'' der zu T gehörigen Tangente t der Schnittlinie; der Schnittpunkt mit h'' liefert den Grundriß t'. Nach der anderen Methode könnte man aus der Tangente bei T_0 die Grundspur der Tangentialebene und im Schnittpunkte mit h' die Grundspur T_1 der Tangente t finden.

Läßt man den Radius des Kreises kleiner werden, so kommt man zu einem Grenzfalle, wenn k die Gerade h berührt. Der Kegel schneidet nun die Ebene in zwei benachbarten Erzeugenden, welche in eine Gerade s zusammenfallen. Die Umrißerzeugende s_0 ergibt Parallelkreise, auf welchen im Schnitte mit s je zwei benachbarte Punkte liegen. In diesen Punkten B ist daher die Tangente horizontal. Die Schnittlinie ist in bezug auf s symmetrisch und hat die Punkte B als Scheitel. Die Symmetrie überträgt sich auf den Grundriß; der Aufriß ist aber in bezug auf s'' schief symmetrisch. Wird der Basiskreis so groß, daß die Umrißerzeugende in die

Frontale f fällt, so erhält man die Punkte V, die auf dem Umrißmeridiane liegen, bei welchen also die Schnittlinie im Aufrisse unsichtbar wird. In den Punkten V'' muß der Aufriß der Schnittlinie den scheinbaren Umriß berühren. Wählt man die Umrißerzeugende so, daß der Drehkegel durch den Umrißparallelkreis geht, so erhält man die Punkte U, welche auf diesem liegen, bei welchen also die Schnittlinie im Grundrisse unsichtbar wird. Der Grundriß der Schnittlinie muß bei U' den scheinbaren Umriß berühren. Man kommt wieder zu einem Grenzfalle, wenn der Basiskreis so groß wird, daß die Umrißerzeugende des Kegels den Umrißmeridian in einem Punkte A_0'' berührt. Dann liegen auf den Schnitterzeugenden je zwei benachbarte Punkte A und die Erzeugenden sind die Tangenten der Schnittlinie aus dem Punkte S. Die Schnittgeraden der Ebene mit den singulären Tangentialebenen sind Doppeltangenten der Schnittlinie; im vorliegenden Beispiele ist die eine isoliert.

Wenn der Meridian der Drehfläche in einem Punkte T_p eine Wendetangente besitzt, so hat der eine Hauptnormalschnitt, nämlich der Meridianschnitt, in diesem Punkte einen unendlich großen Krümmungsradius. Die Punkte des von T_p beschriebenen Parallelkreises sind also parabolische Flächenpunkte. Sie unterscheiden sich von den früher erwähnten (§ 30, 3) dadurch, daß hier die Fläche in der Umgebung des Punktes T_p nicht ganz auf der einen Seite der Tangentialebene liegt, sondern zum Teil auch auf der anderen Seite. Die Schnittlinie der Tangentialebene mit der Fläche hat T_p als Rückkehrpunkt.[18]

2. Es soll nun besonders berücksichtigt werden, daß die vorliegende Drehfläche eine Ringfläche ist (Fig. 97), die man wieder als Hüllfläche der Kugeln $[M, r]$ betrachten kann. Es soll auch eine Umlegung der Ebene um die Gerade h vorgenommen werden, wobei eine neue Projektion auf die durch die Spurnormale s gehende Symmetrieebene benützt ist und wodurch sich die wahre Form der Schnittlinie ergibt. Ist wieder S der Schnittpunkt der Ebene mit der Achse z und zieht man aus S die Tangente an einen Meridiankreis bis zum Berührungspunkte A (in der Umlegung der Symmetrieebene S^0A^0), so schneidet die Kugel $[S, SA]$ die Ringfläche und ihre Berührungskugeln orthogonal; die Ebene ε wird von dieser Kugel in einem Kreise geschnitten, welcher S (in der Umlegung $S^{\times}$) als Mittelpunkt und $S^0 A^0$ als Radius hat.

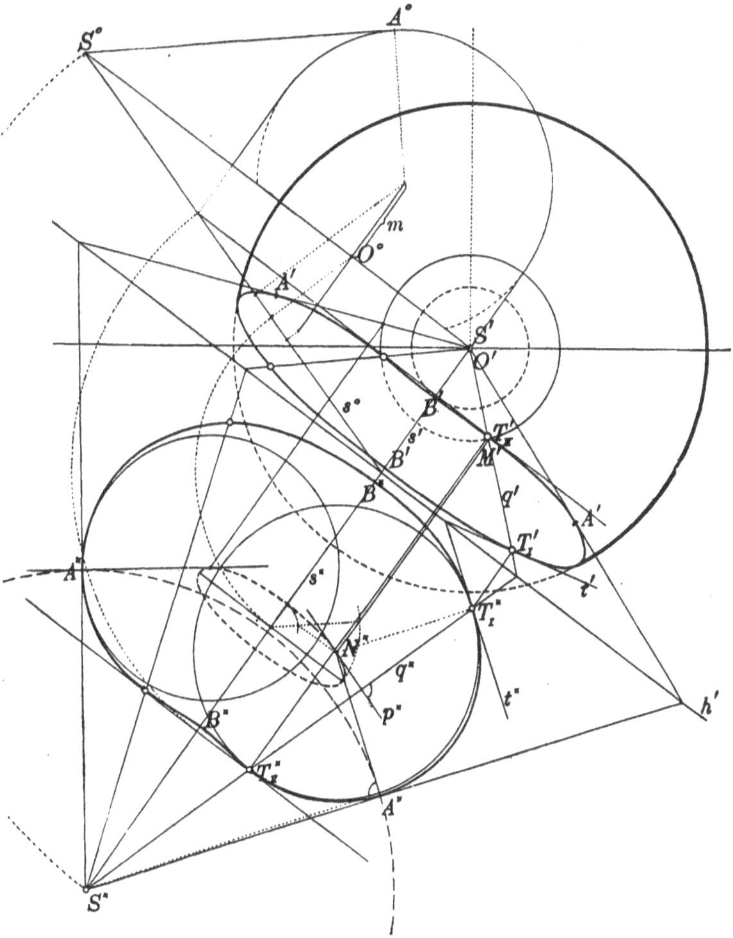

Fig. 97.

Jede Hilfskugel schneidet die Ebene ε in einem Kreise, dessen Mittelpunkt N der Fußpunkt der vom Kugelmittelpunkte M zur Ebene gefällten Normalen ist. Da der Schnittkreis auch zum Kreise $[S, SA]$ orthogonal sein muß, so ist der Radius des Schnittkreises gleich der Tangentenstrecke, welche man aus $N^\times$ an den Kreis $[S, SA]$ legen kann. Die Hilfskugel berührt die Ringfläche längs des Meridiankreises. Der Schnittkreis und der Meridiankreis ergeben dann zwei Punkte T_I, T_{II} der Schnittlinie. Diese Punkte liegen auch auf der Geraden q, nach welcher die Meridianebene und die Ebene ε sich schneiden und welche sich in der Umlegung sofort ergibt. Weil die Hilfskugel die Ringfläche längs des Meridiankreises berührt (nicht schneidet), so sind die Tangenten des Schnittkreises für die Punkte T_I, T_{II} auch die Tangenten t der Schnittlinie und der Kreis ist ein doppelt berührender Kreis der Schnittlinie.

Die Fußpunkte N bilden eine Ellipse, nämlich die Orthogonalprojektion des Mittelpunktskreises auf die Ebene ε. Da die Tangente der Mittelpunktslinie im Punkte M zur Meridianebene senkrecht ist, so muß die Orthogonalprojektion p der Tangente (also die Ellipsentangente für N) auf der Spur q der Meridianebene auf ε normal sein. Es läßt sich daher die Umlegung der Schnittlinie auch in der Weise finden, daß man zuerst die von den Punkten $N^\times$ gebildete Ellipse konstruiert, dann für die Punkte $N^\times$ den zugehörigen $[S^\times, SA]$ orthogonal schneidenden Kreis zeichnet und von $S^\times$ auf die Ellipsentangente $p^\times$ für $N^\times$ die Normale $q^\times$ fällt. Ist die Tangente der Ellipse zugleich Tangente des Kreises $[S^\times, SA]$, so werden die Punkte T_I, T_{II} benachbart. Der Schnittkreis hat jetzt bei A vier benachbarte Punkte mit der Schnittlinie gemein; er ist also ein Krümmungskreis und A ist ein Scheitel der Schnittlinie. Aus diesem Bildungsgesetze folgt:

„Die Schnittlinie einer Ringfläche mit einer Ebene ist eine anallagmatische Linie in bezug auf den Kreis $[S, SA]$ und mit der Normalprojektion des Mittelpunktskreises auf die Ebene als Deferent.“ Die Schnittpunkte der Ellipse mit dem Kreise $[S, SA]$ sind Brennpunkte der Schnittlinie (doppelt berührende Nullkreise).[12] Für jedes Punktepaar T_I, T_{II}, welches sich auf einem Meridiankreise ergibt, ist

$$S T_I \times S T_{II} = \overline{SA}^2,$$

nämlich gleich der Potenz des Punktes S in bezug auf alle Hilfskugeln. Die Linie entspricht sich selbst in einer Verwandtschaft der reziproken Radien in bezug auf den Kreis $[S, SA]$.

Übungsaufgabe: Drei Punkte A, B, C und die Achse z einer Ringfläche sind gegeben. Man soll die Umrisse der Fläche, ferner die Schnittlinie mit der Ebene ABC finden.

3. Die Berührungsebene für einen hyperbolischen Flächenpunkt T_h liefert eine Schnittlinie, welche den Berührungspunkt als Doppelpunkt besitzt. Die zugehörigen Doppelpunktstangenten kann man finden, wenn man die Hauptkrümmungshalbmesser für den Flächenpunkt kennt. Bei jeder Drehfläche ist der durch den Punkt T gehende Meridian der eine Hauptnormalschnitt. Bei der Ringfläche (Fig. 98) ist daher der Radius $M_0 T_0$ des Meridiankreises der eine Hauptkrümmungshalbmesser r_0. Durch die zur Meridianebene senkrechte Tangente des Flächenpunktes geht die Ebene des Parallelkreises. Die im Mittelpunkte dieses schiefen Schnittes errichtete Senkrechte, nämlich die Achse z, schneidet die Flächennormale (nach dem Meusnierschen Satze, § 24, 3) in dem zweiten Hauptkrümmungsmittelpunkte N und NT ist der zweite Hauptkrümmungshalbmesser r. Nun kann man Drehhyperboloide angeben, welche die Ringfläche im Punkte T oskulieren. Man erhält ein solches, wenn man N als Mittelpunkt und T als Scheitel einer Meridianhyperbel annimmt, welche den Meridiankreis als Krümmungskreis besitzt. Für den auf dem Hauptmeridiane liegenden Flächenpunkt T_0 ist N der Mittelpunkt und $NT_0 = r$ die halbe reelle Achse der Meridianhyperbel. Die zu T_0 gehörige Scheiteltangente schneidet den Kreis mit dem Durchmesser $M_0 N$ in einem Punkte B_0 und $T_0 B_0 = \sqrt{r r_0}$ ist die Größe der halben imaginären Achse (§ 29, 2). Dreht man den gefundenen Punkt B_0 mit der Tangente des Hauptmeridianes in den ursprünglichen Meridian nach $B(B', B'')$ und macht man $B'J' = NT_0 = r$, so sind die Verbindungsgeraden von T mit den beiden Punkten J die durch T gehenden Erzeugenden s, t des oskulierenden Hyperboloides. Hiermit sind die verlangten Doppelpunktstangenten s, t der Schnittlinie gefunden. Projiziert man die zur Tangentialebene des Flächenpunktes T parallele Meridianhyperbel des oskulierenden Hyperboloides orthogonal auf die Tangentialebene, so erhält man eine Hyperbel, welche T als Mittelpunkt, $TA = r$ als halbe reelle Achse, $TB = \sqrt{rr_0}$ als halbe imaginäre Achse und s, t als Asymptoten hat. Sie ist eine Dupinsche Indikatrix (§ 30, 3) des Flächenpunktes T_h.[14] Man hätte auch das Drehhyperboloid

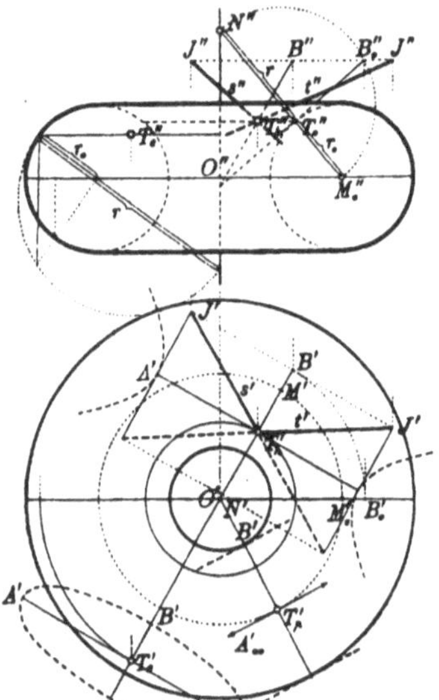

Fig. 98.

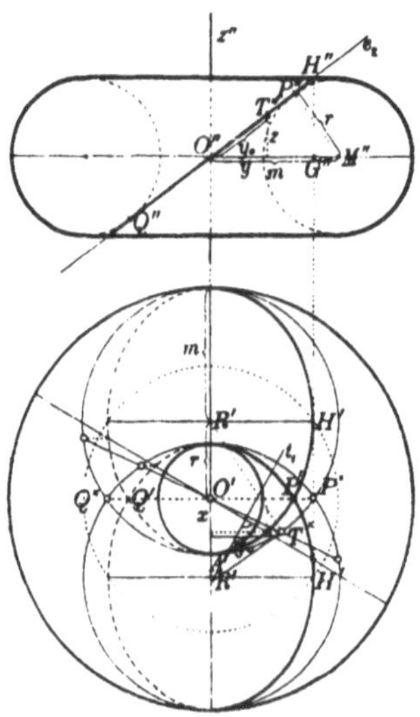

Fig. 99.

benützen können, welches den Meridiankreis als Kehlkreis und N als Krümmungsmittelpunkt der Meridianhyperbel besitzt. Hieraus ergibt sich eine Hyperbel, welche in der Richtung $T_h A$ eine halbe imaginäre Achse $\sqrt{rr_0}$ und in der Richtung $T_h B$ eine halbe reelle Achse r_0 hat, als Indikatrix. Sie ist der früheren konjugiert ähnlich und hat dieselben Asymptoten.

Für einen elliptischen Flächenpunkt T_e gilt das Analoge. Benützt man das oskulierende eiförmige Drehellipsoid, welches den Meridiankreis als größten Parallelkreis besitzt, so erhält man als Indikatrix eine Ellipse, welche

$T_e A = \sqrt{r r_0}$ als halbe große Achse und $T_e B = r_0$ als halbe kleine Achse hat. Diese Annahme läßt sofort erkennen, was im Grenzfalle eines parabolischen Punktes T_p eintritt. Das eiförmige Drehellipsoid geht nämlich in den Drehzylinder über, welcher die Ringfläche längs des Meridiankreises berührt; er oskuliert die Fläche in den beiden parabolischen Punkten. Als Indikatrix erhält man also das Paar von Geraden, welche im Abstand r_0 zur Tangente des Parallelkreises auf der singulären Tangentialebene parallel sind.

Hat die Ringfläche reelle konische Punkte und legt man durch einen dieser Punkte eine Ebene, so ist er für die Schnittlinie ein Doppelpunkt mit reellen oder imaginären Tangenten; er wird ein Rückkehrpunkt, wenn die Ebene zugleich Tangentialebene ist.

4. Wird die Ringfläche von der schneidenden Ebene ε in zwei Punkten P, Q berührt (Fig. 99), so sind beide Berührungspunkte für die Schnittlinie Doppelpunkte. Ist die Ebene zur Aufrißebene normal, so erscheint die Schnittlinie im Aufrisse als Strecke zwischen den Spuren der singulären Tangentialebenen. Wegen der Gleichheit der Winkel und der Kathete r ist

$$O''G''H'' \cong O''P''M'',$$

also $\quad O''H'' = m$ und $O''G'' = \sqrt{m^2 - r^2}.$

Die Gleichung der Ebene ist

$$\frac{z}{y} = \frac{r}{\sqrt{m^2 - r^2}}.$$

Bezeichnet man den Abstand eines Punktes T der Schnittlinie von der x-Achse mit y_0, so ist

$$y^2 + z^2 = y_0^2 \quad \text{und} \quad y^2 = \frac{m^2 - r^2}{m^2} y_0^2.$$

Setzt man dies in die Gleichung der Ringfläche ein, so erhält man als Gleichung der Schnittlinie:

$$\begin{aligned}
(x^2 + y_0^2 + m^2 - r^2)^2 &= 4\,m^2 x^2 + 4\,(m^2 - r^2)\,y_0^2,\\
(x^2 - r^2)^2 + (y_0^2 + m^2)^2 + 2\,(x^2 - r^2)\,(y_0^2 + m^2) &\\
&= 4\,m^2 x^2 - 4\,r^2 y_0^2 + 4\,m^2 y_0^2,\\
(x^2 - r^2)^2 + (y_0^2 - m^2)^2 + 2\,(x^2 + r^2)\,(y_0^2 - m^2) &= 0,\\
[(x - r)^2 + y_0^2 - m^2]\cdot[(x + r)^2 + y_0^2 - m^2] &= 0.
\end{aligned}$$

„Die Schnittlinie der Ringfläche mit einer doppelt berührenden Tangentialebene zerfällt in zwei Kreise mit dem Radius m; ihre Mittelpunkte R haben von O die Abstände $OR = \pm r$. Der Grundriß der Schnittlinie besteht aus zwei Ellipsen, welche O' als Brennpunkt haben."

Übungsaufgaben: 1. Es sind durch einen Punkt T der Ringfläche die vier möglichen Kreise zu legen.

2. Es sind durch einen beliebigen Punkt L des Raumes jene Ebenen zu legen, welche die Ringfläche nach Kreisen schneiden (vier Lösungen).

3. Es ist die Schnittlinie der Ringfläche mit einer Ebene zu suchen, welche durch die x-Achse (Fig. 99) und durch eine Haupttangente des Punktes A geht. (Es ergibt sich bei A und beim diametral gegenüberliegenden Punkte eine Flachtangente.)

Zusatz: Um die schiefen Kreisschnitte der Ringfläche rein geometrisch nachzuweisen, kann man die I. Bd., § 13,1,2 gefundenen Beziehungen benützen.

Vertauscht man die Strecken m und r (Fig. 99), so wird R' der Mittelpunkt und O' der Brennpunkt der Projektion des Kreises $[R, m]$, welcher auf der doppelt berührenden Ebene ε liegt, weil $O''H'' = m$ und $G''H'' = OR = r$ ist. Im I. Bd., Fig. 50 war $\sphericalangle TF_I S = T^{\times} F_I S_I = OTF_I$, d. h. jeder Strahl $F_I T$ bildet mit seinem Grundrisse $F_I S$ denselben Winkel wie mit dem Radius OT. In Fig. 99 hat man auf der Meridianebene des Punktes T ein Dreieck TOM, welches dem Dreiecke OTR kongruent ist, weil die Seite OT gemeinsam, $OM = RT$ und (nach dem eben erwähnten Satze) $\sphericalangle TOM = \sphericalangle OTR$ ist. Daraus folgt, daß die dritte Seite $TM = OR = r$ ist, weshalb der Punkt T auf dem Meridiankreise der Ringfläche liegen muß. Es liegt also auch der ganze Kreis $[R, m, \varepsilon]$ auf der Ringfläche.

Die Strecken auf den Tangenten der Ringfläche von T bis zur Spur t_1 auf der Äquatorebene sind für den Meridiankreis $r \cdot \operatorname{tg}(TMO)$ und für den schiefen Kreis $m \cdot \operatorname{tg}(ORT)$; ihr Verhältnis ist der Kosinus des Winkels ε, unter welchem der schiefe Kreis $[R, m]$ den Meridiankreis des Punktes T schneidet. Wegen der Gleichheit der Winkel TMO und ORT ist aber $\cos \varepsilon = r/m$.

„Die schiefen Kreise der Ringfläche schneiden alle Meridiankreise unter gleichem Winkel, welcher dem Neigungswinkel der doppelt berührenden Ebenen gegen die Drehachse gleich ist. Die schiefen Kreise der Ringfläche sind also Loxodromen."[15]

§ 32. Drehfläche und Gerade. Schnittlinie zweier Drehflächen.

1. Um die Beziehung einer Geraden g zu einer Drehfläche mit der Achse z zu untersuchen, kann man das einschalige Drehhyperboloid benützen, welches durch Drehung von g um z entsteht. Die Schnittpunkte der Meridianhyperbel mit dem Meridiane der gegebenen Drehfläche ergeben die gemeinsamen Parallelkreise, deren Ebenen die Schnittpunkte der Geraden g mit der Drehfläche liefern. Die gemeinsamen Tangenten der Meridianhyperbel mit dem Meridiane der gegebenen Drehfläche ergeben die gemeinsamen Berührungsdrehkegel, deren Spitzen die Berührungsebenen aus der Geraden g an die Drehfläche bestimmen. Ist der Meridian eine algebraische Linie m. Ordnung und n. Klasse, so liefert die Hyperbel $2m$ Schnittpunkte und $2n$ gemeinsame Tangenten; daher ist die entstehende Drehfläche von der $2m$. Ordnung und der $2n$. Klasse. Wenn aber der Meridian zu z symmetrisch ist, so ist die Fläche nur von der m. Ordnung und n. Klasse.

2. Die Konstruktion der Schnittlinie zweier Drehflächen ist nur in besonderen Fällen einfach, nämlich wenn die Achsen zusammenfallen, parallel sind oder sich in einem Punkte O schneiden. Dabei ist auch noch vorauszusetzen, daß die Ebene der beiden Achsen zu einer Projektionsebene parallel ist. Der Vorgang wurde schon bei den Drehflächen zweiten Grades (§ 27, 1) erläutert. Als Beispiel möge die Delische Aufgabe über „die Verdoppelung des Würfels" besprochen werden. Sie läßt sich auf die folgende Aufgabe zurückführen: „Es sind zwischen zwei Strecken a, b zwei geometrische Mittel p, q einzuschalten, so daß sich

$$a:p=p:q=q:b$$

verhält."

Diese Aufgabe kann auch durch räumliche Beziehungen gelöst werden. Es sei (Fig. 100a) die Strecke $OB^0 = b$ der Durchmesser eines Kreises, der auf der Grundebene liegt, und dieser Kreis sei die Basis eines Drehzylinders (Figur in schiefer Projektion). In dem auf die Aufrißebene gelegten Basiskreise macht man die Sehne $OA^0 = a$; die erhaltene Gerade beschreibt bei der Drehung um die y-Achse einen Drehkegel. Die Schnittlinie des Kegels und des Zylinders ist eine Raumkurve vierter Ordnung, welche in O einen isolierten Doppelpunkt besitzt; jede Hilfsebene, welche durch O parallel zu den Zylindererzeugenden geht (Grundspur OA'), ergibt zwei

Punkte Q der Schnittlinie. Die Ebene, welche im Punkte A zur Kegelerzeugenden normal ist, geht durch den Punkt B^0 und ihre Grundspur n_1 ist zum Grundrisse OA' der Erzeugenden senkrecht, so daß der Schnittpunkt P auf dem Basiskreise des Zylinders liegt. Die Strecke AP liegt

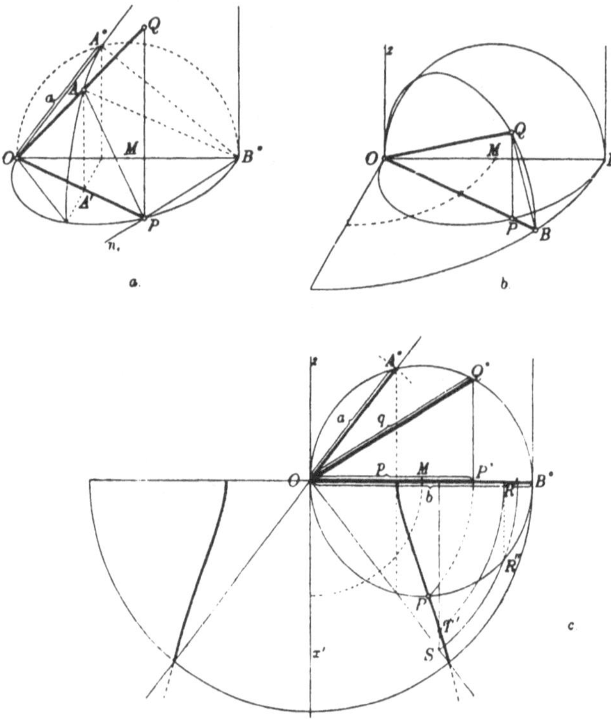

Fig. 100.

auch auf der Normalebene und ist daher senkrecht zu OQ. In dem rechtwinkligen Dreiecke OPQ ist also AP immer die Höhe und für jeden Punkt Q der Schnittlinie des Drehkegels und des Drehzylinders ist

$$OA : OP = OP : OQ.$$

Denkt man sich nun (Fig. 100 b) wieder den aufrechten Drehzylinder und läßt man den in der Aufrißebene liegenden Kreis mit dem Durchmesser OB^0 um die z-Achse rotieren, so entsteht eine Ringfläche, für welche $m = r$ ist. Die Schnittlinie des Zylinders und der Ringfläche ist eine Raumkurve achter Ordnung und für jeden Punkt Q dieser Schnittlinie ist

$$OP : OQ = OQ : OB.$$

Die Schnittpunkte aller drei Flächen (durch welche auch die Schnittlinie des Drehkegels und der Ringfläche hindurchgeht) erfüllen beide Beziehungen und führen daher zur Lösung der Aufgabe. Die Konstruktion der Schnittpunkte ist im Grund- und Aufrisse durchgeführt (Fig. 100c). Der Grundriß der Schnittlinien des Zylinders mit den beiden anderen Flächen fällt in den Basiskreis. Der Grundriß der Schnittlinie des Drehkegels und der Ringfläche ist mit Hilfe von Kugeln mit dem Mittelpunkt O gefunden (die Kugel $[O, OS]$ ergibt einen Punkt T'). Er schneidet den Halbkreis in einem Punkte P. Die Strecken

$$OP = OP^{\times} = p \quad \text{und} \quad OQ^{\times} = q$$

sind dann die verlangten geometrischen Mittel zwischen a und b. Aus den Gleichungen der drei Flächen kann man leicht jene der Projektionen der Schnittlinien finden.

$$\text{Kegel: } x^2 + y^2 + z^2 = \frac{b^2}{a^2} \cdot y^2, \qquad \text{Zylinder: } x^2 + y^2 = by,$$

$$\text{Ringfläche: } (x^2 + y^2 + z^2)^2 = b^2 (x^2 + y^2).$$

Durch Elimination von z^2 aus der ersten und dritten Gleichung erhält man:

$$y^4 - \frac{a^4}{b^2} (x^2 + y^2) = 0.$$

Der Grundriß der Schnittlinie des Drehkegels mit der Ringfläche ist also eine Kampyla (I. Bd., § 25,1). Der Teil der Linie vierter Ordnung, welcher über den Umrißkreis der Ringfläche hinausragt, ist der Grundriß eines imaginären Teiles der Raumkurve achter Ordnung.

Aus $\frac{a}{p} = \frac{p}{q}$ und $\frac{a}{p} = \frac{q}{b}$

folgt $\frac{a^2}{p^2} = \frac{p}{b}$ und $p^3 = a^2 b$.

Ist nun $b = n \cdot a$, so ist $p^3 = n \cdot a^3$.

Es ist also p die Kante eines Würfels, welcher n-mal so groß ist als der Würfel mit der Kante a. Diese kubische Aufgabe ist mit Lineal und Zirkel allein nicht lösbar; hier wurde die Lösung erst durch das Zeichnen der Kampyla ermittelt.[1]

Übungsaufgaben: 1. Drei Punkte A, B, C einer Horizontalebene sind die Eckpunkte eines Dreieckes mit den Seiten $a = 13$, $b = 14$, $c = 15$. Von einem erhöhten Standpunkte S aus erscheint die Seite a unter dem Winkel $\alpha = 70^0$, die Seite b unter dem Winkel $\beta = 80^0$ und die Seite c unter dem Winkel $\gamma = 75^0$. Es ist hieraus die Lage des Punktes S zu finden. [Drei Ringflächen mit den Achsen a, b, c.]

2. Ein Dreikant mit den Kantenwinkeln α, β, γ ist nach einem Dreiecke mit den Seiten a, b, c zu schneiden. Die Aufgabe vereinfacht sich, wenn einer, zwei oder alle drei von den Winkeln α, β, γ Rechtwinkel sind.

C. Drehflächen und Rohrflächen, insbesondere die Ringfläche. Berührungsaufgaben.

§ 33. Berührungskegel aus einem Punkte an eine Drehfläche; Berührungslinie.

1. Eine Drehfläche mit der Achse z und ein Punkt $L(L', L'')$ seien gegeben (Fig. 101). Der Berührungskegel aus dem Punkte L an die Drehfläche*) und seine Berührungslinie sollen konstruiert werden.

Man benützt als Hilfsflächen das System der Drehkegel, welche die Fläche längs je eines Parallelkreises berühren. Um die Konstruktion einfach zu gestalten, wählt man die Ebene σ, welche durch

*) In der Figur ist eine affine Verallgemeinerung der Ringfläche gewählt.

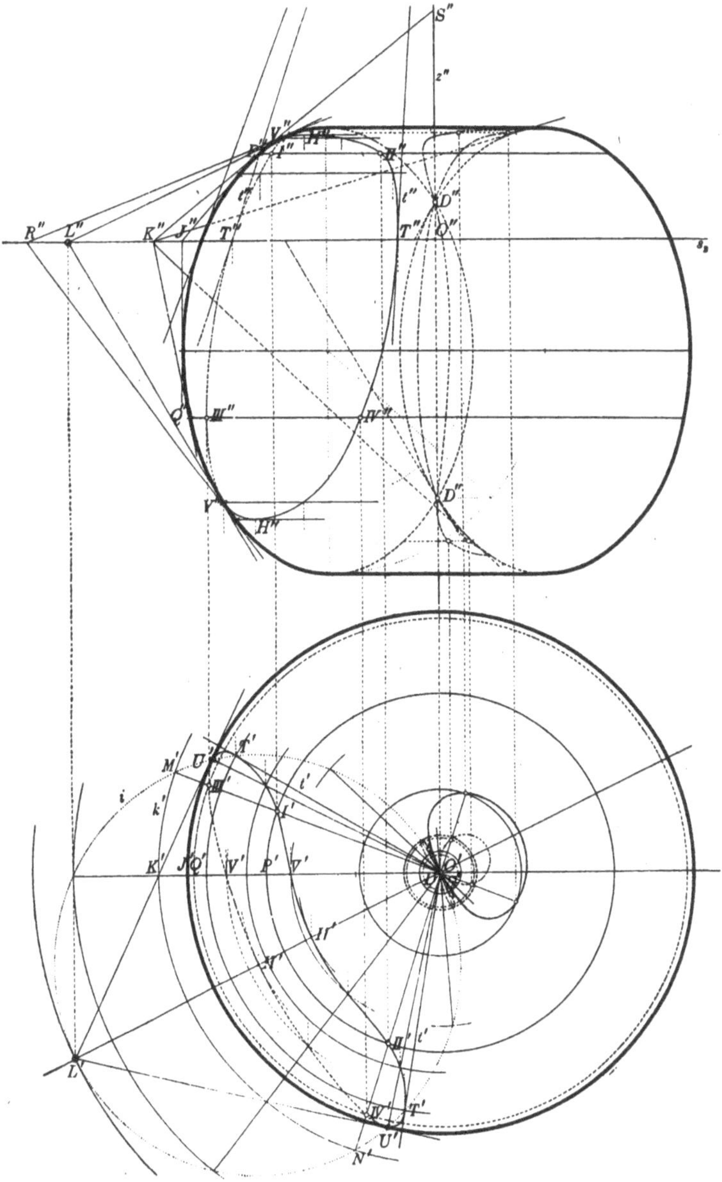

Fig. 101.

den gegebenen Punkt L geht und zur Drehachse z normal ist, als gemeinsame Basisebene der Kegel. Der Schnittpunkt O von σ und z ist nun der Mittelpunkt von konzentrischen Kreisen, welche man als Basiskreise für Berührungskegel betrachten kann. Jeder solche Kreis k mit einem Radius $O''K''$ ist Basiskreis für mehrere Kegel des Systemes. Die Umrißerzeugenden dieser Kegel sind die Tangenten aus K'' an den Umrißmeridian; die Berührungspunkte der Tangenten seien P'', Q'', ... Die Punkte P, Q, ... beschreiben die Parallelkreise, nach welchen die in Betracht kommenden Kegel die Fläche berühren. Durch P', Q', ... gehen die Grundrisse dieser Parallelkreise. Die Tangentialebenen, welche man aus L an die Kegel legen kann, schneiden die Ebene σ in den Tangenten aus L an den Kreis k und berühren die Kegel nach Erzeugenden, welche sich durch Verbinden der Berührungspunkte jener Tangenten mit den Spitzen der Kegel ergeben. Im Grundrisse ergeben sich die Berührungspunkte M', N' der Tangenten aus L an den Basiskreis als Schnittpunkte des letzteren mit einem Hilfskreise i, welcher $L'O'$ als Durchmesser hat. Dann sind $M'O'$ und $N'O'$ die Grundrisse der Berührungserzeugenden für die Tangentialebenen aus L an die Berührungskegel; sie schneiden die Grundrisse der Berührungsparallelkreise in den Punkten I', II', III', IV', ..., zu welchen man sofort den Aufriß mit Hilfe der Parallelkreise finden kann. Die gefundenen Punkte I, II, III, IV, ... sind Punkte der Berührungslinie, welche hier nicht mehr eben, sondern eine Raumkurve ist. Die Verbindungsgeraden von L mit diesen Punkten sind Erzeugende des Berührungskegels, und die Geraden LM, LN sind die Spuren der zugehörigen Berührungsebenen. Wenn Basiskreis und Berührungsparallelkreis nicht auf derselben Seite in bezug auf die Spitze des Berührungskegels liegen, so ist $S'M'$ und $S'N'$ über S' hinaus zu verlängern.

Bei besonderer Annahme des Basiskreises ergeben sich besondere Punkte der Berührungslinie.

α) Rückt der Punkt K'' nach J'', so daß der Radius des Basiskreises dem Halbmesser des Umrißparallelkreises gleich wird, so erhält man die Punkte U, welche auf diesem Umrißkreise liegen, als Schnittpunkte mit dem

Hilfskreise i. In diesen Punkten wird die Berührungslinie in bezug auf den Grundriß unsichtbar und der Grundriß der Linie muß da den Umrißkreis berühren.

β) Ist der Radius des Basiskreises gleich $O''L''$, so ergeben sich jene Punkte V der Berührungslinie, welche auf dem Umrißmeridiane liegen. An diesen Stellen wird die Berührungslinie in bezug auf den Aufriß unsichtbar und der Aufriß der Linie muß dort den Umrißmeridian berühren.

γ) Wird der Radius des Basiskreises $O''R'' = O'L'$, so werden M' und N' bei L' benachbarte Punkte des Hilfskreises i. Die zugehörigen Kegelerzeugenden sind benachbart (im Grundrisse bei $L'O'$) und ergeben benachbarte Punkte auf den Parallelkreisen. Man erhält also die Punkte H mit horizontaler Tangente. Sie liegen auf dem Meridiane, dessen Ebene $[Lz]$ für den Berührungskegel und seine Berührungslinie eine Symmetrieebene ist. Für den Grundriß der Berührungslinie ist die Gerade $L'O'$ eine Symmetrieachse. Für noch größere Basiskreise ergeben sich imaginäre Punkte der Berührungslinie.

δ) Wird der Radius des Basiskreises unendlich klein gewählt, so sind M' und N' bei O' benachbarte Punkte des Hilfskreises i. Es ergeben sich daraus solche Punkte der Berührungslinie, welche auf dem Meridiane liegen, der zum Meridiane $[Lz]$ normal ist.

ε) Wenn der Punkt K'' den Umrißmeridian oder eine Wendetangente desselben überschreitet, so fallen zunächst zwei von den Tangenten aus K'' zusammen und werden dann imaginär.[16] Der Kreis k ist dann ein Schnittkreis der Drehfläche mit der Ebene σ oder der Basiskreis eines Wendeberührungskegels. Die beiden Berührungskreise werden benachbart und fallen mit dem Schnittkreise selbst, beziehungsweise mit dem Wendekreise zusammen. Auf ihnen ergeben sich Punkte T. Die zugehörigen Kegelerzeugenden enthalten zwei benachbarte Punkte und sind deshalb Tangenten t der Berührungslinie.

ζ) Wählt man den Basiskreis des Berührungskegels eines konischen Punktes, so wird der Berührungsparallelkreis unendlich klein. Durch Annäherung an diesen Übergangsfall von beiden Seiten her ist zu erkennen: „Der konische Punkt ist ein Doppelpunkt der Berührungslinie und die Berührungserzeugenden sind die zugehörigen Doppelpunktstangenten der Berührungslinie."

2. Man kann auch das System der Zylinder, welche die Fläche längs je eines Meridianes berühren, benützen. Wählt man immer zwei zu $[Lz]$ symmetrisch liegende Meridiane und fällt man von L aus die Normalen auf die beiden Meridianebenen, so ergeben sich ihre Fußpunkte M und N durch den Hilfskreis i, welcher $L'O'$ als Durchmesser hat. Um die Tangenten aus M und N an die Meridiane zu ziehen, dreht man die beiden Meridiane in den Hauptmeridian, wobei M und N nach K kommt. Die Tangenten aus K'' an den Hauptmeridian ergeben die Berührungspunkte $P'', Q'', \ldots$ Dreht man die Punkte $P, Q, \ldots$ zurück, so erhält man daraus die Punkte $I, II, III, IV, \ldots$ der Berührungslinie.

Wenn die ganze Meridianlinie von der n. Klasse ist, so werden beim Kegelverfahren je n Drehkegel und beim Zylinderverfahren je zwei Zylinder n. Klasse benützt. In beiden Fällen erhält man dieselbe Gruppe von $2n$ Punkten der Berührungslinie, und zwar in der Zeichnung durch genau dieselben Linien, auch für die besonderen Punkte.

Man könnte auch Kugeln benützen, welche längs je eines Parallelkreises berühren.

Für L als Sehpunkt bedeutet die Berührungslinie den wahren Umriß und für L als leuchtenden Punkt bedeutet sie die Lichtgrenze der Fläche.

§ 34. Berührungszylinder und Parallelbeleuchtung einer Drehfläche.

1. Der Berührungszylinder an eine Drehfläche für eine gegebene Strahlrichtung sowie seine Berührungslinie soll konstruiert werden. Betrachtet man die Strahlen als Lichtstrahlen, so ist die Berührungslinie die Lichtgrenze der Fläche für Parallelbeleuchtung. Es sei insbesondere Diagonalbeleuchtung vorausgesetzt.

Man kann wieder das System der Drehkegel benützen, welche die Fläche längs je eines Parallelkreises berühren. Um die Konstruktion einfach zu gestalten, wählt man zunächst (Fig. 102) Drehkegel, welche einen Punkt S von z als gemeinsame Spitze und eine Ebene σ senkrecht z als gemeinsame Basisebene besitzen. Der Schnittpunkt O von σ und z ist wieder der Mittelpunkt von konzentrischen Kreisen k, welche man als Basiskreise der Kegel mit der Spitze S betrachten kann. Es sei $O''K''$ als Radius eines Basiskreises gewählt, dann ist k' der Grundriß dieses Kreises. Nun legt man durch S den Lichtstrahl l, sucht seinen Schnittpunkt T mit der Ebene σ und zeichnet den Hilfskreis i, welcher $O'T'$ als Durchmesser hat*). Die Schnittpunkte M', N' von i und k' ergeben mit O' verbunden den Grundriß der Erzeugenden, welche die Lichtgrenze des Kegels mit der Basis k bilden. Nun verschiebt man den Kegel in der Richtung der z-Achse, bis er die Drehfläche längs eines Parallelkreises berührt, was im allgemeinen für mehrere Lagen eintreten wird. Die Tangenten des Umrißmeridianes (Berührungspunkte $P \ldots$), welche zu $S''K''$ parallel sind, werden die Umrißerzeugenden dieser verschobenen Kegel. Der Grundriß der Erzeugenden, welche die Lichtgrenze der Kegel bilden, ändert sich dabei nicht. Er schneidet den Grundriß der Berührungsparallelkreise in den Punkten $I', II', \ldots$, zu welchen sich die Aufrisse $I'', II'', \ldots$ ergeben.

Die so gefundenen Punkte $I, II \ldots$ gehören der Berührungslinie an, welche wieder eine Raumkurve ist. Wenn der verschobene Basiskreis und der Berührungsparallelkreis nicht auf derselben Seite in bezug auf die Spitze des Berührungskegels liegen, so ist wieder $S'M'$ und $S'N'$ über S' hinaus zu verlängern, um I', II' zu erhalten.

Für $O''K'' = 0$ werden die Punkte M' und N' benachbarte Punkte des Kreises i; die Geraden $O'M'$ und $O'N'$ vereinigen sich in den zu l' normalen Durchmesser. Dieser Durchmesser schneidet die Umrißparallelkreise in den

*) Die im allgemeinen Falle gewählte Ebene σ ist hier die uneigentliche Ebene. Zum Zwecke der Konstruktion ist alles von dieser Ebene auf die jetzt gewählte Ebene σ aus dem Punkte S projiziert.

Punkten U', womit man die Punkte U der Umriß-parallelkreise gefunden hat.

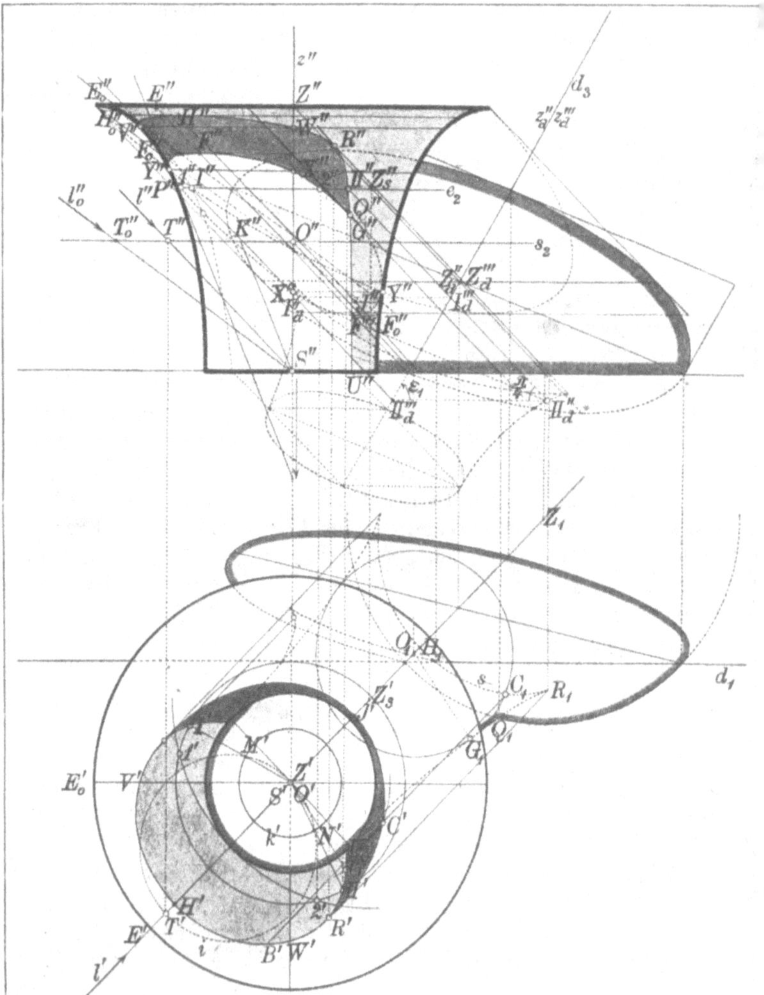

Fig. 102.

Für $O''K'' = O''T''$ erhält man die Punkte V, welche auf dem Umrißmeridiane liegen. Wenn l' mit der Bildachse den Winkel $\pi/_4$ bildet, so erhält man dabei auch die Punkte W, welche auf dem zur Aufrißebene senkrechten Meridiane liegen, also im Aufrisse auf z'' erscheinen.

Für $O''K'' = OT$ ergeben sich die Punkte H mit horizontaler Tangente. Sie liegen auf der Meridianebene, welche zu den Lichtstrahlen parallel ist und welche für die Berührungslinie wieder eine Symmetrieebene ist. Die Umrißerzeugende dieses Hilfskegels ist der in die Ebene des Hauptmeridianes gedrehte Lichtstrahl l_0. Die dazu parallele Tangente des Hauptmeridianes berührt in H_0 und schneidet z in einem Punkte, der beim Zurückdrehen ungeändert bleibt und durch den der Aufriß des Lichtstrahles gezogen werden kann.

Wenn $S''K''$ zu einer Asymptote oder einer Wendetangente des Hauptmeridianes parallel ist, so ergeben sich solche Punkte der Berührungslinie, für welche die zugehörigen Kegelerzeugenden Asymptoten, beziehungsweise Tangenten der Berührungslinie sind.

Die ganze Konstruktion läßt sich auch als Zylinderverfahren deuten, indem man die längs je zweier zu $[lz]$ symmetrisch liegenden Meridiane berührenden Zylinder als Hilfsflächen benützt.

2. Der Randkreis der Drehfläche wirft einen Schlagschatten auf die Fläche selbst. Die Lichtstrahlen, welche den Randkreis treffen, bilden einen schiefen Kreiszylinder. Die Schnittlinie dieses schiefen Kreiszylinders mit der Drehfläche ist der verlangte Schlagschatten. Als Hilfsflächen verwendet man hier Ebenen, welche zu z normal sind. Jede solche Ebene ε (Spur e_2) schneidet die Drehfläche in einem Parallelkreise und den schiefen Kreiszylinder auch in einem Kreise. Der durch den Mittelpunkt Z des Randkreises gehende Lichtstrahl ist die Achse des Zylinders. Ihr Schnittpunkt Z_s mit der Ebene ε ist der Mittelpunkt des Schnittkreises. Die Grundrisse der beiden Kreise schneiden sich in zwei Punkten $1', 2'$, aus welchen man den Aufriß $1'', 2''$ für zwei Punkte $1, 2$ der Schnittlinie erhält.

Besondere Punkte bekommt man, wenn man als Hilfsebene zunächst die Ebene des Symmetriemeridianes wählt. Diese Ebene schneidet die Drehfläche nach dem genannten Meridiane und den Zylinder nach zwei Erzeugenden, von welchen hier hauptsächlich die eine, durch E gehende in Betracht kommt. Um die Schnittpunkte der Erzeugenden mit dem Meridiane zu finden, dreht man die Ebene, bis sie mit der Hauptmeridianebene zusammenfällt, wodurch E nach E_0 kommt. Der gedrehte Lichtstrahl schneidet den Meridian in den Punkten F_0, woraus man die Punkte F selbst durch Zurückdrehen findet. Bei F werden die beiden sonst getrennten Punkte 1, 2 benachbart; man hat also in F die Punkte mit horizontaler Tangente erhalten.

Wird als Hilfsebene die Hauptmeridianebene selbst gewählt, so schneidet sie die Drehfläche in dem Hauptmeridiane und den schiefen Kreiszylinder nach einer Ellipse, welche der Schlagschatten des Randkreises auf die Ebene des Hauptmeridianes ist (I. Bd., § 18, 2). Die Ellipse schneidet den Hauptmeridian in den Punkten Y, bei welchen die Schnittlinie für den Aufriß unsichtbar wird. Bei Y'' muß der Aufriß der Schnittlinie den scheinbaren Umriß berühren. Auf den Parallelkreisen der Punkte Y liegen noch symmetrisch zur Ebene $[lz]$ die Punkte X, also bei der hier vorliegenden Lichtstrahlannahme auf dem Meridiane, welcher zur Aufrißebene normal ist.

Für den Schnittpunkt Q der Schlagschattenlinie und der Lichtgrenze ist sowohl die Tangentialebene der Drehfläche als auch jene des schiefen Kreiszylinders zu den Lichtstrahlen parallel. Die Schnittgerade der beiden Tangentialebenen, also die Tangente der Schnittlinie bei Q, ist ein Lichtstrahl (I. Bd., § 35, 1.).

3. Der Schlagschatten der Drehfläche auf die Grundebene ist die Schnittlinie s des Berührungszylinders der Fläche mit der Grundebene. Der Lichtstrahl eines Punktes H der Lichtgrenze gibt als Erzeugende des Berührungszylinders einen Punkt H_1 des Schlagschattens. Die Spur der zugehörigen Berührungsebene des Zylinders ist die Tangente für H_1. Die Berührungsebene des Zylinders für H ist aber auch Berührungsebene der Drehfläche und diese Ebene hat die Tangente des Parallelkreises bei H als Horizontale. Die Tangente für H_1 ist zu dieser Horizontalen parallel, also zu $O'H'$

senkrecht. Der Schlagschatten des Parallelkreises berührt somit die Schlagschattenlinie bei I_1 und II_1, ist also ein doppelt berührender Kreis für s. Der Schlagschatten fängt bei U an; Q_1 liegt auf dem Schlagschatten des Randkreises. Auf der Berührungslinie gibt es Punkte R, für welche der Lichtstrahl selbst Tangente ist*). Die Spur R_1 eines solchen Lichtstrahles ist ein Rückkehrpunkt der Schlagschattenlinie (I. Bd., § 27, 4). Bei H_1 werden die beiden sonst getrennten Punkte I_1 und II_1 benachbart; deshalb ist H_1 ein Scheitel der Schlagschattenlinie und der Schatten des zu H gehörigen Parallelkreises ist der Krümmungskreis für den Scheitel.

4. Der Berührungszylinder schneidet die Drehfläche (wenn sie von höherer als zweiter Ordnung ist) noch in einer Linie, so daß ein Schlagschatten der Fläche auf sich selbst entsteht. Um diese Schnittlinie zu konstruieren, kann man wieder Hilfsebenen senkrecht zu z benützen. Jede solche Hilfsebene, z. B. σ, schneidet die Drehfläche nach einem Parallelkreise und den Berührungszylinder nach einer Linie, welche mit s kongruent ist. Um die Schnittpunkte dieser zwei Linien zu finden, sucht man den Schlagschatten des Parallelkreises auf die Grundebene. Er hat O_1 als Mittelpunkt und berührt die Linie s in zwei Punkten G_1, wobei $O_1 G_1 \# O'G'$ ist und G die auf dem Parallelkreise liegenden Punkte der Lichtgrenze sind. Der doppelt berührende Kreis schneidet die Linie s noch in Punkten C_1. Der Grundriß des durch C_1 gehenden Lichtstrahles schneidet dann den Grundriß des Parallelkreises in dem Punkte C' (wobei $O'C'$ parallel zu $O_1 C_1$ ist) und den Grundriß der Lichtgrenze in B'. Der Lichtstrahl selbst berührt die Drehfläche bei B und schneidet sie bei C. Mit Hilfe der Grundspuren der Tangentialebenen der beiden Flächen könnte man auch die Tangente der Schnittlinie finden. Für R

---

*) Die Haupttangenten einer Fläche, welche auf einer Ebene ε liegen, sind Wendetangenten der Schnittlinie. Die Haupttangenten einer Fläche, welche durch einen Punkt L gehen, sind Rückkehrerzeugende des Berührungskegels und Tangenten der Berührungslinie. Sie ergeben Rückkehrpunkte für den Schlagschatten.

werden die Punkte B und C benachbart. Hier hat also der Lichtstrahl mit der Berührungslinie zwei und mit der Fläche drei benachbarte Punkte gemein; er ist eine Tangente der Berührungslinie und eine Haupttangente der Fläche. Die Schattenlinie beginnt bei R, die Lichtgrenze berührend. Man benützt noch die Hilfsebene $[lz]$, welche wieder in die Hauptmeridianebene gedreht wird. Der Lichtstrahl, welcher die Fläche in H berührt, schneidet sie in einem Punkte J, den man im Aufrisse durch den gedrehten Lichtstrahl erhält. Für J ist die Tangente horizontal. Nur die Bogen HR ergeben hier eigentlichen Schlagschatten. Dabei kommen die Hilfsebenen zwischen R'' und J'' in Betracht.

5. Es soll noch der Schlagschatten der Drehfläche auf eine schiefe Ebene, etwa eine Dachfläche δ (Grundspur d_1, Kreuzrißspur d_3), ermittelt werden. Zunächst kann der Schlagschatten des Randkreises auf die Dachfläche wie früher (I. Bd., § 18, 2) gefunden werden. Benützt man dann wieder einen Kreuzriß von rechts, so wird $I'' = II'''$ und $II'' = I'''$, ferner ist l'' für I und II zugleich l''' für II und I. Der Kreuzriß der Schlagschattenlinie fällt aber in die Spur d_3. Die durch I'' und II'' gehenden Geraden $l'' = l'''$ schneiden also d_3 in den Punkten II_d''' und I_d''', ferner die durch diese Punkte gehenden horizontalen Ordner in I_d'' und II_d''. Der Aufriß des Schlagschattens der Sehne $I\,II$ auf die Dachebene ist also die Diagonale eines Parallelogrammes, dessen zweite Diagonale auf d_3 liegt. Das Dreieck $I_d''' II_d'' II_d'''$ enthält bei II_d'' den Winkel $\pi/_4$ und bei II_d''' den Neigungswinkel ε_1 der Dachebene gegen die Grundebene. Für $\varepsilon_1 = 3\,\pi/_8 = 67^1/_2{}^0$ wird dieses Dreieck gleichschenkelig und das Parallelogramm wird ein Rhombus.

„Der Aufriß des Schlagschattens auf die Dachebene ist in bezug auf d_3 schief symmetrisch, nur für $\varepsilon_1 = 3\pi/_8$ ist er orthogonal symmetrisch."

§ 35. Das Kugelverfahren; Isophoten einer Drehfläche.

1. Zur Bestimmung der Lichtgrenze kann man als Hilfsflächen auch das System der Kugeln benützen, welche die Drehfläche längs je eines Parallel-

kreises berühren. Das Kugelverfahren erweist sich als vorteilhaft, wenn Diagonalbeleuchtung vorausgesetzt ist und wenn hauptsächlich der Aufriß in Betracht kommt. Es sei also der obere Teil eines Balusters im Aufrisse gegeben (Fig. 103).

Längs des Parallelkreises, den der Punkt P beschreibt, wird die Drehfläche von einer Kugel berührt, deren Mittelpunkt O auf der Drehachse z liegt und zwar im Schnitte mit der Normalen des Meridianpunktes P. Betrachtet man die Ebene des Hauptmeridianes als Aufrißebene, so hat die Ebene der Lichtgrenze der Kugel eine Aufrißspur e_2, welche durch den Mittelpunkt O'' senkrecht zu l'', also hier unter $\pi/_4$ gegen z'' nach rechts aufwärts geht. Denkt man sich nun die Ebene des Parallelkreises als jeweilige Grundebene, so hat die Ebene der Lichtgrenze der Kugel eine Grundspur e_1, welche durch den Punkt Y senkrecht zu l', also hier unter $\pi/_4$ gegen y nach rechts vorne geht. Legt man nun die Grundebene mit dem Parallelkreise und der Spur e_1 entsprechend einer Untersicht um, so kommt e_1 mit e_2 zur Deckung; die Ebene ε ist nämlich unter der gemachten Voraussetzung zur Koinzidenzebene normal. Aus den Schnittpunkten I', II' von $e_2 = e_1$ mit dem umgelegten Parallelkreise erhält man dann die Aufrisse I'', II'' jener zwei Punkte I, II des Parallelkreises, welche der Lichtgrenze der Drehfläche angehören und zwar ist hier I ein unsichtbarer und II ein sichtbarer Punkt. Wenn die Tangente des Hauptmeridianes zu z'', l'', l_0'' parallel ist, ergeben sich wieder die besonderen Punkte U, V, W, H.

Nach diesem Vorgange erhält man nicht bloß die Lichtgrenze, sondern auch die anderen Isophoten sehr einfach. Man nimmt zunächst auf der y-Achse (Fig. 103b) den Mittelpunkt O einer Kugel an. Auf der durch ihn gehenden Geraden l' trägt man eine Strecke s von 10 gleichen Teilen auf, sucht aus dem Endpunkte die seitliche Umlegung l^0 des Lichtstrahles und fällt vom Endpunkte auf l^0 die Normale h_0. Der Fußpunkt H^0 ist dann die Umlegung des hellsten Punktes einer Kugel, welche den Radius $r = OH^0$ hat und zu welcher s als Beleuchtungsmaßstab gehört (I. Bd., § 23, 1). Die zu einem beliebigen Parallelkreise gehörige Kugel hat einen ver-

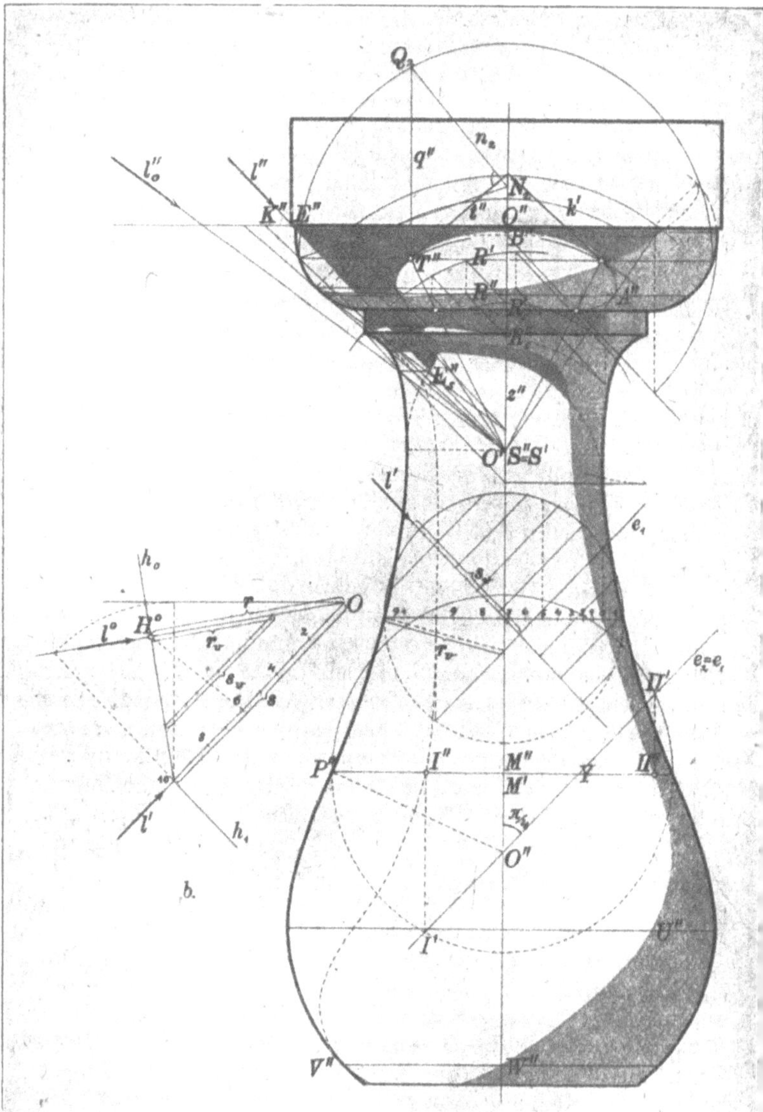
Q₂
n₂
q″
l₀″
l″
K″ E″
N₂
ε″
O″
k′
B″
T″
R′
R″
A″
E₂″
2″
O′ S″S′
l′
e₁
h₀
R°
l°
r
O
r_v
s_v
P″
I″
M″
M′
Y
II″
II′
e₂=e₁
l′
h₁
b.
O″
I′
U″
V″
W″
a.

Fig. 103.

änderlichen Radius r_v. Trägt man diesen von H^0 aus gegen O hin auf und zieht durch den Endpunkt eine Parallele zu s, so erhält man auf ihr den zugehörigen Beleuchtungsmaßstab s_v durch Strahlen aus H^0; denn es ist $r : r_v = s : s_v$. Trägt man jetzt den gefundenen Maßstab s_v von e_1 aus (Fig. 103a) auf der nach aufwärts umgelegten Geraden l' auf und zieht durch die Teilpunkte die Parallelen zu e_1, so erhält man auf dem umgelegten Parallelkreise die Grundrisse der Isophotenpunkte, woraus sich dann die Aufrisse der Isophotenpunkte ergeben (I. Bd., § 23, 4).

2. Den oberen Abschluß des Balusters bildet eine quadratische Platte. Die beiden durch den Eckpunkt E gehenden Basiskanten werfen einen Schlagschatten auf die Drehflächen, wobei es sich um die Schnittlinien der beiden unter $\pi/_4$ gegen die Grundebene geneigten Lichtstrahlebenen handelt (I. Bd., § 23, 2). Die eine der beiden Linien erscheint im Aufrisse auf der durch E'' gehenden Geraden l''. Die andere Schnittlinie kann man wieder nach dem Kegelverfahren finden (§ 31, 1). Der durch E gehende Lichtstrahl l schneidet die Drehachse z in der Spitze S der Hilfskegel; die untere Basisebene der Platte sei auch als Basisebene der Kegel gewählt. Nimmt man noch die vordere Basiskante als y-Achse und stellt man einen Grundriß für Untersicht her, so fällt $O' = S'$ mit S'' zusammen und die Schnittlinie liegt auf der Koinzidenzebene. Wählt man für den Hilfskegel die Umrißerzeugende $S'' K''$, so ist $O'' K''$ der Radius des Basiskreises. Sein Grundriß k' schneidet die Basiskante in zwei Punkten, welche mit $S' = S''$ verbunden den Grundriß und zugleich Aufriß der Schnitterzeugenden liefern. Durch die Schnittpunkte von $S'' K''$ mit den Meridianen der Drehflächen gehen die Aufrisse der Schnittparallelkreise, woraus man eine Gruppe von Punkten T'' der Schnittlinie findet. Wenn die Umrißerzeugende den Hauptmeridian berührt, so erhält man die Punkte A'', für welche $S'' A''$ die zugehörigen Tangenten sind. Die Umrißerzeugende $S'' E''$ ergibt die Punkte B'' mit horizontaler Tangente. Liegt die Umrißerzeugende auf l_0'', so erhält man den Schatten E_s des Eckpunktes E. Um für einen beliebigen Punkt T die Tangente zu finden, sucht man wieder die

Flächennormale für den Punkt T der Ringfläche; sie hat auf z die Aufrißspur N_2. Die zu T gehörige Normale q der schneidenden Ebene ist unter $\pi/_4$ nach rückwärts ansteigend. Ihre Aufrißspur Q_2 liegt daher ebenso weit über T'' wie T vor der Ebene des Hauptmeridianes, ist also der Schnittpunkt von q'' mit dem nach oben umgelegten Parallelkreise. Fällt man aus T'' die Normale zur Aufrißspur $n_2 = N_2 Q_2$ der Normalebene, so hat man die Tangente t'' für den Aufriß der Schnittlinie gefunden.

Man kann hier als Hilfsflächen auch Drehzylinder mit der Achse z benützen. Ein solcher Zylinder schneidet die Drehflächen nach Parallelkreisen und die Ebene nach einer gleichseitigen Ellipse, welche im Aufrisse als Kreis erscheint, der S'' als Mittelpunkt und den Radius des Zylinders als Halbmesser hat. Dadurch hat man z. B. für T'' eine einfache Probe. Der Umrißparallelkreis liefert insbesondere einen doppelt berührenden Kreis.

Es ist dann auch der Schlagschatten zu konstruieren, welchen die Ringfläche auf den Zylinder wirft. Man wählt auf der Lichtgrenze der Ringfläche, deren Grundriß man auch herstellt, einen Punkt R (R', R'') und zieht durch ihn den Lichtstrahl, dessen beide Projektionen hier zu l'' parallel sind. Der Grundriß des Lichtstrahles schneidet den Basiskreis des Zylinders in dem Grundrisse R'_s und der zugehörige Ordner schneidet den Aufriß des Lichtstrahles in dem Aufrisse R''_s des Schattenpunktes R_s.[17]

§ 36. Parallelbeleuchtung der Ringfläche als Rohrfläche.

1. Zur Untersuchung der Parallelbeleuchtung einer Ringfläche kann man als Hilfsflächen auch das System der Kugeln benützen, welche die Ringfläche längs je eines Meridiankreises berühren. Dieses zweite Kugelverfahren ist vorteilhaft, wenn hauptsächlich der Grundriß in Betracht kommt (Fig. 104). Die Lichtgrenze einer Berührungskugel schneidet den Berührungsmeridian in zwei Punkten, welche der Lichtgrenze der Ringfläche angehören. Man verschiebt zuerst die Berührungskugeln, bis ihr Mittelpunkt M mit dem

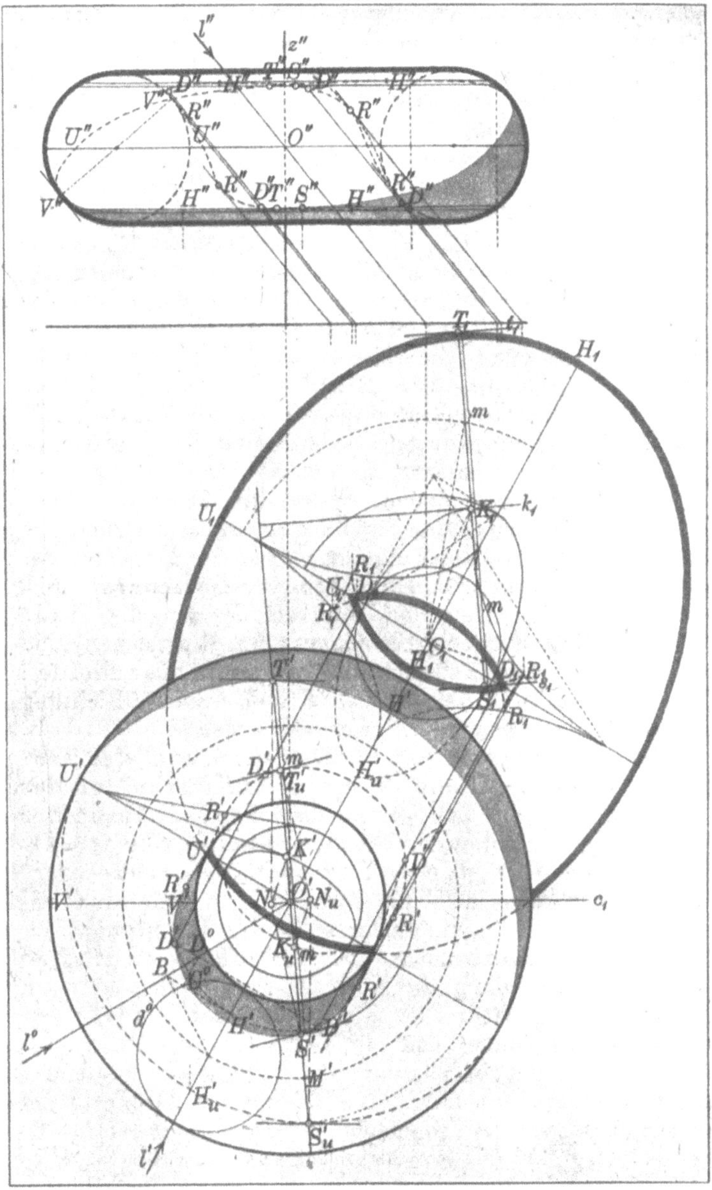

Fig. 104.

Mittelpunkte O der Ringfläche zusammenfällt. Für die erhaltene Kugel $[O, r]$ konstruiert man den Grundriß der Lichtgrenze. Jede Meridianebene schneidet die Lichtgrenze der Kugel in zwei Punkten K, K_u. Wird nun die Kugel $[O, r]$ um den Halbmesser m des Mittelpunktkreises $[O, m]$ in dem einen und entgegengesetzten Sinne zurückverschoben, so berührt sie wieder die Ringfläche längs je eines Meridiankreises. Aus den Punkten K und K_u gehen die Punkte S, T und S_u, T_u der Lichtgrenze der Ringfläche hervor. In den Punkten S, T sind die Tangentialebenen und Normalen der Ringfläche parallel zur Tangentialebene und Normalen des Punktes K der Kugel; es findet also bei dieser Verschiebung (Zuordnung $K \ldots S$, T) eine sphärische Abbildung der Ringfläche (im Gaußschen Sinne) statt. Im Grundrisse ergeben sich die Punkte S', T' und S'_u, T'_u, indem man auf jedem Strahle des Büschels O' von seinen Schnittpunkten K' und K'_u mit der Ellipse aus die Strecke m nach beiden Seiten hin aufträgt. Nach demselben Bildungsgesetze erhält man aus dem Grundrisse der Isophoten der Kugel die Grundrisse der Isophoten der Ringfläche. Wenn die Lichtstrahlen horizontal sind, werden die Grundrisse der Isophoten der Kugel Gerade und die Grundrisse der Isophoten der Ringflächen sind also nach dem gefundenen Bildungsgesetze Konchoiden des Nikomedes (I. Bd., § 26, 1). Für eine andere Richtung sind statt der Geraden Ellipsen vorhanden.

Die Grundrisse der Lichtgrenze und der Isophoten der Ringfläche $[O, m, r]$ sind Konchoiden der Ellipsen, welche die Grundrisse der Isophoten der Kugel $[O, r]$ sind, wobei O' der Scheitel des Strahlbüschels und m die aufzutragende Strecke ist.[18]

Errichtet man in O' die Normale zur Geraden $O'M'$ und in K' die Ellipsennormale, so ist der Schnittpunkt das momentane Drehzentrum N. Die Verbindungsgeraden NS' und NT' sind dann die Normalen und senkrecht dazu sind die Tangenten für S' und T'. Den Aufriß der Punkte S, T findet man mit Hilfe von Parallelkreisen. Aus den Punkten, welche auf dem Umrißkreise der Kugel liegen, ergeben sich die Punkte U' (für den Grundriß der Lichtgrenze oder der Isophoten), welche auf den Umrißkreisen der Ringfläche liegen. Der horizontale Strahl c_1

von O' ergibt die Punkte V des Hauptmeridianes. Der Strahl l' liefert die auf dem Symmetriemeridiane liegenden Punkte H, H_u mit horizontaler Tangente. Für die Meridianebene, welche zur Aufrißebene normal ist, fällt S'' mit T'' und S''_u mit T''_u zusammen, woraus sich im Aufrisse zwei Doppelpunkte auf z'' ergeben.

2. Der Schlagschatten der Ringfläche auf eine zur Drehachse normale Ebene kann erhalten werden, indem man zuerst den Schlagschatten der Kugel $[O, r]$ auf diese Ebene sucht. Der Schlagschatten des Punktes K der Lichtgrenze der Kugel ist ein Punkt K_1 der Schlagschattenellipse. Die Tangente k_1 der Ellipse für den Punkt K_1 ist die Spur der Tangentialebene des Berührungszylinders, also auch der Kugel für den Punkt K und als solche muß sie normal zur Projektion $O'K'$ des Halbmessers der Kugel sein. Der Schlagschatten der horizontalen Strecke SKT ist eine mit der Projektion $S'K'T'$ gleiche und parallele Strecke $S_1K_1T_1$, liegt also auf der Normalen der Ellipse für den Punkt K_1. Man erhält somit die Punkte S_1, T_1 des Schlagschattens der Ringfläche, indem man auf der Normalen des Punktes K_1 der Schattenellipse die Strecke m nach beiden Seiten hin aufträgt; daher ist die Linie eine Äquidistante. Die Tangenten s_1, t_1 für die Punkte S_1, T_1 der Schattenlinie sind die Spuren der Tangentialebenen der Ringfläche für die Punkte S, T und als solche sind sie parallel zur Tangente k_1 des Punktes K_1 der Schattenellipse; daher heißt diese Linie auch Parallelkurve. Punkte und Normalen der Schlagschattenellipse ergeben sich am einfachsten (I. Bd., § 15, 2) durch die Kreise mit den Halbmessern a, b, $(a+b)$.

Der Schlagschatten der Ringfläche $[O, m, r]$ auf eine zur Drehachse normale Ebene ist die im Abstande m gezeichnete Äquidistante oder Parallelkurve der Ellipse, welche sich als Schlagschatten der Kugel $[O, r]$ auf jene Ebene ergibt.[19]

Die Normalen der Ellipse sind zugleich die Normalen der Parallelkurve; daher sind auch die Krümmungsmittelpunkte der Ellipse zugleich die Krümmungsmittelpunkte der Parallelkurve.

Die Evolute einer Linie ist auch die Evolute einer jeden Parallelkurve dieser Linie.

Dies kann beim Zeichnen der Schlagschattenlinie benützt werden. Insbesondere sind die Krümmungsmittelpunkte für die Scheitel der Ellipse auch die Krümmungsmittelpunkte für die Scheitel H_1, H_{u1}, beziehungsweise U_1 und man kann ziemlich große Bogen dieser Scheitelkreise beim Ausziehen der Schattenlinie verwenden.

Die Schlagschattenlinie besteht aus zwei getrennten Ästen. Der äußere Ast ist der Schatten der Wulst und hat eine ellipsenartige Form; der innere Ast ist der Schatten der Kehle der Ringfläche und kann verschiedene Formen aufweisen. Im vorliegenden Beispiele gibt es zwei Lichtstrahlen, welche die Ringfläche (Kehle) in zwei Punkten D berühren und daher zu zwei Doppelpunkten D_1 der Schlagschattenlinie führen. Läßt man einen solchen Lichtstrahl um die z-Achse rotieren, so entsteht ein einschaliges Drehhyperboloid, welches die Ringfläche längs zweier Parallelkreise berührt. Benützt man die Ebene $[lz]$ als neue Projektionsebene, so ergibt das Hyperboloid eine Meridianhyperbel, welche l^0 als eine Asymptote und den Meridiankreis d^0 als einen doppelt berührenden Kreis besitzt. Ein Blick auf die Figur 92 des I. Bd. zeigt, daß die zugehörige Berührungsehne durch den Fußpunkt B der aus dem Mittelpunkte des Kreises d^0 auf l^0 gefällten Normalen geht. Die so gefundenen Berührungspunkte C^0 von d^0 liefern die neue Projektion der beiden Parallelkreise, nach welchen das Hyperboloid die Ringfläche berührt. Die neue Projektion des Parallelkreises schneidet dann l^0 (die Projektion der zur neuen Projektionsebene parallelen Erzeugenden des Hyperboloides) in D^0, woraus man die Grundrisse D' der verlangten Berührungspunkte finden kann. Ihre Schlagschatten D_1 sind zwei Doppelpunkte der Schlagschattenlinie. Im vorliegenden Beispiele gibt es auch vier Lichtstrahlen, welche Haupttangenten der Kehlfläche, also Tangenten für vier Punkte R der Lichtgrenze sind und zu vier Rückkehrpunkten R_1 der Schlagschattenlinie führen (I. Bd., § 27, 4). Betrachtet man die Figur 98 und nennt man σ den Winkel, welchen die Haupttangente $s = TJ$ mit der Hyperbelachse TB bildet, ferner φ den Winkel, welchen der Radius MT mit der Grundebene (oder der Sehstrahl mit der Tangente des Meridiankreises) bildet, so ist

$$\cos\sigma = \frac{\sqrt{r r_0}}{\sqrt{r r_0 + r^2}} = \sqrt{\frac{r_0}{r_0 + r}},$$

$$\cos\sigma^2 = \frac{r_0 \cos\varphi}{m}.$$

Ist ε der Einfallswinkel der Haupttangente gegen die Grundebene, so folgt aus dem rechtwinkligen Dreikante:

$$\cos\varepsilon = \cos\varphi \cdot \cos\sigma .$$

Wenn man den Radius des Meridiankreises nun wieder mit r bezeichnet, so erhält man zur Bestimmung des Einfallswinkels ε der Haupttangente gegen die Grundebene die Gleichung:

$$\cos\varepsilon^2 = \frac{r}{m}\cos\varphi^3 .$$

Umgekehrt hat man zur Bestimmung des Winkels φ, bei welchem ε einen bestimmten Wert hat, die Beziehung:

$$(r\cos\varphi)^3 = (r\cos\varepsilon)^2 \cdot m .$$

Setzt man $r\cos\varphi = p, \quad r\cos\varepsilon = a, \quad m = b,$

so wird $$p^3 = a^2 \cdot b .$$

Die Bestimmung der Haupttangenten, welche einen gegebenen Einfallswinkel ε gegen die Parallelkreisebenen haben, führt also auf die Delische Aufgabe (§ 32, 2). Hat man hiernach $p = r\cos\varphi$ und φ selbst konstruiert, so hat man damit die Parallelkreise gefunden, auf welchen die Punkte R liegen. Die Punkte R_1 müssen auf der Evolute der Ellipse liegen (I. Bd., § 26, 3) und zwar dort, wo der Krümmungsradius gleich m ist. Der Bogen RD des oberen Teiles der Lichtgrenze ergibt auch einen Schlagschatten auf die Fläche selbst, welcher von R bis zum unteren Punkte D reicht und so wie in einem früheren Beispiele (§ 34, 3) konstruiert wird.

3. Bei einer gegebenen Lichtstrahlrichtung (Einfallswinkel ε) ist für die Schlagschattenellipse (I. Bd., § 22, 2):

$$a = \frac{r}{\cos\varepsilon}, \quad b = r ;$$

$$k_A = r\cos\varepsilon, \quad k_B = \frac{r}{\cos\varepsilon^2}, \quad \sqrt{k_A \cdot k_B} = \frac{r}{\sqrt{\cos\varepsilon}} .$$

Der innere Ast der Schlagschattenlinie der Ringfläche nimmt verschiedene Formen an, wenn m einen der Werte

$$0, \quad r\cos\varepsilon, \quad r, \quad \frac{r}{\sqrt{\cos\varepsilon}}, \quad \frac{r}{\cos\varepsilon}, \quad \frac{r}{\cos\varepsilon^2}, \quad \infty$$

annimmt oder zwischen zwei benachbarten dieser Größen liegt. Ist die Ringfläche $[O, m, r]$ gegeben, so treten die verschiedenen Formen der Schlagschattenlinie auf, wenn der Einfallswinkel ε der Lichtstrahlen so gewählt wird, daß $\cos\varepsilon$ einen der Werte

$$0, \quad \frac{r^2}{m^2}, \quad \frac{r}{m}, \quad \sqrt{\frac{r}{m}}, \quad 1 \quad \text{bei } m > r,$$

bzw.

$$0, \quad \frac{m}{r}, \quad 1 \quad \text{bei } m < r$$

annimmt oder zwischen zwei benachbarten dieser Werte liegt. Sind die Lichtstrahlen zur Aufrißebene parallel, so ergeben sich im ersteren Falle (Fig. 105) die Übergangslagen des Lichtstrahles durch eine einfache Konstruktion, dann durch die innere gemeinsame Tangente der beiden Meridiankreise und durch die Asymptote der Meridianhyperbel des längs des Kehlkreises oskulierenden einschaligen Drehhyperboloides. Ist nun $\cos\varepsilon < r/m$, so zeigt der innere Ast der Schlagschattenlinie (Fig. 105a) zwei Doppeltangenten d_1. Sie sind die Grundspuren jener zwei Tangentialebenen des Kegels der doppelt berührenden Ebenen, welche durch den Lichtstrahl des Punktes O gehen*). Die Berührungspunkte ergeben sich aus dem Parallelkreise des Punktes B, für welchen $\cos\varphi = r/m$ ist. Sie liegen auf der Evolute, wenn $\cos\varepsilon = r^2/m^2$ ist (I. Bd., § 17, 3), sind also in diesem Falle die Rückkehrpunkte, und die Doppeltangenten sind zugleich Rückkehrtangenten.

Ist $\cos\varepsilon = r/m$, so ergibt sich (Fig. 105b) ein Selbstberührungspunkt B_1, welcher durch Vereinigung der

---

*) Die Schlagschattenlinie ist eine Kurve vierter Klasse mit zwei Doppeltangenten: sie ist achter Ordnung, hat acht Doppelpunkte (von denen zwei reell sein können) und zwölf Rückkehrpunkte (von denen vier reell sein können). Sie wird auch Toroide genannt.[19]

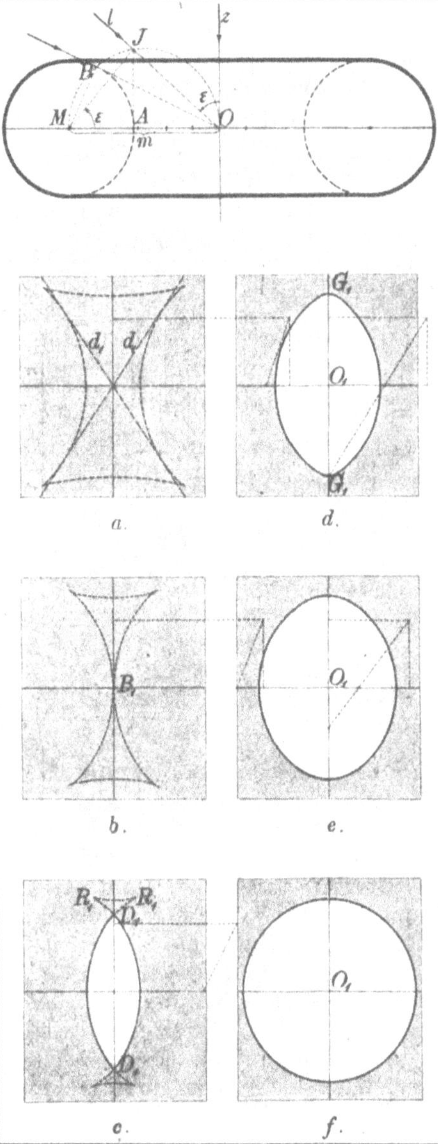

Fig. 105.

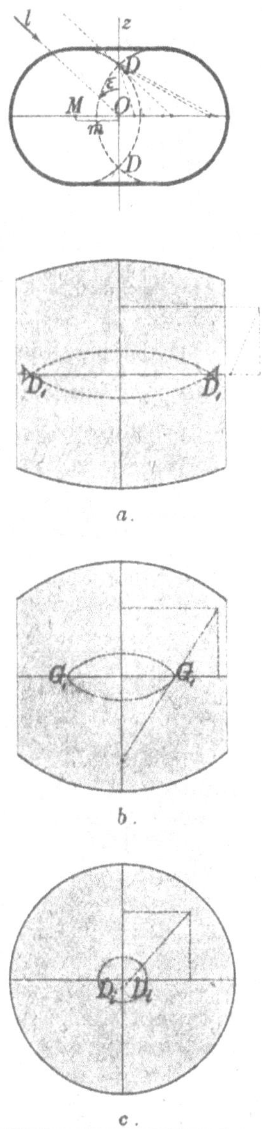

Fig. 106.

beiden Doppelpunkte D_1 und der beiden Doppeltangenten d_1 entsteht (I. Bd., § 26, 2).

Ist $r/m < \cos\varepsilon < \sqrt{r/m}$, so sind (Fig. 105c) die Doppelpunkte D_1 reell und getrennt, die Doppeltangenten jedoch imaginär. Für $\cos\varepsilon = \sqrt{r/m}$ vereinigen sich (Fig. 105d) zwei Rückkehrpunkte R_1 mit einem Doppelpunkte D_1 zu einer höheren Singularität, welche als Gipfelpunkt G_1 bezeichnet werden möge. Sie ist zur Flachtangente dual. Für $\sqrt{r/m} < \cos\varepsilon < 1$ wird auch der innere Ast der Schlagschattenlinie (Fig. 105e) ellipsenartig und geht im Grenzfalle (Fig. 105f) in einen Kreis über.

Wenn $m < r$ ist (Fig. 106), so ist die Übergangslage des Lichtstrahles durch die Tangente des Meridiankreises im konischen Punkte D angegeben. Je nachdem dann $\cos\varepsilon \lesseqgtr m/r$ ist, werden die Schlagschatten der beiden konischen Punkte D eigentliche Doppelpunkte D_1, Gipfelpunkte G_1, bzw. isolierte Doppelpunkte D_i.

Übungsaufgabe: Für eine Drehfläche, deren Hauptmeridian eine nach oben geöffnete Parabel mit zu z paralleler Achse ist, soll Lichtgrenze und Schlagschatten gefunden werden, indem man sie als Hüllfläche von Drehparaboloiden auffaßt.

§ 37. Umriß der Ringfläche bei orthogonal axonometrischer Abbildung.

1. Der scheinbare Umriß einer Drehfläche für axonometrische Abbildung ist zu suchen (Fig. 107a). Setzt man voraus, daß die Achse der Drehfläche mit der z-Achse des Koordinatensystemes zusammenfällt (oder zu ihr parallel ist), so ist die Drehung des Koordinatensystemes für die Abbildung der Fläche ohne Einfluß und man kann die xz-Ebene als zur Bildebene normal annehmen. Auf dieser Kreuzrißebene wird die Fläche zunächst abgebildet. Ein zur Bildebene normaler Sehstrahl erscheint in diesem Kreuzrisse als Horizontale v^0. Für diese Sehstrahlrichtung ist nun die Berührungslinie des umschriebenen Zylinders zu konstruieren. Verwendet man hierfür das Kugelverfahren und wählt man den Parallelkreis, der von einem Punkte P^0 des Meridianes beschrieben wird,

dann liegt der Mittelpunkt N^0 der Kugel, welche die Fläche längs dieses Parallelkreises berührt, im Schnittpunkte der Normalen des Meridianes mit z^0. Der wahre Umriß der Kugel für die Strahlrichtung v erscheint im Kreuzrisse als vertikale Gerade durch den Punkt N^0, während der Parallelkreis als Normale aus P^0 auf z^0 erscheint. Der Schnittpunkt S^0 dieser beiden Geraden ist der Kreuzriß der beiden Schnittpunkte S_I und S_{II} des Umrißkreises und Parallelkreises. Die Punkte S_I und S_{II} gehören dem wahren Umrisse der Drehfläche an. Aus dem Punkte N^0 ergibt sich das axonometrische Bild N_a des Kugelmittelpunktes durch einen horizontalen Ordner. Der Umrißkreis der Kugel hat als axonometrisches Bild den Kreis $[N_a, N^0 P^0]$. Dieser Kreis wird von dem horizontalen Ordner des Punktes S^0 in zwei Punkten S_{Ia}, S_{IIa} des scheinbaren Umrisses der Drehfläche geschnitten.

Die Tangentialebene der Kugel für den Punkt S_{II} ist zugleich Tangentialebene der Drehfläche sowie des Berührungszylinders für diesen Punkt; sie ist zur Bildebene normal. Ihre Spur geht durch S_{IIa}, ist zum Radius $N_a S_{IIa}$ senkrecht und ist dann die Tangente s_a des scheinbaren Umrisses für S_{IIa}. Das Bild des Umrißkreises ist also ein doppelt berührender Kreis des scheinbaren Umrisses der Drehfläche. Die Gerade s_a muß auch durch das axonometrische Bild G_a der Spitze G des längs des Parallelkreises berührenden Kegels gehen.

Zieht man im Kreuzrisse eine Tangente an den Meridian, welche zu v^0 parallel ist, so ist der Berührungspunkt H^0 schon ein Punkt des Kreuzrisses der Berührungslinie. Hier rücken die beiden sonst getrennten Punkte S_I und S_{II} unendlich nahe zusammen; in H_a rücken die Punkte S_{Ia} und S_{IIa} zusammen. Der Punkt H_a ist ein Scheitel des scheinbaren Umrisses und der zugehörige Umrißkreis ist der Krümmungskreis für den Scheitel. Rückt der Kugelmittelpunkt noch weiter auf z^0 hinaus, so ergeben sich im Kreuzrisse reelle Punkte S^0, welche außerhalb des Umrißkreises liegen und reelle Kreuzrisse von je zwei konjugiert imaginären Punkten des wahren Umrisses sind. Der Kreuzriß der Berührungslinie setzt sich also bei H^0 über den Umriß hinaus fort als reelle Projektion eines imaginären Teiles der Berührungslinie.

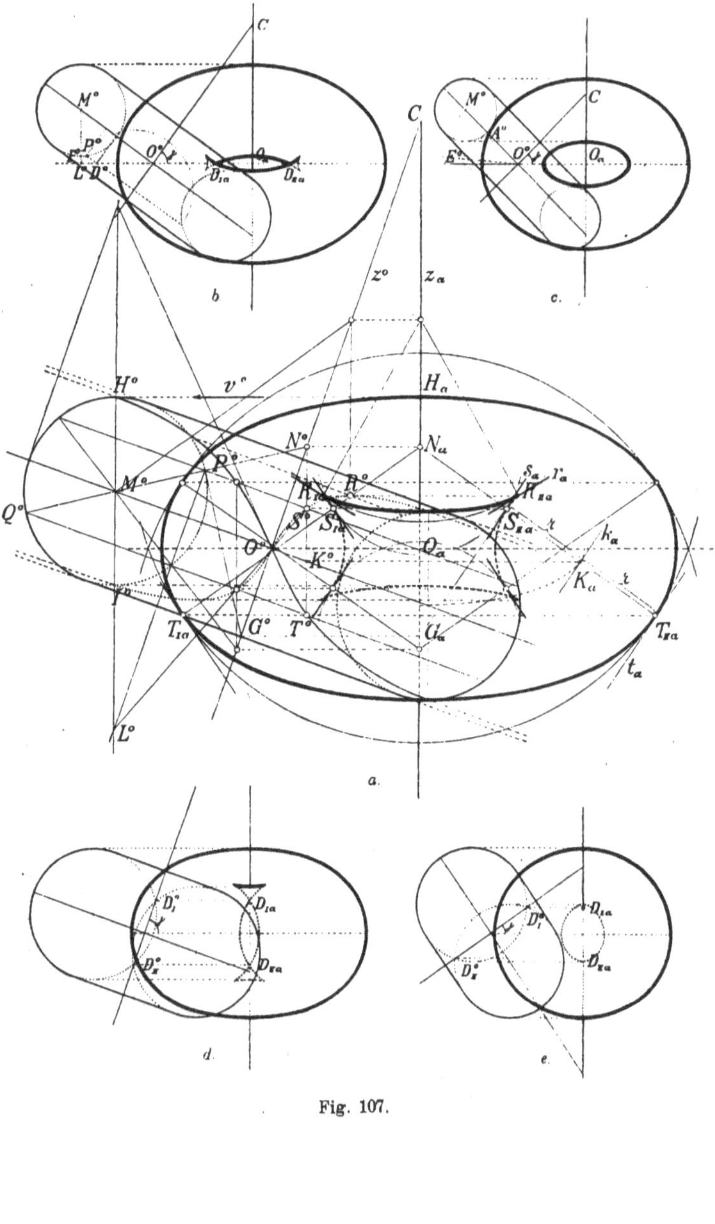
C
M°
P°
O°
t
O_a
E°
L
D°
D_Ia
D_IIa
b
C
M°
C
A°
E°
O°
O_a
c.
z°
z_a
H°
v°
H_a
N°
N_a
P°
R°
S_a
r_a
M°
R_Ia
R_IIa
Q°
S°
S_Ia
S_IIa
k_a
O°
O_a
K°
K_a
T_Ia
G°
T°
G_a
T_IIa
t_a
L°
a.
D_I°
D_Ia
D_II°
D_IIa
d.
D_I°
D_Ia
D_II°
D_IIa
e.

Fig. 107.

Zieht man im Kreuzrisse jene Tangente an den Meridian, welche zu z^0 normal ist, so rückt der Kugelmittelpunkt für den betreffenden Parallelkreis ins Unendliche. Auch der zugehörige Punkt S^0 liegt dann auf jener Tangente unendlich fern und der Kreuzriß der Berührungslinie nähert sich asymptotisch dieser Tangente.

Kann man an den Kreuzriß der Berührungslinie eine reelle Tangente ziehen, welche zu v^0 parallel ist, so ist der Berührungspunkt R^0 der Kreuzriß eines Punktes R, für welchen die Tangente der Berührungslinie zu den Sehstrahlen parallel ist. Aus diesem Punkte R ergibt sich als axonometrisches Bild ein Rückkehrpunkt R_a für den scheinbaren Umriß der Drehfläche.

2. Berücksichtigt man nun, daß in dem vorliegenden Beispiele insbesondere eine Ringfläche angenommen wurde, so kommen noch weitere Erwägungen hinzu. Der Punkt N^0 ist hier auch Mittelpunkt einer zweiten Kugel, welche die Fläche längs eines Parallelkreises berührt, der von dem zu P^0 diametralen Punkte Q^0 des Meridiankreises beschrieben wird. Der Kreuzriß des Umrißkreises ist für beide Kugeln dieselbe Vertikale und ergibt auf dem Kreuzrisse des zweiten Parallelkreises noch einen Punkt T^0. Für den kleinsten und größten Parallelkreis rücken die beiden Punkte S^0 und T^0 zusammen und bilden in O^0 einen Doppelpunkt*).

*) Die Gerade S^0T^0 schneidet O^0M^0 in einem Punkte K^0. Die Normale von P^0 auf O^0M^0 schneidet den vertikalen Durchmesser H^0I^0 des Meridiankreises in einem Punkte L^0. Bezeichnet man den Einfallswinkel der z-Achse gegen die Bildebene mit γ und den Winkel $O^0M^0P^0$ mit φ, so ist

$$O^0K^0 = m \operatorname{tg} \varphi \operatorname{cotg} \gamma \qquad O^0M^0 = m$$

$$K^0S^0 = r\frac{\sin\varphi}{\sin\gamma} \qquad L^0M^0 = r\frac{\cos\varphi}{\cos\gamma};$$

daher $O^0K^0 : K^0S^0 = O^0M^0 : L^0M^0$.

Ferner ist $\sphericalangle O^0K^0S^0 = \sphericalangle O^0M^0L^0 = \gamma$;

also $\triangle O^0K^0S^0 \sim \triangle O^0M^0L^0$

und deshalb $\sphericalangle L^0O^0M^0 = \sphericalangle S^0O^0K^0$.

Es liegen also die drei Punkte S^0, O^0, L^0 auf einer Geraden. Für den größten und kleinsten Parallelkreis ergibt diese Gerade O^0L^0 die beiden Tangenten für den Wendedoppelpunkt O^0. Der Kreuzriß der Berührungslinie ist eine Linie 4. Ordnung mit drei Doppelpunkten.

Die Umrißlinie kann wieder verschiedene Formen aufweisen, je nach der Größe des Einfallswinkels γ der Drehachse z gegen die Bildebene. Ist zunächst $m > r$ und $\cos\gamma < r/m$, so besitzt der innere Ast der Umrißlinie (Fig. 107a) zwei reelle Doppeltangenten, deren Berührungspunkte sich auf dem Parallelkreise des Punktes B ergeben, für welchen $\cos\varphi = r/m$ ist. Die Punkte R, welche die Rückkehrpunkte R_a der Umrißlinie liefern, liegen auf den beiden Parallelkreisen, für welche (§ 36, 2)

$$(r\cos\varphi)^3 = (r\cos\gamma)^2 \cdot m$$

ist. Setzt man hierin $\cos\varphi = r/m$, so ergibt sich, daß für $\cos\gamma = r^2/m^2$ die Doppeltangenten zugleich Rückkehrtangenten sind.

Für $\cos\gamma = r/m$ liegt der Punkt I^0 auf der Horizontalen des Punktes O^0 und es ergibt sich ein Selbstberührungspunkt.

Ist $r/m < \cos\gamma < \sqrt{r/m}$, so liegt der Punkt I^0 höher als die Horizontale des Punktes O^0 (Fig. 107b) und es ergeben sich zwei reelle Doppelpunkte D_{Ia}, D_{IIa}. Für den zugehörigen Punkt D^0 ist $O^0 D^0$ horizontal und schneidet $M^0 I^0$ in L^0. Zieht man durch L^0 die Parallele zu z^0, so ergibt sich jener Punkt P^0 des Meridianes, der den Parallelkreis beschreibt, auf welchem die Punkte D liegen; dabei ist $r\cos\varphi = m\cos\gamma^2$. Für $\cos\gamma = \sqrt{r/m}$ ergeben sich wieder zwei Gipfelpunkte G_a; für $\sqrt{r/m} < \cos\gamma < 1$ wird auch der innere Ast der Umrißlinie (Fig. 107c) ellipsenartig.

Wenn $m = r$ ist, so kommt nur die Form mit dem Selbstberührungspunkte zustande.

Wenn $m < r$, so sind die axonometrischen Bilder D_{Ia}, D_{IIa} der beiden konischen Punkte D_I, D_{II} eigentliche Doppelpunkte (Fig. 107d), Gipfelpunkte, bzw. isolierte Doppelpunkte (Fig. 107e) der Umrißlinie, je nachdem

$$\cos\gamma \lesseqgtr \frac{m}{r}$$

ist. Innerhalb des viereckigen Teiles der Umrißlinie (a) beziehungsweise innerhalb der beiden dreieckigen Teile (b) für $m > r$ liegen Punkte, welche Projektion von vier reellen Flächenpunkten sind. Beim Überschreiten einer Seite wird ein Paar dieser Punkte konjugiert imaginär und beim Überschreiten des übrigen Teiles des scheinbaren Umrisses wird auch das zweite Paar imaginär.

3. Eine Rohrfläche wird von der bewegten Kugel $[K, r]$ längs des Großkreises berührt, dessen Ebene zur Tangente der Mittelpunktslinie im Punkte K senkrecht ist (Fig. 108). Der wahre Umriß einer solchen Kugel für Orthogonalprojektion ist aber der Großkreis, dessen Ebene zur Bildebene parallel ist. Der gemeinsame Durchmesser ST der beiden Großkreise ist die Spur der Ebene des Berührungskreises auf der Ebene des Umrißkreises und daher senkrecht zur Orthogonalprojektion k' der Tangente der Mittelpunktslinie. Seine Projektion $S'T'$ liegt also auf der Normalen des Punktes K' der Projektion der Mittelpunktslinie. Die Berührungsebenen für die Endpunkte S, T des Durchmessers der Kugel sind zur Bildebene normal und sind auch Berührungsebenen der Rohrfläche; daher sind S', T' Punkte und die Spuren s_1, t_1 (parallel zu k') Tangenten des scheinbaren Umrisses der Rohrfläche.

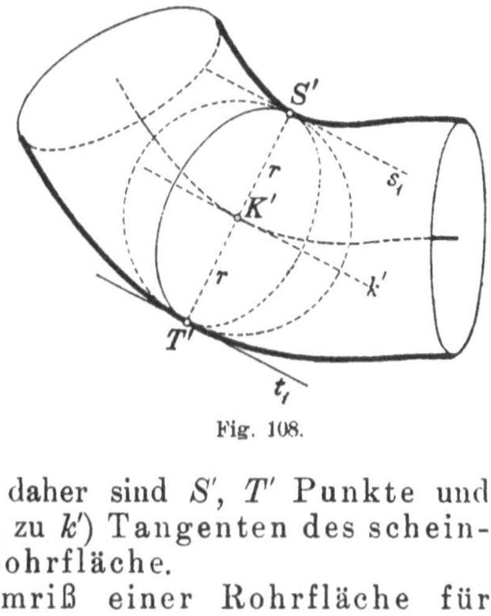

Fig. 108.

Der scheinbare Umriß einer Rohrfläche für Orthogonalprojektion ist **die Parallelkurve** der Projektion der Mittelpunktslinie im Abstande r.

Wendet man das auf das vorangehende Beispiel der Ringfläche an, so sucht man (Fig. 107a) das axonometrische Bild des Mittelpunktskreises $[O, m]$. Zieht man dann in einem Punkte K_a dieser Ellipse die Normale und trägt man die Strecke r nach beiden Seiten hin auf, so erhält man zwei Punkte S_a, T_a des scheinbaren Umrisses der Ringfläche. Senkrecht zur gezogenen Normalen sind die Tangenten s_a, t_a. Hiernach ergeben sich ebenfalls die schon erwähnten Formen der Umrißlinie.

§ 38. Andere Beispiele von Rohrflächen.

1. Zwei Drehzylinder, deren Achsen sich normal schneiden, ergeben als Schnittlinie eine Raumkurve vierter Ordnung (I. Bd., § 31, 1). Bei Maschinenteilen läßt man häufig solche Schnittlinien nicht zustande kommen, sondern sie werden durch Abrundungen ersetzt. Diese Abrundung kann man sich dadurch entstanden denken, daß eine Kugel mit dem Radius r, beide Zylinder stets berührend, sich bewegt. Ein Teil der hierbei auftretenden Rohrfläche bildet dann die Abrundung (Fig. 109). In der Ebene der Achsen der Zylinder liegen vier Kreise $[M, r]$, welche die Umrißerzeugenden der Zylinder in den Punkten K und L berühren. Haben die beiden Zylinder die Halbmesser r_I und r_{II}, so ist die Raumkurve vierter Ordnung, welche sich als Schnittlinie von zwei Zylindern mit den Halbmessern $(r_I + r)$ und $(r_{II} + r)$ ergibt, die Mittelpunktslinie m der betrachteten Rohrfläche. Der Aufriß von m ist eine gleichseitige Hyperbel m''; Grund- und Kreuzriß sind Kreise. Der scheinbare Umriß der Rohrfläche für den Aufriß wäre die im Abstande r gezeichnete Parallelkurve der gleichseitigen Hyperbel; er kommt aber hier nicht zur Geltung. Zum scheinbaren Umrisse gehören noch die vier Kreise $[M, r]$, welche auf der Ebene der beiden Achsen liegen; es kommen aber nur Viertelkreise zur Geltung.

Die Rohrfläche berührt jeden der beiden Zylinder längs einer Linie. Diese Linien, welche die Abrundung begrenzen, sollen nun untersucht werden. Denkt man sich für jeden Punkt T der Linie m den Zylinderradius $N_I T$ und teilt man ihn im Verhältnisse $r_I : (r_I + r)$, so ergibt sich ein Punkt P der Berührungslinie. Teilt man daher den Aufriß $N_I'' T''$ des Halbmessers in diesem Verhältnisse, so erhält man aus T'' den Aufriß P''. Der Aufriß der Berührungslinie ist daher mit der gleichseitigen Hyperbel m'' orthogonal perspektiv affin, wobei die Gerade z'' die Affinitätsachse und $\delta_I = \dfrac{r_I}{r_I + r}$ die Charakteristik ist. Die Gerade $T'' M''$ schneidet die Affinitätsachse in einem Punkte, welcher mit K'' verbunden den Punkt P'' ergibt, und aus der Tangente für T'' erhält man jene für P''. Durch die Affinität geht die gleichseitige Hyperbel m'' wieder in eine Hyperbel über, welche

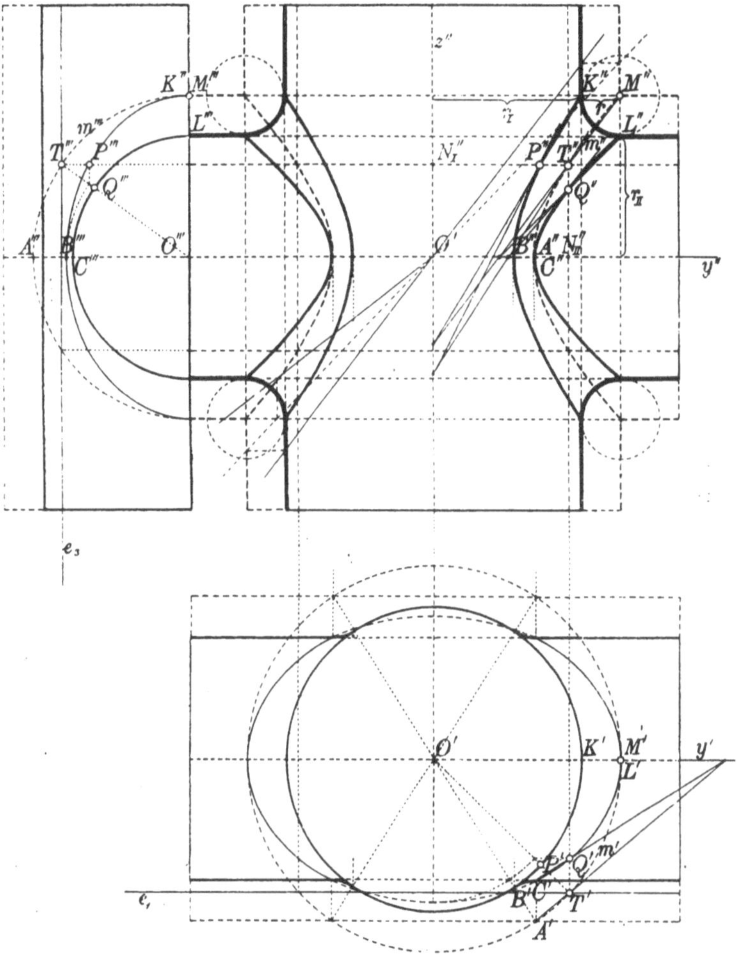

Fig. 109.

den Punkt B'' als Scheitel besitzt, der sich auch aus dem Grundrisse B' ergibt. Die Asymptote der Hyperbel erhält man aus jener der gleichseitigen Hyperbel, indem man zum

Schnittpunkte der letzteren mit $L''M''$ den entsprechenden Punkt auf der Umrißerzeugenden sucht. Die Berührungslinie selbst ist die Schnittlinie des Drehzylinders $[z, r_I]$ mit dem hyperbolischen Sehstrahlenzylinder; die Berührungslinie ist also wieder eine Raumkurve vierter Ordnung. Der Kreuzriß der Berührungslinie ist eine Ellipse mit den Scheiteln K''' und B''' (mit dem Kreise m''' orth. persp. affin).

Teilt man den Zylinderradius $N_{II}T$ im Verhältnisse $r_{II}:(r_{II}+r)$, so erhält man den Punkt Q der Berührungslinie der Rohrfläche mit dem zweiten Zylinder. Teilt man daher den Aufriß $N''_{II}T''$ des Halbmessers in diesem Verhältnisse, so erhält man aus T'' den Aufriß Q'' des Punktes der Berührungslinie. Der Aufriß dieser Berührungslinie ist also wieder mit der gleichseitigen Hyperbel m'' orthogonal perspektiv affin, wobei jetzt y'' die Affinitätsachse und $\delta_{II}=\frac{r_{II}}{r_{II}+r}$ die Charakteristik ist. Sucht man den Schnittpunkt von $T''M''$ mit y'' und verbindet ihn mit L'', so erhält man Q''. Ebenso erhält man aus der Tangente für T'' jene für Q''. Durch die Affinität geht jetzt m'' in eine Hyperbel über, welche den Scheitel C'' besitzt, der mit A'' zusammenfällt. Der Punkt Q' ergibt sich aus T' durch die Affinität, welche y' als Achse und A', C' als entsprechende Punkte besitzt. Der Grundriß der Berührungslinie ist eine Ellipse, welche mit dem Kreise m' affin ist, also L' als Scheitel der großen Achse hat. Die kleine Achse ergibt sich durch den Schnittpunkt von $O'A'$ mit dem durch C' gehenden zweiten Affinitätstrahl, der mit dem Grundrisse der Umrißerzeugenden zusammenfällt. Die Berührungslinie selbst ist wieder eine Raumkurve vierter Ordnung. Die über die scheinbaren Umrisse hinausgehenden Teile der Projektionen rühren von imaginären Teilen der Raumkurven her. Der zwischen B' und C' liegende Bogen des Umrißkreises mit dem Mittelpunkte A' kommt als scheinbarer Umriß der Rohrfläche für den Grundriß zur Geltung.

2. Haben die beiden Zylinder gleichen Radius r_I, so besteht die Schnittlinie der Zylinder mit dem Radius (r_I+r) aus zwei gleichseitigen Ellipsen. Diese bilden nun

die Mittelpunktslinie m. Die betrachtete Rohrfläche zerfällt also in zwei elliptische Ringflächen (Fig. 110). Der Aufriß m'' ist ein Geradenpaar, das durch Affinität in zwei Geradenpaare übergeht, welche den Aufriß der Berührungslinien der Ringflächen mit den Zylindern bilden. Die Berührungslinien selbst sind daher zwei Paare von Ellipsen mit den Scheiteln B bzw. K und L. Der Grundriß des einen Paares ist der Kreis mit dem Radius r_I und jener des anderen Paares eine Ellipse mit den Achsen $(r_I + r)$ und r_I.[20]

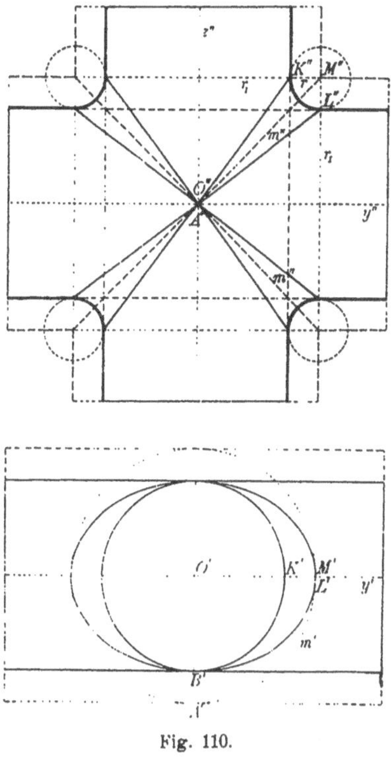

Fig. 110.

3. Beschreibt der Mittelpunkt einer Kugel $[M, s]$ eine Schraubenlinie $[z, p, r]$, so entsteht eine Schraubenrohrfläche (Schlangenrohr für Heiz- und Kühlanlagen).

Der scheinbare Umriß für den Grundriß der Fläche (Fig. 111) wird von den konzentrischen Kreisen mit den Halbmessern $(r \pm s)$ gebildet. Der zugehörige wahre Umriß besteht aus zwei Schraubenlinien mit der Ganghöhe $2h$. Der scheinbare Umriß für den Aufriß der Fläche ist die Parallelkurve des Aufrisses m'' der Mittelpunktschraubenlinie. Man hat also in den einzelnen Punkten M'' von m'' die Normalen zu ziehen, nämlich senkrecht zum Aufrisse o'' jener Erzeugenden des Richtkegels, welche zur Tangente des Punktes M der Schraubenlinie parallel ist. Dann ist die Strecke s nach beiden Seiten hin aufzutragen, wodurch man die Punkte S'', T'' erhält. Die zugehörigen Tangenten sind zu o'' parallel. Die Normale für A'' ist eine Asymptote der Evolute der Sinuslinie (I. Bd., § 24, 2 und § 29, 1); der zugehörige Krümmungsradius ist unendlich groß. Aus A'' ergeben sich daher zwei Wendepunkte der Umrißlinie. Der Krümmungsradius k_B für den Scheitel B'' von m'' ergibt sich, indem man bei R'' eine Senkrechte zur Umrißerzeugenden des Richtkegels zieht (I. Bd., § 29, Aufgabe 7), und er ist also $k_B = p^2/r$. Der zugehörige Krümmungsmittelpunkt K gilt auch für die beiden Punkte der Umrißlinie, welche aus B'' hervorgehen. Wenn $s > k_B$, so zeigt die Umrißlinie u'' Rückkehrpunkte P'' (auf der Evolute) und Doppelpunkte (auf den Horizontalen durch die Scheitel B''). Für $s = k_B$ vereinigen sich zwei Rückkehrpunkte mit einem Doppelpunkte zu einem Gipfelpunkte und für $s < k_B$ verschwinden diese Singularitäten. Der Grundriß u' der Umrißlinie ergibt sich aus dem Aufrisse, indem die Punkte S', T' auf Horizontalen durch M' liegen. Die Linie u' (8. Ordnung) zeigt im vorliegenden Falle zwei Doppeltangenten, welche die Grundrisse von Sehstrahlen sind, die den wahren Umriß u in den Punkten P berühren.

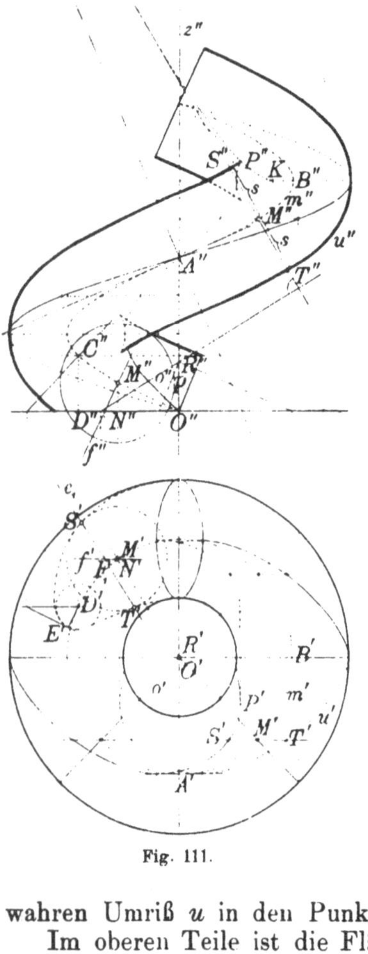

Fig. 111.

Im oberen Teile ist die Fläche durch einen Randkreis begrenzt, der im Grundrisse als Ellipse erscheint. Im unteren Teile ist auch die Schnittlinie mit der Grundebene gesucht.[10] Jede Kugel $[M, s]$ ergibt mit der Grundebene einen Schnittkreis $[N, q]$, welcher im Aufrisse als Sehne des Umrißkreises auf der Bildachse erscheint, woraus man den Grundriß findet. Die Charakteristik der Berührungskugel trifft den Schnittkreis in zwei Punkten S, T der verlangten Schnittlinie. Um sie zu erhalten, legt man den frontalen Durchmesser f der Charakteristik und durch ihre Grundspur F_1 die Grundspur e_1 der Ebene der Charakteristik parallel zu $O'N'$. Die Spur e_1 ergibt auf dem Schnittkreise die Punkte S', T'; der Schnittkreis ist ein doppelt berührender Kreis. Die Ebenen der Charakteristiken sind die Schmiegungsebenen der zu m gehörigen Schraubenlinie l der Krümmungsmittelpunkte. Die Spuren e_1 sind daher Tangenten der Evolvente des Grundkreises l' dieser Schraubenlinie. Kommt der Punkt M nach C, also in eine solche Lage über der Grundebene, daß die Höhe CD gleich dem Höhenunterschiede des höchsten oder tiefsten Punktes der Charakteristik über dem Mittelpunkte wird, so vereinigen sich die beiden Punkte S, T bei E auf dem zugehörigen Schnittkreise (mit dem Mittelpunkte D) zu vier benachbarten Punkten, so daß dieser Schnittkreis wieder ein Krümmungskreis und D der Krümmungsmittelpunkt für den Scheitel E ist. Der Abstand der Doppeltangente der Schnittlinie von O' gibt auch den Abstand der Doppelpunkte der Linie u'' von z''; der Abstand der beiden Wendetangenten von O' ist dem Abstand der Rückkehrpunkte der Linie u'' von z'' gleich (beide rühren von horizontalen Haupttangenten der Fläche her).

Der Normalschnitt kann auch Doppelpunkte aufweisen, und zwar auf der Symmetrieachse (die Fläche ist in bezug auf x axial symmetrisch). Die horizontalen Durchmesser der Berührungskreise der Kugeln bilden eine Wendelfläche (§ 41). Durch die Symmetrieachse geht die Ebene ε eines Berührungskreises $[M, s]$. Sie ist für den zugehörigen Punkt M der Mittelpunktschraubenlinie Normalebene; für den Krümmungsmittelpunkt K der Schraubenlinie ist sie aber Berührungsebene der Wendelfläche und schneidet diese in einer Linie q, welche in § 42,1 untersucht wird. Die Linie q besteht zunächst aus einem parabelähnlichen Aste, welcher K als Scheitel hat. Der Kreis $[M, k]$ ist Krümmungskreis für die Schraubenlinie der Krümmungsmittelpunkte K und berührt die Linie q im Scheitel des parabelartigen Astes. Je nachdem für den Berührungskreis $[M, s]$ der Radius $s \lesseqgtr k$ ist, ergibt er mit der Linie q zwei imaginäre, zwei im Scheitel vereinigte oder zwei getrennte reelle Schnittpunkte. Bei Schraubung nach aufwärts, bzw. abwärts vereinigen sich die zwei Schnittpunkte zu einem

Doppelpunkte des Normalschnittes. Aus jedem Doppelpunkte geht eine Doppelschraubenlinie der Rohrfläche hervor.

Die Bahntangenten, welche auf der Ebene ε liegen, bilden eine Parabel, welche M als Brennpunkt und dieselbe Scheiteltangente besitzt wie q. Die zu den Punkten W der beiden nächsten Äste gehörigen Wendetangenten von q sind also senkrecht zu MW. Wenn der Radius $s = MW$ ist, so berührt der Kreis $[M, s]$ die Linie q in den beiden Punkten W. Aus diesen Punkten W geht dann ein Selbstberührungspunkt des Normalschnittes hervor. Wird $s > MW$, so schneidet der Kreis die beiden Äste in je zwei Punkten, aus welchen wieder zwei Doppelpunkte des Normalschnittes entstehen usw.

Wenn $s > k$ ist, schneidet der Kreis $[M, s]$ die Scheiteltangente der vorhin erwähnten Parabel. Für diese Punkte ist die Kreistangente zugleich Bahntangente; es gibt also zwei den Kreis berührende Bahnschraubenlinien. Daraus ergeben sich zwei Rückkehrpunkte des Normalschnittes. Aus jedem Rückkehrpunkte geht eine Rückkehrkante der Rohrfläche hervor.

Übungsaufgabe: Die zum Heben von Wasser dienende Archimedische Wasserschraube ist eine materiell ausgeführte, schräg ins Wasser tauchende Schraubenrohrfläche, die sich um ihre Achse dreht. Es soll eine solche Wasserschraube abgebildet werden, wenn die Schraubenachse frontal, aber zur Grundebene unter einem Winkel β geneigt ist. Die Vorrichtung wird erst wirksam, wenn $\beta < \alpha$ ist. Der Wasserspiegel reicht bis zu einer horizontalen Tangentialebene der Fläche. Der zugehörige Berührungspunkt ist ein Punkt der wahren Umrißlinie u und zwar in jenem Teile, der im Aufrisse vom Wendepunkte über Doppel- und Rückkehrpunkt bis zum inneren Scheitel reicht.

§ 39. Umriß einer Drehfläche bei schiefer oder zentraler Projektion.

1. Es sei die z-Achse des Koordinatensystems als Drehachse und ein Halbkreis der yz-Ebene als Hauptmeridian gewählt (Fig. 112). Der Sehstrahl s, welcher durch den vordersten Punkt K des Randkreises geht, sei entsprechend einer Übersicht durch s', s'' gegeben.

Die Berührungslinie eines Zylinders, dessen Erzeugende zu den Sehstrahlen parallel sind, ist der wahre Umriß der Fläche. Der Aufriß dieser Berührungslinie ergibt sich nach dem Kugelverfahren. Längs des Parallelkreises, welchen der Punkt P beschreibt, wird die Fläche von einer Kugel berührt, deren Mittelpunkt N der Schnittpunkt von z mit der Flächennormalen des Punktes P ist. Der wahre Umriß der Kugel ist der Großkreis, dessen

Ebene ε zu den Sehstrahlen normal ist. Die Bildspur e_2 von ε geht durch N und ist normal zu s''. Betrachtet man die Ebene des Parallelkreises als Grundebene, so geht die Grundspur e_1 von ε durch den Schnittpunkt Y von e_2 mit der gewählten Bildachse und ist zu s' normal. Die

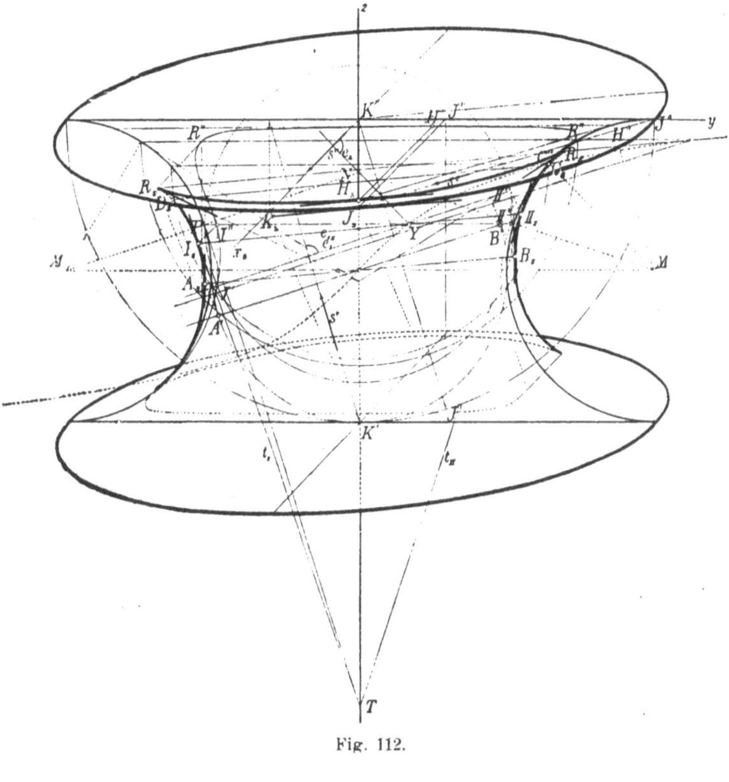

Fig. 112.

Spur e_1 schneidet den Parallelkreis in den Punkten I' und II', aus welchen sich die Punkte I'', II'' ergeben, die dem Aufrisse der Berührungslinie angehören. Der Schnitt des Berührungszylinders mit der Bildebene oder die schiefe Projektion der Berührungslinie ist dann der scheinbare Umriß der Drehfläche. Die Parallele durch I'' zu x_s ist die schiefe Projektion des Abstandes $I'' I$; die Parallele durch I' zu $K_s K'$ ist die schiefe Projektion der Drehsehne des Punktes I. Der Schnittpunkt der beiden Parallelen ist die schiefe Projektion des Punktes I der Berührungslinie, also ein Punkt I_s des scheinbaren Umrisses der Drehfläche. Zieht man im Punkte P des Hauptmeridianes die Tangente, so schneidet sie die Drehachse in einem Punkte T, welcher die Spitze des Drehkegels ist, der die Fläche längs des Parallelkreises berührt. Die Verbindungsgerade t_I von T mit I_s ist die Spur der Tangentialebene des Kegels längs TI, der Drehfläche für den Punkt I und des Berührungszylinders längs I_sI; daher ist t_I die Tangente des scheinbaren Umrisses für den Punkt I_s. Die Tangente t_I muß auch zum Aufrisse NI'' der Flächennormalen des Punktes I senkrecht sein, was benützt werden kann, wenn T außerhalb der Zeichenfläche liegt. Die Projektion des Parallelkreises ist eine doppelt (bei I_s und II_s) berührende Ellipse der Umrißlinie. Da die Sehnen $I\,II$ im Raume zueinander parallel sind, so sind auch ihre schiefen Projektionen zueinander parallel. Man kann daher weitere Punkte wie I_s, II_s auch ohne Aufriß unmittelbar aus dem Grundrisse finden, indem man durch Y gleich die Sehne parallel zu I_sII_s zieht und dann die Drehsehnen parallel zu $K'K_s$. Die Punkte I, II liegen symmetrisch in bezug auf die Meridianebene, welche zu den Sehstrahlen parallel ist. Diese Ebene erscheint aber als Gerade z; daher liegt die Projektion des Halbierungspunktes der Sehne $I\,II$ ebenfalls auf z.

„Der scheinbare Umriß einer Drehfläche für schiefe Projektion ist in bezug auf die Projektion der Drehachse in der Richtung von e_{1s} schief symmetrisch.“

2. Wenn die Spitze T des Berührungskegels ins Unendliche rückt, so vereinigen sich die Punkte N und Y mit dem Mittelpunkte des zugehörigen Parallelkreises, durch welchen man sofort die Sehnen $A'B'$ und A_sB_s ziehen kann. Die Punkte A_s, B_s sind jene Punkte des scheinbaren Umrisses, für welche die Tangente zu z parallel ist. Die Punkte C'' des Hauptmeridianes, für welche die Tangente parallel zu s'' ist, sind zugleich C_s und bilden solche Punkte des scheinbaren Umrisses, für welche die Tangente zu x_s parallel ist. Auf dem Parallelkreise des Punktes C liegt noch ein Punkt D. Zieht man durch K'' eine Parallele zu s', so ergibt sich der

Grundriß J' jenes Punktes J des Randkreises, der auf dem Symmetriemeridiane liegt und daher seine schiefe Projektion J_s auf z hat. Dreht man nun den Sehstrahl um die z-Achse bis zur Vereinigung mit der Ebene des Hauptmeridianes, so kommt der Punkt J nach J^0, während J_s unverändert bleibt. Die Verbindungsgerade von J^0 und J_s ist die gedrehte Lage s^0 des Sehstrahles. Die Punkte H^0 des Hauptmeridianes, für welche die Tangente parallel zu s^0 ist, ergeben im Schnitte der Tangente mit z jene Punkte H_s des scheinbaren Umrisses, welche auf z liegen. Die Punkte H selbst liegen auf dem Symmetriemeridiane und sind jene Punkte des wahren Umrisses, für welche die Tangente horizontal ist. Die Tangente für H_s an die Umrißlinie ist (sowie die Tangente für J_s an die Projektion des Randkreises) zu e_{1s} parallel. Die Projektion des Parallelkreises, auf welchem der Punkt H liegt, berührt die Umrißlinie bei H_s vierpunktig, weil hier die Punkte I_s und II_s mit den zugehörigen Tangenten benachbart sind. Der wahre Umriß enthält Punkte R, für welche die Tangente zu den Sehstrahlen parallel ist (der Sehstrahl ist dann eine Haupttangente der Fläche im Punkte R). Die schiefen Projektionen R_s dieser Punkte sind Rückkehrpunkte des scheinbaren Umrisses. Ist der Aufriß der Berührungslinie hinreichend genau gezeichnet, so liefern die Berührungspunkte R'' (abgesehen von den Punkten C''), für welche die Tangente zu s'' parallel ist, die Parallelkreise, auf welchen je ein Paar von Punkten R liegt. Ist nicht der Aufriß der Berührungslinie, wohl aber die aus den Punkten Y entstehende Bildspur des von den Sehnen $I\,II$ gebildeten Zylinders hinreichend genau gezeichnet, so ergibt der Berührungspunkt einer zu I_sII_s parallelen Tangente (der Umrißerzeugenden dieses Zylinders) ebenfalls einen Parallelkreis, auf welchem ein Paar von Punkten R liegt. Die zugehörigen Rückkehrtangenten ergeben sich wie sonst mit Hilfe des Berührungskegels.

In der Figur ist angedeutet, welche Teile der Umrißlinie unsichtbar sind. Ist statt des höchsten Parallelkreises ein tiefer gelegener als Randkreis gewählt, so können folgende Fälle eintreten: Ein Randkreis in der Höhe von H erscheint als Ellipse, welche die Umrißlinie bei H_s vierpunktig berührt. Liegt der Randkreis zwischen H und R, so ist sein Bild eine Ellipse, welche den oberen Bogen der Umrißlinie in zwei Punkten berührt, zwischen welchen dann die Umrißlinie fehlt. Ein Randkreis in der Höhe von R erscheint als Ellipse, welche den Umriß in den Punkten R_s berührt, so daß der obere Bogen der Umrißlinie ganz fehlt. Ein noch tieferer Randkreis erscheint als Ellipse, welche die seitlichen Bogen der Umrißlinie berührt, wobei auch von diesen die oberen Teile fehlen*).

3. Es soll nun als Beispiel eine toskanische Säule (Fig. 113) in Betracht gezogen werden. Die Säule besteht aus dem Säulenfuß AB, dem Säulenschaft BD und dem Säulenkopf DE. Das Grundmaß der Säule ist der Radius r des unteren zylindrischen Schaftteiles, während die kleineren Abmessungen in Zwölfteln von r angegeben werden.[21] Der Säulenfuß hat die Höhe r und geht durch eine Kehle (Ablauf) in den zylindrischen Teil BC des Säulenschaftes über, welcher eine Höhe von $4r$ hat. Der obere Teil des Säulenschaftes hat die Höhe $8r$. Der Schaftteil CD ist (abgesehen vom oberen Abschlußstücke) von einer Drehfläche begrenzt, deren Meridianlinie eine Konchoide (I. Bd, § 26,1) ist, wobei z die Grundgerade und r die aufzutragende Strecke ist. Die Linie kann in folgender Weise gezeichnet werden. Man zieht durch F eine Parallele zu z. Diese trifft den Kreis $[O, r]$ in einem Punkte G. Nun macht man FJ gleich und parallel mit GO. Die Strecken GH und JO teilt man z. B. in vier gleiche Teile und zieht durch die Teilpunkte von JO die Parallelen zu den Strahlen aus O, auf welche man die Strecke r aufträgt. Wegen der vorkommenden Ähnlichkeit gehen jene Parallelen durch einen Punkt, welcher der Doppelpunkt der Konchoide ist, und zwar ist es hier ein isolierter.

In Figur 114 ist der Säulenfuß in schiefer Projektion mit Übersicht, der Säulenkopf aber in

---

*) Für die Ringfläche insbesondere ist der scheinbare Umriß mit der Toroide affin verwandt (§ 36,3); er ist also auch eine Kurve vierter Klasse mit zwei Doppeltangenten. Der von den Sehnen $I\,II$ gebildete Zylinder ist vierter Ordnung (§ 37,2); daher ist auch die von den Punkten Y gebildete Spur des Zylinders eine Linie vierter Ordnung. In der Figur ist der eine Ast der Linie gezeichnet. Ihre Tangente parallel zu e_{1s} geht durch die beiden Punkte R_s.

Fig. 113.

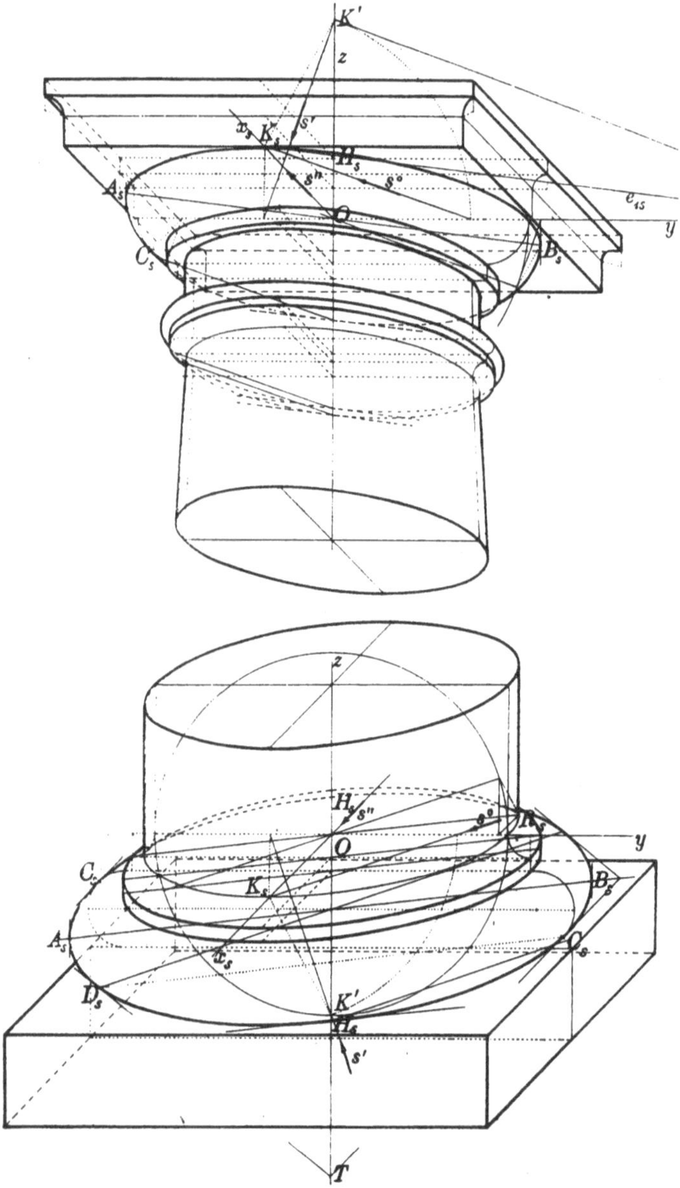
K'
z
x_s
K_s
s'
H_s
s''
s°
A_s
O
e_{15}
y
C_s
B_s
z
H_s
s''
s°
R_s
O
y
C_s
K_s
B_s
A_s
x_s
G_s
D_s
K'
H_s
s'
T

Fig. 114.

analoger Weise mit Untersicht abgebildet. Die scheinbaren Umrisse der vorkommenden Wulst- und Kehlteile ergeben sich wie vorhin. Es sind hauptsächlich die besonderen Punkte aufgesucht: A_s, B_s mit aufrechter Tangente; C_s mit der Tangente parallel zu s''; D_s auf der Geraden, die durch C_s parallel zu A_sB_s geht; H_s auf z und mit Tangente parallel zu A_sB_s. Die Umrißlinie ist in bezug auf z und A_sB_s schief symmetrisch. Die Rückkehrpunkte R_s für den Umriß der Kehle kommen nur wenig bemerkbar zur Geltung, indem sich der Umriß des Zylinders in einen sehr kleinen Bogen bis R_s fortsetzt und dann unsichtbar nach der anderen Seite bis zum zweiten Rückkehrpunkte weitergeht.

4. Um den scheinbaren Umriß einer Drehfläche für Zentralprojektion zu finden, benützt man das Verfahren der zugeordneten Bilder (§ 18 und 19), sucht den Berührungskegel der Fläche aus dem Sehpunkte D (§ 33) und seine Schnittlinie mit der Bildebene δ.

Geschichtliche und literarische Bemerkungen.

[1] Drehflächen waren schon im Altertume bekannt. Archytas von Tarent, ein Freund Platos (etwa 400 v. Chr.), löste die Delische Aufgabe räumlich mit Hilfe von Zylinder, Kegel und Ringfläche. Von seinem Schüler Eudoxus wird gesagt, daß er diese Aufgabe durch eine „Bogenlinie" gelöst habe. Es wurde daher vermutet, daß er die Lösung des Archytas so weit vervollständigte, daß er auf die Kampyla kam, welche die Form eines Bogens hat. Er scheint auch die achterförmige spirische Linie gekannt und Hippopede genannt zu haben, während die anderen Formen von Perseus herrühren dürften. Die Drehflächen zweiten Grades kommen bei Archimedes (287—212 v. Chr.) vor. [§ 30,3, § 32,2]

[2] Wegen des häufigen Vorkommens von Drehflächen bei technischen Körpern bringen alle umfassenden Bücher über darstellende Geometrie eigene Abschnitte über diese Flächen.

[3] Der zweite Beweis dieses Satzes kommt vor bei C. Pelz, Jahresber. d. Landes-Realschule i. Graz (1878) S. 34. [§ 25,1]

[4] Die Übungsaufgabe 1 findet sich schon bei G. Monge, Géom. descr., S. 120 der Übersetzung von R. Haussner. Der letztere zeigt aber in der Anmerkung 16, daß die gesuchte Linie nicht eine Raumkurve, sondern eine Ellipse ist und daß auch die von Monge angegebene Tangentenkonstruktion nicht richtig ist [R. Mehmke, Math. nat. Mitt. Württemberg, 6. Bd. (1903)]. Genauer gesagt: Die Schnittlinie der beiden Drehellipsoide, welche sich in

zwei imaginären Punkten berühren, zerfällt in eine reelle und eine imaginäre Ellipse. [§ 25,3]

[5] Monge-Haussner. S. 116; Ch. Wiener, Zft. f. Math. u. Phys., 12. Bd. (1867), Darst. Geom., 2. Bd., § 239; V. Jarolimek, Zft. f. Realschulwesen, 9. Jg. (1884); H. Drasch, Monatsh. f. Math. u. Phys., 4. Jg. (1893); R. Schüssler, Monatsh. f. Math. u. Phys., 5. Jg. (1894); H. Burmester. Archiv f. Math. u. Phys., 3. R., 19. Bd. (1912). [§ 27,1]

[6] C. Pelz, Sitzgsber. Akad. Wien, 77. Bd. (1878). [§ 28,1]

[7] Johannes Kepler, Stereometria doliorum, Linz (1615). [§ 29,1]

[8] Drehzylinder als Hilfsflächen wurden schon von Frézier benützt. Coupe des pierres I, S. 194 der Ausgabe von 1754. [§ 29,2]

[9] Dies wurde zuerst von J. Plücker hervorgehoben (Journ. f. r. u. a. Math., 4. Bd., 1829; Werke 1. Bd., S. 113). [§ 29,2]

[10] R. Mehmke, Zft. f. Math. u. Ph., 46. Bd. (1901). [§ 30,1] [§ 38,3]

[11] Bobillier, Corresp. math. von Quetelet, 3. Bd. (1827); J. Steiner, Werke, 2. Bd., S. 447. [§ 30,2]

[12] K. Doehlemann, Geom. Transformationen, 2. Bd., S. 55 u. 78. [§ 30,2]

[13] G. Scheffers, Theorie der Flächen (1902), S. 141, 2. Auflage S. 171; P. Stäckel, Zft. f. Math. u. Phys., 51. Bd. (1904), Modell bei Schilling (30. Serie, n⁰. 3.) Bei den Flächen 4. und höherer Ordnung können auch parabolische Flächenpunkte vorkommen. bei welchen die Schnittlinie der Tangentialebene in T_p einen Selbstberührungspunkt besitzt (Peano-Fläche. G. Scheffers. D. G. II, S. 261. [§ 31,1]

[14] J. de la Gournerie, géom. descr., n⁰. 822. [§ 31,3]

[15] Yvon Villarceau, Comptes rendus. S. 246, 27. Bd. (1848): G. Holzmüller, Zft. f. Math. u. Phys., 44. Jg. (1899); K. Röllner, Zft. f. Realschulwesen, 40. Jg. (1915); E. Müller, Archiv f. Math. u. Phys., 3. R., 26. Bd. (1917): K. Kommerell, Arch. f. Math., 28. Bd. (1920). [§ 31,4]

[16] E. Czuber, Monatsh., 3. Jg. (1892). [§ 33,1 ε]

[17] Über Beleuchtungskonstruktionen für Drehflächen enthalten die umfassenden Werke eigene Abschnitte. Außerdem seien genannt: F. Tilscher. Beleuchtungskonstr. (1862); L. Burmester, Beleuchtungskonstr. (1871); J. Pillet, Persp. lin. et ombres usuelles (1885); J. Wildt, Prakt. Beispiele a. d. darst. Geom. (1895). [§§ 33, 34, 35]

[18] Dunesme, Comptes rendus, 38. Bd. (1854) und 45. Bd. (1857); P. Serret, Lignes à double courbure (1860), S. 128; A. Adler, Sitzgsber. Akad. Wien. 110. Bd. (1901); L. Tuschel, Sitzgsber. Akad. Wien, 117. Bd. (1908); G. Loria, Ebene Kurven, 2. Auflage, 1. Bd., S. 146; Wieleitner, Ebene Kurven, S. 104. [§ 36,1]

[19] G. Loria, Enzyklopädie d. math. Wiss., 3. Bd., C5b, S. 598. [§ 36,2,3]

[20] Diese theoretisch und praktisch beachtenswerten Beispiele von Rohrflächen scheinen bisher nicht behandelt worden zu sein. [§ 38,1,2]

[21] Le grand Vignole, Cours classique d'architecture. [§ 39,3]

IV. Abschnitt.

Schraubenflächen und windschiefe Regelflächen.

§ 40. Grundriß und Fluchtfeld bei der Schraubenbewegung.

Es sei wieder (Fig. 115) eine rechtsgängige Schraubung um die z-Achse mit dem Parameter p vorausgesetzt (I. Bd., § 28, 1).

Jeder Punkt T beschreibt eine Schraubenlinie als Bahn. Zu jedem Punkte T gehört eine Bahntangente t (Verbindungsgerade mit der Nachbarlage des Punktes) und eine Bahnschmiegungsebene τ (Verbindungsebene mit der Nachbarlage der Tangente).

Jede Ebene τ umhüllt eine Schraubentorse mit einem Grat. Zur Ebene τ gehört eine Grattangente t (Schnittgerade mit der Nachbarlage der Ebene) und ein Gratpunkt T (Schnittpunkt mit der Nachbarlage der Tangente).

Es ist sofort zu sehen, daß bei Bewegung der Schmiegungsebene τ des Punktes T sich die Bahntangente t als Grattangente und der Bahnpunkt T selbst als Gratpunkt ergibt. Zwischen dem Abstande r von der Achse z und dem Winkel α der Tangente t sowie der Schmiegungsebene τ mit der z-Achse besteht die Beziehung

$$r = p \cdot \operatorname{tg} \alpha.$$

Sucht man die Grundrisse der Punkte T und Tangenten t einer Bahnschraubenlinie, so erhält man die Punkte T' und die zugehörigen gerichteten Tangenten t' des Kreises $[O', r]$. Sucht man für die Spitze R des Richtkegels als Sehpunkt auf der Basisebene des Richtkegels als Bildebene den Fluchtpunkt T_u der Bahntangente t und die Fluchtgerade t_u der Bahnschmiegungsebene τ, so erhält man wieder die Punkte T_u und Tangenten t_u des Kreises $[O', r]$. Der Grundriß jeder Bahnschraubenlinie fällt nämlich immer mit dem Basiskreise des Richtkegels der zugehörigen Schraubentorse zusammen. Durch eine Drehung von $\pi/_2$ in dem der

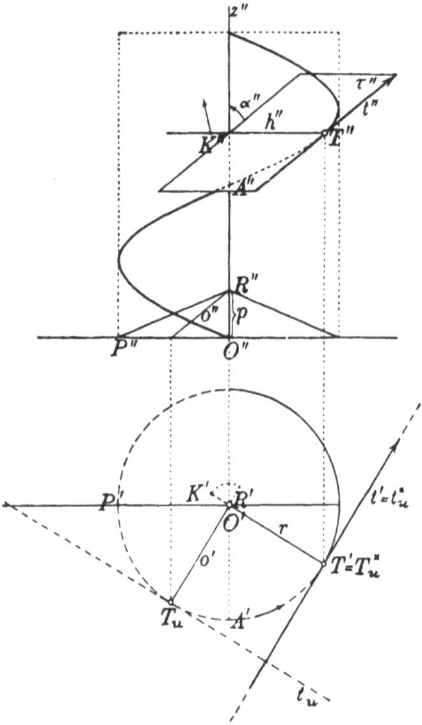

Fig. 115.

Schraubung entsprechenden Sinne geht dann T_u in $T_u^\times = T'$ und t_u in $t_u^\times = t'$ über.

Der Grundriß T' eines Punktes T ist auch die Drehflucht $T_u^\times$ seiner Bahntangente t.

Die Drehflucht $t_u^\times$ einer Ebene τ ist auch der Grundriß t' ihrer Grattangente t.

Es ist daraus leicht zu ersehen:

Die Bahntangenten der Punkte von t liegen auf der Ebene τ selbst*). Die Grundrisse dieser Bahntangenten umhüllen die Parabel, welche t' als Scheiteltangente und O' als Brennpunkt besitzt. Der zu T gehörige Krümmungsmittelpunkt K der Schraubenlinie ist dagegen jener Punkt von τ, für welchen die Bahntangente zur Ebene τ senkrecht ist, so daß die Bahnnormalen das Strahlbüschel K der Ebene τ bilden**).

Die Grattangenten der durch t gehenden Ebenen gehen durch den Punkt T selbst. Die Fluchtpunkte dieser Grattangenten bilden den Kreis mit dem Durchmesser $O' T_u$. Die Grattangenten selbst bilden daher einen orthogonalen Kegel, welcher t und die Zylindererzeugende als Scheitelerzeugende besitzt. Die Grundrisse der Gratpunkte bilden den Kreis mit dem Durchmesser $O' T'$. Die Gratpunkte selbst bilden daher einen kubischen Kreis (I. Bd., § 33, 2).

Die einfache Beziehung, welche bei der Schraubenbewegung zwischen dem Grundrisse (T', t') und dem Fluchtfelde (T_u, t_u) besteht, ist für die konstruktive Behandlung der Schraubenflächen, welche durch Schraubung einer Linie entstehen, von besonderer Wichtigkeit.[2]

A. Die flachgängige Schraubenfläche oder Wendelfläche.

§ 41. Flächenpunkt, Berührungsebene und Flächennormale.

1. Durch die Schraubung einer die Schraubenachse rechtwinklig schneidenden Geraden entsteht eine flachgängige Schraubenfläche oder Wendel-

*) Die Fluchtpunkte der Bahntangenten erhält man nämlich aus den Grundrissen der Punkte durch Zurückdrehen um $\pi/_2$, wobei sie auf die Fluchtgerade t_u fallen.

**) Die ∞^3 Bahnnormalen bilden einen linearen Strahlkomplex und die ∞^3 Bahntangenten bilden einen quadratischen Strahlkomplex.

fläche*). Nach dieser Entstehungsweise enthält die Fläche ein ganzes System von Geraden g, von welchen je zwei benachbarte windschief sind. Die Wendelfläche ist also eine windschiefe Fläche und die Geraden heißen die Erzeugenden der Fläche. Jeder Punkt T der Erzeugenden g beschreibt bei der Bewegung eine Schraubenlinie, welche ganz auf der Fläche liegt. Die Erzeugenden sind die Hauptnormalen dieser Schraubenlinie. Durch jeden Punkt T der Wendelfläche geht eine Erzeugende und eine Bahnschraubenlinie.

Es sei also z die Achse und p der Parameter einer rechtsgängigen Schraubenbewegung (Fig. 116). Ein Gang einer Schraubenlinie [Radius a] sei abgebildet, indem man den Grundkreis und die Ganghöhe vom Anfangspunkte A aus in acht gleiche Teile teilt. Die zugehörigen Lagen der Erzeugenden können sofort gezeichnet werden, z B. in jenem Teile der Fläche, der zwischen der Achse und der Schraubenlinie liegt. Im Aufrisse ist dann rechts von z'' die obere Seite der Fläche sichtbar und links von z'' ihre Unterseite.

Soll nun ein Flächenpunkt T abgebildet werden, so kann die eine Projektion, z. B. der Aufriß T'', gewählt werden. Durch den Punkt T geht eine Erzeugende g, deren Aufriß g'' die Horizontale durch T'' ist. Dieser Aufriß schneidet den Aufriß der Schraubenlinie in einem Punkte S'', zu welchem der Grundriß S' auf dem Grundrisse der Schraubenlinie eindeutig bestimmt ist. Dann ist $O'S'$ der Grundriß g' der Erzeugenden. Durch den Ordner erhält man auf g' den Grundriß T' des Flächenpunktes.

Wird der Grundriß T' angenommen, so ist $O'T'$ der Grundriß g' der Erzeugenden und schneidet den Grundriß der Schraubenlinie in zwei Punkten S', wozu sich für den betrachteten Gang der Schraubenlinie zwei Punkte S'', also zwei mögliche Lagen von g'' ergeben. Durch den zugehörigen Ordner erhält man dann zwei Aufrisse T''

*) Die Stufenkanten einer Wendeltreppe sind nämlich die Erzeugenden einer solchen Fläche. Eine Treppe, bei welcher man rechts hinaufgeht, ist eben eine rechtsgängige; eine solche bei der man links hinaufgeht, eine linksgängige.[3]

des Flächenpunktes. Zu einem Punkte T'' gehört ein einziger Punkt T'; zu einem Punkte T' gehören aber unendlich viele T'', nämlich auf jedem Gange zwei. In dem zwischen der Schraubenachse und der angenommenen Schraubenlinie liegenden Teile erhält man zu einem Punkte T' nur einen Punkt T'' auf jedem Gange.

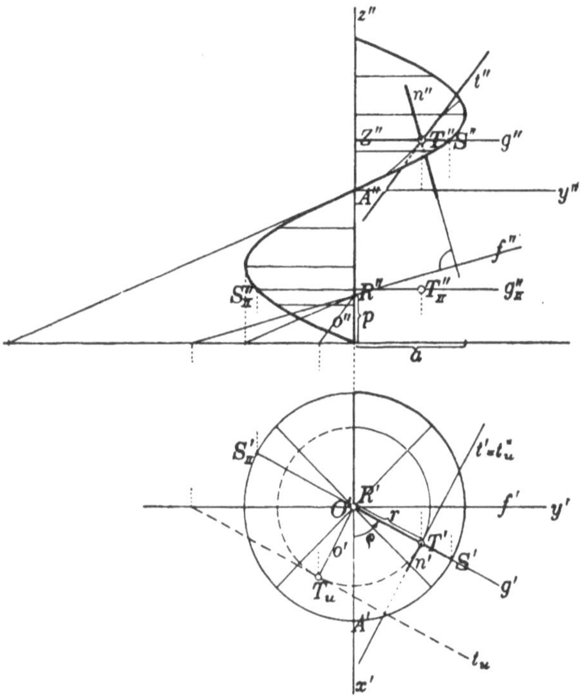

Fig. 116.

Wählt man die durch A gehende Erzeugende als x-Achse eines positiven Achsensystemes, so ist für jeden Punkt T der Wendelfläche:

$$x = r \cdot \cos \varrho, \quad y = r \cdot \sin \varrho, \quad z = p \cdot \varrho.$$

Dies kann man als die Gleichungen der Fläche betrachten, wobei jedem Werte von r eine Schraubenlinie und jedem Werte von ϱ eine Erzeugende der

Fläche entspricht. Durch Elimination von r und ϱ erhält man als Gleichung der Fläche*):

$$z = p \cdot \operatorname{arc\,tg} \frac{y}{x}.$$

Die flachgängige Schraubenfläche ist also eine transzendente Fläche.

2. Um die Berührungsebene τ für einen Flächenpunkt T zu finden, legt man durch T die Erzeugende g und die Bahnschraubenlinie. Die Tangente t der Schraubenlinie [t', T_u, o', o'', t'' parallel o''] bestimmt dann mit der Erzeugenden g die Berührungsebene τ. Die Erzeugende g ist die Hauptnormale des Punktes T der Schraubenlinie, daher ist die Berührungsebene τ nichts anderes als die Schmiegungsebene der Bahnschraubenlinie für den Punkt T. Die Tangente des Kreises [O', r] im Punkte T_u ist daher die Fluchtgerade t_u der Berührungsebene τ. Ist umgekehrt die Fluchtgerade t_u einer Berührungsebene τ gegeben, so ergibt sich der Grundriß T' des Berührungspunktes**) als Fußpunkt der Normalen aus O' auf die um $\pi/_2$ im Sinne der Schraubung gedrehte Fluchtgerade $t_u^\times$. Die Beziehung zwischen $t_u^\times$ und T' ist also die Fußpunktverwandtschaft.

Legt man auf die Ebene [Rt_u] die durch R gehende Frontale f, so ist für die Flächennormale n des Punktes T der Grundriß n' senkrecht g' und der Aufriß n'' senkrecht f''. Für t und n ist die Sichtbarkeit in der Abbildung angegeben.

3. Durcheilt der Punkt T eine Bahnschraubenlinie, so bilden die Berührungsebenen τ die zugehörige Schraubentorse. Durcheilt der Punkt T eine Erzeugende g, so dreht sich die Berührungsebene τ um g und bildet also ein Ebenenbüschel. Die zur Schraubenachse senkrechte Ebene von g berührt die Fläche im uneigentlichen Punkte

---

*) Wählt man als x-Achse eine um c tiefer liegende Gerade, so ist

$$z = c + p \cdot \operatorname{arc\,tg} \frac{y}{x}.$$

**) Es gibt unendlich viele Berührungsebenen, welche t_u als Fluchtgerade besitzen, nämlich in jedem Gange zwei. Die zugehörigen Berührungspunkte (T_I, T_{II}) haben alle ihren Grundriß in T'.

von g und heißt deshalb asymptotische Ebene. Die dazu senkrechte Ebene von g geht durch z und berührt die Fläche im Schnittpunkte Z mit der Schraubenachse; sie heißt Zentralebene und Z heißt der Zentralpunkt der Erzeugenden. Betrachtet man zwei benachbarte Lagen g und $g^\times$ der Erzeugenden irgendeiner windschiefen Fläche (Fig. 117), so haben sie eine gemeinsame Normale z und auf ihr den Abstand dz, welcher im Punkte Z von g beginnt (I. Bd., § 7, 4). Zieht man durch Z eine Parallele q zu $g^\times$, so ergibt sie mit g den Winkel $d\varrho$ der beiden Erzeugenden. Ein Punkt T von g hat einen Abstand r von Z und bestimmt mit $g^\times$ eine Ebene τ. Diese bildet mit der von q und $g^\times$ bestimmten Ebene ζ einen Winkel α, welcher in dem rechtwinkligen Dreiecke PQT vorkommt. Im Grenzfalle, wo sich $g^\times$ mit g vereinigt, wird τ die Berührungsebene des Punktes T, $[g\,q]$ die asymptotische Ebene, ζ die Zentralebene und Z der Zentralpunkt der Erzeugenden g. Die Punktreihe $g(T)$ ist mit dem Ebenenbüschel $g^\times(\tau)$ perspektiv. Daraus folgt für den Grenzfall:

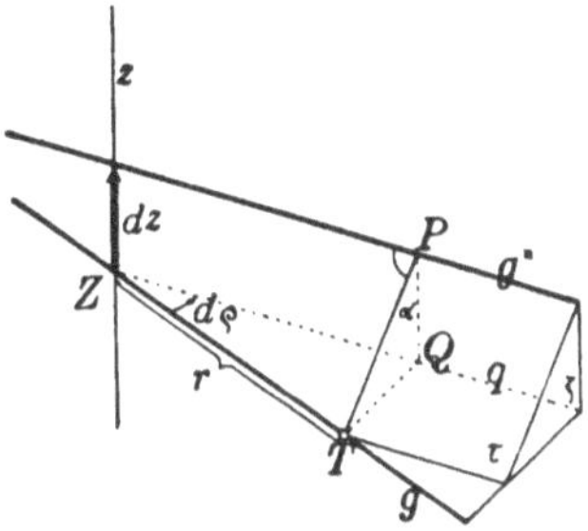

Fig. 117.

Die Reihe der Berührungspunkte T auf g ist zu dem Büschel der zugehörigen Berührungsebenen τ projektiv.

Der Differentialquotient

$$\frac{dz}{d\varrho} = p_g$$

heißt dann der Parameter der Erzeugenden g. Er ist positiv für ein rechtsgeschraubtes Flächenelement (wie in der Figur), negativ für ein linksgeschraubtes. Aus dem Dreiecke PQT ergibt sich für den Grenzfall:

$$\operatorname{cotg}\alpha = \frac{dz}{r \cdot d\varrho}$$

oder

$$r \cdot \operatorname{cotg}\alpha = p_g .$$

Das Produkt des Abstandes r eines Punktes T vom Zentralpunkte Z und der Kotangente des Winkels α der zugehörigen Tangentialebene τ mit der Zentralebene ζ ist konstant und dem Parameter p_g der Erzeugenden gleich. Die beiden Punkte von g, deren Berührungsebenen mit der Zentralebene den Winkel $\pi/_4$ einschließen, haben einen Abstand vom Zentralpunkte, welcher dem Parameter p_g der Erzeugenden gleich ist. Die von den Zentralpunkten der aufeinanderfolgenden Erzeugenden einer windschiefen Fläche gebildete Linie heißt Striktionslinie.[4]

Aus der Entstehung der Wendelfläche folgt unmittelbar

$$\frac{dz}{d\varrho} = p; \quad p_g = p.$$

Der Parameter aller Erzeugenden einer Wendelfläche ist dem Parameter der Schraubung gleich. Die Schraubenachse ist die Striktionslinie der Wendelfläche.

§ 42. Schnittlinie der Wendelfläche mit einer Ebene.

1. Legt man durch die Erzeugende, welche zur Aufrißebene normal ist, eine Ebene ε, welche mit der Schraubenachse einen Winkel α bildet (Fig. 118), so berührt sie die flachgängige Schraubenfläche in einem Punkte A, welcher von der Achse einen Abstand $a = p \cdot \operatorname{tg} \alpha$ hat. Zieht man nämlich durch den Punkt R, welcher um den Parameter p über dem Punkte O liegt, eine Parallelebene zu ε, so liefert ihre Fallinie den Punkt A_u, durch welchen die Flucht e_u der Ebene ε geht. Eine beliebige Erzeugende g der flachgängigen Schraubenfläche ergibt einen Punkt T der Schnittlinie der Berührungsebene ε, insbesondere gibt die zur Aufrißebene parallele Erzeugende den Punkt B.

Aus dem Aufrisse ergibt sich (Gleichung von e_2)

$$y = z \cdot \operatorname{tg} \alpha = p\varrho \cdot \operatorname{tg} \alpha,$$

also

$$y = a \cdot \varrho.$$

Für den **Grundriß der Schnittlinie** erhält man die Gleichungen:

$$y = x \cdot \operatorname{tg} \varrho \qquad r \cdot \sin \varrho = a \cdot \varrho$$

oder

$$y = x \cdot \operatorname{tg} \frac{y}{a} \qquad r = \frac{a \cdot \varrho}{\sin \varrho}.$$

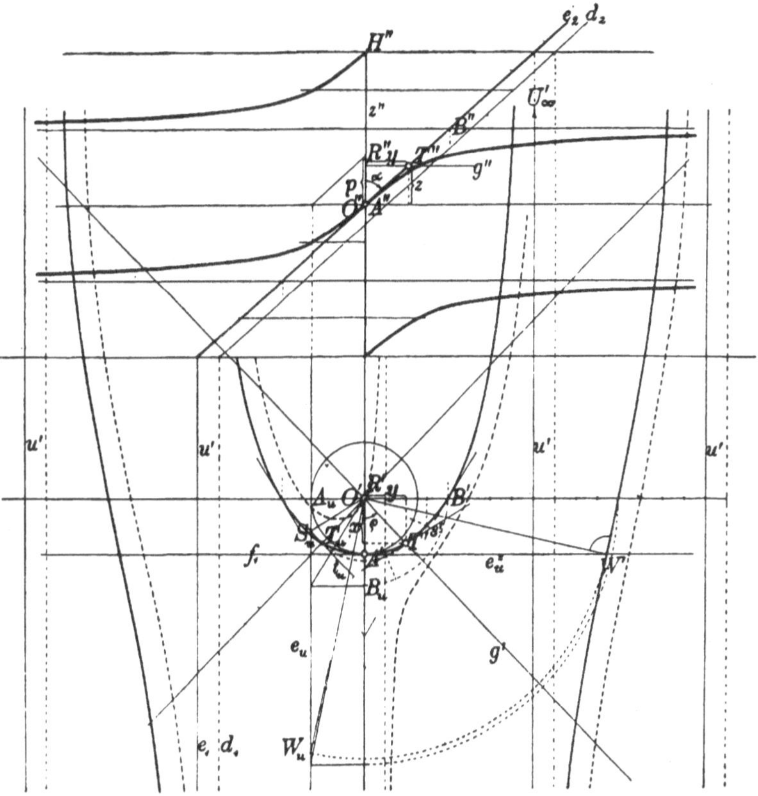

Fig. 118.

Die y-Koordinate ist dem zum Polarwinkel ϱ gehörigen Bogen des Kreises $[O, a]$ gleich. Die Strecke $O' B'$ hat die Länge eines Viertelkreises, ist also $b = a \cdot \pi/_2$. Teilt man die Strecke $O' B'$ in eine Anzahl gleicher Teile und zieht durch die Teilpunkte die Strahlen parallel zu x, teilt man ferner den Viertelkreis $B_u B'$ in ebenso viele Teile und zieht durch die Teilpunkte die Strahlen aus O', so ergeben die Schnittpunkte der entsprechenden Strahlen den Bogen $A'B'$ der betrachteten Linie, wobei man freilich den Punkt A' bloß als Grenzlage erhält. Durch Erweiterung der Teilung auf der y-Achse und auf dem Kreise ergibt sich die ganze Linie.

Der Grundriß der Schnittlinie einer flachgängigen Schraubenfläche mit einer Berührungsebene ist eine Quadratrix des Dinostratus.[1]

Die Tangente der zum Punkte T gehörigen Schraubenlinie hat eine Flucht T_u, welche man durch Zurückdrehen von T' um $\pi/_2$ erhält. Die Gerade, welche bei T_u zu $O'T_u$ senkrecht ist, bedeutet die Flucht t_u der Tangentialebene der Wendelfläche für den Punkt T. Der Schnittpunkt von e_u und t_u ist die Flucht S_u der Tangente s der Schnittlinie für den Punkt T. Der Grundriß s' der Tangente ist daher zu $R'S_u$ parallel. Für den Scheitel A ist die Tangente der Schnittlinie zu RA_u parallel, also zur Erzeugenden senkrecht. Sie ist die zweite Haupttangente des Flächenpunktes A, während die Erzeugende als Teil der Schnittlinie die erste Haupttangente bildet. Für jeden Punkt der Wendelfläche sind somit die beiden Haupttangenten zueinander normal.

Die Indikatrix für jeden Punkt der Wendelfläche ist eine gleichseitige Hyperbel.

Die um je eine halbe Ganghöhe h über oder unter O liegenden Erzeugenden sind zur Ebene ε parallel und liefern uneigentliche Punkte U der Schnittlinie.

Die zu diesen uneigentlichen Punkten gehörigen Berührungsebenen sind zur Schraubenachse normal und schneiden die Ebene ε in den Asymptoten u der Schnittlinie. Die in den Abständen $2b$ von O' gezogenen Parallelen zur x-Achse sind die Asymptoten u' der Quadratrix. Die Linie hat unendlich viele Äste. Die Drehflucht $e_u^\times$ der Ebene ε berührt den Grundriß der Schnittlinie bei A' und schneidet ihn noch in unendlich vielen Punkten W'. Die um $\pi/_2$ zurückgedrehte Quadratrix enthält die Gesamtheit der Punkte T_u und schneidet e_u in solchen Punkten W_u, für welche S_u und T_u zusammenfallen, so daß die Tangente bei W' senkrecht zu $O'W'$ ist.

Die Tangente der Schnittlinie für die Punkte W ist also eine Haupttangente der Wendelfläche und daher eine Wendetangente der Schnittlinie.

„Die Wendepunkte der Quadratrix liegen auf der Scheiteltangente; die zugehörigen Wendetangenten berühren die Parabel, welche A' als Scheitel und O' als Brennpunkt hat.“

Für eine Ebene δ, welche zu ε parallel ist und nicht mehr durch eine Erzeugende geht, soll die Grundspur d_1 um eine Strecke d nach rechts verschoben angenommen werden. Der Grundriß der Schnittlinie ergibt sich in gleicher Weise. Er hat die Gleichung:

$$y = x \operatorname{tg} \frac{y-d}{a} \quad \text{oder} \quad r = \frac{a\varrho + d}{\sin \varrho}$$

und kann als verallgemeinerte Quadratrix bezeichnet werden. Da die Ebene nicht mehr Berührungsebene ist, so ist für den Gesamtschnitt der frühere Doppelpunkt A' (Schnittpunkt der Quadratrix und des Grundrisses der Erzeugenden) verschwunden; die Linie zeigt in der Nähe von A' hyperbelartigen Verlauf. Sie geht durch O' und hat dort den Grundriß jener Erzeugenden als Tangente, welche durch den Schnittpunkt der Ebene δ mit der Schraubenachse z geht.[5]

2. Eine frontale Ebene φ, welche den Abstand a von der Schraubenachse hat, ergibt eine Schnittlinie, welche im Aufrisse in wahrer Form erscheint. Punkte und Tangenten ergeben sich in der früher angegebenen Weise. Sie hat die Gleichung

$$y = a \operatorname{tg} \frac{z}{p},$$

ist also eine verallgemeinerte Tangenslinie. Sie hat im Punkte A'' die Gerade e_2 als Wendetangente. Man sieht daraus wieder, daß die Bahntangente von A die zweite Haupttangente ist. Hier ist auch die in der Fig. 116 angedeutete Sichtbarkeit der Bahntangente t gut zu erkennen.

§ 43. Schnittlinie mit einem Drehkegel gleicher Achse.

1. Die Spitze des Drehkegels liege im Schnittpunkte O der Erzeugenden x der Wendelfläche mit der z-Achse (Fig. 119). Jede andere Erzeugende der Wendelfläche liefert mit dem Kegel zwei Schnittpunkte, welche aber zwei verschiedenen gegen die z-Achse symmetrischen Kurven angehören, von welchen wir nur die eine jetzt in Betracht ziehen wollen. Dabei kann man Hilfsebenen benützen, welche durch die z-Achse gehen.

Die Kegelerzeugende, welche auf der xz-Ebene liegt, hat die Gleichung

$$x = \frac{q}{p} \cdot z;$$

der Drehkegel selbst hat daher die Gleichung

$$r = \sqrt{x^2 + y^2} = \frac{q}{p} \cdot z.$$

Da für die Wendelfläche immer gilt

$$z = p \cdot \varrho,$$

so hat der Punkt T der Schnittlinie die Koordinaten

$$x = q \cdot \varrho \cdot \cos\varrho, \quad y = q \cdot \varrho \cdot \sin\varrho, \quad z = p \cdot \varrho.$$

Das sind auch die Gleichungen der Schnittlinie. Sie ist eine Raumkurve, welche gewöhnlich konische Spirale (auch konische Schraubenlinie) genannt wird.

Die Gleichung des Grundrisses, bezogen auf x' als Polarachse, ist

$$r = q \cdot \varrho.$$

Der Grundriß der konischen Spirale ist eine Archimedische Spirale.[1] Die letztere ist in bezug auf die Achse y' symmetrisch und hat auf dieser den Scheitel O' und unendlich viele Doppelpunkte D'. Der Aufriß der konischen Spirale hat die Gleichung

$$y = q \cdot \frac{z}{p} \cdot \sin\frac{z}{p}.$$

Zieht man durch die Spitze des Richtkegels Parallelen zu den Erzeugenden des gegebenen Kegels, so erhält man

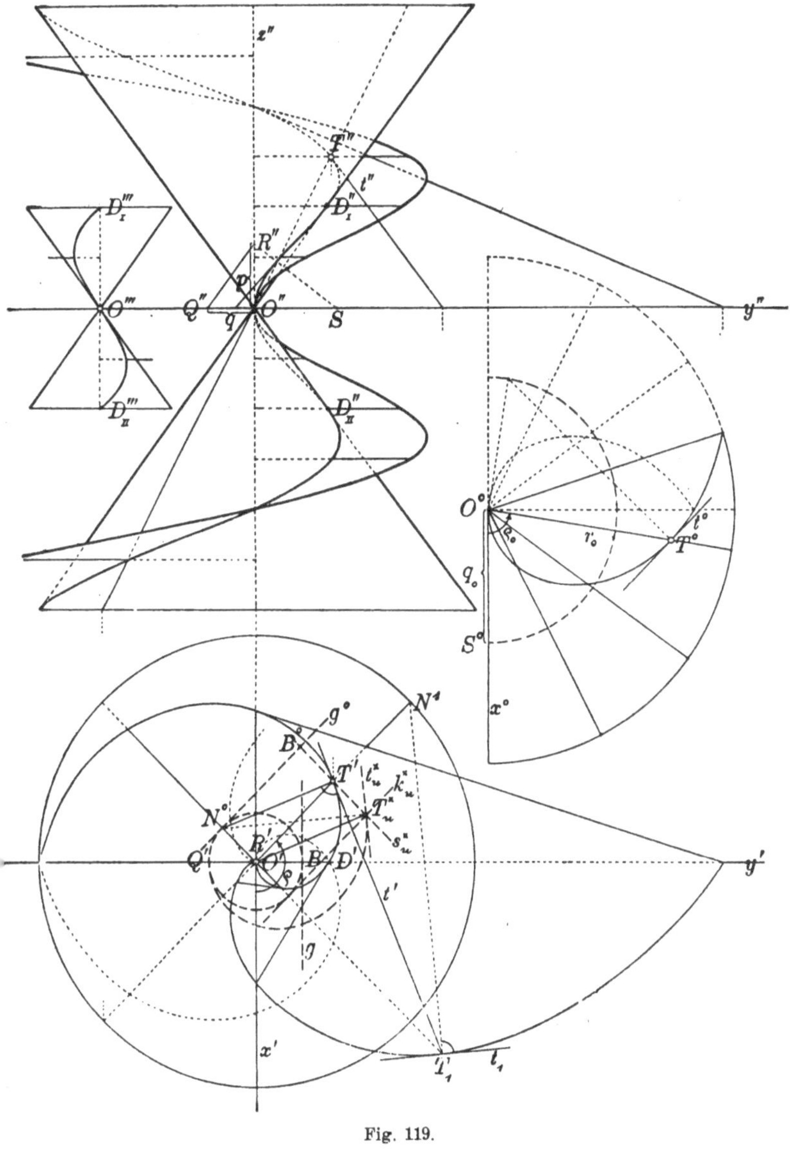
z''
T''
t''
D_I''
D_I'''
R''
p
O'''
Q''
q
O''
S
y''
D_{II}''
D_{II}'''
O°
t°
ϱ_0
r_0
T°
q_0
S°
x°
N¹
g°
B°
T'
t_u^x
k_u^x
N°
T_u^x
R'
s_u^x
Q'
O'
B
D'
y'
t'
g
x'
T_1'
t_1

Fig. 119.

auf der xy-Ebene einen Fluchtkreis $[O, q]$. Die Tangentialebene des Kegels für den Punkt T hat eine Drehflucht $k_u^\times$, welche die zu $O'T'$ parallele Tangente des Fluchtkreises ist. Die Tangentialebene der Wendelfläche für den Punkt T hat eine Drehflucht $s_u^\times$, welche durch T' senkrecht zu $O'T'$ geht. Der Schnittpunkt von $k_u^\times$ und $s_u^\times$ ist die Drehflucht $T_u^\times$ der Tangente t der Raumkurve und $O'T_u^\times$ ist die um $\pi/_2$ gedrehte Richtung für den Grundriß t' der Tangente. Sucht man zum Berührungspunkte von $k_u^\times$ den diametralen Punkt N^0, so ist $N^0 T'$ parallel zu $O'T_u^\times$; es ist also $T'N^0$ die Polarnormale und $O'N^0 = q$ die Polarsubnormale der Archimedischen Spirale, so daß der Grundriß t' der Tangente der konischen Spirale leicht gezeichnet werden kann. Der zu $O'T'$ senkrechte Durchmesser ist die Grundspur der Tangentialebene des Kegels. Auf ihr muß die Grundspur T_1 der Tangente t liegen. Daraus kann man den Aufriß t'' finden.

2. Der Polarradius r_1 des Punktes T_1 hängt mit $O'T' = r$ und $O'N^0 = q$ durch die Beziehung zusammen:

$$r_1 = \frac{r^2}{q}.$$

Der zu r gehörige Polarwinkel ϱ ist von x' aus gezählt; der zu r_1 gehörige Polarwinkel wird ebenso groß, wenn man die Polarachse x' um $\pi/_2$ zurückdreht, also den Polarwinkel ϱ von dem nach links gehenden Strahle y' aus zählt. Dann hat die von T_1 gebildete Linie die Gleichung

$$r_1 = q \cdot \varrho^2.$$

Die Spur der zur konischen Spirale gehörigen Torse auf der durch die Spitze des Kegels normal zur Achse gehenden Ebene ist eine Galileische Spirale. Diese ist in bezug auf die Achse y' symmetrisch und hat auf der letzteren R' als Rückkehrpunkt mit y' als Rückkehrtangente, ferner unendlich viele Doppelpunkte. Die Subnormale dieser Spirale ist

$$\frac{dr_1}{d\varrho} = 2q \cdot \varrho.$$

Verdoppelt man also $O'T'$ bis N^1, so ist $T_1 N^1$ die Normale der Galileischen Spirale; senkrecht dazu ist die

Tangente t_1 dieser Linie. Damit hat man auch die Spur t_1 der Schmiegungsebene τ für den Punkt T der konischen Spirale gefunden.[6] Der Punkt O hat eine Kegelerzeugende als Tangente und die zur Kreuzrißebene senkrechte Berührungsebene des Kegels als Schmiegungsebene, so daß die Umrißerzeugende Wendetangente für O''' ist.

3. Die zur konischen Spirale gehörige Torse hat einen Richtkegel, welcher die von den Punkten $T_u^\times$ gebildete Linie als Drehflucht hat. Diese Linie entsteht in ähnlicher Weise wie die Kreisevolvente. Man hat nämlich auf der Tangente des Kreises $[O', q]$ den von Q' bis zum Berührungspunkte reichenden Bogen vom Berührungspunkte aus aufzutragen, aber nicht so wie bei der Evolvente, sondern in entgegengesetzter Richtung, was eben dadurch geschieht, daß man von T' eine Normale auf die Tangente $k_u^\times$ fällt. Die Polargleichung der Drehflucht in bezug auf den nach links gehenden Strahl y' ist daher:

$$r \cdot \cos\left[\varrho - \sqrt{\left(\frac{r}{q}\right)^2 - 1}\right] = q$$

oder

$$\sqrt{r^2 - q^2} + q \cdot \operatorname{arc\,tg} \frac{\sqrt{r^2 - q^2}}{q} = q \cdot \varrho.$$

Die zum Punkte $T_u^\times$ gehörige Tangente $t_u^\times$ ist die Drehflucht der Schmiegungsebene und deshalb senkrecht zu t_1. Man kann aber auch leicht die zugehörige Normale finden. Bewegt sich die Grundebene so, daß die Gerade g an dem Kreise $[O', q]$ rollt, dann beschreibt jeder Punkt dieser Geraden eine Kreisevolvente. Jeder andere Punkt der Ebene beschreibt eine Linie, welche man verallgemeinerte Kreisevolvente nennt. Hat sich eine Strecke aufgewickelt, welche gleich dem Bogen $BN^0 = q \cdot \varrho$ ist, so kommt g in die Lage g^0, B nach B^0, O' nach T' und Q' nach $T_u^\times$. Bei dieser Bewegung der Geraden g beschreibt also O' die Archimedische Spirale, welche den Grundriß der konischen Spirale bildet, und Q' beschreibt eine verallgemeinerte Kreisevolvente, welche die Drehflucht des Richtkegels der konischen Spirale bildet. Da N^0 das momentane Drehzentrum für die Lage g^0 ist, so muß $N^0 T_u^\times$ die Normale für den Punkt $T_u^\times$ der Drehflucht sein.

Wickelt man die Kegelfläche ab, so ergibt der halbe Kegel einen Sektor O^0 (im vorliegenden Beispiele $^3/_5\,\pi$). Durch Teilung in vier gleiche Teile erhält man die Erzeugende, auf welcher der Punkt T^0 liegt. Nach Früherem (I. Bd., § 25, 1) ist

$$r_0 = r\frac{\sqrt{q^2+p^2}}{q} \quad \text{und} \quad \varrho_0 = \varrho\frac{q}{\sqrt{q^2+p^2}}.$$

Setzt man hierin $r = q \cdot \varrho$ und eliminiert dann ϱ, so findet man:

$$r_0 = q_0\,\varrho_0, \qquad \text{wobei} \qquad q_0 = \frac{q^2+p^2}{q}.$$

Durch Abwicklung des Drehkegels geht die konische Spirale auch in eine Archimedische Spirale über.[7] Errichtet man bei R'' die Senkrechte zu $R''Q''$, so ist $Q''S = q_0$. Nun kann man wieder mit Hilfe des Kreises $[O^0, q_0]$ die Normale und die Tangente t^0 finden.

An dem sogenannten Schraubenschuh kommt die konische Spirale vor.[8]

Übungsaufgaben: 1. Es ist die Schnittlinie der flachgängigen Schraubenfläche mit einer Drehfläche gleicher Achse zu suchen, deren Meridian eine gleichseitige Hyperbel ist, welche die x- und z-Achse als Asymptoten hat. Die Gleichung des Meridianes ist

$$x = \frac{a^2}{2}\cdot\frac{1}{z},$$

die Gleichung der Drehfläche ist also

$$r = \sqrt{x^2+y^2} = \frac{a^2}{2}\cdot\frac{1}{z} \quad \text{oder} \quad (x^2+y^2)\,z^2 = \frac{a^4}{4}.$$

Die Polargleichung des Grundrisses der Schnittlinie ist

$$r = \frac{a^2}{2p}\cdot\frac{1}{\varrho}.$$

Der Grundriß der Schnittlinie ist also eine hyperbolische Spirale. Die Gleichung des Aufrisses der Schnittlinie ist

$$y = \frac{a^2}{2p}\cdot\frac{\sin\frac{z}{p}}{\frac{z}{p}}.$$

2. Es ist die Schnittlinie der flachgängigen Schraubenfläche mit einer Drehfläche gleicher Achse zu suchen, deren Meridian eine Exponentiallinie oder logarithmische Linie ist, welche die z-Achse als Asymptote besitzt.

Die Gleichung des Meridianes ist

$$x = e^z \qquad \text{oder} \qquad z = \lg x .$$

Die Gleichung der Drehfläche ist

$$r = \sqrt{x^2 + y^2} = e^z .$$

Die Polargleichung des Grundrisses ist

$$r = e^{p\varrho} .$$

Der Grundriß der Schnittlinie ist also eine logarithmische Spirale.[1] Die Gleichung des Aufrisses ist

$$y = e^z \cdot \sin \frac{z}{p} .$$

3. Welche Beziehung besteht zwischen der Gleichung des Meridianes der Drehfläche und der Polargleichung des Grundrisses der Schnittlinie?[9]

§ 44. Die Wendelfläche in Parallelbeleuchtung.

1. Der zwischen der Schraubenachse z und einer Schraubenlinie liegende Teil einer Wendelfläche sei wieder im Grund- und Aufrisse abgebildet (Fig. 120). Legt man durch die Spitze R des zur angenommenen Schraubenlinie gehörigen Richtkegels den Lichtstrahl l (Einfallswinkel ε gegen die Grundebene), so erhält man auf der Basisebene des Richtkegels den Fluchtpunkt L_u der Lichtstrahlen. Die Fluchtgeraden aller Berührungsebenen, welche zu den Lichtstrahlen parallel sind, gehen durch den Punkt L_u. Dreht man nun das Strahlbüschel L_u um $\pi/_2$ in dem der Schraubung entsprechenden Sinne nach $L_u^\times$, so wird jeder Strahl g' des Büschels O' von dem dazu senkrechten Strahle des Büschels $L_u^\times$ in dem Grundrisse des Berührungspunktes der zu den Lichtstrahlen parallelen Ebene durch die Erzeugende g geschnitten. Die Schnittpunkte bilden den Kreis mit dem Durchmesser $O'L_u^\times$.

Der Grundriß der Lichtgrenze einer flachgängigen Schraubenfläche ist der Kreis mit dem Durchmesser $O'L_u^\times = p \cdot tg\, \varepsilon$.

Auf der Anfangserzeugenden g_0 liegt ein Punkt S_0, dessen Aufriß mit O'' zusammenfällt; auf der nächsten

Erzeugenden g_1 liegt ein Punkt S_1 usw. Während sich die Erzeugende von g_0 nach g_1 bewegt, hat sie sich um eine Strecke z erhoben und um einen Winkel ϱ gedreht. Dabei hat sich der Punkt S_0 auch um die Strecke z er-

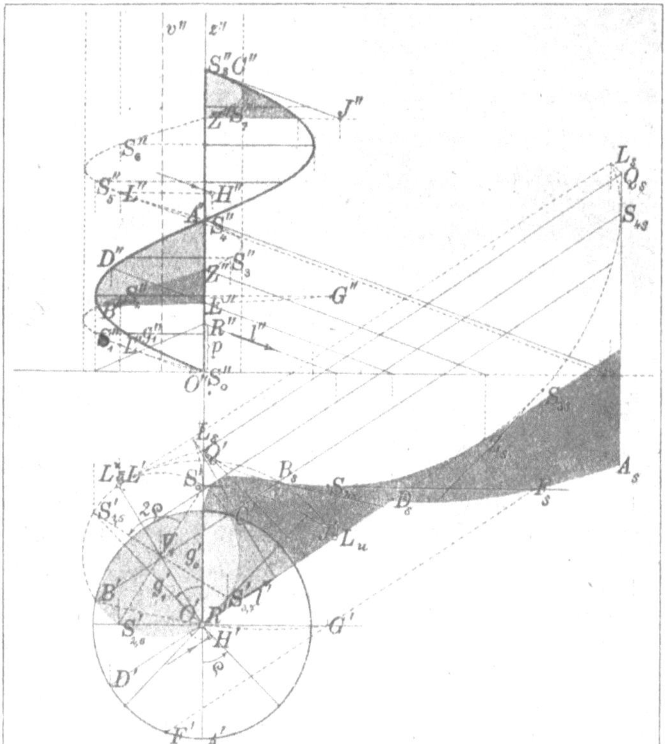

Fig. 120.

hoben, aber bezüglich der durch den Kreismittelpunkt V_1 gehenden Achse v um den zum Peripheriewinkel ϱ gehörigen Zentriwinkel 2ϱ gedreht. Der Punkt S_0 macht also eine Schraubenbewegung um die Achse v mit dem Parameter

$$p_v = \frac{z}{2\varrho} = \frac{p}{2}.$$

Die Lichtgrenze der flachgängigen Schraubenfläche ist eine die Schraubenachse schneidende, ebenfalls rechtsgängige Schraubenlinie mit einer zu z parallelen Achse v, mit dem Parameter $p_v = p/_2$, der halben Ganghöhe $h_v = h/_2$, dem Radius $r_v = p/_2 \operatorname{tg} \varepsilon$ und dem Krümmungswinkel $\alpha_v = \varepsilon$.

Auf der flachgängigen Schraubenfläche liegen also außer den ∞^1 Bahnschraubenlinien noch ∞^2 Schraubenlinien von halber Ganghöhe; nämlich die Schnittlinie der Wendelfläche mit einem Drehzylinder, welcher durch die z-Achse geht, besteht aus dieser Achse und einer solchen Schraubenlinie von halber Ganghöhe.

Auf dem wie hier begrenzten Teile der Fläche kommt auch nur ein Teil des Selbstschattens zur Geltung. Dabei ist zu beachten, daß rechts von z'' im Aufrisse dieselbe Seite der Fläche wie im Grundrisse sichtbar ist, während links von z'' im Grund- und Aufrisse nicht dieselbe Seite sichtbar ist.

Sucht man die Fluchtgerade h_u der Ebenen, welche zu l senkrecht sind, und dreht man den (auf l' liegenden) Fußpunkt der Normalen aus O' um $\pi/_2$ im Sinne der Schraubung, so erhält man den Grundriß H' des hellsten Punktes H. Dabei ist $O'L \times O'H' = p^2$. Der Aufriß H'' ergibt sich mit Hilfe der Erzeugenden, auf welcher auch der Punkt L liegt. Um die Isophoten zu konstruieren, zeichnet man in der Ebene $[lz]$ den Kreis, welcher den Abstand der Spitze R des Richtkegels von der Fluchtgeraden h_u als Radius und R als Mittelpunkt besitzt, teilt diesen Radius in zehn gleiche Teile und zieht durch die Teilpunkte die zum Radius senkrechten Sehnen. Durch die Endpunkte dieser Sehnen gehen die Erzeugenden von Drehkegeln (mit der Achse l), welche die aufeinanderfolgenden Helligkeitsgrade aufweisen. Als Drehflucht dieser Kegel ergibt sich ein Büschel von Kegelschnitten, deren Fußpunktkurven in bezug auf O' die Grundrisse der Isophoten sind. Man kann aber auch die Isophotenpunkte für die einzelnen Bahnschraubenlinien mit Hilfe der zugehörigen Richtkegel finden.[10]

2. Um den Schlagschatten der Wendelfläche auf die Grundebene zu erhalten, sucht man den Schlagschatten der Lichtgrenze und der Randschraubenlinie. Der

erstere ist immer eine Zykloide mit Rückkehrpunkten (den Schatten der Punkte L). Der letztere ist hier ($\alpha < \varepsilon$) eine Zykloide mit Wendetangenten. Die zugehörigen Wendepunkte sind die Schatten B_s, C_s der Punkte B, C, in welchen sich die beiden Schraubenlinien schneiden und deren Grundrisse B', C' die Schnittpunkte des Grundrisses der Lichtgrenze und des Grundrisses der Randlinie sind. In B_s und C_s haben beide Zykloiden dieselbe Tangente. Man erhält Punkte für beide Zykloiden, wenn man den Schatten der Ganghöhe, ihrer Teilpunkte und der durch diese gehenden Erzeugenden sucht, auf welche dann die passenden Strecken aufzutragen sind. Die Schatten der Erzeugenden sind auch schon die zugehörigen Tangenten der gewöhnlichen Zykloide. Es ist leicht zu sehen, welche Teile der beiden Zykloiden und des Schattens der Schraubenachse den eigentlichen Schlagschatten begrenzen. Die Horizontalen, welche in den Punkten der Lichtgrenze zu den Erzeugenden senkrecht sind, schneiden die in L' errichtete Parallele zu z und bilden wieder eine Wendelfläche. Der Schlagschatten der letzteren ist die Evolute der früheren Zykloide mit Rückkehrpunkten.

3. Der Schlagschatten, welcher auf der Fläche selbst entsteht, wird begrenzt durch den Schlagschatten der Randlinien und durch die Schnittlinie, welche der Berührungszylinder mit der Fläche noch ergibt. Der Schlagschatten der Randschraubenlinie beginnt bei B. Der Punkt D wirft seinen Schatten auf die Schraubenachse z nach E. Um den Schattenpunkt G zu finden, welcher z. B. auf der Erzeugenden g_2 liegt, sucht man ihren Schlagschatten auf der Grundebene. Er schneidet den Schatten der Randlinie in F_s. Zieht man durch F_s den Grundriß des Lichtstrahles, so schneidet er den Grundriß der Randlinie in F' und den Grundriß der Erzeugenden in G', woraus man G'' findet. Der Schlagschatten der Schraubenachse fällt auf die durch den oberen Punkt Z der Lichtgrenze gehende Erzeugende und würde bis J reichen, wenn die Fläche radial erweitert würde. In diesem äußeren Teile würde auch der Schatten der Randerzeugenden g_8 entstehen, welcher im Grundrisse als Bogen S'_8J' einer Quadratrix erscheinen würde. Der Schlagschatten, welcher durch den berührenden Lichtstrahlenzylinder entsteht, beginnt bei den Punkten L,

die Lichtgrenze berührend. Um den Schattenpunkt z. B. auf der Erzeugenden g_4 zu finden, sucht man den Schnittpunkt des Schattens dieser Erzeugenden mit dem übrigen Teile der gewöhnlichen Zykloide. Der durch diesen Punkt Q_s gezogene Grundriß des Lichtstrahles liefert dann den Grundriß Q' des Schattenpunktes. Dieser Schatten kommt in dem hier betrachteten Teile auch nicht mehr vor.

Übungsaufgabe: Es sollen zum Vergleiche die drei Fälle behandelt werden, in welchen $\varepsilon \gtreqless \alpha$ ist.

§ 45. Axonometrische Abbildung der Wendelfläche.

Für die Neigung und Drehung des Achsensystemes sei $\nu = \varrho = \pi/_6$ vorausgesetzt (Fig. 121). Auf der umgelegten Achse z^0 wird die Ganghöhe aufgetragen und in acht gleiche Teile geteilt, woraus man die axonometrischen Bilder der Teilpunkte findet. Mit Hilfe des Grundkreises der Randschraubenlinie ist der Parameter $O^0 R^0 = p$ konstruiert. Nun sucht man das Bild des Grundkreises, zieht den zur x-Achse parallelen Durchmesser und nimmt durch die doppelte Affinität die Teilung in acht gleiche Teile von A'_a aus vor. Durch die Teilpunkte der z-Achse legt man dann g_a parallel und gleich dem entsprechenden Halbmesser g'_a des Bildes des Grundkreises. Die Tangente t_a für einen Punkt T_a ist zu $R_a T_{ua}$ parallel, wobei der Fluchtpunkt T_u der um $\pi/_2$ zurückgedrehte Punkt T' ist. Das axonometrische Bild der Randschraubenlinie ist eine Linie, die mit der Zykloide affin ist, welche sich durch Projektion in der Richtung der Sehstrahlen l auf der Grundebene ergeben würde (im vorliegenden Falle, wo $[\pi/_2 - \nu] < \alpha$ ist, Schlingen aufweisend)*). Man legt nun durch R^0 den umgelegten Sehstrahl l^0 und erhält im Schnittpunkte mit der Grundebene den Fluchtpunkt L_u, dessen axonometrisches

---

*) Wenn $(\pi/_2 - \nu) = \alpha$ ist, also L_u auf dem Grundkreise liegt, so hat das Bild der Schraubenlinie Rückkehrpunkte. Wenn $(\pi/_2 - \nu) > \alpha$ ist, also L_u außerhalb des Grundkreises liegt, so hat das Bild der Schraubenlinie Wendetangenten, welche zum scheinbaren Umriß des Richtkegels parallel sind. Die zugehörigen Wendepunkte liegen auf der Polaren von L_u in bezug auf den umgelegten Grundkreis.

Bild mit R_a zusammenfällt. Der um $\pi/_2$ im Sinne der Schraubung gedrehte Punkt L_u erscheint in L'_a, wobei $O_a L'_a = O^0 L^0_u$ ist. Der Kreis mit dem Durchmesser OL' ist der Grundriß der Schraubenlinie (mit der Achse v), welche den wahren Umriß der Wendelfläche bildet. Der scheinbare Umriß der Fläche ist mit der gewöhnlichen Zykloide affin. Er hat die Bilder g_a der Er-

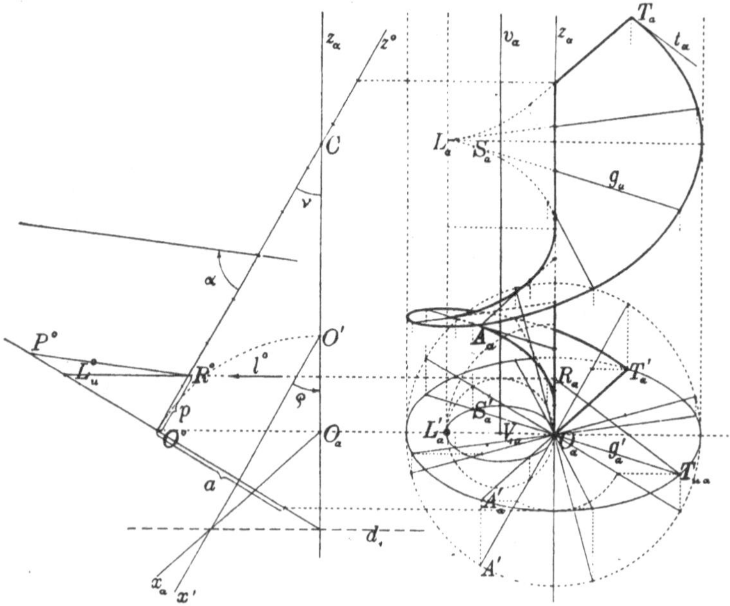

Fig. 121.

zeugenden g als Tangenten und das Bild S_a des auf g liegenden Punktes S der Schraubenlinie als zugehörigen Berührungspunkt. Die auf dem scheinbaren Umrisse des Zylinders liegenden Punkte L_a sind Rückkehrpunkte und z_a ist Scheiteltangente. In der Zeichnung sind die Sichtbarkeitsverhältnisse angegeben.

Übungsaufgabe: Für das axonometrische Bild einer Schraubenlinie soll man finden: α) die Tangente jenes Punktes, der auf z_a liegt, β) den Krümmungsmittelpunkt für den Scheitel des Bildes.

B. Die scharfgängige Schraubenfläche.

§ 46. Flächenpunkt, Berührungsebene und Flächennormale.

1. Durch Schraubung einer die Schraubenachse schiefwinklig schneidenden Geraden entsteht eine scharfgängige Schraubenfläche. Auch hier sind je zwei benachbarte Lagen der Geraden g windschief. Nämlich bei der Drehung bleibt der Schnittpunkt C mit der z-Achse ungeändert; durch gleichzeitige Verschiebung wird aber auch dieser Punkt geändert. Die scharfgängige Schraubenfläche ist eine windschiefe Fläche und die Geraden g heißen die Erzeugenden der Fläche. Durch jeden Punkt T der scharfgängigen Schraubenfläche geht eine Erzeugende und eine Bahnschraubenlinie.

Es sei wieder z die Achse und p der Parameter einer rechtsgängigen Schraubenbewegung (Fig. 122) und ein Gang einer Schraubenlinie (Radius a) sei durch Grund- und Aufriß abgebildet. In jenen Lagen der Erzeugenden g, wo sie sich auf der yz-Ebene befindet, erscheint der Winkel γ, welchen g mit der z-Achse bildet, in wahrer Größe. Der Schnittpunkt C von g und z liegt immer um eine Strecke

$$c = a \cdot \operatorname{cotg} \gamma$$

höher als der Punkt S der Geraden g, welcher sich auf der gegebenen Randschraubenlinie befindet. Hiernach kann eine Folge von Erzeugenden in der Abbildung gefunden werden.

Wählt man den Grundriß T' eines Flächenpunktes T, so ist $O'T'$ der Grundriß g' der zugehörigen Erzeugenden. Er schneidet den Grundriß der Schraubenlinie in zwei Punkten S', wozu sich auf dem betrachteten Gange zwei Punkte S'', also zwei mögliche Lagen von g'' ergeben. Durch den Ordner erhält man dann zwei mögliche Aufrisse T'' des Flächenpunktes T in jedem Gange. Man kann dies auch so auffassen, daß durch den Sehstrahl des Punktes T' die Hilfsebene gelegt ist, welche auch durch z geht. Sie liefert für jeden Gang zwei Lagen der Erzeugenden. Die Schnittpunkte D dieser Geraden ergeben Doppelschraubenlinien der Fläche. Wäre der Aufriß T'' gegeben, so ist die einfachste Hilfsebene

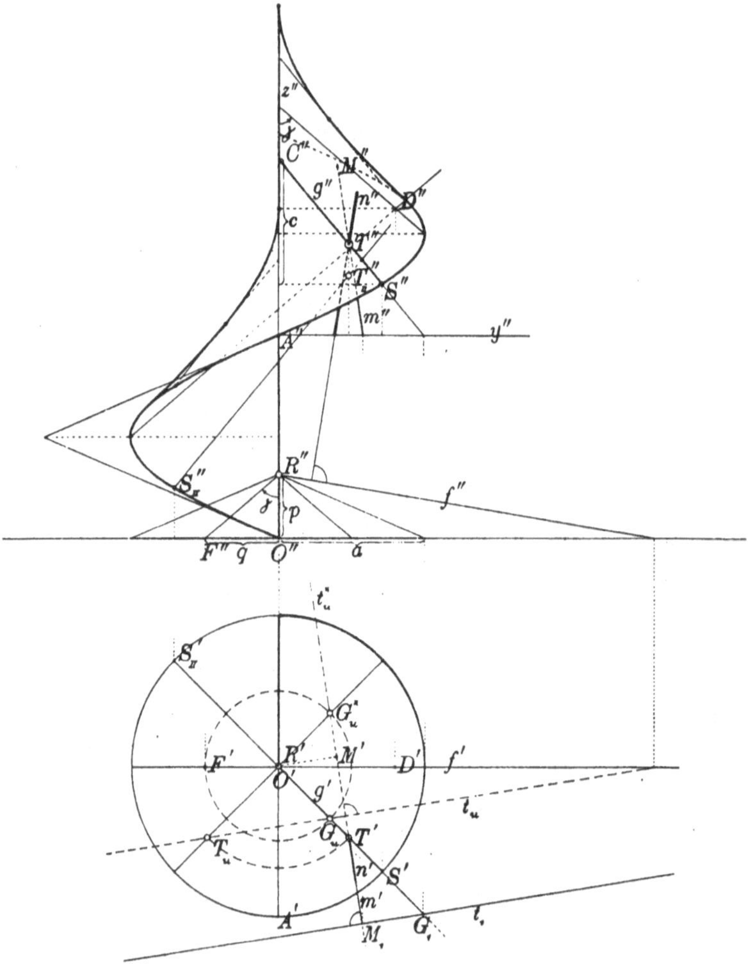

Fig. 122.

durch den zugehörigen Sehstrahl jene, welche zu z normal ist. Es ist also für diesen Zweck zuerst dieser Normalschnitt zu untersuchen (§ 47, 2).

Für die Anfangslage g_0 der Erzeugenden (Fig. 123 in schiefer Projektion) hat man die Gleichung

$$z_0 = -\frac{c}{a} x_0 + c.$$

Kommt der Punkt T_0 mit der Erzeugenden in eine allgemeine Lage T, wobei die x-Achse eine flachgängige Schraubenfläche beschreibt, so geht x_0 in $r = \sqrt{x^2 + y^2}$ über und z_0 nimmt um $p \cdot \varrho$ zu. Man erhält daher als Gleichungen der scharfgängigen Schraubenfläche:

$$x = r \cdot \cos \varrho,$$

$$y = r \cdot \sin \varrho,$$

$$z = -\frac{c}{a} r + c + p \cdot \varrho,$$

wobei wieder jedem Werte von r eine Schraubenlinie und jedem Werte von ϱ eine Erzeugende der Fläche entspricht.

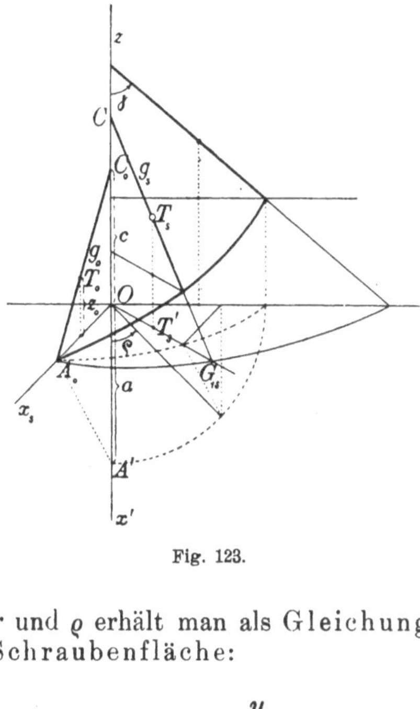

Fig. 123.

Durch Elimination von r und ϱ erhält man als Gleichung der scharfgängigen Schraubenfläche:

$$z = -\frac{c}{a} \sqrt{x^2 + y^2} + c + p \cdot \operatorname{arc\,tg} \frac{y}{x}.$$

Die scharfgängige Schraubenfläche ist eine transzendente Fläche.

2. Die Berührungsebene τ für den Flächenpunkt T ist wieder bestimmt durch die Erzeugende g und durch die Tangente t der Bahnschraubenlinie (Fig. 122). Legt man durch den Punkt R zu allen Erzeugenden Par-

allele, so erhält man einen Drehkegel, dessen Basiskreis einen Radius $O'F' = O''F'' = q$ hat, wobei

$$q = p \cdot \operatorname{tg} \gamma = p \cdot \frac{a}{c}$$

ist. Er heißt der Richtkegel der Fläche. Der Basiskreis ist der Fluchtkreis der Fläche bei Zentralprojektion aus R auf die Grundebene. Die betrachtete Erzeugende g hat auf diesem Kreise ihren Fluchtpunkt G_u; die Tangente t hat den Fluchtpunkt T_u. Die Verbindungsgerade $G_u T_u$ ist die Fluchtgerade t_u der Berührungsebene τ. Die Grundspur t_1 von τ geht durch die Grundspur G_1 der Erzeugenden parallel zu t_u.

Legt man auf die Ebene $[R t_u]$ die durch R gehende Frontale f, so ist für die Flächennormale n des Punktes T der Grundriß n' senkrecht t_u und der Aufriß n'' senkrecht f''.

Durch Drehung von $\pi/2$ um O in dem der Schraubung entsprechenden Sinne geht das rechtwinklige Dreieck $G_u O' T_u$ in $G_u^\times O' T'$ über, wobei die Drehflucht $t_u^\times$ mit dem Grundrisse n' der Flächennormalen zusammenfällt. Da nun $t_u^\times$ zugleich der Grundriß der Grattangente der Ebene τ ist, so folgt, daß die durch T gehende Fallinie m der Berührungsebene τ die Grattangente dieser Ebene ist. Der zugehörige Gratpunkt M hat als Grundriß den Fußpunkt M' der aus O' auf m' gefällten Senkrechten. Längs der Bahnschraubenlinie des Punktes T wird die scharfgängige Schraubenfläche von der Schraubentorse berührt, welche die von M beschriebene Schraubenlinie als Rückkehrkante besitzt. Die Bahntangente t und die Grattangente m sind daher konjugierte Durchmesser der Indikatrix. Da nun die Erzeugende g eine Haupttangente ist, so erhält man den Grundriß der zweiten Haupttangente als vierten harmonischen Strahl zu g' in bezug auf m' und t', indem man die Strecke $O' G_u^\times$ verdoppelt und den Endpunkt mit T' verbindet*).

*) Der Grundriß einer Haupttangentenkurve einer scharfgängigen Schraubenfläche ist daher eine Linie, für welche die Polarsubtangente stets gleich $2q$ ist, was bei der hyperbolischen Spirale mit der Gleichung $r = 2q/\varrho$ der Fall ist.[11]

Durcheilt der Punkt T die Erzeugende g, so dreht sich die Berührungsebene τ um g und bildet also ein Ebenenbüschel. Dabei bleibt der Fluchtpunkt G_u und daher auch $G_u^\times$ ungeändert. Die Grundrisse der Flächennormalen (und der Grattangenten der Berührungsebenen) für alle Punkte T einer Erzeugenden g der scharfgängigen Schraubenfläche gehen durch den Endpunkt $G_u^\times$ des zu g' im Sinne der Schraubung senkrecht gezogenen Halbmessers des Fluchtkreises.[2] Zu jeder anderen Spur t_1 durch G_1 erhält man sehr einfach T' durch Fällen der Normalen m' aus $G_u^\times$.

3. Ist t_1 senkrecht g', so rückt T' ins Unendliche und τ ist die asymptotische Ebene. Der Grundriß m' der zugehörigen Grattangente wird zur Tangente des Kreises $[O', q]$ bei $G_u^\times$. Der Kreis $[O', q]$ ist also auch der Grundriß der Rückkehrkante der asymptotischen Torse. Fällt t_1 mit g' zusammen, so erhält man die zur asymptotischen Ebene senkrechte Zentralebene und C ist der Zentralpunkt der Erzeugenden. Geht man von der Erzeugenden g zu einer benachbarten über, so hebt sich der Punkt C um dz und dreht sich g' um $d\varrho$. Dann ist der Abstand der beiden Erzeugenden $dz \cdot \sin\gamma$ und ihr Winkel $d\varrho \cdot \sin\gamma$ (I. Bd., § 27, 2), also

$$p_g = \frac{dz \cdot \sin\gamma}{d\varrho \cdot \sin\gamma} = p\,.$$

Auch bei der scharfgängigen Schraubenfläche ist der Parameter aller Erzeugenden dem Parameter der Schraubung gleich und die Schraubenachse ist wieder die Striktionslinie.

§ 47. Normalschnitt und Schnittlinie mit einem Drehkegel.

1. Die durch den Punkt A der Schraubenlinie senkrecht zu z gelegte Ebene (Fig. 124) liefert mit jeder Erzeugenden g einen Punkt G_1 der Schnittlinie. Die Spur der Tangentialebene für den Punkt G_1 ist senkrecht zum Grundrisse $G_1 G_u^\times$ der Flächennormalen und ist die Tangente g_1 der Schnittlinie. Setzt man in den

Gleichungen der Fläche $z=0$, so ergibt sich als Gleichung der Schnittlinie

$$0=-\frac{c}{a}r+c+p\varrho\,,$$

was man auch erhalten hätte, wenn man in der Gleichung für die Anfangslage g_0 der Erzeugenden gesetzt hätte: $x_0=r$, $z_0=-p\varrho$. Durch Umsetzen findet man als Gleichung des Normalschnittes in Polarkoordinaten[9]

$$r=a+q\cdot\varrho\,.$$

Der Normalschnitt einer scharfgängigen Schraubenfläche ist eine Archimedische Spirale.

Der Überschuß $(r-a)$ ist dem Polarwinkel ϱ proportioniert. Geht man von A' aus und schreitet man immer um $\varrho=\pi/_4$ vor, so ändert sich der Polarradius um

$$\frac{h}{\pi}\cdot\frac{a}{c}\cdot\frac{\pi}{4}=\frac{h}{4}\cdot\frac{a}{c}\,;\ \text{in der Zeichnung ist } S'G_1=\frac{2}{5}a.$$

Man kann also durch Auftragen dieser Strecke rasch Punkte der Spirale finden. Schreitet man von $O'A'$ im negativen Sinne vor, so hat man den Überschuß nach einwärts aufzutragen. Für

$$\varrho=-\frac{a}{q}=-\frac{c}{h}\cdot\pi \qquad \left(\text{in der Zeichnung} -\frac{5}{8}\pi\right)$$

wird $r=0$; die Archimedische Spirale geht also durch den Ursprung O'. Im weiteren Verlaufe wird der Polarradius negativ und erreicht von da aus beim Vor- und Rückschreiten um gleiche Winkel auch denselben absoluten Wert. Die Archimedische Spirale ist in bezug auf den Polstrahl s, welcher zum Winkel

$$\varrho=\frac{\pi}{2}-\frac{c}{h}\cdot\pi \qquad \left(\text{in der Zeichnung} -\frac{1}{8}\pi\right)$$

gehört, symmetrisch und hat auf ihm unendlich viele Doppelpunkte D. Die Abstände $O'D$ lassen sich auch aus dem Aufrisse entnehmen, nämlich aus den Schnittpunkten D'' der Erzeugenden, welche auf der yz-Ebene liegen. So ist für den ersten Doppelpunkt $O'D=h/_2\cdot a/c$

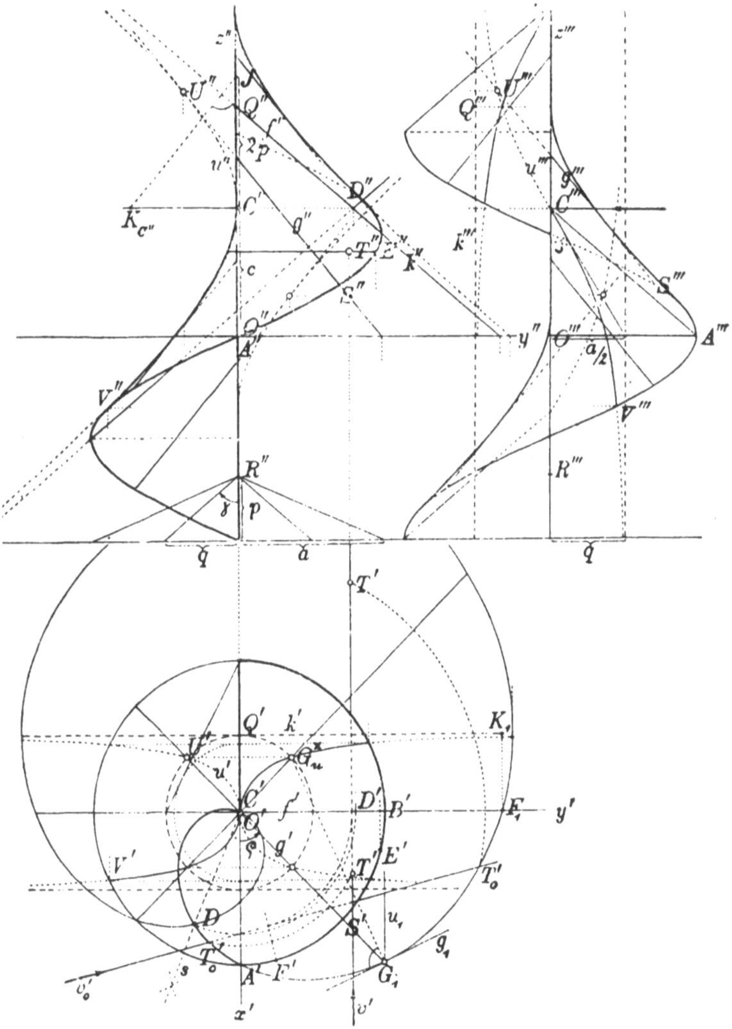

Fig. 124.

Nach der obigen Tangentenkonstruktion ist $O' G_u^{\times}$ die Polarsubnormale für den Punkt G_1 der Spirale. Die Polarsubnormale der Archimedischen Spirale ist also konstant und zwar hier gleich dem Radius q des Fluchtkreises*) (§ 43, 1). Beim hier betrachteten Teile der Fläche kommt eigentlich nur der Bogen $O'A'$ der Spirale vor.

Die asymptotische Ebene der nach rechts abwärts gehenden frontalen Erzeugenden f hat eine Grattangente k und einen Gratpunkt Q. Wenn nun die zu Q gehörige Tangentialebene des Zylinders $[z, q]$ an diesem rollt und dabei die Gerade f mit der Ebene in starrer Verbindung ist, so beschreibt bei dieser Rollung die Gerade k die asymptotische Torse und die Gerade f die scharfgängige Schraubenfläche. Hierbei rollt die Gerade k' auf dem Kreise $[O', q]$ und der Punkt F_1, welcher auf der Seite des Mittelpunktes O' im Abstande q von k' liegt, beschreibt die Schnittlinie der Fläche mit der xy-Ebene. Die Archimedische Spirale ist also ein besonderer Fall einer verallgemeinerten Kreisevolvente (§ 43, 3).

2. Ist der Aufriß T'' eines Flächenpunktes T gegeben (§ 46, 1), so ist dadurch der Sehstrahl v (Grundriß v') bekannt und man hat nur die Schnittpunkte der Geraden v mit der Fläche zu suchen. Man legt durch v die zu z normale Ebene. Die Schnittlinie ist eine der früher konstruierten kongruente Archimedische Spirale, für welche man den Punkt E der Randlinie unmittelbar erhält. Man denkt sich nun die Schnittlinie samt der Geraden v zurückgeschraubt, bis der Punkt E nach A kommt. Man überträgt den Bogen $A'E'$ nach $B'F'$ und zieht zu $O'F'$ die Senkrechte v'_0 im gleichen Abstande von O' wie v'. Die gezeichnete Spirale liefert dann mit v'_0 die Schnittpunkte T'_0, woraus man durch Vordrehen die Grundrisse T' der möglichen Flächenpunkte findet. So weit die Spirale gezeichnet ist, ergeben sich hier zwei Flächenpunkte T und von diesen liegt nur einer auf dem abgebildeten Flächenteile.

3. Eine scharfgängige Schraubenfläche und ein Drehkegel, welcher den Punkt C_0, in dem die Anfangslage g_0 der Erzeugenden die Schraubenachse schneidet, als Spitze, sowie die Schraubenachse als Drehachse hat und dessen Erzeugende e mit der Achse den Winkel β bilden, ergeben eine Schnittlinie (Fig. 125). Jede Achsenebene

*) Durch Rechnung ergibt sie sich als $dr/d\varrho = q$.

schneidet beide Flächen nach Erzeugenden, deren Schnittpunkte T der Schnittlinie angehören. Legt man durch den Schnittpunkt T der Erzeugenden e und g eine Senkrechte h zur z-Achse, so hat T einen Abstand r_s von der Achse und eine Höhe z_s über C_0, während C die Höhe z besitzt. Aus dem Dreiecke C_0CT folgt:

$$r_s(\operatorname{cotg}\beta + \operatorname{cotg}\gamma) = z,$$

$$r_s = \frac{p}{\operatorname{cotg}\beta + \operatorname{cotg}\gamma}\cdot\varrho\ ;$$

$$z_s = \frac{p\operatorname{cotg}\beta}{\operatorname{cotg}\beta + \operatorname{cotg}\gamma}\cdot\varrho\,.$$

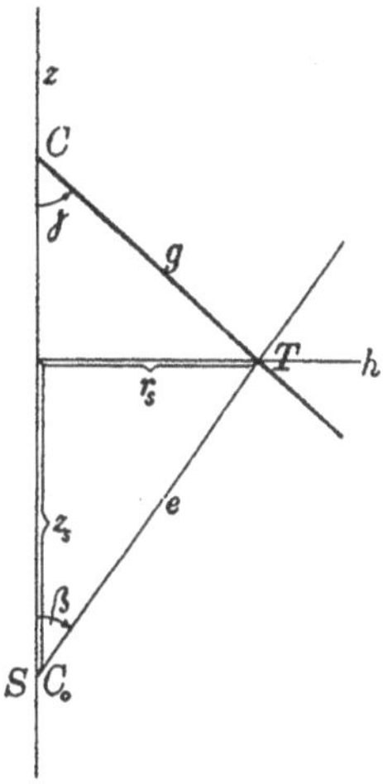

Fig. 125.

Daraus ist zu ersehen, daß die Gerade h wieder eine Schraubenbewegung ausführt, aber mit einem anderen Parameter. Sie erzeugt also eine flachgängige Schraubenfläche. Die gesuchte Schnittlinie ist daher wieder eine konische Spirale[12]; Grundriß und Abwicklung sind Archimedische Spiralen. Für $\beta = \pi/_2$ erhält man wieder den Normalschnitt und für $\gamma = \pi/_2$ wird die Schraubenfläche flachgängig.

§ 48. Umriß für den Aufriß.

1. Es soll nun der wahre Umriß u für den Aufriß der scharfgängigen Schraubenfläche untersucht werden (Fig. 124). Die Berührungsebene, welche durch eine Erzeugende g geht und zur Aufrißebene senkrecht ist, hat g'' als Aufrißspur und die zur y-Achse normale Gerade u_1 als Grundspur. Zieht man durch die zur Erzeugenden g gehörige Drehflucht $G_u^\times$ eine Horizontale (Senkrechte zu u_1) als Grundriß der zugehörigen Flächennormalen (oder Grattangente der Berührungsebene), so schneidet sie g' im Grundrisse U' des Berührungspunktes U, woraus sich durch einen Ordner der Aufriß U'' auf g'' ergibt. Hiermit hat man einen Punkt U des wahren Umrisses u der Fläche für den Aufriß gefunden. Der scheinbare

Umriß u'' der Fläche hat die Geraden g'' als Tangenten und die zugehörigen Punkte U'' als Berührungspunkte. Bei U wird die betreffende Erzeugende unsichtbar. Zu einem g' gehören auf jedem Gange zwei Erzeugende g, also auch zwei Punkte $G_u^\times$, nämlich die Endpunkte des zu g' senkrechten Durchmessers des Kreises $[O', q]$. Zu jedem g' findet man somit zwei Punkte U'; der zweite Punkt U'' liegt auf dem Aufrisse der zweiten Erzeugenden des Ganges.

Kommt g' nach x', so werden die beiden Punkte U' benachbart bei O'. Für den Grundriß u' der Umrißlinie ist O' ein Selbstberührungspunkt mit x' als zugehöriger Tangente (I. Bd., § 26, 2). Zieht man bei U' eine Senkrechte zu $O'U'$, so schneidet sie y' in einem Punkte, welcher von O' einen Abstand hat, der gleich $G_u^\times U'$ ist. Dieser Abstand ist dann der Durchmesser eines Kreises, welcher u' bei O' berührt und auch durch U' geht. Im Grenzfalle $g' = x'$ wird $G_u^\times U'$, also auch der Durchmesser gleich q und der Kreis geht dabei in den Krümmungskreis über. Der Halbmesser des Krümmungskreises für den Scheitel O' des Grundrisses u' der Umrißlinie ist $q/_2$. Die xz-Ebene hat die Zentralpunkte C ihrer Erzeugenden als Berührungspunkte.

2. Kommt g' nach y', so rücken die Punkte U' ins Unendliche. Die Tangente bei Q' (und dem diametralen Punkte) an den Kreis $[O', q]$ wird zur Wendeasymptote k'. Die Grattangenten k der zur Aufrißebene senkrechten asymptotischen Ebenen sind Asymptoten des wahren Umrisses u der Fläche.

Der scheinbare Umriß u'' der scharfgängigen Schraubenfläche besteht aus unendlich vielen hyperbelartigen Ästen, welche die Punkte C'' als Scheitel, z'' als Scheiteltangente und den Aufriß k'' der Grattangenten k (zugleich Aufriß der Erzeugenden, welche auf der yz-Ebene liegen) als Asymptoten besitzen. Dabei befindet sich eine Reihe von Punkten D' mit dem Scheitel C'' auf derselben Horizontalen.

Der Kreuzriß u''' der Umrißlinie besteht aus unendlich vielen Ästen, welche die Punkte C''' als Wendepunkte und die beiden Geraden k''' als Asymptoten besitzen.

Für jeden Berührungspunkt C der xz-Ebene kennt man beide Haupttangenten, nämlich g_0 und z. Die Tangente des wahren Umrisses im Punkte C ist also der vierte harmonische Strahl zum Sehstrahle in bezug auf die Strahlen g_0 und z. Sie geht daher durch den Halbierungspunkt der Strecke $OA = a$ und bildet ebenso wie die zugehörige Schmiegungsebene mit z den Winkel σ, welcher im Kreuzrisse in wahrer Größe erscheint und für welchen $\operatorname{tg}\sigma = a/_2 : c$ ist. Nennt man die Krümmungshalbmesser für C, C', C'' beziehungsweise k, k_1, k_2, so ist nach Früherem (I. Bd., § 29, 2)

$$\frac{k_1}{k} = \sin\sigma^2, \quad \frac{k_2}{k} = \cos\sigma^2; \quad \frac{k_1}{k_2} = \operatorname{tg}\sigma^2.$$

Aus $k_1 = q/_2$ folgt dann

$$k_2 = 2p \cdot \frac{c}{a}.$$

Macht man $C''J = 2p$ und fällt man von J die Senkrechte zur Asymptote k'', so erhält man den Krümmungsmittelpunkt $K_{C''}$ für den Scheitel C'' von u''.

Der Grundriß u' der Umrißlinie schneidet den Grundriß der Randschraubenlinie in Punkten V', welche man erhält, indem man das Dreieck $O'S'G_u^\times$ so lange dreht, bis die Hypotenuse senkrecht zu u_1 wird, was in zwei Lagen eintritt. In den zugehörigen Punkten V'' berührt der scheinbare Umriß u'' den Aufriß der Randschraubenlinie.

3. Aus dem Dreiecke $O'G_u^\times U'$, welches zur Konstruktion von Punkten U' dient, findet man als Polargleichung des Grundrisses u' der Umrißlinie

$$r = -q \cdot \operatorname{tg}\varrho.$$

Ersetzt man die Polarkoordinaten durch rechtwinklige, so erhält man die Gleichung

$$x^2(x^2 + y^2) - q^2 y^2 = 0.$$

Der Grundriß u' des wahren Umrisses der scharfgängigen Schraubenfläche für den Aufriß ist eine Linie vierter Ordnung, welche Kappakurve heißt.

Zum Punkte U'' ergeben sich aus der obigen Polargleichung von u' und aus der Gleichung der Fläche die Koordinaten:

$$y = -q \operatorname{tg} \varrho \sin \varrho$$

$$z = c + p \cdot \varrho + p \cdot \operatorname{tg} \varrho .$$

Dies sind die Gleichungen des scheinbaren Umrisses u''. Er ist eine transzendente Linie.

Man kann den scheinbaren Umriß u'' auch dazu benützen, um zum Aufrisse T'' eines Flächenpunktes T den Grundriß T' zu finden (§ 47, 2). Aus dem früher gewählten Punkte T'' gehen an die drei gezeichneten Äste des Umrisses u'' zwei reelle Tangenten, welche man als Aufrisse g'' von Erzeugenden betrachten kann. Auf den zugehörigen Grundrissen g' liegen wieder die zwei möglichen Punkte T'.

§ 49. Scharfgängige Schraubenfläche in Parallelbeleuchtung.[2 und 10]

1. Eine scharfgängige Schraubenfläche sei im Grund-, Auf- und Kreuzrisse abgebildet (Fig. 126) und der Parameter $OR = p$ konstruiert. Nun sollen Lichtstrahlen parallel zur Aufrißebene einfallen, so daß sie gegen die Grundebene den Einfallswinkel ε bilden, der zunächst größer als γ sei. Der Lichtstrahl l, welcher durch den Punkt R geht, ergibt den Fluchtpunkt L_u der Lichtstrahlen. Jede Gerade, welche durch L_u geht, ist die Fluchtgerade t_u von Berührungsebenen τ, welche zu den Lichtstrahlen parallel sind. Die Fluchtgerade t_u schneidet den Fluchtkreis $[O', q]$ in den Fluchtpunkten G_{Iu}, G_{IIu} von Erzeugenden g_I, g_{II}, welche zur Ebene $[R t_u]$ parallel sind. Dreht man die Fluchtgerade t_u in dem der Schraubung entsprechenden Sinne um $\pi/_2$, so wird sie der Grundriß t' der Grattangenten der zu l parallelen Berührungsebenen τ und schneidet g'_I, g'_{II} in den Grundrissen P'_I, P'_{II} von Punkten, welche der Lichtgrenze angehören. Die Aufrisse P''_I, P''_{II} liegen auf g''_I, g''_{II} und die Kreuzrisse P'''_I, P'''_{II} auf g'''_I, g'''_{II}. Durch die angegebene Drehung geht der Fluchtpunkt L_u in die Drehflucht $L_u^\times$, ferner G_{Iu}, G_{IIu} in die Drehfluchten $G_{Iu}^\times$, $G_{IIu}^\times$ der Erzeugenden g_I und g_{II} über. Es ergibt sich also ein einfaches Bildungsgesetz für den Grundriß der Lichtgrenze. Man zieht durch $L_u^\times$ eine Gerade t', welche den Fluchtkreis $[O', q]$ in den Punkten $G_{Iu}^\times$, $G_{IIu}^\times$ schneidet, zieht

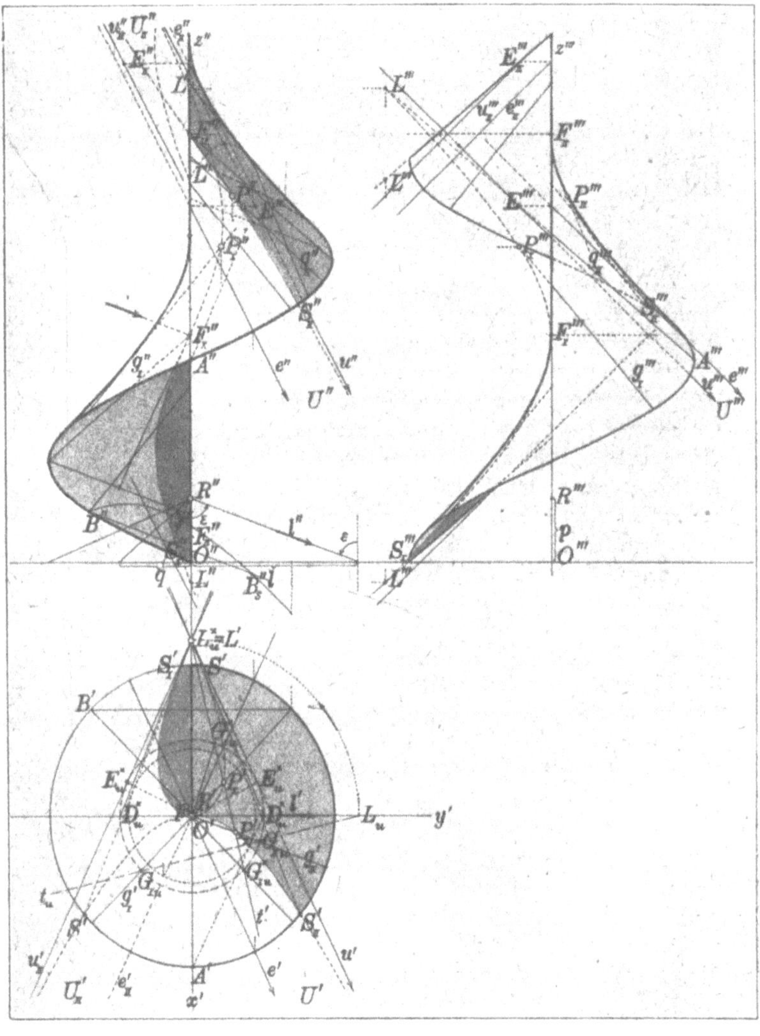

Fig. 126.

dann g'_I senkrecht zu $O'G^{\times}_{Iu}$ und g'_{II} senkrecht zu $O'G^{\times}_{IIu}$. Die Geraden g'_I, g'_{II} schneiden t' in den Grundrissen P'_I, P'_{II} von Punkten der Lichtgrenze der Fläche. Geht die Gerade t' in eine der beiden Tangenten u' über, welche man aus $L^{\times}_u$ an den Fluchtkreis $[O', q]$ ziehen kann, so werden die beiden Schnittpunkte $G^{\times}_{Iu}$, $G^{\times}_{IIu}$ benachbart bei $E^{\times}_u$. Die Geraden g'_I, g'_{II} werden benachbart in e' und treffen u' in benachbarten uneigentlichen Punkten U', so daß die beiden Geraden u' Asymptoten für den Grundriß der Lichtgrenze sind. Aus dem Grundrisse u' der Grattangente der asymptotischen Ebene der Erzeugenden e (Gratpunkt E) findet man leicht den Aufriß u'' und den Kreuzriß u''' der Asymptote u der Lichtgrenze.

Geht man von einem g' aus, so zieht man den zu g' senkrechten Durchmesser des Fluchtkreises $[O', q]$ und verbindet seine Endpunkte $G^{\times}_u$ mit $L^{\times}_u$. Die Schnittpunkte dieser Verbindungstrahlen mit g' sind zwei Punkte P' für den Grundriß der Lichtgrenze. Kommt g' nach x', so rücken diese beiden Punkte nach $L^{\times}_u$. Es ist also $L^{\times}_u$ der Grundriß L' von zwei Punkten L eines Astes der Lichtgrenze. Für den Grundriß der Lichtgrenze ist L' ein Doppelpunkt und die Verbindungsgeraden von L' mit den Endpunkten $D^{\times}_u$ des zu x' senkrechten Durchmessers des Fluchtkreises sind die zugehörigen Doppelpunktstangenten. Die Aufrisse L'' ergeben sich aus den Kreuzrissen L'''. Kommt g' nach y', so werden die beiden Punkte P' bei O' benachbart und y' ist also die Tangente bei O'. Es erweist sich O' als ein Selbstberührungspunkt (I. Bd., § 26, 2) für den Grundriß der Lichtgrenze. Errichtet man in P'_I eine Senkrechte zu $O'P'_I$ bis zum Schnitte mit x', so erhält man den Durchmesser des Kreises, welcher y' bei O' berührt und durch P'_I geht. Er verhält sich zu $O'L' = l$ wie $P'_I G^{\times}_{Iu} : L' G^{\times}_{Iu}$. Für P'_{II} ist das Verhältnis gleich $P'_{II} G^{\times}_{IIu} : L' G^{\times}_{IIu}$. Im Grenzfalle, wo P'_I und P'_{II} nach O' rücken, wird das Verhältnis gleich $q : (l \pm q)$ und man erhält die Durchmesser der Krümmungskreise. Die Halbmesser der beiden Krümmungskreise für den Punkt O' des Grundrisses der Lichtgrenze sind:

$$k_1 = \frac{l}{2} \cdot \frac{q}{l \pm q}.$$

2. Zu O' gehören im Raume die Achsenschnittpunkte F_I, F_{II} der frontalen Erzeugenden. Sie erscheinen im Aufrisse als Wendepunkte von zwei verschiedenen, sich abwechselnd wiederholenden Ästen, von welchen der eine zur Schlinge und der andere zum hyperbelartigen Aste des Grundrisses gehört. Die zugehörige Wendetangente kann als vierter harmonischer Strahl zur Lichtstrahlrichtung in bezug auf z und die jeweilige frontale Erzeugende gefunden werden. Die Kreuzrisse F_I''', F_{II}''' sind Scheitel von hyperbelartigen Ästen. Von jedem Aste der Lichtgrenze bezieht sich die eine Hälfte auf den hier in Betracht gezogenen, nach abwärts gerichteten Flächenteil, die andere Hälfte dagegen auf den nach aufwärts geöffneten Flächenteil.

Um die Punkte S' zu finden, welche auf dem Grundrisse einer Bahnschraubenlinie (z. B. der Randschraubenlinie) liegen, zeichnet man den Grundriß $A'D_u^\times$ der zur Berührungsebene von A gehörigen Grattangente. Der Kreis mit dem Mittelpunkte O', welcher $A'D_u^\times$ berührt, ist der Grundriß der Gratlinie der Schraubentorse, welche die Fläche längs der betrachteten Schraubenlinie berührt*). Die Tangenten aus L' an diesen Kreis schneiden den Grundriß der Bahnschraubenlinie in vier Punkten S'. Nur zwei von den Punkten S, nämlich S_I und S_{II} gehören zu dem nach abwärts gehenden Flächenteile, während die beiden anderen zu dem nach aufwärts geöffneten Teile der Fläche gehören.

Fällt man aus $G_{IIu}^\times$ und P_{II}' Senkrechte zu x', so erhält man aus der Ähnlichkeit der rechtwinkligen Dreiecke für den Punkt P_{II}' in den Polarkoordinaten r, ϱ die folgende Beziehung:

$$\frac{r \sin\varrho}{q \cos\varrho} = \frac{l + r\cos\varrho}{l - q\sin\varrho}.$$

Daraus erhält man die Polargleichung des Grundrisses der Lichtgrenze:

$$r = \frac{l q \cos\varrho}{l \sin\varrho - q}.$$

*) Zwischen dem Radius a der Bahnschraubenlinie und dem Radius r der zugehörigen Gratschraubenlinie besteht die Beziehung:

$$r = \frac{aq}{\sqrt{a^2 + q^2}}.$$

Ersetzt man die Polarkoordinaten durch rechtwinklige, so findet man:

$$l^2(x^2+y^2)y^2-q^2(lx+x^2+y^2)^2=0.$$

Der Grundriß der Lichtgrenze einer scharfgängigen Schraubenfläche ist eine Linie vierter Ordnung mit drei Doppelpunkten, von welchen zwei sich bei O' zu einem Selbstberührungspunkte vereinigen. Die beiden über den Doppelpunkt L' hinausreichenden Teile der Linie besitzen noch je eine Wendetangente (ihre Konstruktion ist eine Aufgabe dritten Grades). Erst nach der Wendestelle kehrt die Linie die konvexe Seite der Asymptote u' zu.[13]

An den Bogen $F_I S_I$ der Lichtgrenze schließt sich auf der Unterseite der Fläche Schlagschatten an, welcher vom Schlagschatten der Randschraubenlinie begrenzt wird. Punkte dieser bei S_I beginnenden Schattenlinie kann man finden, indem man durch einen Punkt B der Randlinie den Lichtstrahl und eine zu $[lz]$ parallele Ebene legt. Die Schnittlinie der Fläche mit dieser Ebene wird vom Lichtstrahle in einem Punkte B_s der Schattenlinie getroffen.

3. Die Annahme $\varepsilon > \gamma$ hat als einen Grenzfall $\varepsilon = \pi/_2$, also $l = \infty$, welcher schon bei der Umrißbestimmung untersucht wurde. Der Grundriß der Lichtgrenze geht dabei in die Kappakurve über und die beiden Äste der Projektionen der Lichtgrenze werden entgegengesetzt gleich.

In dem anderen Grenzfalle $\varepsilon = \gamma$, also $l = q$ geht die eine Art von Ästen der Lichtgrenze in jene Erzeugenden über, welche die Richtung der Lichtstrahlen haben. Im Grundriß (Fig. 127) fällt hier $L_u^\times$ auf den Fluchtkreis $|O', q|$, daher ergibt jeder Strahl aus $L_u^\times = L'$ nur einen veränderlichen Schnittpunkt $G_{Iu}^\times$, während $G_{IIu}^\times$ immer mit $L_u^\times$ und g'_{II} mit y' zusammenfällt, so daß der Punkt P'_{II} immer auf der Geraden y' liegt. Der hyperbelartige Ast des Grundrisses geht eben hier in die Gerade y' über. Setzt man in der vorhin gefundenen Gleichung $l = q$, so verschwinden die Glieder mit y^4 und die Gleichung zerfällt dann in

$$x = 0 \quad \text{und} \quad (x^2+y^2)(x+2q)+q^2x=0.$$

Die Linie vierter Ordnung besteht also aus der y-Achse und einer Linie dritter Ordnung, welche Strophoide heißt. Ihre Doppelpunktstangenten sind zueinander senk-

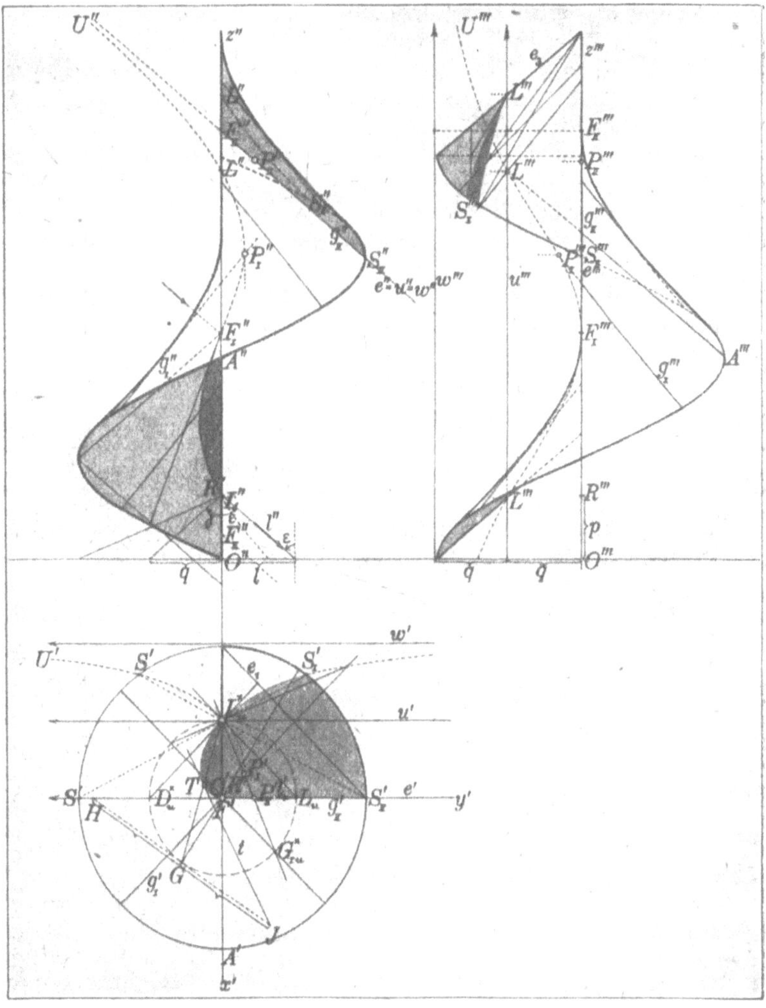

Fig. 127.

recht. Die beiden Wendetangenten vereinigen sich hier zu einer Wendeasymptote w', welche im Abstande $x = -2q$ zu $e' = y'$ parallel ist.[13] Die beiden früheren Asymptoten vereinigen sich zu einer Geraden u', welche durch den neu auftretenden, uneigentlichen Doppelpunkt U' geht. Es ist sofort zu sehen, daß $G^{\times}_{Iu} P'_{II} = L^{\times}_{u} P'_{I}$ ist, was zur Konstruktion der Strophoide benützt werden kann. Dreht sich der Strahl um $L^{\times}_{u}$, so geht $G^{\times}_{Iu}$ in eine neue Lage auf dem Kreise $[O', q]$ und P'_I in eine neue Lage auf der Linie über. Die Kreissehne ist dann die Basis eines Dreieckes mit der Spitze in $L^{\times}_{u}$, für welches y' und die Liniensehne reziproke Transversalen sind, welche auf der Basis gleiche Strecken abschneiden (I. Bd., § 32, 2). Durch Übergang zur Grenze erhält man daraus eine Tangentenkonstruktion. Sucht man zu einem Punkte G des Kreises $[O', q]$ den entsprechenden Punkt T der Linie und macht man auf der Kreistangente die Strecke $GH = GJ$, so ist JT die Tangente t für den Punkt T der Strophoide.

Der Krümmungsradius für den Scheitel O' der Strophoide ist $k_1 = q/_4$. Das Dreieck, welches zur Konstruktion der Wendetangente für den Punkt F''_I dient, ist hier gleichschenklig; daher wird die Strecke a von der Wendetangente im Schwerpunkte geschnitten, so daß

$$\operatorname{tg} \sigma = a/_3 : c$$

ist. Aus

$$k_1 : k_3 = \operatorname{tg} \sigma^2$$

erhält man den Krümmungsradius für den Scheitel F'''_I:

$$k_3 = \left(2p + \frac{p}{4}\right) \cdot \frac{c}{a}.$$

Von den vier Punkten S', welche auf dem Grundrisse einer Bahnschraubenlinie (z. B. der Randschraubenlinie) sich ergeben, müssen zwei auf y' liegen. Verbindet man diese zwei Endpunkte des auf y' liegenden Durchmessers mit $L^{\times}_{u}$, so ergeben die Verbindungsgeraden die beiden anderen Punkte S' und S'_I, was wieder zur Konstruktion der Strophoide benützt werden kann. Die Tangente der Lichtgrenze für den Punkt L liegt auf der Berührungsebene $\varepsilon\ (e_1, e_3)$, so daß man den Kreuzriß aus dem Grundrisse finden kann. Die Tangente des Schlagschattens der Randerzeugenden e_3 ist die zweite Haupttangente des Punktes L, also auch auf der Berührungsebene ε liegend.

4. Als zweiter Hauptfall sei nun $\varepsilon < \gamma$ angenommen (Fig. 128), so daß $l < q$ ist. Jeder Strahl t' aus $L_u^\times$ liefert wie früher zwei Punkte P_I und P_{II} der Lichtgrenze. Die uneigentlichen Punkte U' sind hier imaginär und der Grundriß der Lichtgrenze ist daher eine geschlossene Linie. Die Raumkurve selbst ist schraubenlinienartig; doch sind die beiden zwischen den drei Punkten L liegenden Gänge ungleich hoch und der erste zur engen Schlinge, der zweite zur weiteren Schlinge gehörig. Dabei entsteht im Kreuzriß eine Schlinge und ein Doppelpunkt. Wenn aber $l = q/_2$ ist, dann ist die Tangente für F_{II} ein Sehstrahl und F_{II}''' wird ein Rückkehrpunkt; für $l < q/_2$ ist bei F_{II}''' ein Scheitel wie bei F_I''' (der Doppelpunkt ist isoliert). Im Grenzfalle $q = \infty$, nämlich bei der Wendelfläche, wird die Lichtgrenze wirklich eine Schraubenlinie von halber Ganghöhe.

Man kann wie früher die Punkte S' finden, welche auf dem Grundrisse einer Bahnschraubenlinie, z. B. auf dem Kreise $[O', q]$ liegen. Die beiden Tangenten aus $L_u^\times$, welche die Punkte S' ergeben, werden benachbart und parallel zu y', wenn der Kreis durch $L_u^\times$ geht. Zieht man also aus dem untersten Punkte des Kreises $[O', q]$ die Tangente an den Kreis $[O', l]$, so schneidet sie y' in dem Punkte, durch welchen der entsprechende Kreis mit dem Mittelpunkte O' geht. Dieser Kreis wird vom Grundrisse der Lichtgrenze in zwei Punkten S' berührt, so daß er die ganze Linie einschließt. In den zwei Punkten S stimmt die Tangente der Lichtgrenze mit der Bahntangente überein.

In diesem Falle ist für den Grundriß der Lichtgrenze eine reelle Doppeltangente vorhanden, die parallel zu l' ist. Ihre Berührungspunkte J' sind die Grundrisse von solchen Punkten J der Lichtgrenze, für welche die Tangente ein Lichtstrahl und daher die zweite Haupttangente der Fläche für J ist.[14]

Auf der Oberseite der Fläche schließt sich Schlagschatten an den Bogen $F_{II}J$ der Lichtgrenze an. Von F_{II}

aus fällt der Schlagschatten der z-Achse auf die frontale Erzeugende und bei J beginnt (die Lichtgrenze berührend) der Schlagschatten des Bogens LJ der Lichtgrenze.

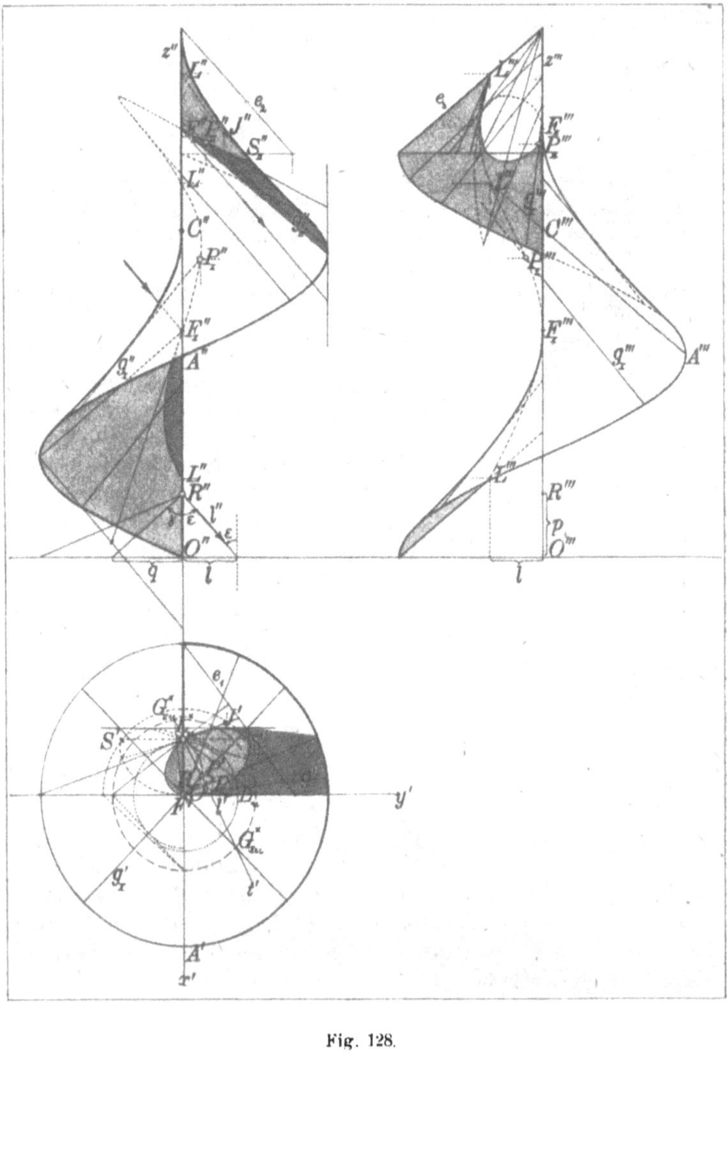

Fig. 128.

Auf der Unterseite schließt sich Schlagschatten an den Bogen $F_I L$ an. Beim oberen Punkte L beginnt der Schatten der Randerzeugenden, welchen man als Schnittlinie der Lichtstrahlebene ε (e_1, e_2, e_3) mit der Fläche finden kann, wobei einige Hilfsebenen durch z benützt werden können. Die Tangente der Lichtgrenze für L liegt auf der Ebene ε; es kann daher aus dem Grundrisse der Aufriß und Kreuzriß leicht gefunden werden. Die Tangente der Schlagschattenlinie für L ist die zweite Haupttangente für L. Der Grundriß der letzteren ist die Verbindungsgerade von $L_u^{\times}$ mit dem Punkte, welcher um $2q$ von O' nach links liegt.

§ 50. Axonometrische Abbildung.

Nach Annahme der Neigung ν und Drehung ϱ des Achsensystemes (Fig. 129) wird die Ganghöhe $2h$ auf z^0 aufgetragen*) und daraus der Parameter $O^0 R^0 = p$ konstruiert. Die Teilung der Ganghöhe wird mit Hilfe von z^0, jene des Grundkreises von A' aus mit Hilfe einer Umlegung um den zur Bildebene parallelen Durchmesser vorgenommen und dann das Bild der Randschraubenlinie (eine der geschlungenen Zykloide affine Linie) hergestellt. Durch Auftragen des Bildes der Strecke c von den entsprechenden Punkten der z-Achse aus und Verbinden der Endpunkte C_a mit den zugehörigen Punkten A_a des Bildes der Randschraubenlinie erhält man die Bilder g_a von einzelnen Erzeugenden. Diese Bilder sind schon Tangenten des scheinbaren Umrisses der Fläche. Um auch die Berührungspunkte zu finden, suchen wir den Grundriß der Umrißlinie. Zieht man durch R^0 eine Gerade unter dem Winkel γ, welchen die Erzeugenden mit der z-Achse bilden, so erhält man den Radius q des Fluchtkreises der Fläche. Zieht man durch R^0 den umgelegten Sehstrahl l^0, so erhält man den Punkt L_u^0 und die Strecke l, welche von O_a bis L_a' auf der Horizontalen aufzutragen ist. In der Umlegung kann man nun aus dem Kreise $[O_a, q]$ und dem Punkte L_a' den Grundriß der Umrißlinie wie früher konstruieren. Z. B. auf der Geraden x'

*) In der Figur 129 sind links die Buchstaben z_a und z^0 verwechselt.

ergeben sich die beiden Punkte $P'_I P'_{II}$. Man kann schon durch diese umgelegten Punkte die Ordner ziehen, um P_{Ia} auf g_a und P_{IIa} auf der um die halbe Ganghöhe tiefer oder höher liegenden Erzeugenden zu erhalten. Es ist dann P_{Ia} der Berührungspunkt der Tangente g_a des scheinbaren Umrisses der Fläche. Geht man von g_a

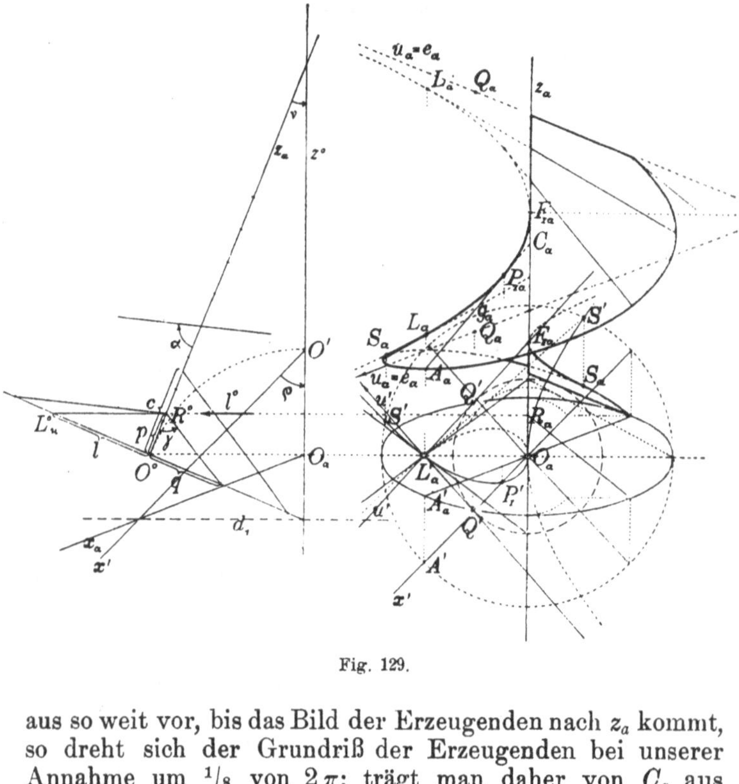

Fig. 129.

aus so weit vor, bis das Bild der Erzeugenden nach z_a kommt, so dreht sich der Grundriß der Erzeugenden bei unserer Annahme um $^1/_8$ von 2π; trägt man daher von C_a aus ein Achtel des Bildes der Ganghöhe auf, so erhält man den Scheitel F_{Ia} des scheinbaren Umrisses. Analog erhält man den Scheitel F_{IIa} des zweiten zu einem Gange gehörigen Astes des scheinbaren Umrisses. Ebenso kann man die Erzeugenden finden, auf welchen die Punkte L liegen. Die Tangenten, welche man aus L'_a an den Kreis $[O_a, q]$ legen kann, sind die Grundrisse u' der Asymptoten u der Umrißlinie. Jede Gerade u ist auch die Grattangente der asymptotischen Ebene der Erzeugenden e, welche zu u parallel ist, und berührt die Rückkehrkante der asymptotischen Torse in einem Punkte Q. Die asymptotische Ebene ist Berührungsebene der Schraubenfläche im uneigentlichen Punkte der Umrißlinie, also zur Bildebene normal; es fällt daher u_a mit e_a zusammen. Die Geraden $u_a = e_a$ sind dann die Asymptoten des scheinbaren Umrisses. Sie sind auch Wendetangenten für das Bild der Rückkehrkante der asymptotischen Torse und Q_a sind die zugehörigen Wendepunkte. Bei den Bildern S_a der Punkte S, welche auf der Randschraubenlinie liegen, muß das Bild der letzteren den scheinbaren Umriß berühren. Das Bild der durch die Punkte L gehenden Schraubenlinie hat die Punkte L_a als Rückkehrpunkte.

Im Grenzfalle $\nu = (\pi/_2 - \gamma)$ reduziert sich der zweite Ast des scheinbaren Umrisses auf das Strahlbüschel F_{IIa}, denn die durch F_{II} gehende Erzeugende e ist da ein Sehstrahl und bildet einen Teil des wahren Umrisses. Die zu e im Abstande $2\,q$ parallele Asymptote w, deren Grundriß die Asymptote w' der Strophoide ist, erscheint als Rückkehrpunkt des scheinbaren Umrisses. Für $\nu > (\pi/_2 - \gamma)$ sind F_{Ia} und F_{IIa} Scheitel zweier verschieden großer Bogen, welche sich mit zwei Rückkehrpunkten für jeden Gang aneinanderreihen. Diese zwei Bogen werden im Grenzfalle $q = \infty$ (Wendelfläche) gleich.

§ 51. Abbildung von Schrauben.

1. Wird in einen Drehzylinder vom Durchmesser d eine Schraubennut bis in eine Tiefe t (ungefähr $d/_{10}$) eingeschnitten, so entsteht eine Schraubenspindel, deren Hauptschnitt sägeförmig eine Folge von Zahn und Lücke aufweist. Der Kerndurchmesser d_1 ist dann um $2\,t$ kleiner als der äußere Gewindedurchmesser d. Die Schraubenmutter ist ein Körper, welcher einen Hohlzylinder vom Durchmesser d_1 als innere Begrenzung aufweist und in welchen ein Gewinde so eingeschnitten ist, daß die Erhabenheiten der Spindel in die Vertiefungen der Mutter passen. Aus Gründen der Festigkeit beider Teile bekommen Zahn und Lücke entgegengesetzt gleiche

Form. Es kommt dabei fast ausschließlich die rechtsgängige Schraubung vor.

Für Bewegungsschrauben wird gewöhnlich ein flaches Gewinde benützt. Zahn und Lücke haben da die Form eines Rechteckes mit den Seiten b und t. Die beiden Seiten t, welche zur Schraubenachse normal sind, beschreiben Teile von flachgängigen Schraubenflächen, welche mit Teilen des äußeren Zylinders den Schraubenkörper begrenzen. Bei der eingängigen Spindel müssen Zahn und Lücke zusammen die Ganghöhe $2h$ ausmachen; daher entfällt auf jedes die Breite $b = h$. Häufig wählt man $h = t$, so daß Zahn

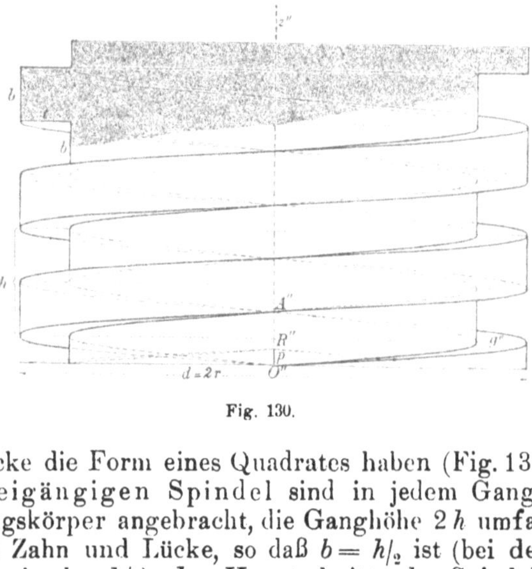

Fig. 130.

und Lücke die Form eines Quadrates haben (Fig. 130). Bei der zweigängigen Spindel sind in jedem Gange zwei Windungskörper angebracht, die Ganghöhe $2h$ umfaßt also zweimal Zahn und Lücke, so daß $b = h/_2$ ist (bei der dreigängigen ist $b = h/_3$). Im Hauptschnitte der Spindel erhält man den Zahnschnitt der einen Seite aus jenem der anderen Seite durch Umlegung um z'' und Verschiebung um die halbe Ganghöhe h. Daraus ergibt sich, daß bei der eingängigen und dreigängigen Spindel auf der einen Seite ein Zahn ist, wo in gleicher Höhe auf der anderen Seite eine Lücke sich befindet; dagegen ist bei der zweigängigen auf beiden Seiten in gleicher Höhe ein Zahn. Bei der eingängigen Spindel kommt nur eine einzige Schraubenfläche vor. Der auf der einen Seite von z liegende Teil der Erzeugenden g beschreibt bei der Bewegung die obere Begrenzung des Windungskörpers; der auf der anderen Seite von z liegende Teil der Erzeugenden beschreibt die untere Begrenzung. Bei der zweigängigen Spindel kommen zwei Flächen vor; die eine bildet die obere, die andere die untere Begrenzung. Bei der dreigängigen Spindel bildet wieder jede der drei Flächen auf der einen Seite von z die obere, auf der anderen Seite von z die untere Begrenzung der drei Windungskörper.

Ist der Hauptschnitt der Spindel nach diesen Angaben den üblichen Abmessungen entsprechend gezeichnet, so sucht man aus der Ganghöhe $2h$ den Parameter $O'' R'' = p$. Auf der Erzeugenden, welche zur Aufrißebene normal ist und in O'' erscheint, liegen vorne und rückwärts je zwei Eckpunkte von Quadraten. Diese Punkte beschreiben bei der Bewegung vier Schraubenlinien. Um den Aufriß dieser vier Linien zu zeichnen, sucht man zunächst die Punkte auf z'', indem man die halbe Ganghöhe $O'' A'' = h$ wiederholt aufträgt. Dann zieht man durch diese Punkte parallel zu den Umrißerzeugenden der Richtkegel die Wendetangenten, welche wegen der verhältnismäßig kleinen Ganghöhe sich so sehr an die Aufrisse der Schraubenlinien anschmiegen, daß große Stücke beim Zeichnen der letzteren benützt werden können. Die Sichtbarkeitsverhältnisse sind in der Figur angegeben. Die Hinzufügung der Beleuchtungsverhältnisse trägt nicht sehr zur Anschaulichkeit bei. Die Lichtgrenze der Wendelfläche kommt übrigens bei der gewöhnlichen Annahme der Lichtstrahlen gar nicht in Betracht, weil sie ganz innerhalb des Kernzylinders verläuft.

2. Für Befestigungsschrauben verwendet man ein scharfes Gewinde. Zahn und Lücke haben die Form eines gleichschenkligen Dreieckes mit der Basis $b = 2h$ und der Höhe t, insbesondere beim Sellersschen Gewindesysteme die Form eines gleichseitigen Dreieckes*).

*) Th. Schmid, Maschinenbauliche Beispiele für Konstruktionsübungen zur darstellenden Geometrie, G. J. Göschen (1911), Blatt Nr. 20.
Bei Sellers ist . . . . $\gamma = 60^{0}$,
bei Whitworth ist . . . . $\gamma = 62{,}5^{0}$ und
beim metrischen Gewinde ist $\gamma = 63{,}5^{0}$: das gleichschenklige Dreieck ist nämlich im letzten Falle in ein Quadrat eingeschrieben, so daß $\operatorname{tg} \gamma = 2$ ist.

In der Zeichnung (Fig. 131) ist ein Teil einer sogenannten halbzölligen Schraube dieses Systemes in fünffacher Vergrößerung abgebildet. Zuerst wird der Hauptschnitt den üblichen Maßen entsprechend gezeichnet und der Parameter $O'' R'' = p$ konstruiert. Die schiefen Seiten des Zahnes

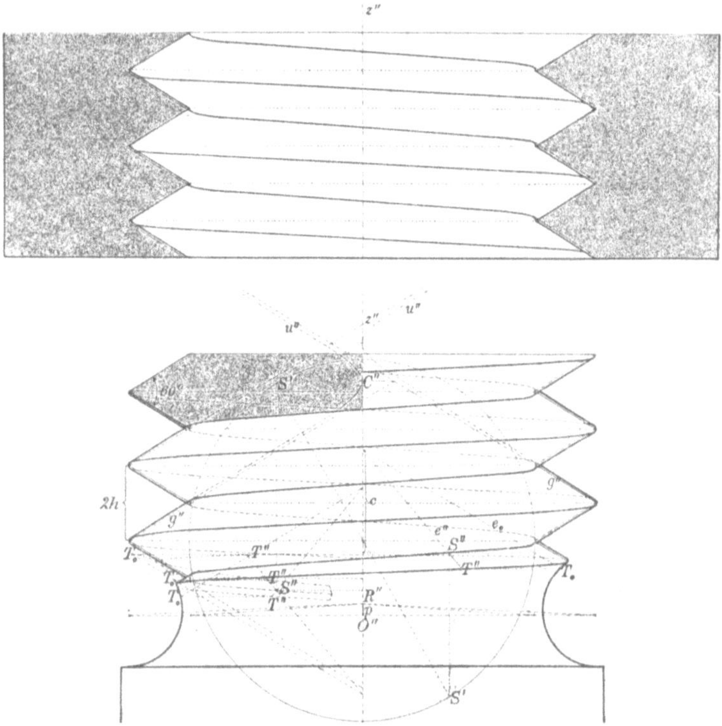

Fig. 131.

beschreiben bei der Schraubung Teile von zwei im allgemeinen verschiedenen scharfgängigen Schraubenflächen, welche die Begrenzung der Spindel bilden. Von der einen kommt der nach abwärts gehende Teil und von der anderen der nach aufwärts geöffnete Teil in Betracht. Ein Basispunkt und die Spitze des Dreieckes beschreiben Schraubenlinien, deren Aufriß wie vorhin durch Aufsuchen der Punkte auf z'' und der zugehörigen Wendetangenten gezeichnet wird. Nun ist noch der scheinbare Umriß u'' in früher angegebener Weise herzustellen. Die Zeichnung läßt erkennen, daß bei den üblichen Abmessungen der scheinbare Umriß für die wirklich vorhandenen Teile der Schraubenflächen nur wenig von der Geraden abweicht und zwar schwach nach einwärts gebogen*), die beiden Sinuslinien berührend. Links von z'' sind die oberen Schenkel, rechts von z'' die unteren Schenkel des Hauptschnittes ganz unsichtbar. Ferner ist links ein kleiner Teil der unteren Schenkel sowie der unteren Umrißlinien, rechts aber ein Teil der oberen Schenkel und Umrißlinien unsichtbar.

Der Übergang von der Spindel zum Schraubenbolzen wird durch die Kehle einer Ringfläche vermittelt. Sie liefert mit der scharfgängigen Schraubenfläche eine Schnittlinie. Um Punkte dieser Schnittlinie zu finden, legt man Hilfsebenen, welche durch die z-Achse gehen, z. B. jene, welche zu $\varrho = \pi/_6$ gehört. Es ergeben sich auf dem Grundkreise des Kernzylinders zwei Punkte S' als Grundrisse von Punkten der inneren Schraubenlinie. Aus den zugehörigen Punkten S'' findet man durch Auftragen der Strecke c die Erzeugenden e der beiden Schraubenflächen. Durch Drehen in die Ebene des Hauptschnittes kommen sie in eine Lage e_0, welche die Meridiankreise in Punkten T_0 schneidet. Durch Zurückdrehen findet man dann den Aufriß T'' der Punkte T des Schnittes. Da als Meridian nur der Halbkreis in Betracht kommt, erhält man in dem unsichtbaren Teile auf der nach abwärts gehenden Schraubenfläche nur einen Punkt, auf der nach aufwärts gehenden aber zwei Punkte, welche sich für eine gewisse Lage der Hilfsebene vereinigen, so daß die betreffende Erzeugende die Schnittlinie berührt**). Man erhält diese Erzeugende aus der gedrehten Lage, wo sie eine zu g'' parallele Tangente an den Meridiankreis sein muß.

In der Zeichnung ist auch ein Teil der zugehörigen Schraubenmutter abgebildet und zwar ein Teil der rückwärtigen Hälfte; daher sieht man hier die Schraubenlinien nach links aufsteigen.

---

*) Nicht, wie man es in manchen Büchern findet, nach auswärts gebogen.

**) In der Zeichnung ist diese Erzeugende zufällig sehr nahe dem Umrisse, aber schon auf der unsichtbaren Seite.

Gewöhnlich läßt man die scharfen Kanten des Gewindes nicht zustande kommen. Es wird innen und außen um $t/_8$ zylindrisch abgeflacht, so daß Zahn und Lücke eigentlich die Form eines Trapezes haben.

Übungsaufgaben: 1. Es sind Schnitte der Schraubenspindel mit frontalen Ebenen zu führen.

2. Es ist das axonometrische Bild einer Schraubenspindel, beziehungsweise einer Schraubenmutter herzustellen.

3. Die Schiffschraube ist an dem hinteren Teile des Schiffes angebracht. Wird sie in Drehung versetzt, so schiebt sie das Schiff vor sich her.[15] Sie besteht aus der Schraubennabe und 2, 3 oder 4 Schraubenflügeln. Die Figur 132 zeigt den Aufriß einer Rechtsschraube, wenn das Schiff von rückwärts angesehen wird, den Kreuzriß von links und den Grundriß mit Untersicht (Verkleinerung 1:15). Die Nabe ist an dem konisch zulaufenden Teile der Welle aufgekeilt und durch eine Schraubenmutter mit Querbolzen festgelegt. Die Mutter ist noch von einer Haube umgeben. Die vom Schiffskörper abgewendete Fläche des Flügels drückt beim Vorwärtsbewegen des Schiffes auf das Wasser und heißt daher die Druckfläche des Flügels. Sie ist ein Teil einer Schraubenfläche, im vorliegenden Beispiele ein Teil einer flachgängigen Schraubenfläche mit der mittleren Erzeugenden OE. Der Kreis $[O, r]$, welchen der entfernteste Punkt E bei der Drehung beschreibt, heißt der Schraubenkreis. Bei der Rechtsschraube ist die Schraubung eine rechtsgängige. Die Ganghöhe $2h$ schwankt zwischen r und $3r$; hier ist sie mit $2r$ gewählt. Daraus kann man den Parameter p und die Spitze R des Richtkegels finden sowie einzelne Erzeugende und Schraubenlinien der Fläche (z. B. jene für A; Krümmungsmittelpunkt K für den Scheitel A''') in der Abbildung zeichnen. Die Flügelfläche der Normalschraube wird aus einer Ellipse abgeleitet, deren große Achse $2a$ dem Radius $OE = r$ des Schraubenkreises gleich ist und deren kleine Halbachse $b = r/_5$ ist. Denkt man sich die Schraubenlinie des Punktes A der mittleren Erzeugenden (sie ist im Aufrisse und Kreuzrisse gezeichnet) auf die Tangentialebene des Zylinders abgewickelt und macht man $A'T_0'$ gleich der halben Ellipsensehne AS, so erhält man T_0' und daraus T_0''. Verbindet man nun T_0'' mit dem Rektifikationspunkte J, für welchen

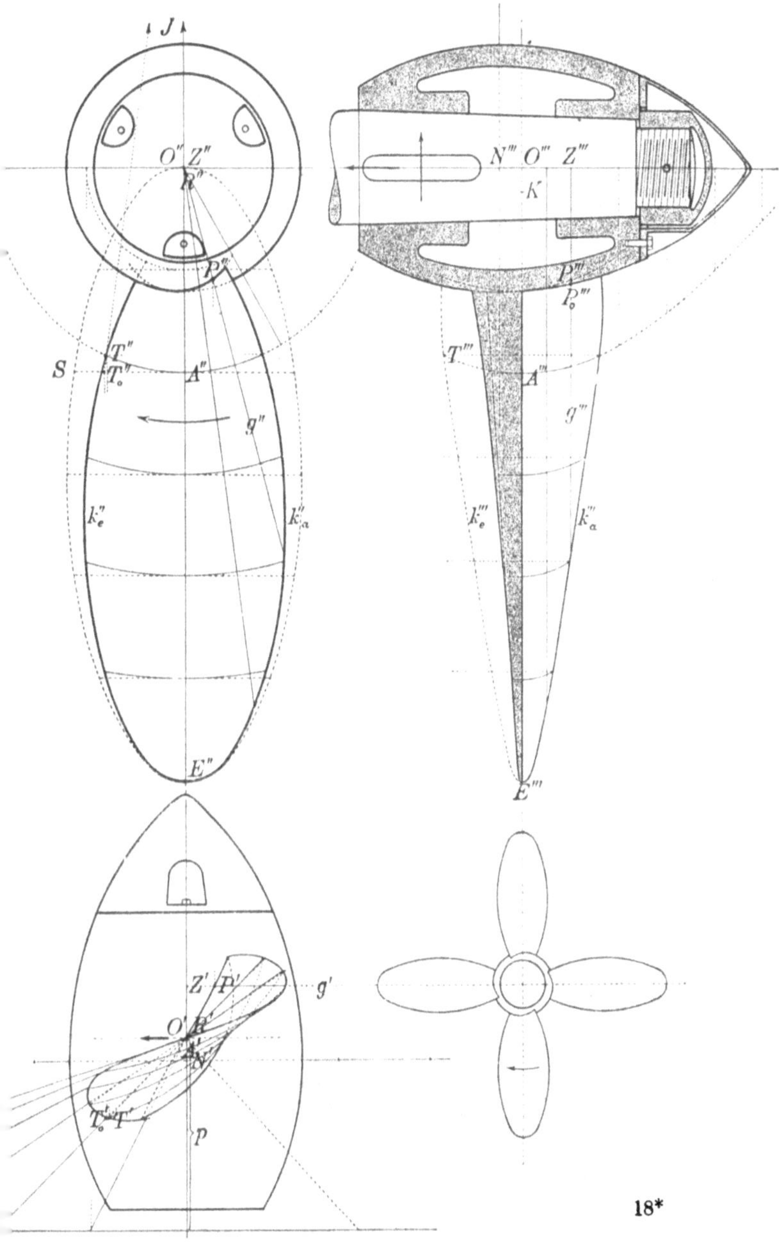

Fig. 132.

$AJ = 3 \times AO$ ist, so findet man auf dem Aufrisse der Schraubenlinie den Punkt T'' und daraus T', T''' als Projektionen eines Punktes T der Randlinie des Flügels*). Entsprechend der Vorwärtsbewegung heißt der Teil des Randes von E über T die eintretende Kante k_e, der andere Teil die austretende Kante k_a. Die Schraubennabe ist von einer Drehfläche begrenzt (zwei Kreisbogen als Meridian); die Nabenmitte N ist gegen die Flügelmitte O um die halbe Flügelstärke nach vorne verschoben. Der größte Radius der Nabe ist mit $r/_5$ angenommen. Um die Schnittlinie der Schraubenfläche mit dieser Drehfläche zu finden, dreht man die Erzeugende g, welche die Schraubenachse in einem Punkte Z schneidet, in die Ebene des Hauptmeridianes; sie trifft dann diesen in P_0'''. Man überträgt $Z''' P_0'''$ nach $Z'' P''$ und findet daraus P' und P''' als Projektionen eines Punktes P der Schnittlinie. Die zweite Begrenzungsfläche des Flügels ist keine Schraubenfläche, sondern aus Festigkeitsrücksichten so ausgebildet, daß der Flügel am Rande kantig und dünn ist, während er gegen die mittlere Erzeugende und die Nabe hin zunehmende Dicke aufweist. Eine Folge von fünf Zylinderschnitten des Flügels ist im Grundrisse angedeutet. Sie erscheinen angenähert als Kreisabschnitte, nämlich die Schraubenlinie nahezu als Gerade und der Schnitt mit der anderen Begrenzungsfläche nahezu als Kreisbogen. Die Pfeilhöhen der Kreisbogen (in der Richtung der Flächennormalen) sind im Kreuzrisse durch die gestrichelte Gerade vom Gefälle 1:15 angenommen, so daß dann aus dem Grundrisse die von A' nach abwärts bis zum Kreisbogen reichende Strecke als Flügelstärke für den Querschnitt in den Kreuzriß zu übertragen ist. Die Kreisbogen liefern eine Hüllkurve, welche den scheinbaren Umriß der Begrenzungsfläche bildet.

Übungsaufgabe: Es ist eine Schraube abzubilden, bei welcher die mittlere Erzeugende vom Schnittpunkte der Nabenfläche ausgehend mit der nach hinten gehenden Schraubenachse den Winkel $\gamma = 80^0$ bildet, so daß als Begrenzung eine scharfgängige Schraubenfläche auftritt.

---

*) Aus der Ellipse entnimmt man angenähert die Größe der Flügelfläche.

C. Regel- und Kreis-Schraubenflächen.

§ 52. Die Regelschraubenfläche.

1. Durch Schraubung einer Geraden entsteht eine Regelschraubenfläche. Die Erzeugende g sei jetzt zur Schraubenachse z windschief. Die frontale Lage der Erzeugenden sei f; ihr Abstand von z sei $OC = s$, ihr Winkel mit z sei γ, während die Bahntangente des Punktes C einen Winkel α mit z bildet. Für eine Rechtsschraubung (Parameter $OR = p$) ist α eigentlich negativ (also $s = -p \cdot \operatorname{tg} \alpha$) und es möge γ zunächst positiv sein z. B. so, daß f senkrecht zur Bahntangente von C ist (Fig. 133), wodurch man die Binormalenfläche der von C beschriebenen Schraubenlinie erhält. In einem zweiten Beispiele (Fig. 134) ist $-\pi/_2 < \gamma < \alpha$. Der Richtkegel der Fläche ist wieder ein Drehkegel mit der Spitze R und dem Basiskreise $[O', q]$, wobei $q = -p \operatorname{tg} \gamma$ ist. Man kann nun für jede Erzeugende g den Grundriß g' als Tangente des Kreises $[O', s]$ und den Aufriß g'' mit Hilfe des Fluchtpunktes G_u finden. Man kann auch zwei Randschraubenlinien dabei benützen.

Ist der Grundriß T' eines Flächenpunktes T gegeben, so kann man aus T' zwei Tangenten g' an den Kreis $[O', s]$ ziehen. Daraus ergeben sich für jeden Gang zwei Lagen der Erzeugenden und des Punktes T. Für die zugehörige Berührungsebene τ erhält man die Fluchtgerade t_u als Verbindungsgerade des Fluchtpunktes G_u der Erzeugenden g und des Fluchtpunktes T_u der Bahntangente t des Punktes T. Legt man auf die Ebene $[Rt_u]$ eine Frontale durch R, so ist für die Flächennormale n des Punktes T der Grundriß n' senkrecht t_u und n'' senkrecht zum Aufrisse jener Frontalen. Durch Drehung von $\pi/_2$ um O in dem der Schraubung entsprechenden Sinne geht das Dreieck $O' T_u G_u$ in $O' T' G_u^\times$ über, wobei die Drehflucht $t_u^\times$ mit dem Grundrisse n' der Flächennormalen zur Deckung kommt. Da $t_u^\times$ auch der Grundriß der Grattangente von τ ist, so ist die durch T gehende Fallinie m der Berührungsebene τ die Grattangente dieser Ebene. Durcheilt der Punkt T die Erzeugende g, so dreht sich die Berührungsebene τ um g, wobei G_u und $G_u^\times$ ungeändert bleiben. Es folgt also:

Die Grundrisse der Flächennormalen (und auch der Grattangenten der Berührungsebenen) für alle Punkte einer Erzeugenden g einer Regelschrauben-

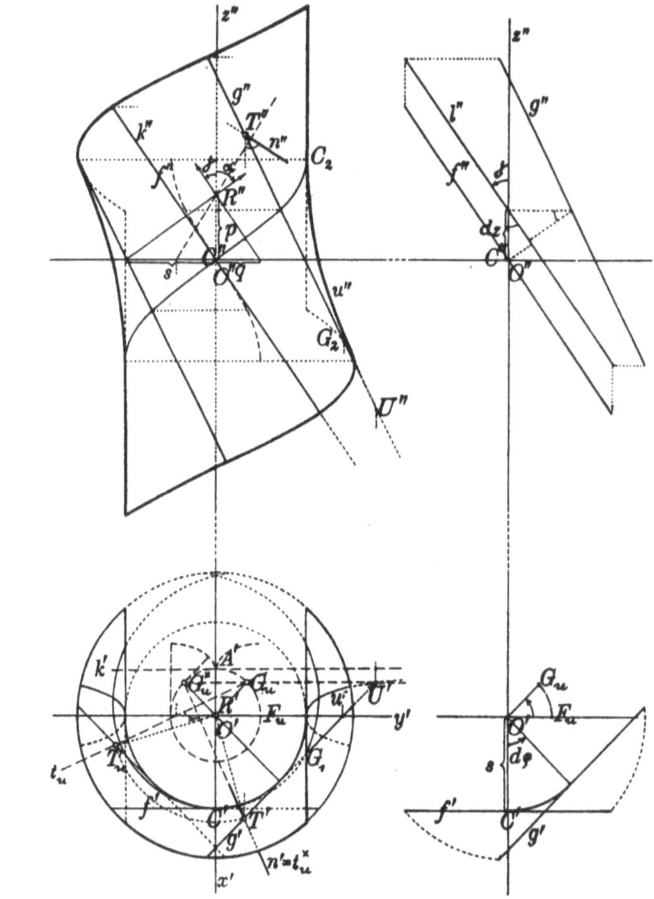

Fig. 133.

fläche gehen durch die Drehflucht $G_u^\times$ der Erzeugenden.[2]

2. Man kann also den Grundriß T' des Berührungspunktes einer beliebigen durch g gehenden Ebene τ finden, indem man von G_u^x die Senkrechte zur Spur t_1 oder Fluchtgerade t_u fällt. Wenn t_u und t_u^x zu Tangenten des Kreises

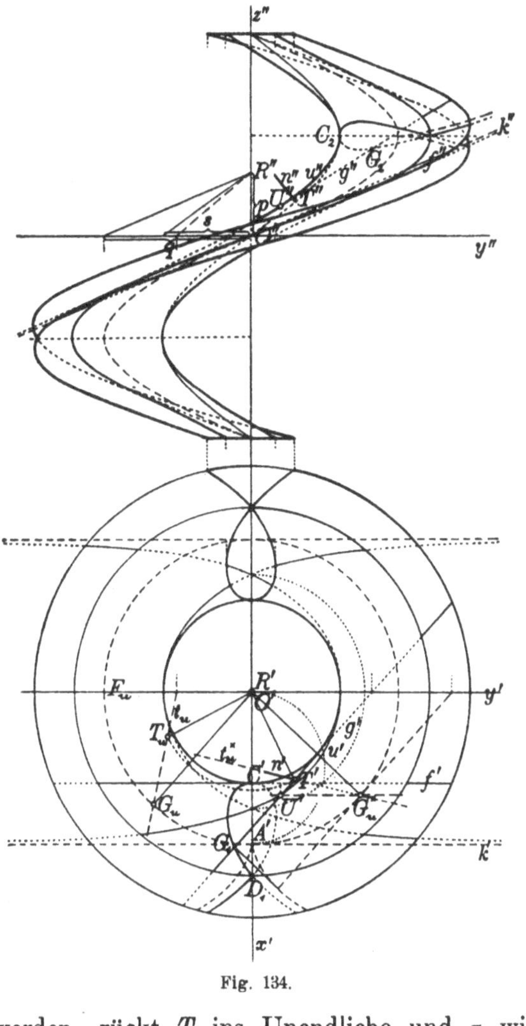

Fig. 134.

$[O', q]$ werden, rückt T ins Unendliche und τ wird die asymptotische Ebene der Erzeugenden g. Die asymptotische Ebene von f ist zur Aufrißebene normal und hat eine Grattangente k im Abstande $OA = q$ und A als Gratpunkt. Bei der Schraubung ergibt diese Ebene die asymptotische Torse der Fläche, deren Rückkehrkante den Kreis $[O', q]$ als Grundriß hat. Wird die Berührungsebene zu z parallel, so erhält man die zur asymptotischen Ebene senkrechte Zentralebene und ihr Berührungspunkt C ist der Zentralpunkt der Erzeugenden. Die vom Punkte C beschriebene Schraubenlinie ist die Striktionslinie der Regelschraubenfläche. Von f gelangt man zu einer benachbarten Erzeugenden durch Heben um dz und Rechtsdrehen um $d\varrho$. Durch das Heben erhält man eine parallele Gerade l im Abstande $dz \cdot \sin\gamma$; durch das Rechtsdrehen vergrößert sich der Abstand um $s \cdot d\varrho \cdot \cos\gamma$. Die Grundrisse der benachbarten Erzeugenden bilden den Winkel $d\varrho$ und die Geraden im Raume (I. Bd., § 27, 2) den Winkel $d\varrho \cdot \sin\gamma$. Daraus ergibt sich

$$p_g = \frac{dz \cdot \sin\gamma + s \cdot d\varrho \cdot \cos\gamma}{d\varrho \cdot \sin\gamma};$$

der Parameter für alle Erzeugenden einer Regelschraubenfläche*) ist also:

$$p_g = p + s \cdot \operatorname{cotg}\gamma.$$

3. Läßt man die Grattangente k der zu f gehörigen asymptotischen Ebene mit der Berührungsebene des Zylinders $[z, q]$ an diesem rollen, so beschreibt sie die asymptotische Torse und die mit ihr fest verbundene Erzeugende f erzeugt die Regelschraubenfläche. Der Punkt A beschreibt dabei eine Kreisevolvente, der Punkt C eine verallgemeinerte Kreisevolvente (Punkte G_1) auf der xy-Ebene. Der Normalschnitt einer Regelschraubenfläche ist eine verallgemeinerte Kreisevolvente. Die zu G_1 gehörige Tangente ist zu $G_1 G_u^x$ senkrecht. Mit Hilfe eines solchen Normalschnittes kann man zum Aufrisse T'' eines Flächenpunktes T die möglichen Grundrisse T' finden. Die Linie weist für $\gamma = \alpha$, also $q = s$ einen Rückkehrpunkt auf; in den anderen Fällen ist dafür ein

*) Dies umfaßt die früheren Beispiele von windschiefen Flächen. Für das einschalige Drehhyperboloid ist $p_g = s \cdot \operatorname{cotg}\gamma$ (positiv für e, negativ für g); für die flachgängige und scharfgängige Schraubenfläche ist $p_g = p$.

verbundener oder isolierter Doppelpunkt vorhanden. Der Achsenschnitt der Regelschraubenfläche (Punkte G_2) weist auch dieselbe Singularität unter den gleichen Umständen in jedem seiner unendlich vielen gleichen Äste auf.

Zieht man durch $G_u^\times$ den Grundriß der frontalen Flächennormalen, so schneidet er g' im Grundrisse U' des Berührungspunktes U der zur Aufrißebene normalen Berührungsebene, also eines Punktes des wahren Umrisses für den Aufriß; der Aufriß U'' liegt auf g''. Der scheinbare Umriß u'' der Fläche hat die Geraden g'' als Tangenten und die zugehörigen Punkte U'' als Berührungspunkte. Für g' parallel x'

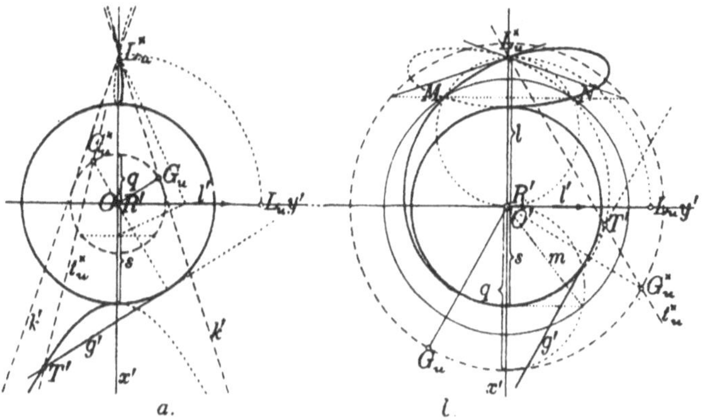

Fig. 135.

ergeben sich zwei Scheitel der Linie u' auf y'. Kommt U' auf x', so wird das Dreieck $O'\ U'\ G_u^\times$ rechtwinklig (Fig. 134) und es ergeben sich auf x' zwei Doppelpunkte der Linie u' im Abstande $\pm\sqrt{q \cdot s}$ von O'; in Figur 133 ist q negativ, der Abstand imaginär und u' hat zwei imaginäre Doppelpunkte auf x'. Für $g' = f'$ rückt U' ins Unendliche und die Geraden k' werden Wendeasymptoten. Die Linie u'' hat unendlich viele gleiche Äste mit k'' als Asymptoten.

4. Soll die Lichtgrenze für Parallelbeleuchtung gefunden werden,[16] so legt man durch R den Lichtstrahl l und sucht den Fluchtpunkt L_u und die Drehflucht $L_u^\times$ der Lichtstrahlen. Die Strecke $O'L_u^\times$ sei auch mit l bezeichnet (Fig. 135). Jede Erzeugende g hat einen Grund-

riß g' und eine Drehflucht $G_u^\times$. Die Verbindungsgerade von $G_u^\times$ mit $L_u^\times$ ist die Drehflucht $t_u^\times$ der Berührungsebene, welche durch g geht und zu den Lichtstrahlen parallel ist. Die Drehflucht $t_u^\times$ schneidet g' im Grundrisse T' des Punktes T der Erzeugenden g, welcher der Lichtgrenze angehört. Der Punkt $G_u^\times$ ist der Pol von g' in bezug auf den Kreis $[O', m = \sqrt{qs}]$, was zu einer Verwandtschaft zweiten Grades führt, in welcher dem Fluchtkreise der Grundriß der Lichtgrenze entspricht. Daraus ergibt sich, daß der Grundriß der Lichtgrenze eine Linie vierter Ordnung mit drei Doppelpunkten $L_u^\times$, M, N ist, wobei M, N die Berührungspunkte der Tangenten aus $L_u^\times$ an den Kreis $[O', m]$ sind. Die Tangenten aus $L_u^\times$ an den Fluchtkreis sind die Grundrisse k' der Lichtgrenzerzeugenden k der asymptotischen Torse; sie sind daher die Asymptoten der besprochenen Linie. In Figur 135a (a und b gehören zu den in Figur 133 und 134 abgebildeten Flächen) ist q negativ, daher ist m (und M, N) imaginär; die Asymptoten sind in diesem Beispiele reell. Sind x_1, y_1 die Koordinaten des Punktes $G_u^\times$, so hat man als Gleichung des Strahles $L_u^\times G_u^\times$, beziehungsweise der Tangente g':

$$(x + l)\, y_1 = (x_1 + l)\, y\,, \qquad x_1 x + y_1 y = qs\,.$$

Bestimmt man hieraus x_1 und y_1, setzt dann die Werte in die Gleichung $x_1^2 + y_1^2 - q^2 = 0$ ein, so erhält man als Gleichung des Grundrisses der Lichtgrenze:

$$[qs\,(l + x) - l y^2]^2 + (lx + qs)^2 y^2 - q^2 (lx + x^2 + y^2)^2 = 0\,.$$

Für $s = 0$ ergibt sich wieder die früher gezeigte Gleichung (§ 49, 2).

Übungsaufgaben: 1. Es ist der Krümmungsradius für den Scheitel des Normalschnittes zu suchen, insbesondere wenn $q = s/_2$ ist.

2. Es ist die Regelschraubenfläche zu untersuchen, wenn q einen der Werte ∞, s, $s/_2$, 0, $-s$, $-\infty$ oder einen Zwischenwert annimmt; für die Binormalenfläche ist $q = -p^2/s$.

3. Es ist der Grundriß der Lichtgrenze zu konstruieren, wenn l einen der Werte ∞, q, m, s, 0 oder einen Zwischenwert annimmt.

§ 53. Kreisschraubenflächen (Schiebfläche).

Von den Kreisschraubenflächen sind außer der Schraubenrohrfläche (§ 38, 3), bei welcher die Ebene des erzeugenden Kreises zur Bahntangente des Mittelpunktes normal ist, noch zwei Formen für die technische Anwendung beachtenswert.

1. Die Normalkreisschraubenfläche entsteht durch

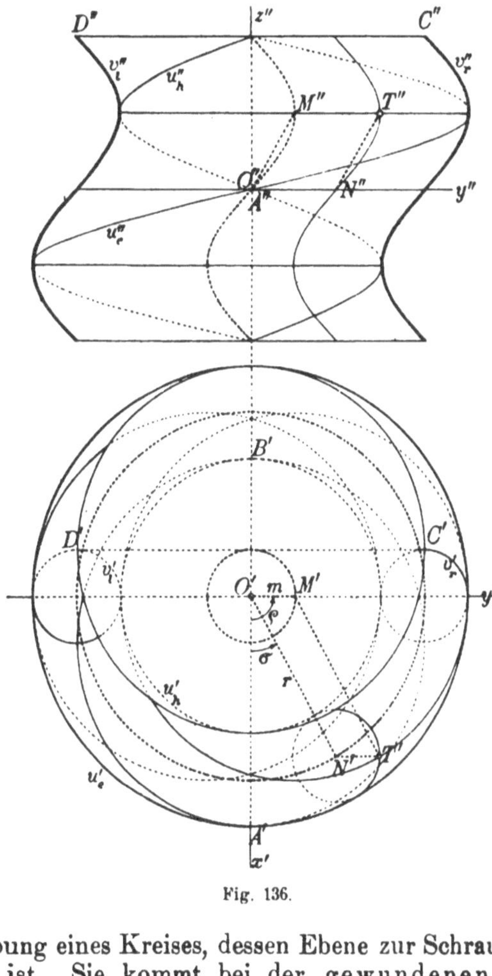

Fig. 136.

Schraubung eines Kreises, dessen Ebene zur Schraubenachse normal ist. Sie kommt bei der gewundenen Säule[17] vor, wobei der Kreis die Schraubenachse umschließt (Fig. 136). Die vom Mittelpunkte des erzeugenden Kreises $[M, r]$ beschriebene Schraubenlinie hat als Grundriß den Kreis

$[O', m]$. Der wahre Umriß für den Grundriß wird von den Bahnschraubenlinien u_e und u_h gebildet, welche von den Endpunkten A, B des auf x liegenden Durchmessers des Normalkreises beschrieben werden. Der wahre Umriß für den Aufriß besteht aus zwei Schraubenlinien v_r und v_l, welche von den Endpunkten C, D der zur y-Achse parallelen Durchmesser der Normalkreise gebildet werden; sie gehen aus der Mittelpunktschraubenlinie durch Verschiebung um r nach rechts und links hervor. Die Fläche kann also auch durch Schraubung einer solchen Schraubenlinie erzeugt werden.

Die Normalkreisschraubenfläche ist aber auch ein hübsches Beispiel einer Schiebfläche. Zwei benachbarte Normalkreise können nämlich auch durch bloße Schiebung in der Richtung der Bahntangente des Mittelpunktes M ineinander übergeführt werden, so daß die Fläche längs eines Normalkreises von einem schiefen Kreiszylinder berührt wird, dessen Erzeugende zur Bahntangente des Mittelpunktes parallel sind. Die Grundrisse der Flächennormalen für alle Punkte eines erzeugenden Kreises gehen durch den Grundriß M' seines Mittelpunktes. Geht man von der Mittelpunktschraubenlinie $[z, O, m]$ und von dem Kreise $[O, r]$ aus, wählt auf der Schraubenlinie einen Punkt M und auf dem Kreise einen Punkt N, ergänzt sodann die Strecken OM, ON zu einem Parallelogramm, so ist der vierte Eckpunkt ein Punkt T der Normalkreisschraubenfläche. Wird M festgehalten und N verändert, so erhält man einen Normalkreis der Fläche; wird N festgehalten und M verändert, so erhält man eine Schraubenlinie, welche durch Verschiebung um die Strecke ON aus der Mittelpunktslinie hervorgeht und ganz auf der Fläche liegt. Die Normalkreisschraubenfläche enthält also außer dem Systeme der Normalkreise noch ein System von kongruenten und gleichgestellten Schraubenlinien. Die Aufrisse dieser Schraubenlinien sind Sinuslinien, welche aus dem Aufrisse der Mittelpunktslinie durch bloßes Verschieben nach rechts oder links hervorgehen. Längs einer solchen Schraubenlinie wird die Fläche auch von einem Zylinder berührt, dessen Erzeugende zur Ebene $[z, r]$ senkrecht sind und welcher als Normalschnitt eine Linie wie v'' hat. Nach obiger Entstehungsweise als Schiebfläche hat die Normalkreisschraubenfläche die Gleichungen:

$$x = m \cdot \cos\varrho + r \cdot \cos\sigma, \qquad y = m \cdot \sin\varrho + r \cdot \sin\sigma, \qquad z = p \cdot \varrho.$$

Übungsaufgaben: 1. Es ist die Lichtgrenze der gewundenen Säule zu suchen. (Der Grundriß ist die Konchoide des Kreises $[O', m]$ in bezug auf $L_u^\times$ mit der Strecke r. Die Linie der relativ größten Helligkeit besteht auch aus zwei Schraubenlinien wie der Umriß.)

2. Es ist der besondere Fall $m = r$ zu untersuchen (der wohl als Säule nicht verwendbar ist). Der Achsenschnitt wird da eine Sinuslinie.

2. Die Axialkreisschraubenfläche entsteht durch Schraubung $[z, p]$ eines Kreises $[M_0, r]$, dessen Ebene durch die Schraubenachse geht. Die obere Hälfte der Fläche kommt als Wendelwölbfläche[18] vor, wobei $m > r$ ist (Fig. 137). Der Grundriß der Mittelpunktslinie ist der Kreis $[O', m]$. Der wahre Umriß für den Grundriß wird von den Bahnschraubenlinien gebildet, welche von den Endpunkten des horizontalen Durchmessers des Hauptkreises $[M_0, r]$ beschrieben werden. Der wahre Umriß für den Aufriß soll nun nach dem allgemeinen Vorgange konstruiert werden, nach welchem man für eine beliebige Schraubenfläche die Berührungslinie eines Zylinders von gegebener Strahlrichtung finden kann. Man wählt auf der geschraubten Linie, hier auf dem Kreise $[M_0, r]$, einen Punkt T_0. Die Berührungsebene τ für T_0 ist durch die Tangente k des Kreises und durch die Tangente s der Schraubenlinie bestimmt. Die Fluchtpunkte K_u, S_u der beiden Tangenten ergeben die Fluchtgerade t_u der Tangentialebene τ. Bei der Schraubung erzeugt die Berührungsebene eine Schraubentorse, welche die gegebene Schraubenfläche längs der Bahnschraubenlinie des Punktes T_0 berührt*). Verbindet man $S_u^\times = T_0'$ mit $K_u^\times$, so erhält man die Drehflucht $t_u^\times$ der Berührungsebene und $t_u^\times$ ist zugleich der Grundriß t_0' der Grattangente der Berührungsebene (auch Grundriß n' der Flächennormalen). Der Kreis, welcher O' als Mittelpunkt und t_0' als Tangente

*) Die zu den Punkten eines erzeugenden Kreises gehörenden Berührungsebenen umhüllen eine Torse 4. Klasse, welche als Hilfsfläche nicht hinreichend einfach ist.

hat, ist der Grundriß der Gratlinie der berührenden Schraubentorse (auch Grundriß der Striktionshelix der von den Normalen n gebildeten Regelschraubenfläche).

Zu den Sehstrahlen v für den Aufriß gehört eine uneigentliche Drehflucht $V_u^{\times}$. Die Tangenten aus $V_u^{\times}$ an den

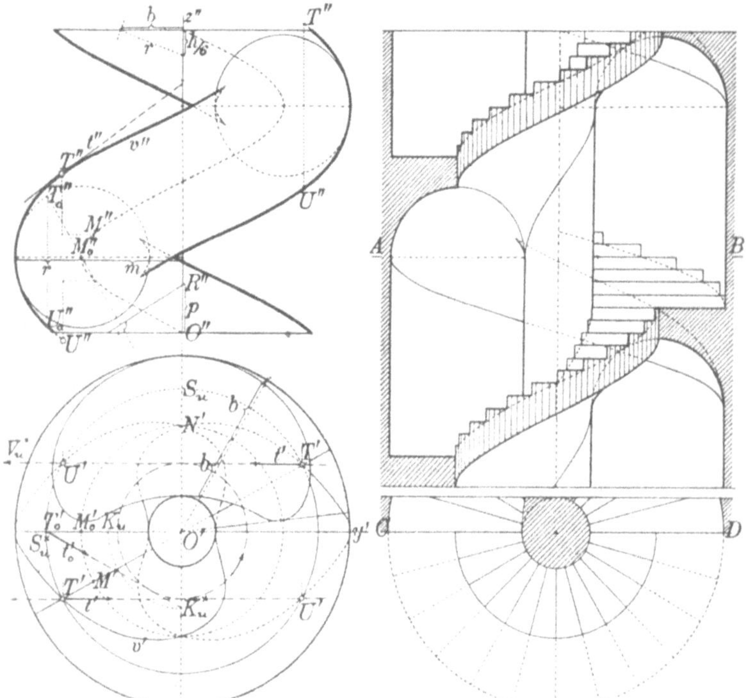

Fig. 137.

Grundriß der Gratlinie (zugleich Fluchtkreis der Torse und Basis ihres Richtkegels) sind die Grundrisse der Umrißerzeugenden der berührenden Torse. Durch Schraubung erhält man aus T_0' und t_0' zwei dem Schraubungsinne entsprechende Lagen von T' und t'; dabei geht M_0 in M über. Auf dem Ordner von T' liegt dann T'' ebensoviel höher als M'' wie T_0'' über M_0''. Damit sind zwei Punkte

T'' des scheinbaren Umrisses v'' gefunden. Der Punkt U_0 des Hauptkreises liefert rasch zwei weitere Punkte U des Umrisses. Als besondere Annahme wählt man die Endpunkte des wagrechten und senkrechten Durchmessers des Hauptkreises. Der Grundriß der Linie besitzt zwei Doppeltangenten von der Richtung x'; ihre Berührungspunkte sind die Grundrisse von solchen Punkten des Umrisses, für welche der Sehstrahl selbst Tangente ist, woraus sich Rückkehrpunkte für den scheinbaren Umriß ergeben. Der Grundriß und die Umrißlinie selbst bestehen aus zwei Ästen. Die Lichtgrenze der Fläche erhält man in gleicher Weise unter Benützung der Drehflucht $L_u^\times$ der Lichtstrahlen statt des Punktes $V_u^\times$.

Die Gleichung des Kreises der Ebene $[x\,z]$ ist

$$z = \sqrt{r^2 - (x-m)^2}.$$

Die Gleichungen der Fläche sind daher:

$$x = r_s \cdot \cos\varrho, \quad y = r_s \cdot \sin\varrho, \quad z = \sqrt{r^2 - (r_s - m)^2} + p \cdot \varrho.$$

Die Gleichung des Normalschnittes ist also

$$r_s = m \pm \sqrt{r^2 - (p \cdot \varrho)^2}.$$

Die Ebene des Normalschnittes (in der Höhe $2h$) schneidet die Mittelpunktslinie in einem Punkte N. Der zugehörige Zylinderradius ist eine Symmetrieachse des Schnittes und enthält zwei Scheitel im Abstande r von N. Von dieser Achse aus teilt man den Grundriß der Mittelpunktslinie in eine Anzahl (12) gleicher Teile und von der Spur der Ebene aus teilt man die Ganghöhe in ebensoviele Teile. Auf den Strahlen im Grundrisse sind die halben Sehnen b von Kreisen mit dem Radius r aufzutragen, wobei die Kathete $h/_6$, $2h/_6$, ... ist. Der Drehwinkel ϱ, welcher zur Verschiebung r gehört, ergibt zwei Tangenten aus O'. Die Doppeltangente des Normalschnittes hat von O' denselben Abstand wie der Doppelpunkt des Umrisses v'' von z''. Die Wendetangenten des Normalschnittes haben von O' denselben Abstand wie die Rückkehrpunkte des Umrisses v'' von z''.

3. In Figur 137 b ist eine Wendeltreppe dargestellt. Es ist ein wagrechter Schnitt $A\,B$ geführt, wobei ein Teil des Normalschnittes der Wölbfläche im Grundrisse erscheint. Ferner ist ein aufrechter Schnitt CD sowie der Schnitt mit dem Halbzylinder, auf welchem die Mittelpunktslinie liegt, geführt. Der Umriß der Wölbfläche ist aus der Figur a übertragen.

Die Axialkreisschraubenfläche kommt auch bei der Schraube mit rundem Gewinde vor. Ersetzt man im Achsenschnitte einer flachgängigen Schraube (Fig. 130) bei Zahn und Lücke das Quadrat durch den eingeschriebenen

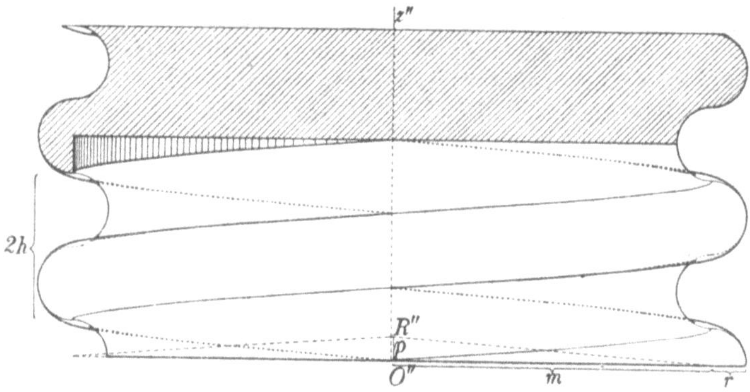

Fig. 138.

Kreis und behält beim Zahn die äußere Hälfte, bei der Lücke die innere Hälfte des Kreises bei, so erhält man den Zahnschnitt des runden Gewindes (Fig. 138). Die beiden Halbkreise beschreiben Teile von zwei Axialkreisschraubenflächen, welche sich längs zweier Schraubenlinien berühren und für welche $r = h/_2$ ist. Der letztere Umstand hat zur Folge, daß die Doppeltangente des Normalschnittes durch den Mittelpunkt O geht und daß die Doppelpunkte des scheinbaren Umrisses v'' auf z'' liegen. Von dem Hauptschnitte ist rechts der untere Viertelkreis des Zahnes und der obere Viertelkreis der Lücke unsichtbar (links umgekehrt).

D. Algebraische windschiefe Regelflächen.

§ 54. Das Orthyparaboloid. Spiralbohrer.

1. Betrachten wir jetzt eine Bewegung, bei welcher das Verhältnis von z zu $\operatorname{tg}\varrho$ einem konstanten Parameter p gleich ist.

$$\frac{z}{\operatorname{tg}\varrho} = p.$$

Die x-Achse beschreibt dabei wieder eine windschiefe Fläche mit einem Systeme von Erzeugenden g. Sie hat die Horizontalebene als Richtebene und ist ein Analogon der Wendelfläche. Für jeden Punkt T dieser Fläche (Fig. 139) ist:

$$x = r \cdot \cos\varrho, \quad y = r \cdot \sin\varrho, \quad z = p \cdot \operatorname{tg}\varrho.$$

Durch Elimination von r und ϱ erhält man als Gleichung der Fläche

$$z = p \cdot \frac{y}{x}.$$

Durch die angenommene Bewegung entsteht also eine besondere Fläche zweiter Ordnung[19]; sie heißt orthogonales (oder auch gleichseitiges) hyperbolisches Paraboloid*).

Jedem Werte von $\varrho = \varrho_0$ entspricht eine Erzeugende g mit den Gleichungen:

$$x = \frac{p}{z_0} \cdot y, \qquad z = z_0.$$

Setzt man

$$x = x_0, \quad \text{so ist } z = \frac{p}{x_0} \cdot y.$$

Das sind die Gleichungen einer Geraden e, welche auch auf der Fläche liegt und zwar entspricht jedem Werte x_0 eine solche Gerade. Für $x = a$ erhält man eine Gerade f, welche mit z einen Winkel α bildet. Trägt man $A'Q'$

*) Der Name möge in obiger Weise abgekürzt werden.

wiederholt auf der Geraden f' auf, so kommt man zu Geraden g, welche gleichen Höhenunterschied haben.

In der Gleichung der Fläche ist z und x vertauschbar.

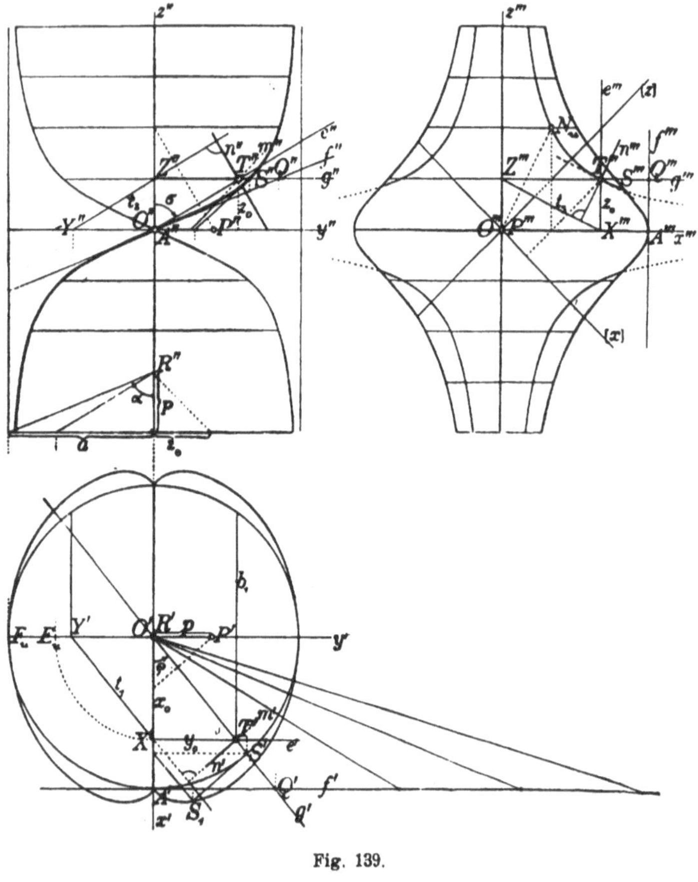

Fig. 139.

Bezeichnet man also den Winkel, welchen die Erzeugende e mit z bildet, mit σ, so folgt

$$x = p \cdot \operatorname{tg} \sigma .$$

Das Orthyparaboloid entsteht also auch durch eine ebensolche Bewegung der z-Achse um die x-Achse. Das System der e ist aber linksgeschraubt, wenn das System der g rechtsgeschraubt ist (I. Bd., § 7, 4 und II. Bd., § 23, 4).*) Der Richtkegel der Fläche besteht aus zwei Strahlbüscheln R, deren Ebenen zur Grundebene, bzw. Aufrißebene parallel sind, wobei die Höhe $p = a \cdot \operatorname{cotg} \alpha$ ist.

Jedem Werte von $r = a$ entspricht eine Schnittlinie der Fläche mit dem Zylinder $[z, a]$. Sie hat die Gleichungen

$$x^2 + y^2 = a^2 \quad \text{und} \quad z = p \cdot \frac{y}{x}.$$

Das Analogon der Schraubenlinie ist also eine Raumkurve vierter Ordnung (erster Art) mit dem uneigentlichen Punkte von z als Doppelpunkt.[20] Sie besteht aus zwei kongruenten, unpaaren**) Ästen. Aufriß und Kreuzriß der Raumkurve haben die Gleichungen

$$\frac{a^2}{y^2} - \frac{p^2}{z^2} = 1, \qquad \frac{a^2}{x^2} - \frac{z^2}{p^2} = 1;$$

der Aufriß ist also eine Kohlenspitzenkurve (I. Bd., § 31, 4), der Kreuzriß eine verallgemeinerte Külpsche Konchoide. Für Lichtstrahlen, welche zur yz-Ebene parallel sind, ist der Schlagschatten dieser Raumkurve auf die xy-Ebene eine Konchoide des Nikomedes (I. Bd., § 26, 1 und § 30). Bei Abwickelung des Zylinders erhält man eine verallgemeinerte Tangenslinie (I. Bd., § 33, 2) mit der Gleichung

$$z_a = p \cdot \operatorname{tg} \frac{y_a}{a}.$$

2. Ist für einen Flächenpunkt T (x_0, y_0, z_0) einer der Risse gegeben, so legt man durch T die Erzeugende g und findet unter Benützung des Schnittpunktes Q von g mit f die anderen Risse von g und dann von T. Eine Parallele durch R'' zu g' liefert auch z_0 oder eine Parallele durch R'' zu e'' liefert den Fluchtpunkt E_u. Die zugehörige Berührungsebene τ ist durch die beiden Erzeugenden e

*) Das Orthyparaboloid kommt als windschiefe Dachfläche vor, wenn der First g zum Saum x nicht parallel ist. Die Sparren bilden das System der e.

**) D. h. eine beliebige Ebene gibt mit jedem Aste eine ungerade Anzahl reeller Schnittpunkte.

und g bestimmt. Ihre Grundspur t_1 geht durch X' parallel zu g', die Aufrißspur t_2 geht durch Z'' parallel zu e'' und die Kreuzrißspur t_3 ist die Verbindungsgerade $X''' Z'''$. Aus der Lage von X, Y, Z, ergibt sich die Gleichung der Berührungsebene τ:

$$\frac{x}{x_0} - \frac{y}{y_0} + \frac{z}{z_0} = 1 .$$

Nun kann man auch die Projektionen der Flächennormalen n zeichnen. Die Tangente für einen Punkt S der Raumkurve vierter Ordnung erhält man mit Hilfe der Grundspur S_1, welche der Fußpunkt der Normalen aus X_s auf der Tangente des Kreises für S' ist. Hiernach ist die Grundspur der Torse eine Koffeide. Diese ist eine Linie sechster Ordnung und sechster Klasse; sie hat bei A und im diametralen Punkte je einen Rückkehrpunkt. Ihre Gleichung erhält man aus

$$x = a \cos \varrho \, (1 + \sin \varrho^2), \qquad y = a \sin \varrho^3 .$$

Die asymptotische Ebene für die Erzeugenden g ist zur xy-Ebene parallel. Die Zentralebene geht daher durch z und Z ist der Zentralpunkt von g. Die Striktionslinie des Systemes der g ist die z-Achse, jene des Systemes der e ist die x-Achse. Aus $z = p \cdot \operatorname{tg} \varrho$ erhält man durch Differentiieren den Parameter der Erzeugenden g:

$$p_g = \frac{p}{\cos \varrho^2} = p(1 + \operatorname{tg} \varrho^2) .$$

Macht das Achsensystem eine Drehung von $\pi/_4$ um die y-Achse, wobei die x- und z-Achse in die Lage $[x]$ und $[z]$ übergehen, so ist zu setzen

$$x_0 = \frac{x + z}{\sqrt{2}}, \qquad y_0 = y, \qquad z_0 = \frac{-x + z}{\sqrt{2}} .$$

Die Gleichung des Orthyparaboloides geht dann aus $x_0 z_0 = p y_0$ über in $-x^2 + z^2 = 2py$. Die Fläche ist also in bezug auf die Ebenen $y[z]$ und $y[x]$ orthogonal symmetrisch. Diese beiden Ebenen sind somit Hauptebenen, die Gerade y ist eine Achse der Fläche, O ist ein Scheitel und x, z heißen die Scheitelerzeugenden. Der Hauptschnitt auf der Ebene $y[z]$ ist die Parabel

$z^2 = 2py$; jeder Parallelschnitt ist eine kongruente Parabel. Der Hauptschnitt auf der Ebene $y[x]$ ist die Parabel $-x^2 = 2py$; sie ist ihren Parallelschnitten sowie dem anderen Hauptschnitte kongruent. Das Orthyparaboloid kann daher auch als Schiebfläche betrachtet werden. Die Fläche kann nämlich durch Schiebung der einen Haupt-

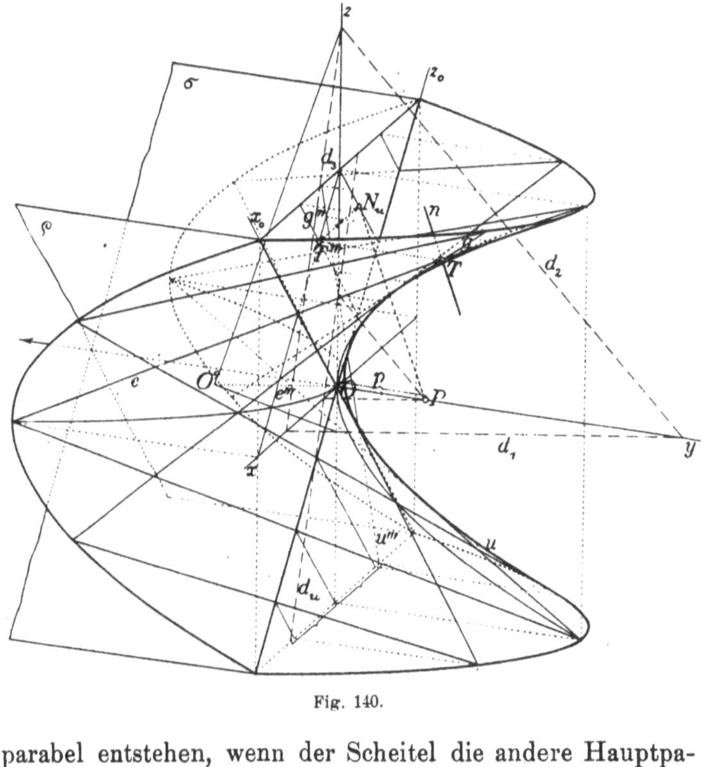

Fig. 140.

parabel entstehen, wenn der Scheitel die andere Hauptparabel beschreibt.

Für Ebenen β, welche im Abstande $y = \pm b$ zur xz-Ebene parallel sind, ergibt sich

$$x_0 z_0 = \pm p \cdot b \qquad \text{oder} \qquad -x^2 + z^2 = \pm 2p \cdot b.$$

Die Parallelschnitte zur Scheitelberührungsebene sind also gleichseitige Hyperbeln mit der Halbachse $\sqrt{2pb}$. Der Normalriß eines schiefen Schnittes des Orthyparaboloides auf der Scheitelberührungsebene ist auch eine gleichseitige Hyperbel. Dabei ist T''' der Mittelpunkt und e''', g''' sind die Asymptoten aller Hyperbeln, welche sich für Ebenen ergeben, die zu τ parallel sind. Ein Drehzylinder, welcher durch eine der beiden Scheitelerzeugenden (z oder x) geht, schneidet die Fläche nach einem kubischen Kreise (I. Bd., § 33, 2).

3. Wählt man den Punkt P der y-Achse, für welchen $OP = p$ ist, als Sehpunkt und sucht man den Fluchtpunkt N_u der Flächennormalen n auf der Scheitelberührungsebene, so sind seine Koordinaten

$$x = p \cdot \operatorname{tg} \varrho = z_0 \quad \text{und} \quad z = p \cdot \operatorname{tg} \sigma = x_0 .$$

Der Kreuzriß T''' eines Flächenpunktes und der Fluchtpunkt N_u der zugehörigen Flächennormalen liegen orthogonal symmetrisch in bezug auf die Gerade, welche den Kreuzriß der nach der Seite von P geöffneten Hauptparabel bildet.[21] Hiermit kann man die Berührungsaufgaben für das Orthyparaboloid einfach lösen. Fig. 140 ist ein axonometrisches Bild der Fläche in ihrer zweiten Hauptlage. Es sind die beiden Hauptschnitte und je zwei begrenzende Parallelschnitte, die Scheitelerzeugenden x_0, z_0 und die Richtebenen ϱ, σ, die Erzeugenden g für $z_0 = \pm 1, 2, 3$ und die Erzeugenden e für $x_0 = \pm 1, 2, 3$, die Strecke $OP = p$ sowie der Flächenpunkt $T\,(x_0 = 2, z_0 = 1)$ abgebildet. Der symmetrische Punkt zu T''' in bezug auf z ist der Fluchtpunkt N_u der Flächennormalen n für T; das Bild der Flächennormalen ist also zu PN_u parallel. Für die Punkte des wahren Umrisses sind die Flächennormalen zur Bildebene δ parallel. Zieht man also die Parallelen zu d_1 und d_2, so erhält man daraus die zu d_3 parallele Fluchtgerade d_u von δ auf der Scheitelberührungsebene. Die zu d_u in bezug auf z symmetrisch liegende Gerade u''' ist dann der Kreuzriß des wahren Umrisses, welcher also eine Parabel ist. Die Bilder der Erzeugenden sind Tangenten des scheinbaren Umrisses, der auch eine Parabel ist. Aus den Schnittpunkten von e''', g''' sowie von den Kreuzrissen der Haupt- und Parallelschnitte mit der Geraden u''' findet man die zugehörigen Berührungspunkte; das sind die Bilder

der Punkte, bei welchen die Linien im Raume unsichtbar werden.

Durch die Scheitelerzeugende z und eine beliebige Erzeugende e desselben Systemes (Fig. 139) ist das Orthyparaboloid bestimmt. Denkt man sich nun zwei benachbarte Erzeugende irgendeiner windschiefen Fläche, so kann man die eine als z, die andere als e eines Orthyparaboloides betrachten. Im Grenzfalle, wo e sich mit z vereinigt, besteht das System der g aus den Senkrechten zu z, welche man in den einzelnen Punkten von z auf den zugehörigen Berührungsebenen der windschiefen Fläche ziehen kann. Dieses Orthyparaboloid berührt die windschiefe Fläche in allen Punkten der Erzeugenden $e = z$. Durch eine Drehung von $\pi/_2$ um z geht es in ein anderes über, bei welchem die Geraden g die Flächennormalen der windschiefen Fläche längs z sind. Die Flächennormalen für die Punkte einer Erzeugenden z einer windschiefen Fläche bilden also ein Orthyparaboloid, welches z als Scheitelerzeugende, den Zentralpunkt als Scheitel und die asymptotische Ebene als Scheitelberührungsebene besitzt.

4. Die Fig. 141 zeigt einen Spiralbohrer und den zugehörigen Fräser.[22] Die schneidende Kante $A_k B_k$ des Bohrers liegt auf einer Geraden (zur Kreuzrißebene parallel aufgestellt), welche von z einen Abstand $C_k z$ hat, der $^1/_7$ von jenem des Punktes A_k von z ist. Die Gerade beschreibt eine Regelschraubenfläche mit der Ganghöhe $2h = 200$ mm (Parameter $p = 31{,}8$ mm). In der frontalen Lage f der Erzeugenden erscheint der Winkel $\gamma = \pi/_8$ in wahrer Größe, woraus man auch den Fluchtkreis der Fläche erhält. Die Endpunkte B_k der beiden Schneiden begrenzen eine gegen y um $\pi/_5$ verstellte Kante. Die Aushöhlung soll durch einen Fräser bewerkstelligt werden, der sich um die Achse d dreht (Abstand 36,6 mm, Winkel $\pi/_8$), während der Bolzen geschraubt wird. Der Fräser hat scharfe Kanten, welche Meridiane einer Drehfläche sind. Die Schraubenfläche und die Drehfläche müssen sich bei der Bewegung längs einer Linie berühren. In den Punkten dieser Linie haben also beide Flächen dieselbe Normale. Da nun alle Normalen einer Drehfläche die Achse schneiden müssen, hat man solche Punkte der Regelschraubenfläche

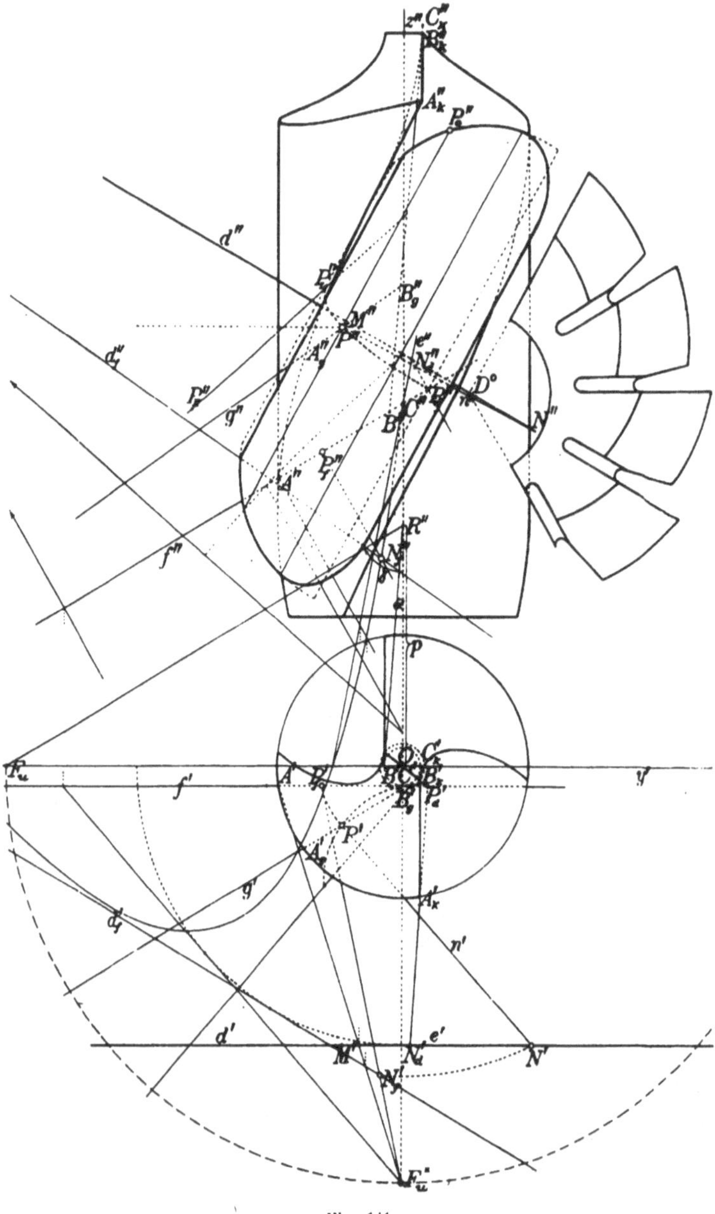

Fig. 141.

zu suchen, deren Flächennormale die Gerade d trifft. Die Flächennormalen längs einer Erzeugenden g der Regelschraubenfläche bilden aber ein Orthyparaboloid, welches die Gerade d in zwei Punkten N schneidet, zu welchen sich auf g zwei Punkte P der verlangten Berührungslinie ergeben. Benützt man zunächst das Paraboloid der frontalen Erzeugenden f, so ist die zweite Scheitelerzeugende in C zur Aufrißebene normal. Das System der f erscheint also im Aufrisse als Strahlbüschel C'', im Grundrisse parallel zu f'; das System der Flächennormalen erscheint im Aufrisse senkrecht f'', im Grnndrisse als Strahlbüschel, dessen Scheitel die Drehflucht $F_u^{\times}$ ist. Nun ist d' auch der Grundriß e' einer Erzeugenden des ersten Systems, deren Aufriß e'' sich aus dem Schnittpunkte von e' mit $A' F_u^{\times}$ ergibt, woraus man den Schnittpunkt N_d von d mit dem Paraboloide findet (der zweite Schnittpunkt liegt unendlich fern). Der zugehörige Fußpunkt der Normalen ist P_d. Bei einer anderen Erzeugenden g schraubt man g mit dem Paraboloide nach f und die Achse d im gleichen Maße nach d_f. Dann legt man durch d_f die zur Grundebene normale Ebene, welche das Paraboloid nach einer Hyperbel schneidet. Diese ergibt mit d_f die zwei Schnittpunkte N_f, woraus man die Punkte P_f erhält. Durch Zurückschrauben findet man die Punkte N auf d und P auf g. Bei jener Erzeugenden, für welche d_f' durch $F_u^{\times}$ geht, zerfällt die Hyperbel wieder in zwei Erzeugende, von welchen die eine ihren Grundriß in $F_u^{\times}$ hat. Die Geraden d_f bilden auch eine Regelschraubenfläche. Von der Berührungslinie kommt nur der Teil zur Verwendung, welcher zwischen den von A und B beschriebenen Schraubenlinien liegt. Sucht man noch die Abstände PM der Punkte P von der Drehachse d und macht man $M'' P_0'' = MP$, so erhält man Punkte des Meridianes, nach welchem die Schneiden des Fräsers zu formen sind.

§ 55. Das Plücker-Konoid. Hyperboloidräder.

1. Betrachten wir jetzt die Bewegung, bei welcher das Verhältnis von z zu $\sin 2\varrho$ einem konstanten Parameter gleich ist, also

$$\frac{z}{\sin 2\varrho} = p.$$

Die x-Achse beschreibt dabei eine windschiefe Fläche mit einem System von Erzeugenden g. Sie hat die xy-

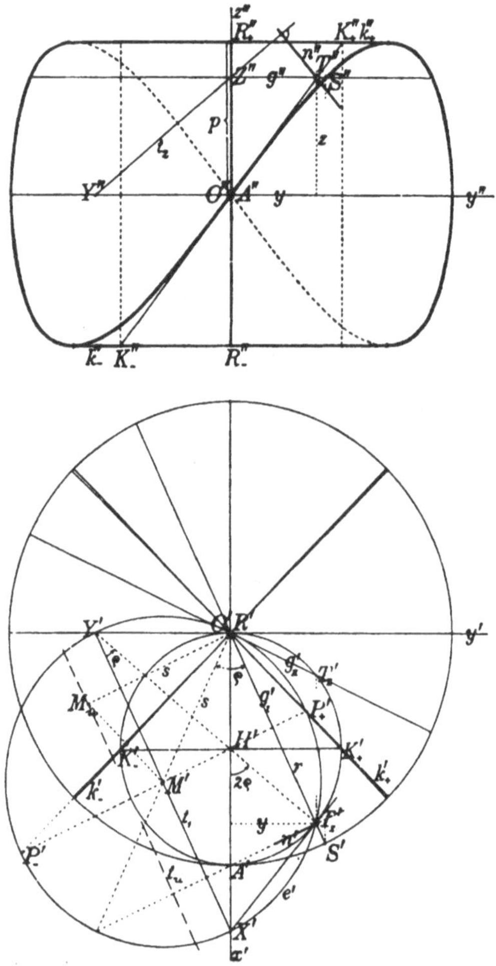

Fig. 142.

Ebene als Richtebene und ist wieder ein Analogon der Wendelfläche. Für jeden Punkt T dieser Fläche (Fig. 142) ist $x = r \cdot \cos \varrho$, $\quad y = r \cdot \sin \varrho$, $\quad z = p \cdot \sin 2\varrho$.

Durch Elimination von r und ϱ erhält man als Gleichung der Fläche:

$$z = p \frac{2xy}{x^2+y^2}.$$

Bei der jetzt angenommenen Bewegung entsteht also eine besondere Regelfläche dritter Ordnung; sie heißt Plücker-Konoid (auch Zylindroid).[19]

Der Drehzylinder, welcher durch die z-Achse geht und die Strecke $OA = a$ der x-Achse als Durchmesser hat, schneidet die Fläche nach einer Linie, für welche

$$y = a/_2 \cdot \sin 2\varrho \text{ und } z = p \cdot \sin 2\varrho,$$

also $y : z = a/_2 : p$ ist. Der Aufriß der Schnittlinie ist also eine Gerade durch O'' und die Schnittlinie selbst ist daher eine Ellipse, für welche O, A die Scheitel der kleinen Achse sind; die Scheitel K_+, K_- ihrer großen Achse haben die Koordinaten $x = a/_2$, $y = \pm a/_2$, $z = \pm p$. Die Fläche wird also auch durch die Geraden gebildet, welche zu z normal sind und diese Ellipse schneiden. Durch jeden Punkt Z gehen zwei Erzeugende g_I, g_{II} durch die Punkte T_I, T_{II} der Ellipse, insbesondere durch O die beiden rechtwinkligen Erzeugenden x, y, dann durch R_+ und R_- je zwei benachbarte Erzeugende, welche in k_+, bzw. k_- sich vereinigen. In Abständen von O, welche größer als p sind, ergeben sich imaginäre Erzeugende. Die Fläche enthält außer den Erzeugenden noch z als Doppelgerade und die uneigentliche Gerade der xy-Ebene als einfache Gerade.

Jedem Werte von $r = a$ entspricht die Schnittlinie der Fläche mit dem Zylinder $x^2 + y^2 = a^2$. Für diese Schnittlinie ist also $z = p \frac{2xy}{a^2}$ oder $xy = \frac{a^2}{2p} \cdot z$; sie liegt daher auf einem Orthyparaboloid mit den Scheitelerzeugenden x, y und der Achse z. Das Analogon der Schraubenlinie ist also hier eine Raumkurve vierter Ordnung (erster Art) mit dem uneigentlichen Punkte von z als isolierten Doppelpunkt. Der Aufriß ist eine Linie vierter Ordnung mit O'' als Wendedoppelpunkt. Bei der Abwicklung des Zylinders erhält man eine verallgemeinerte Sinuslinie.

Ist für einen Flächenpunkt T der Grundriß T' gegeben, so sucht man auf x' den Mittelpunkt H' des Kreises, der durch O' und T' geht, und findet daraus K'_+, K''_+, $O''K''_+$, T''. Ist T'' gegeben, so findet man $O''T''$, K''_+, K'_+, H', den Kreis $[H', a/_2]$ und zwei Grundrisse T'_I, T'_{II}. Die zu T gehörige Berührungsebene τ ist durch die Erzeugende g und die Tangente der Ellipse bestimmt. Die Verbindungsgerade $H'T'$ ergibt Y', die dazu senkrechte Tangente des Kreises $[H', a/_2]$ den Punkt X' und g'' liefert Z'', woraus man die Spuren t_1 (parallel g') und t_2 von τ sowie die Bilder der Flächennormalen n findet. Die asymptotische Ebene für jede Erzeugende g ist zur xy-Ebene parallel, die Zentralebene geht durch z, der Zentralpunkt von g ist Z und z ist die Striktionslinie. Durch Differentiieren erhält man den Parameter der Erzeugenden g:

$$p_g = 2\,p \cdot \cos 2\,\varrho\,.$$

Rückt Z nach R, so werden g_I, g_{II} benachbarte Erzeugende, welche nicht windschief sind. Im Grenzfalle erhält man die Erzeugenden k_+, k_{--}, deren asymptotische Ebene die Fläche in allen Punkten der Erzeugenden berührt, während jede andere Ebene durch k den Punkt R als Berührungspunkt besitzt. R ist auch der Zentralpunkt für k und der Parameter $p_g = 0$. Diese singulären Erzeugenden k_+, k_- heißen Torsalgerade, die zugehörigen Berührungsebenen heißen Torsalebenen*) und R_+, R_- heißen Kuspidalpunkte der Regelfläche.

Der Kreis $[M, s]$, welcher XY als Durchmesser hat und daher auch durch O' und T' geht, ist die Basis eines Drehzylinders. Für jeden Punkt T' dieses Kreises ist aber wieder der Winkel $X'Y'T' = \varrho$, also der Winkel $X'H'T' = 2\,\varrho$ und der Abstand des Punktes T' von t_1 ist $m' = s \cdot \sin 2\,\varrho$, das Verhältnis

$$z : m' = p : s\,.$$

Daher liegt die Schnittlinie der Fläche mit dem Zylinder auf einer Ebene, nämlich auf der Berührungsebene τ, was aus den Punkten P' des Kreises zu ersehen ist.

---

*) Sie berühren die Fläche in allen Punkten der Erzeugenden.

Das Plücker-Konoid wird von der Berührungsebene τ für T in der Erzeugenden g und in einer Ellipse e geschnitten, deren Grundriß e' ein Kreis $[M, s]$ ist. Jeder Drehzylinder, welcher die Achse z als Erzeugende besitzt, schneidet die Fläche nach einer solchen Ellipse. Die Scheitel X, Y der kleinen Achse liegen auf x, y, jene der großen Achse P_+, P_- auf k_+, k_-; alle solchen Ellipsen haben daher die Exzentrizität p. Der Kreis e' hat g'_{II} als Tangente bei O'. Sucht man den Fluchtpunkt M_u der Spurnormalen m von τ für R_+ als Sehpunkt und $[xy]$ als Bildebene, so ist $R'M_u$ parallel und gleich $P'M' = s$. Die Punkte M_u und M' liegen daher symmetrisch zu k'_-. Die Fluchtgerade t_u von τ geht dann durch M_u parallel zu t_1. Ist L_u der Fluchtpunkt von parallelen Lichtstrahlen, so bilden die Punkte M_u den Kreis mit dem Durchmesser $O'L_u$, die Punkte M' den symmetrisch dazu liegenden Kreis in bezug auf k'_-. Daraus ergibt sich dann der Grundriß der Lichtgrenze.

Dreht man die Fläche um $\pi/_4$ im positiven Sinne um die z-Achse, so ist zu setzen

$$x_0 = \frac{x+y}{\sqrt{2}}, \qquad y_0 = \frac{-x+y}{\sqrt{2}}$$

und die Gleichung der Fläche

$$z_0 = p\,\frac{2\,x_0\,y_0}{x_0^2 + y_0^2} \quad \text{geht über in } z = p\,\frac{-x^2+y^2}{x^2+y^2}.$$

Die Fläche ist also in bezug auf die jetzige xz-Ebene sowie yz-Ebene symmetrisch. Als Aufriß, bzw. Kreuzriß der Randlinie ergeben sich nun die Parabeln

$$y^2 = \frac{a^2}{2p}(z+p), \qquad x^2 = -\frac{a^2}{2p}(z-p).$$

2. Es soll nun ein axonometrisches Bild der Fläche für diese zweite Hauptstellung gesucht werden, wobei der Radius der Randlinie $a = 2p$ sei, ferner $\sin\nu = 1/\sqrt{3}$ und $\varrho = \pi/_6$ (Fig. 143). Auf der umgelegten und nach abwärts verschobenen Grundebene sind die Grundrisse eines Systems von Erzeugenden gezeichnet, so daß sie $\pi/_{12}$ miteinander einschließen. Um die Höhen z zu finden, kann man den Kreis $[H', p]$ benützen, welcher der Grundriß einer Ellipse

ist, deren Ebene durch k_+ geht und unter $\pi/_4$ geneigt ist. Durch Z gehen zwei Erzeugende, auf welchen sich Punkte

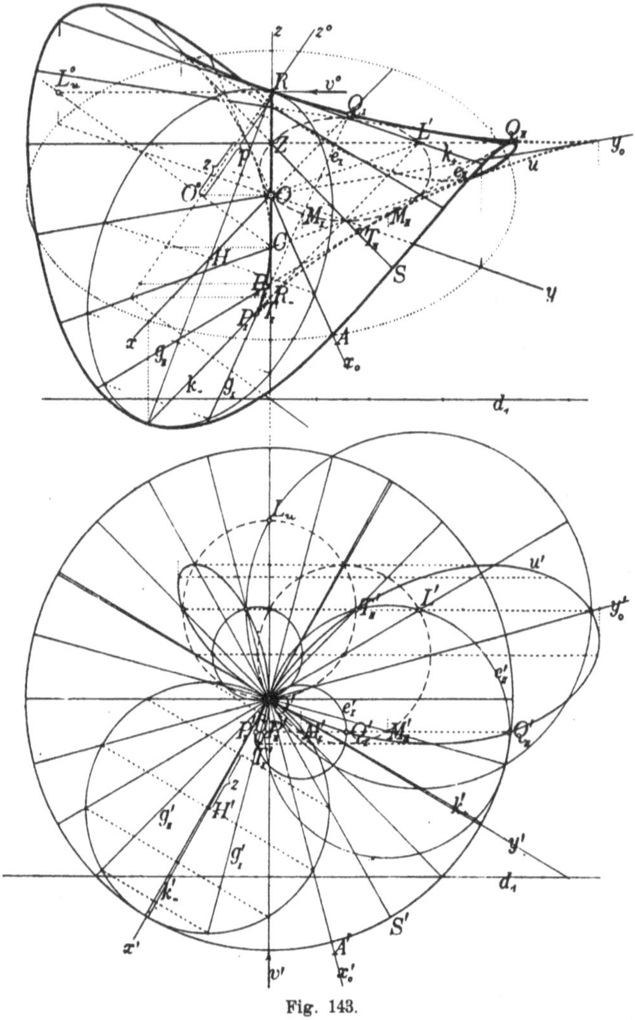

Fig. 143.

S der Randlinie ergeben. Um den Umriß der Fläche zu finden, legt man durch R den Sehstrahl v. Er trifft die xy-Ebene im Fluchtpunkte L_u der Sehstrahlen. Die Fluchtpunkte M_u der Spurnormalen aller Berührungsebenen, welche zu den Sehstrahlen parallel sind, bilden den Kreis mit dem Durchmesser $O'L_u$. Sucht man den Punkt L', der zu L_u symmetrisch liegt in bezug auf k'_-, so enthält der Kreis mit dem Durchmesser $O'L'$ die Mittelpunkte der Ellipsen e, welche auf den zu den Sehstrahlen parallelen Ebenen liegen. Zu zwei Erzeugenden g_I, g_{II}, deren Grundrisse symmetrisch zu k'_- liegen, ergeben sich Mittelpunkte M'_I, M'_{II}, welche auf einer Senkrechten zu v' liegen, wie aus dem Paare zu ersehen ist, welchem v' selbst angehört. Die Kreise e'_I, e'_{II}, die durch O' gehen, schneiden dann g'_I, g'_{II} in den Punkten T'_I, T'_{II}, welche dem Grundrisse u' des wahren Umrisses angehören. Die Endpunkte P'_I, Q'_I und P'_{II}, Q'_{II} der zu v' senkrechten Durchmesser dieser Kreise gehören aber als Berührungspunkte der zu v' parallelen Tangenten der Kreise ebenfalls dieser Linie u' an. Nach diesem Bildungsgesetze ist der Grundriß u' des wahren Umrisses des Plücker-Konoides ein schiefes Dreiblatt*). Es ist eine Linie vierter Ordnung, welche O' als dreifachen Punkt besitzt, wobei k'_+, k'_-, v' die zugehörigen Tangenten sind. Die horizontalen Tangenten des Kreises $O'L'$ sind Doppeltangenten. Die axonometrischen Bilder der Ellipsen e_I, e_{II} fallen mit den Bildern der Erzeugenden g_I, g_{II} in dieselben Geraden, so daß man aus dem Grundrisse sofort die Bilder von M_I, T_I, P_I, Q_I und $M_{II}, T_{II}, P_{II}, Q_{II}$ finden kann. Das Bild der Erzeugenden g ist eine Tangente, T ihr Berührungspunkt und P, Q sind die weiteren auf der Tangente liegenden Punkte des scheinbaren Umrisses. Die Erzeugende, deren Bild mit z zusammenfällt, liefert einen auf z liegenden Punkt C des Umrisses. Außerdem geht der wahre Umriß noch durch die Kuspidalpunkte R_+, R_- und berührt in diesen die Torsalgeraden k_+, k_-. Der scheinbare Umriß ist eine Linie vierter Ordnung mit drei Rückkehrpunkten, welche sich aus den zu v' parallelen Tangenten des Dreiblattes ergeben**).

---

*) In besonderen Fällen ergibt sich ein normales Dreiblatt oder ein normales Zweiblatt.

**) Das Bild des Kreises mit dem Durchmesser $O'L'$ steht zur Umrißlinie in einer besonderen Beziehung.

Die Fläche hat für die Liniengeometrie und für die Schraubungstheorie eine besondere Bedeutung.[23]

3. Zwei windschiefe Gerade o_1, o_2 seien gegeben (Fig. 144). Ihr auf z liegender Abstand $O_1O_2 = 2s$ habe den Mittel-

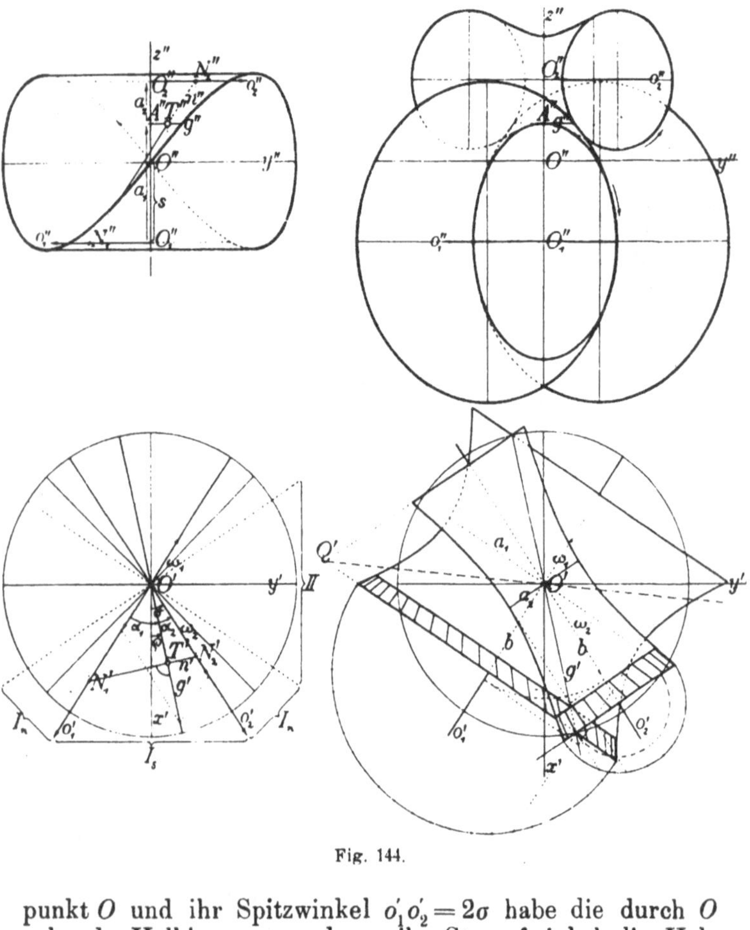

Fig. 144.

punkt O und ihr Spitzwinkel $o_1'o_2' = 2\sigma$ habe die durch O gehende Halbierungsgerade x, ihr Stumpfwinkel die Halbierungsgerade y. Soll eine Drehung um die Achse o_1 auf die Achse o_2 übertragen werden, so kann man Hyperboloidzahnräder[24] verwenden. Dabei kommen Drehhyperboloide mit den Achsen o_1 und o_2 in Betracht, welche sich in allen Punkten einer Erzeugenden g berühren, also in diesen Punkten auch gemeinsame Flächennormalen besitzen. Die Gerade g muß dann z in einem Punkte A schneiden, welcher den Kehlkreisen der beiden Hyperboloide angehört, während O_1, O_2 die Mittelpunkte der letzteren sind. Durch A wird der Abstand $2s$ in a_1 und a_2 zerlegt; der Grundriß g' teilt den Winkel 2σ in α_1 und α_2.

$$a_1 + a_2 = 2s; \qquad \alpha_1 + \alpha_2 = 2\sigma.$$

Die Flächennormalen n für die Punkte der gemeinsamen Erzeugenden g bilden ein Orthyparaboloid, für welches o_1 und o_2 auch Erzeugende des Systems der g sind, da die gemeinsamen Flächennormalen die Achsen beider Drehflächen schneiden müssen. Das Orthyparaboloid hat daher z und g als Scheitelerzeugende. Wählt man den Grundriß g', so ist dadurch g bestimmt; der Winkel von g' mit x' sei ϱ. Die zu einem beliebigen Punkte T von g gehörige Normale n hat einen Grundriß n', welcher senkrecht zu g' ist. Er schneidet o_1', o_2' in Punkten N_1', N_2'. Daraus findet man $N_1'', N_2'', n'', T'', g'', A''$ und die Höhe $OA = z$. Nun ist

$$N_1' T' : T' N_2' = \operatorname{tg}\alpha_1 : \operatorname{tg}\alpha_2 \quad \text{und} \quad N_1'' T'' : T'' N_2'' = a_1 : a_2,$$

also
$$a_1 : a_2 = \operatorname{tg}\alpha_1 : \operatorname{tg}\alpha_2 .$$

„Das Teilverhältnis des Punktes A für $O_1 O_2$ ist dem Tangentenverhältnisse des Strahles g' für $o_1' o_2'$ gleich."*) Aus

$$a_1 = s + z, \quad a_2 = s - z; \quad \alpha_1 = \sigma + \varrho, \quad \alpha_2 = \sigma - \varrho$$

folgt
$$\frac{s+z}{s-z} = \frac{\operatorname{tg}(\sigma+\varrho)}{\operatorname{tg}(\sigma-\varrho)},$$

$$\frac{z}{s} = \frac{\operatorname{tg}(\sigma+\varrho) - \operatorname{tg}(\sigma-\varrho)}{\operatorname{tg}(\sigma+\varrho) + \operatorname{tg}(\sigma-\varrho)} = \frac{\sin 2\varrho}{\sin 2\sigma}$$

also
$$z = \frac{s}{\sin 2\sigma} \cdot \sin 2\varrho .$$

---

*) Hieraus folgt auch, daß beide Hyperboloide gleiche imaginäre Halbachsen b besitzen und daß die Erzeugenden beider Hyperboloide denselben Parameter p_g haben, nämlich

$$b = p_g = a_1 \operatorname{cotg}\alpha_1 = a_2 \operatorname{cotg}\alpha_2 .$$

Die möglichen Lagen der gemeinsamen Berührungserzeugenden g zweier Drehhyperboloide mit den Achsen o_1 und o_2 bilden ein Plücker-Konoid mit der Höhe $2s/\sin 2\sigma$.

Wählt man g' in dem Bereiche I_s, welcher den Spitzwinkel 2σ umfaßt, so berühren sich die Hyperboloide von außen; wählt man g' in dem Bereiche I_n, welcher die Spitzwinkel zwischen o_1' und der Normalen zu o_2', beziehungsweise zwischen o_2' und der Normalen zu o_1' umfaßt, so berühren sich die Hyperboloide von innen. Wählt man endlich g' in dem Bereiche II, welcher von den beiden Normalen begrenzt wird, so schneiden sich die berührenden Hyperboloide noch in zwei reellen Erzeugenden. Um die Schnitterzeugenden zu finden, verschiebt man die Asymptotenkegel mit den Spitzen O_1, O_2 nach O und schneidet sie mit einer Hilfskugel $[O, r]$. Die Grundrisse der beiden Paare von Schnittkreisen ergeben noch zwei Schnittpunkte Q'. Ihre durch O' gehende Verbindungsgerade ist die Spur der Ebene, welche die Kegel in den reellen oder imaginären Erzeugenden schneidet, zu welchen dann die Schnitterzeugenden der Hyperboloide parallel sind.

Ein Stück der Geraden g ergibt für jedes Hyperboloid eine Zone, in welcher die ineinandergreifenden Zähne der Räder nach Erzeugenden gerichtet angebracht werden. Soll nun das Verhältnis der Drehgeschwindigkeiten z. B. $\omega_1 : \omega_2 = 1 : 2$ sein, so ist dadurch die Lage von g' bestimmt. Verleiht man dem ganzen Systeme eine Drehgeschwindigkeit $-\omega_1$ um o_1, so ist das erste Rad als ruhend zu betrachten und für das zweite Rad ergibt sich die relative Bewegung in bezug aufs erste als eine Schraubung um g. Die diesbezügliche Drehgeschwindigkeit setzt sich aus ω_2 und $-\omega_1$ zusammen, so daß g' in die Diagonale des Parallelogrammes dieser Geschwindigkeiten fällt und es ist nach dem Sinussatze

$$\omega_1 : \omega_2 = \sin \alpha_2 : \sin \alpha_1 .$$

Die Zahl der Zähne steht dann im Verhältnisse

$$n_1 : n_2 = \omega_2 : \omega_1 .$$

Der Schraubungsparameter ist $p = a_1 \operatorname{tg} \alpha_2 = a_2 \operatorname{tg} \alpha_1$.

Die relative Bewegung der beiden Räder wird „Schroten“ genannt.

§ 56. Windschiefe Regelfläche vierten Grades (räumliches Rückwärtseinschneiden).

Es soll noch eine windschiefe Regelfläche vierten Grades kurz besprochen werden, welche auch zur Lösung der schon früher (§ 32, 2 Üb.-Aufg.) erwähnten Aufgabe benützt werden kann:[25] „Ein Dreikant mit drei gegebenen Seiten α, β, γ ist nach einem Dreiecke mit drei gegebenen Seiten a, b, c zu schneiden." Das gegebene Dreieck ABC sei so in die Grundebene gelegt, daß die Seite b in die Richtung der Ordner fällt (Fig. 145). Die Seite β des Dreikantes liege ebenfalls auf der Grundebene, und da die Schenkel durch A und C gehen sollen, muß der Scheitel O auf dem Kreise $[M, r]$ liegen, für welchen zur Sehne b der Peripheriewinkel β gehört. Durch Anlegen des Winkels β bei C an b ergibt sich sein Mittelpunkt M. Man sucht nun aus α, β, γ die dritte Kante des Dreikantes; sie hat eine gewisse Neigung δ gegen die Grundebene und ihr Grundriß geht durch einen Punkt D des Kreises $[M, r]$. Ändert jetzt der Scheitel O des Dreikantes seine Lage auf dem Kreise $[M, r]$ so, daß die Schenkel der Seite β durch A und C gehen, dann geht auch der Grundriß der aufsteigenden Kante stets durch D und die Höhenebene des Dreikantes geht durch eine Gerade d, welche in D zur Grundebene normal ist. Bei dieser Bewegung beschreibt die dritte Kante einen Teil einer windschiefen Regelfläche, welche ein Analogon der scharfgängigen Schraubenfläche ist. Nimmt man auch das in bezug auf die Grundebene symmetrische Dreikant dazu, so wird die ganze Fläche beschrieben. Die Horizontalschnitte der Fläche sind Kreiskonchoiden; sie ist also eine Regelfläche vierten Grades (Art V nach R. Sturm). Sie hat als Richtkegel einen Drehkegel, dessen Erzeugende mit der zu d parallelen Achse den Winkel $(\pi/_2 - \delta)$ einschließen. Die Gerade d und der Kreis $[M, r]$ sind Doppellinien, durch deren Punkte je zwei Erzeugende gehen. Für die Erzeugende g (g', G_1) ist die Verbindungsebene $[g\,d]$ die Zentralebene, senkrecht dazu ist die asymptotische Ebene (Spur durch S') und die Berührungsebene für G_1 hat die zugehörige Kreistangente als Spur. Das Spurenbüschel ist gleichlaufend kongruent dem Büschel, welches den diametralen Punkt $G^{\times}$ mit den Grundrissen der Berührungspunkte dieser drei

Ebenen verbindet. Ist dann t_1 die Spur einer Berührungsebene τ und M_1 ihr Schnittpunkt mit dem Kreise $[M, r]$, so schneidet der Strahl $G^\times M_1$ den Grundriß T'

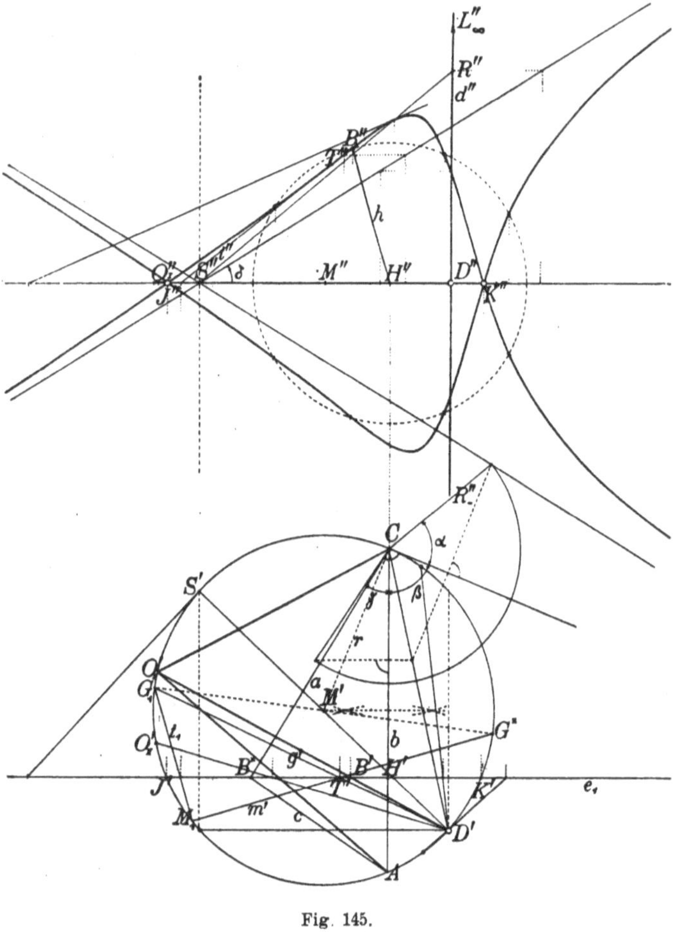

Fig. 145.

des Berührungspunktes aus und umgekehrt. Die Grundrisse m' der Falltangenten (also auch der Flächennormalen n) längs einer Erzeugenden g gehen durch den diametralen Punkt $G^\times$ zu G_1. Der Drehkegel mit der

Spitze S und der zu d parallelen Achse ist ein asymptotischer Kegel.

Dreht sich das Dreieck ABC um die Seite b, so beschreibt der Eckpunkt B einen Kreis $[H, h]$ auf einer Ebene ε (Spur e_1), welche zur Aufrißebene parallel ist. Diese Ebene schneidet die Regelfläche in einer Linie vierter Ordnung mit drei Doppelpunkten, von welcher man Punkte T und die zugehörigen Tangenten t leicht finden kann. Die Schnittpunkte J, K der Ebene mit dem Kreise $[M, r]$ und der Schnittpunkt L_∞ mit d sind die drei Doppelpunkte. Die zur Aufrißebene parallelen Erzeugenden liefern die Asymptoten. Die Linie wird von dem Kreise $[H, h]$ in acht Punkten geschnitten. Die vier unteren sind auszuscheiden, weil sie nur zu symmetrischen Dreikanten führen. Die vier oberen ergeben (sofern sie reell sind) passende Dreikante. Davon wären aber wieder jene auszuscheiden, bei welchen die Seiten a, b, c nicht alle auf α, β, γ sondern zum Teil auf die Nebenwinkel zu liegen kommen. Im vorliegenden Beispiele sind zwei brauchbare Lösungen (bei O'_I und O'_{II}). Die Aufgabe kommt unter dem Namen „räumliches Rückwärtseinschneiden" in der Geodäsie und Luftphotogrammetrie vor.

Geschichtliche und literarische Bemerkungen.

[1] Die Schrauben waren schon Archimedes (287—212 v. Chr.) bekannt. In dem Werke „Synagoge" (mathematische Sammlung) des Pappus von Alexandrien (Ende des 3. oder 4. Jahrhunderts n. Chr.) wird schon gezeigt, daß sich die Quadratrix des Dinostratus als Grundriß der Schnittlinie der Wendelfläche mit einer Berührungsebene (4. Buch, Absatz 28) und die Archimedische Spirale als Grundriß der Schnittlinie dieser Fläche mit einem koaxialen Drehkegel (4. Buch, Abs. 29) ergibt. Darauf wies M. Chasles hin [Aperçu historique (1837), 1. Kapitel, § 26] und gab in der Note VIII die in den Übungsaufgaben [§ 43] angedeutete Erweiterung. Die konstruktive Behandlung beginnt mit M. Hachette [Corr. sur l'école polytechnique, t. 2 und 3 (1809), Traité d. géom. descr. (1822)] und J. V. Poncelet (Studienzeit 1810). [§ 42, 1; § 43, 1]

[2] Das Fluchtbild wurde schon von F. E. Neumann (1823) zur Abbildung der Flächen und Kanten von Kristallen benützt, um den Zonenverband zu studieren. Die Drehflucht wurde zur konstruktiven Behandlung der Schraubenflächen von Th. Schmid [Sitzgsber. Akad. Wien, 99. Bd. (1890); Monatshefte, 2. Jg. (1891)], J. Sobotka [Sitzgsber. Akad Wien. 101. Bd. (1892), 102. Bd. (1893); Monatshefte, 4. Jg. (1893)], Rohn-Papperitz [Darst. Geom., 2. Bd.

(1896)], E. Müller [Darst. Geom., 1. Bd. (1908)] verwendet. Beides wurde dann von E. Müller im Sinne der Flächenabbildung im allgemeinen bedeutend weiter ausgearbeitet [Sitzgsber. Akad. Wien, 120. Bd. (1911)]. [§ 40; § 46, 2; § 49; § 52, 1, 2]

[3] E. Study [Arch. d. Math., 21. Bd. (1913), S. 198] schließt sich auch der in der technischen Praxis üblichen Erklärung an. [§ 41, 1]

[4] M. Chasles, Corr. math. et phys., 11. Bd. (1839). [§ 41, 3]

[5] Eine solche Linienschar kommt auch beim sogenannten Staketphänomen vor [L. Burmester, Sitzgsber. bayrische Akad. d. Wiss. (1914)]. [§ 42, 1]

[6] F. Schiffner, Arch. d. Math., 69. T. (1883); F. Nugel, Diss., Halle (1912). [§ 43, 2]

[7] H. Wieleitner, Arch. d. Math., 11. Bd. (1907), S. 131, 12. Bd., S. 193. [§ 43, 3]

[8] K. Pohlke, Darst. Geom., 2. Abt. (1876), S. 230. [§ 43, 3]

[9] Es ist die Transformation, bei welcher in der Gleichung einer Linie die rechtwinkligen Koordinaten (x, z) durch die Polarkoordinaten $(r, p \cdot \varrho)$ ersetzt werden. Diese wurde schon von P. Varignon untersucht [Mém. de l'Acad. des sciences (1704), S. 70]. Die räumliche Deutung als Übergang von der Meridianlinie einer Drehfläche zum Grundriß der Schnittlinie mit einer Wendelfläche gab, wie schon unter [1] bemerkt, M. Chasles (Aperçu historique, Note VIII). Wird die Gerade x nicht geschraubt, sondern bloß gedreht, so beschreibt sie eine zur z-Achse normale Ebene. Wird dann die Meridianlinie nicht gedreht, sondern mit negativem Parameter (nach rechts abwärts) geschraubt, so wird der Normalschnitt dieser Schraubenfläche identisch mit dem Grundriß der früheren Schnittlinie. Damit erhält man für die Transformation die wichtigere räumliche Deutung als Übergang vom Achsenschnitt zum Normalschnitt einer Schraubenfläche. [G. Loria, Bibliotheca math., 7. Bd. (1906).] [§ 43; § 47, 1]

[10] L. Burmester, Theorie und Darstellung der Beleuchtung (1871); Th. Schmid, Sitzgsber. Akad. Wien, 99. Bd (1891), Monatshefte, 2. Jg. (1891). [§ 44, 1; § 49; § 53]

[11] J. de la Gournerie, Traité de géom. descrip., 3. Teil, S. 167 der 3. Ausgabe. [§ 46, 2]

[12] Diese Bemerkung dürfte neu sein. [§ 47, 3]

[13] Diese Wendetangenten scheinen bisher nicht beachtet worden zu sein. Durch sie ist das Auftreten der Wendeasymptote im zweiten Falle erklärt (die Angabe hierüber bei Ch. Wiener [Darst. Geom., 2. Bd., S. 505, letzte Zeile] ist nicht zutreffend). [§ 49, 2, 3]

[14] Zur Umriß- und Lichtgrenzbestimmung sei noch genannt: J. Tesař [Sitzgsber. Akad. Wien, 86. Bd. (1882), 94. Bd. (1886)]; F. Procházka [Arch. d. Math., II. R., 2. Bd. (1885)]. [§ 49, 4]

[15] Josef Ressel, ein Österreicher (Gymnasium Linz, Universität Wien, Forstlehranstalt in Maria-Brunn absolviert), erhielt 1827 das erste Patent „für eine Schraube ohne Ende zur Fortbewegung der Schiffe" und machte 1829 gelungene Versuche mit seinem Schraubenboote in Triest. [§ 51, 3]

[16] Außer [2] und [10] sei noch genannt: J. de la Gournerie, Journal de l'école polytechn., t. XX, cahier 34 (1851), Traité de géom. descr.

(1864); L. Burmester, Zft. f. Math. u. Phys., 18. Jahrg. (1873); A. Mannheim, Cours de géom. descr. (1880); C. Pelz, Sitzgsber. Akad. Wien, 87. Bd. (1883); K. Mack, Monatshefte, 17. Jahrg. (1906); E. Janisch, Arch. d. Math., 12. Bd. (1907). [§ 52, 4]

[17] Th. Olivier, Mém. de géom. descr. (1851), S. 64 und 273 (Hinweis auf den Tempel von Jerusalem); G. Scheffers, Theorie der Flächen, S. 189; E. Müller. Sitzgsber. Akad. Wien, 118. Bd. (1909), Monatshefte, 21. Jg. (1910). [§ 53, 1]

[18] Kommt in den alten französischen Werken über Steinschnitt unter dem Namen „Vis Saint-Gilles" vor, z. B. bei De la Rue (1728) und dann bei Frézier, 1. Bd. (1737), Fig. 152, 2. Bd. (1738), Fig. 225. G. Loria, Darst. Geom., 2. Bd. (1913), S. 284. [§ 53, 2, 3]

[19] Diese Art der Behandlung algebraischer Regelflächen kommt zuerst vor bei L. Burmester, Theorie und Darstellung der Beleuchtung, 2. Aufl. (1875), S. 233, dann bei E. Cesaro, Natürliche Geometrie (1901), S. 165/6 und E. Müller, Sitzgsber. Akad. Wien, 126. Bd. (1917). [§ 54, 1; § 55, 1]

[20] K. Zindler, Liniengeometrie, 2. Bd. (1906), S. 157. [§ 54, 1]

[21] Diese Verwandtschaft zwischen T''' und N_u dürfte nicht bekannt sein. [§ 54, 3]

[22] E. Stübler, Zft. f. Math. u. Phys., 57. Bd. (1909) und 60. Bd. (1912), ferner Zft. f. angew. Math. u. Mech. 2. Bd. (1922). [§ 54, 4]

[23] Daher besteht eine sehr ausgedehnte Literatur über diese Fläche. Eine Zusammenstellung findet man bei E. Wölffing und E. Lampe [Arch. d. Math., 2. Bd. (1901), S. 228]. Davon sind die ersten zwei Stellen, welche nur das Drehhyperboloid unter dem Namen „Zylindroid" behandeln, und drei andere (De la Gournerie. Peschka, Wiener), welche das „Frézier-Zylindroid" betreffen, auszuscheiden. H. Wiener, Modelle, 23. Reihe (Schilling, Leipzig 1894); A. Adler, Sitzgsber. Akad. Wien, 113. Bd. (1904); E. Janisch, Arch. d. Math., 12. Bd. (1907); St. Jolles, Math. ann. 63. Bd. (1907); H. Timerding, Geom. d. Kräfte (1908); O. Danzer, Sitzgsber. Akad. Wien, 122. Bd. (1913), 123. Bd. (1914). Enzyklopädie d. math. Wiss. IV. 2, 16, H. Timerding (1902) und III C 8, 13, K. Zindler (Algebraische Liniengeometrie, 1923). [§ 55]

[24] Th. Olivier, Théorie géometrique des engrenages (1842), Übersetzung (1844); Rohn-Papperitz, Darst. Geom., 2. Bd. (1896), S. 47; F. Schilling, Zft. f. Math. u. Phys., 42. Jg. (1897); M. Disteli, Zft. f. Math. u. Phys., 51. Bd. (1904), 59. Bd. (1911). [§ 55, 3]

[25] G. Monge, Géom. descrip. (1798) [Übersetzung von R. Haußner, S. 135]; A. Grunert, Arch. d. Math., 1. Teil (1841), S. 238; W. Marx, Dissertation, München (1880); E. Salfner, Arch. d. Math., 16. Teil (1898); R. Suppantschitsch, Jahresber. d. Realschule Prag-Neustadt (1904); H. Böheim, Zft. f. Realschulwesen, 39. Jg. (1914). Auf die Bedeutung der Aufgabe für die Luftphotogrammetrie als „Rückwärtseinschneiden im Raume" hat zuerst S. Finsterwalder hingewiesen [Jahresber. d. Math. Ver., 6. Bd. (1899), Sitzgsber. Akad. München, 33. Bd. (1903) und (1915)]. P. Werkmeister, A. Klingatsch, Archiv f. Photogrammetrie, 5. Bd. (1915, 1916). [§ 56]

V. Abschnitt.

Geländedarstellung und Kartenprojektion; Nomographie.

§ 57. Kotierte Projektion von Punkt, Gerade, Ebene.

1. Für die Geländedarstellung hat sich eine eigene Methode herausgebildet, welche wohl wenig anschaulich ist, dem Kundigen aber doch das Zurechtfinden leicht möglich macht. Die Abbildung ist ein Grundriß auf

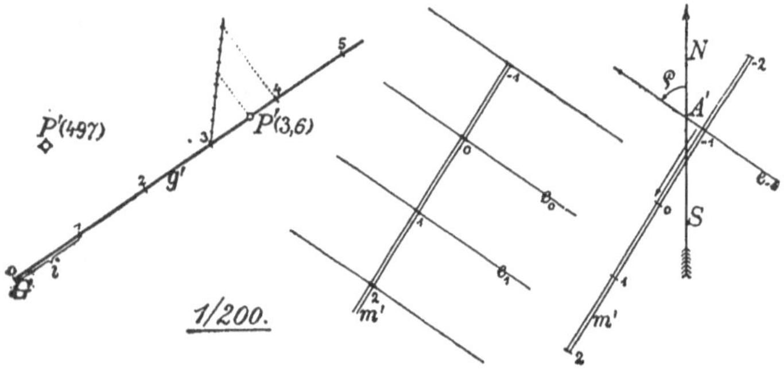

Fig. 146.

der Ebene des Meeresspiegels oder einer anderen passend gewählten Horizontalebene. Um einen Punkt P zu bestimmen, wird zum Grundriß P' die Höhe z über der Grundebene als Zahl — Kote — geschrieben, weshalb die Abbildung kotierte Projektion[1] genannt wird (Fig. 146). Parallel zur Grundebene denkt man sich Schichtenebenen, welche den aufeinanderfolgenden ganzzahligen Koten entsprechen. Als Einheit k kommt gewöhnlich 1 m, 20 m, 50 m oder 100 m in Betracht. Für die Abbildung ist dann immer eine bestimmte Verkleinerung vorausgesetzt, welche ausdrücklich angegeben wird. Eine Gerade g schneidet die Schichtenebenen in Punkten, welche als Maßstab mit einer Einheit i erscheinen, welche Intervall heißt. Für den Neigungswinkel G der Geraden ist $\operatorname{tg} G = {}^1/i$. Dies heißt das Gefälle oder die Böschung der Geraden und g' heißt der Gefällsmaßstab.

Zu einer Neigung von $G = 6^0, 11^0, 18^0, 27^0, 45^0$ gehört ein Gefälle von $\operatorname{tg} G = {}^1/_{10}, {}^1/_5, {}^1/_3, {}^1/_2, {}^1/_1$.

Soll auf die Gerade g ein Punkt P mit der Kote 3,6 gelegt werden, so kann P' durch Teilung des Intervalls von 3 bis 4 gefunden werden. Eine Ebene ε wird von den Schichtenebenen in parallelen Schichten- oder Streichgeraden e geschnitten. Eine Fallinie m ergibt den Gefälls- oder Böschungsmaßstab m' der Ebene; er allein genügt schon zur Angabe der Ebene. Als Richtung der Streichgeraden wird jene angenommen, welche durch posi-

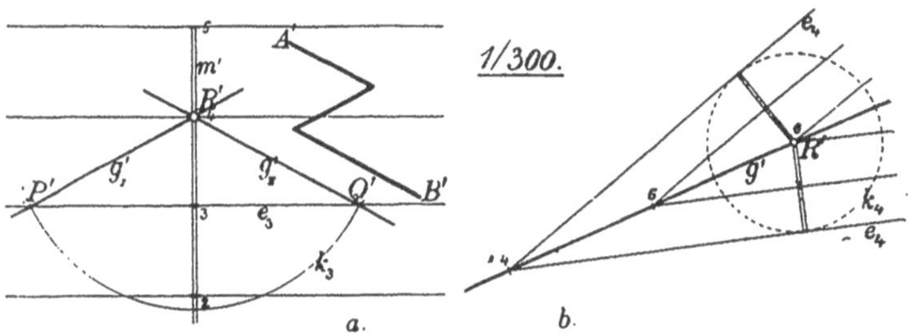

Fig. 147.

tive Drehung in den positiven Teil des Böschungsmaßstabes übergeht. Um von einem Standpunkte A aus die Stellung einer Ebene festzulegen, gibt man den Winkel ϱ an, welchen die Richtung der Streichgeraden mit der Süd-Nord-Richtung bildet, und das Gefälle.

2. Soll nun auf die Ebene ε mit der Böschung ${}^1/i_e$ eine Gerade g mit dem Gefälle ${}^1/i_g$ gelegt werden (Fig. 147 a), so kann man etwa einen Punkt 4 der Ebene als Spitze R eines Drehkegels wählen, dessen Erzeugende das Gefälle ${}^1/i_g$ besitzen. Die Schichtenlinie k_3 des Kegels ist der Kreis $[R', i_g]$. Er schneidet die Schichtengerade e_3 der Ebene in zwei Punkten P', Q', welche mit R verbunden die Grundrisse g' der zwei möglichen Richtungen von Geraden ergeben (reell, vereinigt, imaginär, je nachdem $i_g \gtreqless i_e$ ist). Ist zwischen den Punkten A und B einer steilen Ebene ein Weg von gewünschtem Gefälle anzulegen, so kann er durch passende Stücke von Geraden der Richtungen g_I

und g_{II} zusammengesetzt werden. Soll anderseits durch eine Gerade g eine Ebene ε von anderem Gefälle gelegt werden (Fig. 147b), so nimmt man etwa 6 als Spitze R eines Drehkegels, dessen Berührungsebenen das gewünschte Gefälle besitzen. Seine Schichtenlinie k_4 ist der Kreis $[R', 2i_e]$. Die Tangenten aus dem Punkte 4 der Geraden an diesen Kreis sind dann die Schichtengeraden e_4 der beiden möglichen Ebenen.

Die beiden Aufgaben kommen im Erdbau zur Anwendung. Eine Plattform von der Höhe $h = +0{,}8$ m sei

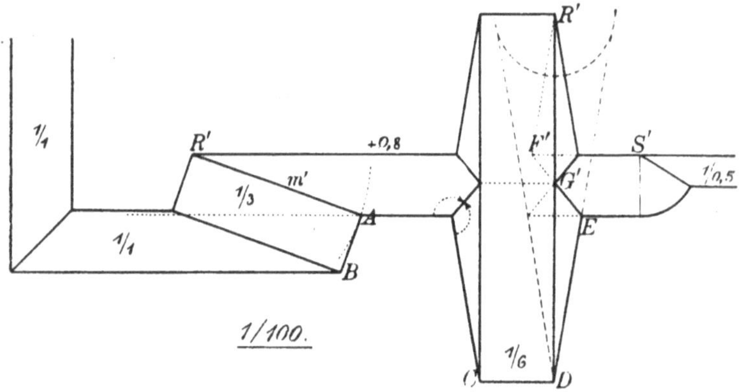

Fig. 148.

durch Böschungsebenen vom Gefälle $^1/_1$ begrenzt. Es soll vom Punkte R aus eine Rampe mit dem Gefälle $^1/_3$ angebracht werden (Fig. 148). Der Kreis $[R', 3h]$ ergibt die Gerade m dieses Gefälles auf der Böschungsebene. Da m eine Fallinie der Rampe ist, muß die Spur AB in gegebener Breite senkrecht zu m' sein. Ist von der zum Rande der Plattform parallelen Spur CD aus eine Rampe mit dem Gefälle $^1/_6$ anzulegen, so macht man $DR' = 6h$. Die Tangenten aus D an den Kreis $[R', h]$ sind die Spuren der durch RD gehenden Böschungsebenen vom Gefälle $^1/_1$. Die Schnittgerade zweier Ebenen ergibt sich durch die Schnittpunkte E, F von zwei Paaren gleichartiger Schichtengeraden. Sind die beiden Ebenen gleichgeneigt wie hier ($^1/_1$), so fällt der Grundriß der Schnittgeraden in die Halbierungsgerade des Winkels zweier gleichartiger Schichtengeraden*). Sind die Schichtengeraden der beiden Ebenen zueinander parallel (Rampenebene und vordere Böschungsebene), so findet man einen Punkt G der Schnittgeraden, die zu den Schichtengeraden parallel ist, durch eine Hilfsebene (z. B. RDE), welche die Ebenen in zwei Geraden (RD, EF) schneidet. Im oberen Teile ist Einschnitt, im unteren Teile Anschüttung notwendig. Der Übergang zu einer stärkeren (etwa gemauerten) Böschung findet durch einen Kegel mit der Spitze S statt.

§ 58. Die Geländefläche. Böschungslinie und Böschungsfläche. Fallinien (Schraffen).

1. Abgesehen von solchen künstlichen Anlagen ist die Geländefläche eine ganz unregelmäßige krumme Fläche; ihre Schichtenlinien sind daher auch unregelmäßige krumme Linien**) (Fig. 149). Zu ihrer Bestimmung wird eine größere Anzahl von Punkten der Geländefläche aufgenommen, die sich in Linien anordnen lassen, welche die voraussichtlichen Schichtenlinien nicht in allzu spitzen Winkeln schneiden, z. B. in die Linie PR. Der Sehstrahlenzylinder, welcher durch diese Raumkurve geht, schneidet das Gelände in einem Längsprofil. Wickelt man den Zylindermantel ab (I. Bd., § 24), so geht die Raumkurve in eine Linie $P^0 R^0$ über: die Schichtenlinien des Zylinders werden zu horizontalen Geraden in gleichen Abständen $h = 2$ m. Aus ihren Schnittpunkten Q^0 mit der abgewickelten Linie erhält man Punkte Q' des Schichtenplanes, für welchen hier ein Maßstab von $^1/_{1000}$ vorausgesetzt ist. Ein solches Längsprofil stellt man auch her, um die Steigungsverhältnisse eines Weges oder einer Straße zu veranschaulichen. Um die Verhältnisse noch auffallender zu machen, wird dabei eine orthogonal perspektiv affine Verzerrung — eine oft zehnfache Überhöhung — vorgenommen.

*) Dies kommt auch bei den sogenannten Dachausmittlungen zur Anwendung.

**) Sieht man von überhängenden Gebirgsteilen ab, so haben Schichtenlinien mit verschiedenen Koten auch in der Abbildung keinen Schnittpunkt.

Nimmt man jetzt in dem fertigen Schichtenplane das Bild T' eines Flächenpunktes T an und sucht man die zugehörige Kote, Berührungsebene und Flächennormale, so schaltet man eine durch T' gehende Schichtenlinie mit Rücksicht auf die beiden benachbarten Linien ein. Ihre Tangente für T ist eine Horizontale h der Berührungsebene τ. Senkrecht zu h' ist der Grundriß der Fallinie m. Legt man durch m die Sehstrahlenebene, so schneidet sie das Gelände in einem Querprofil, dessen Umlegung den Punkt T^0, die zugehörige Tangente m^0 und die Normale n^0 ergibt. Daraus kann man die Kote von

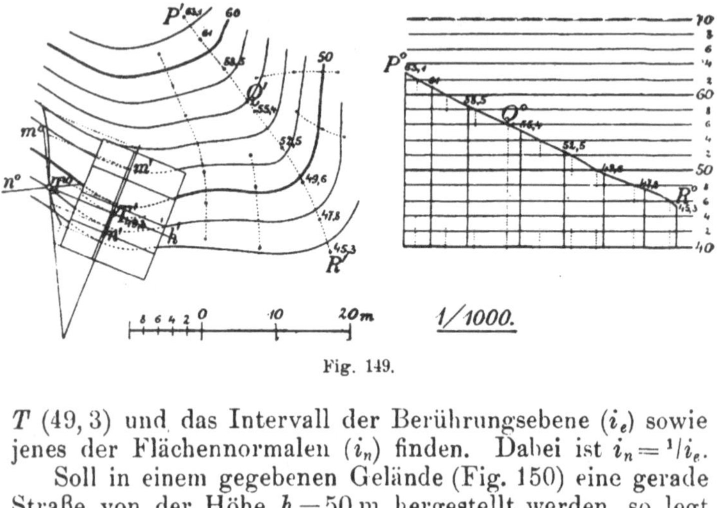

Fig. 149.

T (49, 3) und das Intervall der Berührungsebene (i_e) sowie jenes der Flächennormalen (i_n) finden. Dabei ist $i_n = {}^1/i_e$.

Soll in einem gegebenen Gelände (Fig. 150) eine gerade Straße von der Höhe $h = 50$ m hergestellt werden, so legt man durch die Ränder Böschungsebenen (Gefälle $^1/_{1,5}$). Die Schnittpunkte der gleichartigen Schichtenlinien sind Punkte S der Schnittlinie der Geländefläche und der Böschungsebene. In dem höher als 50 m gelegenen Teile des Geländes entsteht ein Einschnitt; in dem tiefer gelegenen Teile ist Anschüttung notwendig. Beim Einschnitte muß ein Straßengraben (einseitiges Gefälle $^1/_1$ mit Übergangskegel zum Gefälle $^1/_{1,5}$) angelegt werden. Zur Bestimmung der Schnittlinie kann man auch Querprofile p_1, q_1, r_1 senkrecht zur Straßenachse legen. Ihre Umlegungen ergeben Punkte P_s, Q_s, R_s, woraus man die Grundrisse P', Q', R' von

Punkten der Schnittlinie findet. Die Umlegungen der Querprofile wurden nebenan gezeichnet und zu einer Militärperspektive der ganzen Anlage (§ 9,3) ergänzt. Dabei erscheinen die Schichtenlinien auch in wahrer Form, nur parallel verschoben.

2. Ähnlich wie früher (§ 57,2) kommen auch hier folgende zwei Aufgaben vor: 1. „Auf einer Geländefläche soll ein

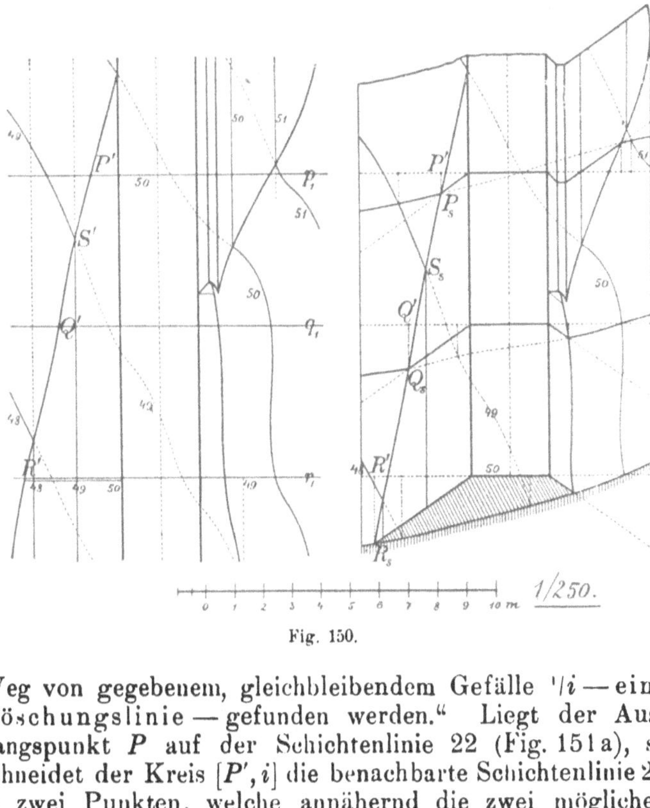

Fig. 150.

Weg von gegebenem, gleichbleibendem Gefälle $1/i$ — eine Böschungslinie — gefunden werden." Liegt der Ausgangspunkt P auf der Schichtenlinie 22 (Fig. 151 a), so schneidet der Kreis $[P', i]$ die benachbarte Schichtenlinie 23 in zwei Punkten, welche annähernd die zwei möglichen Fortschreitungsrichtungen ergeben. Geht man auf gleiche Art in der einen Richtung weiter, so kommt man zu einem Punkte R' der Schichtenlinie 32. Ist nicht das Intervall i, dafür aber das Ziel S gegeben, so kann man durch versuchsweise Änderung des Intervalles den Weg finden, der nach S führt. Ist das Intervall i **und** das Ziel T gegeben, so kann man z. B. von Q aus in der zweiten Richtung vorschreiten bis zum Schnittpunkte mit dem von T nach abwärts führenden Wege der ersten Richtung (Serpentine). Im Längsprofil erscheint eine Böschungslinie als Gerade. Die Wege PR und PT sind gleich lang; ja, man kann auf unendlich vielen verschiedenen Wegen von P nach T gelangen, ohne einen Umweg zu machen.[2] 2. „Durch eine Raumkurve ist eine Torse von gegebenem, gleich-

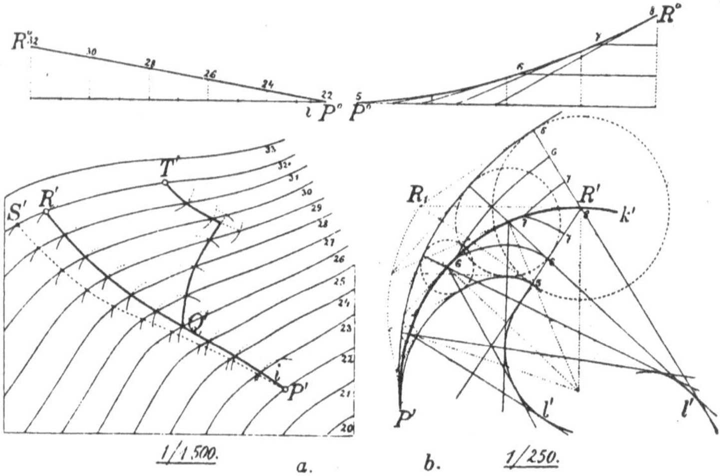

Fig. 151.

bleibendem Gefälle $^1/i$ — eine Böschungsfläche — zu legen.“ Die Raumkurve k sei durch ihren Grundriß $P'\,R'$ und ihr Längsprofil $P^0\,R^0$ gegeben (Fig. 151b). Daraus kann man für die Kurve die Tangenten und ihre Grundspuren finden. Jeder Punkt R von k ist dann die Spitze eines Drehkegels vom gegebenen Gefälle; den zugehörigen Grundkreis kann man leicht finden (bei $^1/_1$ ist der Radius gleich der Höhe). Durch die Tangente der Raumkurve für R gehen zwei Tangentialebenen an den Kegel. Diese aufeinanderfolgenden Berührungsebenen umhüllen die zwei Böschungsflächen, welche durch die Raumkurve gehen. Die Berührungserzeugenden der Kegel sind auch die Erzeugenden der beiden abwickelbaren Flächen und zugleich ihre Fallinien. Die Grundrisse der Erzeugenden umhüllen je eine Kurve, welche den Grundriß l' des Grates (der Rückkehrkante) der Böschungsfläche vorstellt. Sie ist die gemeinsame Evolute für die von den Spuren der Berührungsebenen sowie von den Grundkreisen umhüllte Spur der Böschungsfläche und für die anderen Schichtenlinien, welche Parallelkurven zur Spur sind. Der Grat der Böschungsfläche ist eine Böschungslinie des Sehstrahlenzylinders.

Die obere Begrenzungsfläche eines gekrümmten, ansteigenden Eisenbahnkörpers wird von den wagrechten Normalen der Bahnachse k gebildet. Sie ist eine windschiefe Fläche mit horizontaler Richtebene und heißt Planierungsfläche. Die Evolute von k' ist der scheinbare Umriß dieser Fläche. Die beiden Ränder des Bahnkörpers erscheinen als Parallelkurven zu k'. Durch die beiden Ränder sind Böschungsflächen von gegebenem Gefälle zu legen und die Schnittlinien der drei Flächen mit der Geländefläche zu suchen. Gewöhnlich wird k' als Bogen eines Kreises $[O', r]$ angenommen, welcher an zwei berührende Gerade sich anschließt (Fig. 152) und die Steigung $^1/_i$ wird als gleichbleibend vorausgesetzt. Dann ist die Bahnachse k eine Schraubenlinie, die Planierungsfläche ist eine Wendelfläche, die Ränder sind Schraubenlinien und die Böschungsflächen sind Schraubentorsen mit derselben Schraubenachse z durch O' und demselben Parameter $p = r/i$. Nimmt man für die Böschungsflächen ein Gefälle von $^1/_{i_0}$ an, so hat ihr Richtkegel einen Basiskreis $[O', r_0]$, dessen Radius $r_0 = p \cdot i_0$ ist. Dieser Kreis ist dann auch der Grundriß l' der Grate beider Böschungsflächen. Die Grundrisse der Erzeugenden sind Tangenten und jene der Schichtenlinien sind Evolventen des Kreises l'. In der Abbildung ist $r = 50$ m, $i = 10$, $i_0 = 1{,}5$ (für den Einschnitt 1,25) und eine Verkleinerung von $^1/_{1000}$ angenommen.

3. Für einen Punkt T der Geländefläche ist in der Richtung der Tangente der Schichtenlinie das Gefälle gleich Null; in der Richtung der dazu senkrechten Tangente ist das Gefälle am größten. Schreitet man von T aus immer in der Richtung der steilsten Tangente fort, so wird dabei eine Fallinie beschrieben. Die Fallinien der Fläche bilden das System von Linien, welche die Schichtenlinien sowohl im Raume als auch im Grundrisse senkrecht schneiden. Sie werden annähernd durch den Lauf des langsam abfließenden Niederschlagswassers auf der Geländefläche angegeben. Obwohl aus einer Verbreiterung des Streifens zwischen zwei benachbarten Schichtenlinien auf eine Verflachung des Geländes geschlossen werden kann, sucht man doch die Anschaulichkeit

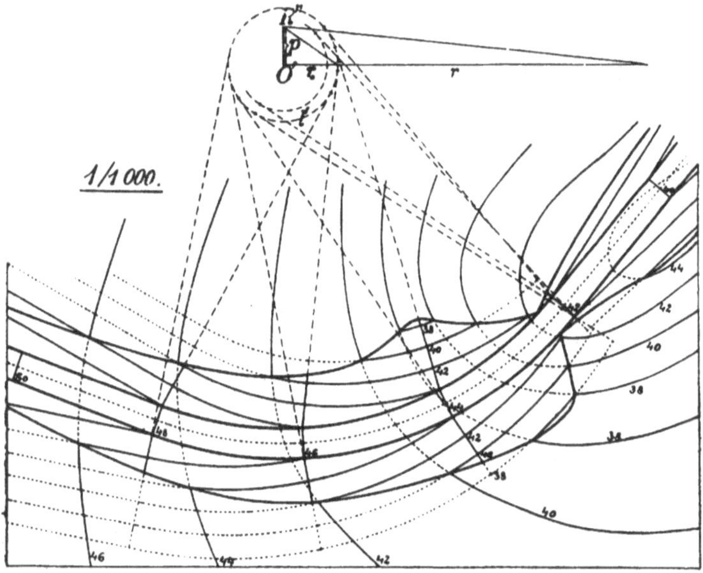

Fig. 152.

dadurch zu erhöhen, daß man den Streifen in der Richtung der Fallinien mit Schraffen versieht, welche nach einer angenommenen Skala aus um so dickeren Strichen zusammengesetzt sind, je stärker das Gefälle ist (Fig. 153). Hervorzuheben ist der Verlauf der beiden Liniensysteme in der Umgebung von Flächenpunkten mit horizontaler Berührungsebene. Ist der Flächenpunkt ein elliptischer, wie er als höchster Punkt bei einem Gipfel oder als tiefster Punkt bei einer Mulde vorkommt, so umgibt die benachbarte Schichtenlinie den Punkt ellipsenartig und die Fallinien (Grundrisse parabelartig) gehen alle in der Richtung der großen Achse der Ellipse von T aus bis auf eine, die in der Richtung der kleinen Achse verläuft. Jene in der Richtung der großen Achse ausgehende Fallinie, von der sich die benachbarten Linien nach entgegengesetzten Seiten abwenden und für deren Punkte das Gefälle kleiner ist als in den beiden benachbarten Punkten derselben Schichtenlinie, heißt Kammlinie oder Wasserscheide. Bei einer Mulde nähern sich die Fallinien dieser ausgezeichneten Fallinie; diese heißt nun Rinnlinie oder Talweg und T ihr Mündungspunkt. Ist der Flächenpunkt ein hyperbolischer (Fig. 153b), wie er bei einem Joch oder Sattel im Gelände vorkommt, so sind die benachbarten Schichtenlinien hyperbelartig mit

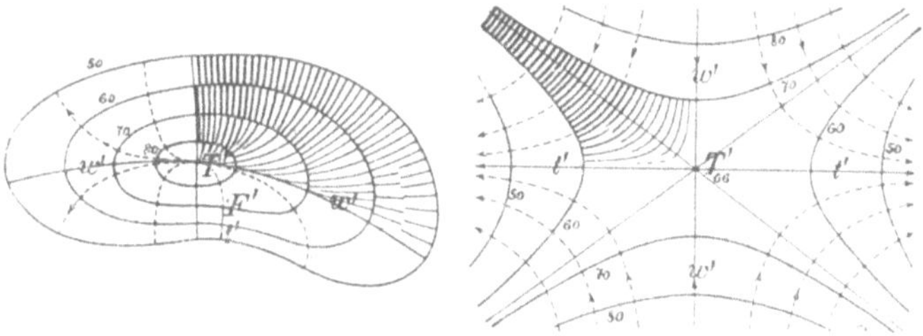

a. b.

Fig. 153.

denselben Asymptotenrichtungen. Die Grundrisse der Fallinien sind auch hyperbelartig und nähern sich den Achsen der Schichtenlinien asymptotisch. Die Achse w' ist der Grundriß der Wasserscheide und die Achse t' der Grundriß des Talweges, wobei der Mündungspunkt in größerer Entfernung (uneigentlich) ist*). Eine analytische Behandlung ist erst möglich, wenn man eine gesetzmäßige Fläche voraussetzt, also in erster Annäherung etwa die Umgebung des Scheitels eines elliptischen oder hyperbolischen Paraboloides.[3] Diese Flächen gehen aus dem Drehparaboloide, bzw. Orthyparaboloide mit der Achse z durch eine orthogonalperspektive Affinität in bezug auf die yz-Ebene hervor.

*) Wenn die Schichtenlinien eine Doppeltangente und dazwischen zwei Wendetangenten zeigen, so können sich diese drei Singularitäten in eine Flachtangente vereinigen. Vom Flachpunkte F geht dann auch ein Talweg aus (Fig. 153a).

§ 59. Berührungsaufgaben und photogrammetrische Geländeaufnahme.

1. Die Berührungsaufgaben für Geländeflächen sind umständlich, weil kein einfaches System von berührenden Hilfsflächen vorhanden ist. Am einfachsten ist die Herstellung eines berührenden Zylinders mit horizontaler Richtung der Erzeugenden. Man hat da nur die Tangenten der gegebenen Richtung an die Schichtenlinien zu ziehen und die Berührungspunkte zu verbinden, um die Berührungslinie zu finden. Ein Normalschnitt des Zylinders liefert ein Panorama des Geländes. Um das Einsehen oder die Beschießungsmöglichkeit von einem gegebenen Standpunkte aus zu beurteilen, ist der Berührungskegel zu suchen und mit dem weiteren Gelände zum Schnitte zu bringen. Zu diesem Zwecke hat man mehrere Profilebenen durch den Standpunkt zu legen. Eine photographische Aufnahme gibt unmittelbar eine Zentralprojektion des Geländes und wird unter Umständen der Konstruktion vorzuziehen sein.

2. Wichtiger ist die Anwendung der Photographie zur Geländeaufnahme[4] selbst. Wie bei der gewöhnlichen Meßtischaufnahme wählt man auch in der Photogrammetrie (§ 22,3) zwei Standpunkte S und T, deren gegenseitige Lage durch die Grundrisse und Höhen bekannt ist, und photographiert das aufzunehmende Gelände von diesen beiden Standpunkten aus (Fig. 154). Dabei werden die Bildebenen möglichst genau senkrecht gestellt und die Winkel ω_2 und ω_3 gemessen, welche die optischen Achsen mit dem Grundrisse b' der Standlinie bilden. Für die Konstruktion wird die Basis b' (120 m) etwa im Maßstabe $^1/_{1500}$, dann unter den Winkeln ω_2 und ω_3 die der Dunkelkammer entsprechende Distanz $d = S'D_2 = T'D_3$ in wahrer Größe aufgetragen und die aufgenommenen Bilder um den Horizont in die Zeichenebene umgelegt*). Die Horizonte und die Hauptpunkte D_2, D_3 ergeben sich aus den Marken der Rahmenränder. Sind nun P'' (y_2, z_2) und P''' (y_3, z_3) die Bilder eines Punktes P des Geländes, so gehen durch die

*) In der Abbildung sind Distanz und Bilder in $^1/_{10}$ gezeichnet, wodurch aber das Sehstrahlenbündel nicht geändert wird.

Endpunkte von y_2 und y_3 die Grundrisse der beiden Sehstrahlen für P. Ihr Schnittpunkt ist also der Grundriß P' von P. Durch Umlegung von z_2 und z_3 mit den aufrechten Sehstrahlenebenen erhält man die Umlegungen P^0 von P und daraus die Höhen h_2 und h_3, um welche P über den Standpunkten S und T liegt. Dabei hat man die Probe, daß $(h_3 - h_2)$ der Strecke $T T^0$ gleich sein muß, um welche T tiefer liegt als S. Der Schnittpunkt der

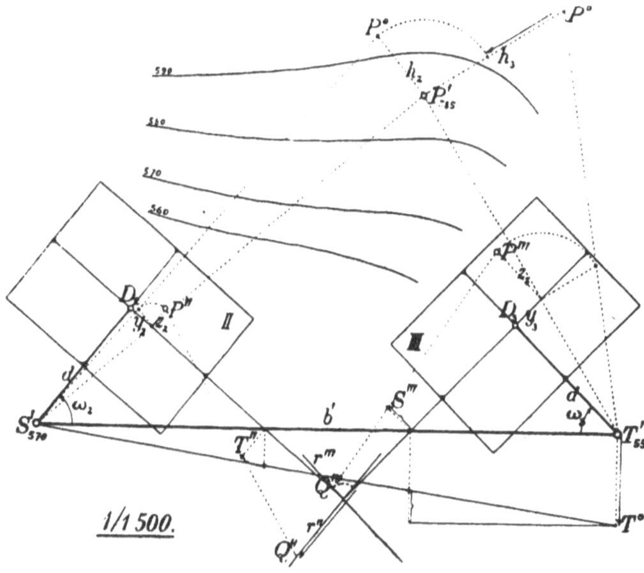

Fig. 154.

Geraden ST mit der Bildebene II ist das Bild T'' des Punktes T von S aus und der Schnittpunkt von ST mit der Bildebene III ist das Bild S''' des Punktes S von T aus. Das Ebenenbüschel mit der Achse ST schneidet die Bildebenen in den zwei Strahlbüscheln T'', S''' so, daß sich entsprechende Strahlen in demselben Punkte Q der Schnittgeraden r von II und III treffen. Für die Umlegungen ist die Reihe r'' nach r''' gedreht und um den Höhenunterschied $T' T^0$ verschoben, wobei Q'' nach Q''' kommt. Zusammengehörige Punkte P'', P''' liegen also auf solchen

Strahlen der Kernpunkte T'', S''', welche durch entsprechende Punkte Q'', Q''' der Kerngeraden r'', r''' gehen (§ 18, 2). Ebenso sind S' und der uneigentliche Punkt von z_2 Kernpunkte und der Horizont eine Kerngerade für Grundriß und Bild *II*. Diese Beziehung kann benützt werden, um zugeordnete Punkte P'', P''' in den Bildern mit größerer Sicherheit festzustellen (z. B. auf den Bildern von Uferlinien).

Bei der Stereophotogrammetrie (§ 22, 3) sind die beiden Apparate stereoskopartig angeordnet, so daß S und T gleich hoch, die optischen Achsen parallel sind und die Bilder *II*, *III* auf derselben Ebene liegen, wodurch die Kernpunktbeziehung sich vereinfacht. Der Stereokomparator von C. Pulfrich, in welchem die zugeordneten Punkte sich von selbst vereinigen, ermöglicht eine mikrometrische Ausmessung der Bilder, woraus dann der Punkt P trotz der verhältnismäßig kleinen Basis mit ausreichender Genauigkeit gefunden werden kann. Der Stereoautograph von E. R. v. Orel ermöglicht sogar unmittelbar das Zeichnen der Schichtenlinien.[5]

Bei der Luftphotogrammetrie findet die Aufnahme aus zwei Stellungen eines Luftballons statt. Die Bilder sind dabei horizontal, also zu einander parallel, so daß die Kern-Strahlbüschel nur parallel verschoben sind.

§ 60. Kartenprojektion.

1. Ist ein so großer Teil der Erdoberfläche abzubilden, daß man ihn nicht mehr als eben betrachten kann, so wird die Erde in zweiter Annäherung als Kugel vorausgesetzt. Man denkt sich dann ein verkleinertes Abbild der Erdkugel mit dem Systeme der Meridiane und Parallelkreise — einen Globus mit dem Gradnetz. Der Erdradius $r = 6370$ km erscheint bei einer Verkleinerung von $\lambda_H = {}^1/_{800\,000\,000}$ als $r = 21{,}2$ mm (Fig. 155). Die Berührungsebene der Kugel für den Hauptort H des abzubildenden Erdteiles betrachtet man als horizontale Bildebene und auf dem zugehörigen Durchmesser oder seiner Verlängerung wählt man den Sehpunkt D. Die Projektion des Gradnetzes ist dann die Grundlage für die eigentliche Geländedarstellung.[6]

Ist die Distanz $d = \infty$, so liegt Orthogonalprojektion vor. Sie findet nur bei der Abbildung der Erde als Weltkörper und bei Mondkarten Anwendung.

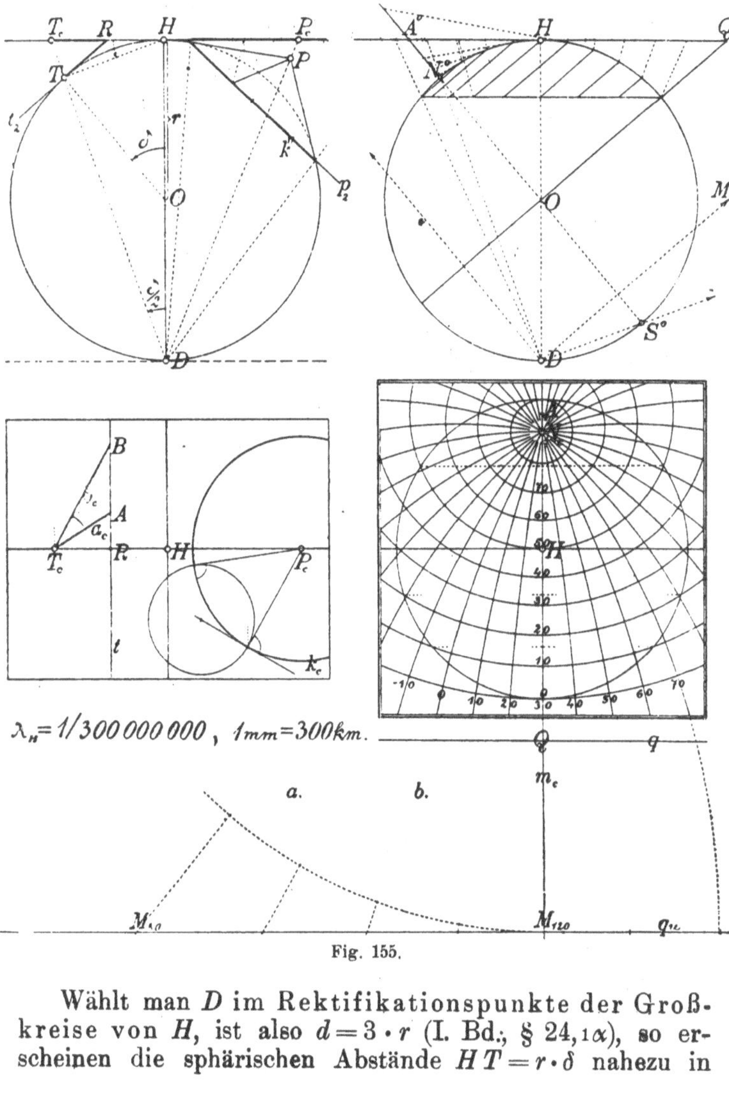

Fig. 155.

Wählt man D im Rektifikationspunkte der Großkreise von H, ist also $d = 3 \cdot r$ (I. Bd., § 24, 1 α), so erscheinen die sphärischen Abstände $HT = r \cdot \delta$ nahezu in wahrer Größe. Man erhält dadurch die annähernd mittabstandstreue Karte.

2. Liegt D auf der Kugel, ist also $d = 2r$, so heißt die Abbildung „stereographische Projektion“. Der sphärische Abstand HT geht über in den Mittabstand $HT_c = 2r \cdot \operatorname{tg} \delta/_2$. Die Karte würde die ganze Ebene bedecken; es kommt aber höchstens die Abbildung der Halbkugel durch den Kreis mit dem Radius $2r$ zur Anwendung. Betrachtet man die zu T gehörige Tangentialebene τ mit der Spurnormalen TR und zwei anderen Richtungen TA, TB, so ist die Figur $DOHT$ ähnlich HRT_cT; daher ist $HR = RT = RT_c$ und das Tangentenbüschel T kommt durch Umlegung der Berührungsebene mit seiner Projektion T_c zur Deckung. Die Längenverzerrung für alle vom Flächenpunkte T der Kugel ausgehenden Richtungen der Berührungsebene ist die gleiche, nämlich (§ 16, 3)

$$\frac{DT_c}{DT} = \frac{1}{\cos \delta/_2{}^2}, \quad \text{also } \lambda_T = \frac{\lambda_H}{\cos \delta/_2{}^2};$$

alle Winkel erscheinen aber in wahrer Größe, die stereographische Projektion ist winkeltreu. Betrachtet man einen Kugelkreis k und den zugehörigen Berührungskegel mit dem Pole P als Spitze, so schneiden die Erzeugenden den Kreis rechtwinklig. Das Bild der Erzeugenden ist ein Strahlbüschel P_c und das Bild des Kreises ist eine Linie, welche alle Strahlen rechtwinklig schneiden muß, also ein Kreis k_c mit dem Bilde P_c des Poles P als Mittelpunkt. Die stereographische Projektion ist kreistreu. Die Kreise, deren Ebenen durch eine Gerade p gehen, bilden sich als Kreisbüschel ab. Schneidet p die Kugel in zwei reellen Punkten, so ergibt sich das gewöhnliche elliptische Kreisbüschel; schneidet aber p in zwei imaginären Punkten, so erhält man ein hyperbolisches Kreisbüschel mit zwei Nullkreisen. Das Bild eines Kreises, dessen Ebene durch P geht, schneidet k_c orthogonal, weil die Schnitterzeugenden des Berührungskegels zum Berührungskreise senkrecht sind. Durch eine Gerade p und ihre Polargerade p_0 sind auf der Kugel zwei Kreisbüschel bestimmt, so daß jeder Kreis des einen zu allen Kreisen des anderen senkrecht ist. In der Abbildung erhält man daraus ein elliptisches und ein hyperbolisches Kreisbüschel, wobei jeder Kreis des einen alle Kreise des anderen orthogonal schneidet. Die stereographischen Bilder der Meridiane und Parallelkreise sind solche zugeordnete Kreisbüschel mit den Grundpunkten N_c, S_c. In der Fig. 155b ist die Herstellung der Karte für einen Punkt H ($\alpha = 30^0$, $\beta = 50^0$) angedeutet. Das Bild des Ortsmeridianes ist die Gerade m_c mit den Bildern N_c, S_c der Pole und jenen der Parallelkreispunktepaare; sie enthält auch die Mittelpunkte der Parallelkreisbilder. Auf m_c liegt auch der Mittelpunkt M_{120} des Bildes des zu m senkrechten Meridianes. Die Mittelpunkte der anderen Meridianbilder liegen auf der in M_{120} zu m_c senkrechten Geraden q_u (Fluchtgerade der Äquatorebene; $HQ = QM$ und $MN_c = M^0D = MS_c$) und ergeben sich aus dem Strahlbüschel N_c durch Gradeinteilung.

Für gewisse Zwecke wünscht man von der Karte in erster Linie, daß sie flächentreu sei. Macht man $HT_f = HT = 2r \cdot \sin \delta/_2 = s$, so wird die Fläche des Kreises mit dem Radius s gleich der Fläche der Kugelkappe mit der Höhe h; denn es ist $s^2 = 2r \cdot h$, also $s^2\pi = 2r\pi \cdot h$. Man erhält dadurch die flächentreue Azimutalprojektion von Lambert. Sie ist eine nicht perspektive Abbildung.

3. Liegt D im Mittelpunkte O, ist also $d = r$, so heißt die Abbildung „gnomonische Projektion"*). Der sphärische Abstand HT geht hier über in den Mittabstand $HT_g = r \cdot \operatorname{tg} \delta$. Nimmt man einen Punkt H auf dem Äquator an (Fig. 156a), so erscheinen die Meridiane als parallele Geraden und die Parallelkreise als Hyperbeln mit gleicher imaginärer Achse. Der Vorteil dieser Abbildung besteht darin, daß alle Großkreise als Gerade erscheinen, was bei Seekarten wegen der Schiffahrt auf dem Größten Kreise (kürzeste Verbindungslinie zweier Kugelpunkte) von Wert ist.

Erwähnt sei noch ein nicht perspektives Abbildungsverfahren. Es besteht darin, daß zunächst eine Übertragung auf den längs des zu H gehörigen Großkreises berührenden Drehzylinder oder auf den längs des zu H gehörigen Parallelkreises berührenden Drehkegel

*) Wegen ihres Zusammenhanges mit den Schattenlinien der Sonnenuhren.

stattfindet, so daß die Parallelkreise der Kugel den Parallelkreisen des Zylinders, bzw. Kegels in gewisser Art zugeordnet werden. Durch Abwicklung des Zylinders oder Kegels erhält man dann die Karte, welche Zylinder-, bzw. Kegelprojektion genannt wird. Nimmt man wieder einen Punkt H auf dem Äquator an und den längs des Äquators berührenden Zylinder als Hilfsfläche (Fig. 156b), so erscheinen nach der Abwicklung die Meridiane als parallele Gerade in der Richtung der x-Achse und die Parallelkreise als Gerade in der Richtung der y-Achse.

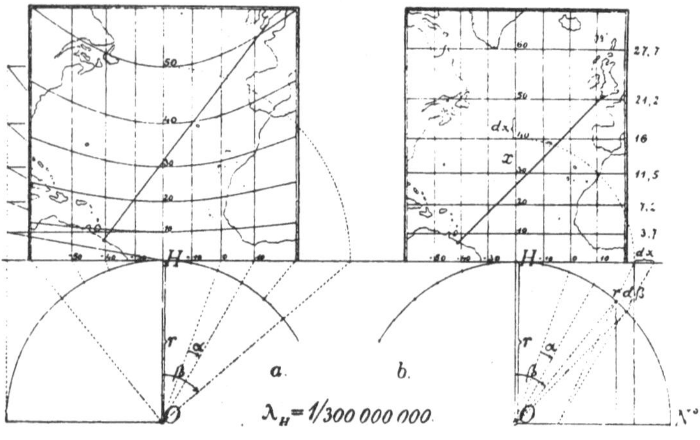

Fig. 156.

Der Parallelkreis der Kugel hat den Halbmesser $r \cdot \cos\beta$ und vergrößert sich in den Kreis mit dem Zylinderradius r; die Längenverzerrung in der Richtung des Parallelkreises ist daher $\lambda_\beta = {}^1/_{\cos\beta}$. Soll in der Richtung des Meridianes dieselbe Verzerrung stattfinden, so muß sein:

$$\frac{dx}{r \cdot d\beta} = \frac{1}{\cos\beta}, \quad dx = r \cdot \frac{d\beta}{\cos\beta}, \quad x = r\int_0^\beta \frac{d\beta}{\cos\beta}$$

$$x = r \cdot \log \text{nat} \operatorname{tg}(\pi/_4 + \beta/_2).$$

Nach diesem Gesetze[7] müssen die Abstände der Parallelkreisbilder zunehmen, damit die Abbildung in den kleinsten Teilen ähnlich wird. Man erhält dadurch die winkeltreue Zylinderprojektion von Mercator. Sie hat als Seekarte eine Bedeutung, weil die Schiffahrt auch heute noch zumeist auf Loxodromen (das sind Linien, welche alle Meridiane unter gleichem Winkel schneiden) erfolgt und weil diese Karte eben alle Loxodromen als Gerade erscheinen läßt.

Es sei noch darauf hingewiesen, daß die oben genannten perspektiven Abbildungen der Erde — die mittabstandstreue, die stereographische und die gnomonische Projektion — eigentlich auch nicht dem Sehvorgang entsprechen. Die Karte wird nämlich auf der Außenseite der Tangentialebene gezeichnet, so daß sich der Sehpunkt D im Abstande $d = 3r$, $2r$ oder r hinter dem Hauptpunkte H der Karte befindet. Der Beschauer der Karte kann daher in keinem Falle sein Auge in jene Lage des Sehpunktes bringen, für welche die Abbildung hergestellt wurde.

§ 61. Graphische Tafeln (Nomographie).

Die kotierte Projektion kann auch zur Herstellung von graphischen Tafeln benützt werden.[8]

1. Ist eine Gleichung $F(y, z) = 0$ oder $z = f(y)$ gegeben, so können die zu einer gleichmäßigen Folge von Zahlen y gehörigen Werte der Funktion z bis zu einem gewissen Grade von Genauigkeit gerechnet und in einer numerischen Tafel zusammengestellt werden. Faßt man y und z als rechtwinklige Punktkoordinaten auf, so ist das geometrische Bild der obigen Gleichung eine Linie, welche eine deutliche Vorstellung über den Verlauf der Funktion ergibt. Stellt man auf der y-Achse aus einer gewählten Einheit (mit Unterteilung) eine gleichmäßige Skala her, sucht auf der Linie die Punkte mit ganzzahligen Höhen und schreibt man zu den Fußpunkten der Höhen die Kote z, so erhält man eine kotierte Projektion der Linie auf der y-Achse. Die gleichmäßige Skala y (Querstriche nach abwärts) und die Funktions-Skala z (Querstriche nach oben) bilden eine Doppelskala, welche zusammengehörige Werte ablesen läßt.

In Figur 157 ist die Gleichung $yz = 1$, also die Funktion $z = 1/y$ dargestellt. Die Linie ist eine gleichseitige Hyperbel mit den Koordinatenachsen als Asymptoten. Aus der Ähnlichkeit der rechtwinkligen Dreiecke folgt, daß sich die Punkte $z=0, 1, 2, 3, 4, \infty$ der **reziproken Skala** durch Projizieren der gleichmäßigen Skala $0', 1', 2', 3', 4', \infty$ aus dem Punkte S ergeben, daher heißt sie auch **projektive Skala.**

In Figur 158 ist die **Gleichung** $y=\log z$ oder die **Funktion** $z=10^y$, also die **Exponentiallinie** dargestellt. Dabei ist die Einheit für die y-Achse (nämlich 4 cm) zehnmal so groß gewählt wie jene für die z-Achse (4 mm),

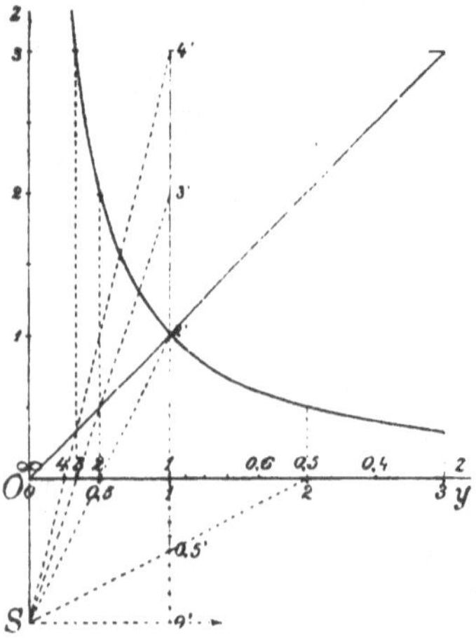

Fig. 157.

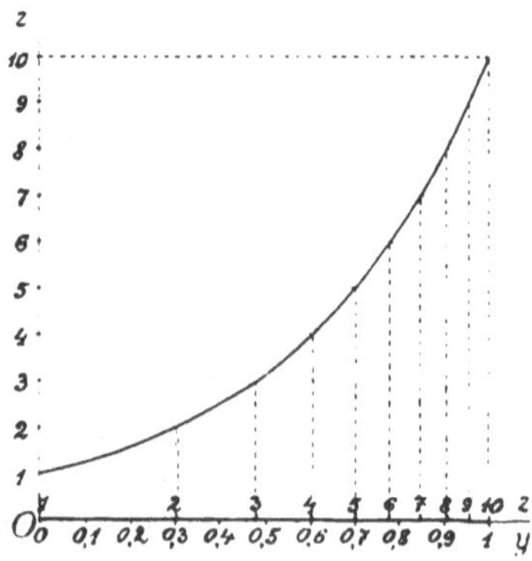

Fig. 158.

was eine orthogonal perspektiv affine Veränderung mit z als Achse und mit der Charakteristik $^1/_{10}$ bedeutet. Diese Doppelskala heißt **logarithmische Skala**, weil sie zum Numerus z (nur positiv) den Logarithmus an der gleichmäßigen Skala y ablesen läßt und umgekehrt.

2. Ist nun eine **Gleichung** $F(x, y, z)=0$ zwischen **drei** veränderlichen Größen oder eine **Funktion** $z=f(x, y)$ von **zwei** veränderlichen Größen gegeben und setzt man für x, y je eine gleichmäßige Wertereihe, so erhält man zu jedem Wertepaare (x, y) die zugehörige Zahl z. Das Ergebnis der Rechnung kann in einer **Tafel mit zwei Eingängen** zusammengestellt werden, wodurch man einen Überblick über den funktionellen Zusammenhang der drei

Veränderlichen x, y, z erhält. Viel anschaulicher wird die Sache, wenn man x, y, z als rechtwinklige Punktkoordinaten auffaßt. Das geometrische Bild der Gleichung ist dann eine Fläche. Legt man die den gleichmäßigen Skalen der Achsen entsprechenden Parallelschnitte zu den drei Hauptebenen des Achsensystemes, so erhält man im Grundriß zwei gleichmäßige Parallelstrahlbüschel in den Richtungen der x- und y-Achse und die Schar der Schichtenlinien der Fläche (§ 58,1). Ein solcher kotierter Schichtenplan heißt nun graphische Tafel oder Nomogramm. Man kann nämlich daraus zu jedem Punkte $T'(x, y)$ den zugehörigen Wert z entnehmen.

Beispiel 1: Wird an einem Naudet-Aneroid der Stand a abgelesen, so ist der Barometerstand

$$b = a + 0{,}65 + c,$$

wobei

$$c = -0{,}150 \cdot t + 0{,}04 \cdot (760 - a)$$

die der Temperatur von t^0 C entsprechende Korrektion ist. Nun ist

$$z = -0{,}150 \cdot x + 0{,}04 \cdot (760 - y)$$

die Gleichung einer Ebene; die Grundrisse der Schichtenlinien bilden also auch ein gleichmäßiges Parallelstrahlbüschel. Für x kommt ein Bereich von $+40^0$ bis -20^0 und für y ein solcher von 450 bis 800 mm in Betracht. Stellt man für diese Bereiche etwa auf Millimeterpapier die beiden Skalen her (Fig. 159), wobei $t = 1^0$ C durch $x = 1$ mm und $a = 10$ mm durch $y = 2$ mm abgebildet ist, so findet man zunächst für die Schichtenlinie $z = 0$ die Punkte $[x = 0,\ y = 760]$ und $[x = +40,\ y = 610]$, ferner für die Schichtenlinie $z = 10$ den Punkt $[x = 0,\ y = 510]$. Auf einem zu den Schichtenlinien senkrechten Böschungsmaßstab kann die ganze z-Skala mit der Unterteilung hergestellt werden. Die Beobachtung $a = 610$ mm und $t = +24^0$ gibt den Punkt T' der Tafel. Die durch T' gehende Schichtenlinie ergibt die Korrektion $c = +2{,}4$, also ist $b = 613{,}05$ mm.

3. Durch eine eindeutige Transformation geht jede graphische Tafel wieder in eine brauchbare Tafel über. Wird zum Beispiel die obige Tafel aus einem

Punkte S auf eine andere Ebene projiziert, so erhält man eine perspektiv kollineare Tafel mit drei kotierten Strahlbüscheln, welche die Fluchtpunkte als Scheitel haben. Durch zwei Koten ergeben sich zwei Strahlen und ihr Schnittpunkt T'. Durch T' geht ein Strahl des dritten Büschels, woraus man die dritte Kote findet. Das kann z. B. angewandt werden, wenn im vorigen Beispiel die Schichtenlinien das eine Parallelstrahlbüschel unter sehr kleinem Winkel schneiden. Durch eine orthogonal perspektiv affine Veränderung in bezug auf die eine Achse kann die Lage der Schichten-

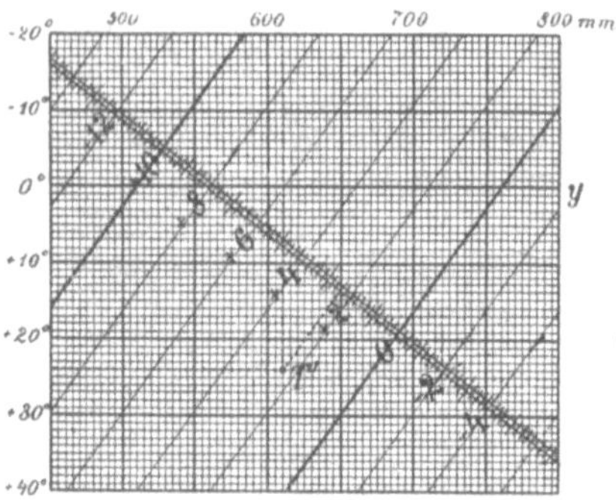

Fig. 159.

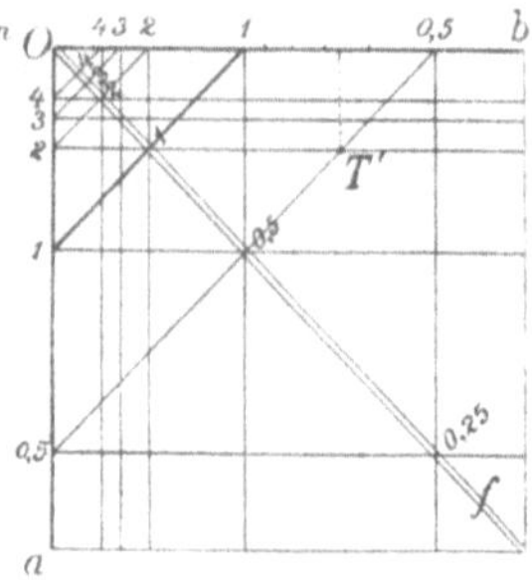

Fig. 160.

linien so abgeändert werden, daß sie beide Parallelstrahlbüschel nahezu unter $\pi/_4$ schneiden.

Beispiel 2: Nach früherem (§ 21, 2, 3) ist für eine optische Linse $x \cdot x_r = f \cdot f_r$. Wenn sich aber auf beiden Seiten der Linse ein stofflich gleichartiges Mittel befindet, so wird $f = f_r$ und die Knotenpunkte K, K_r fallen auf die Hauptebenen $\varkappa$, $\varkappa_r$. Zählt man die Gegenstandsweite a und die Bildweite b nicht von den Fluchtpunkten, sondern von den Knotenpunkten aus, so ist der Zusammenhang zwischen Gegenstands-, Bild- und Brennweite:

$$(a - f)\ (b - f) = f^2.$$

Die Gleichung

$$(x - z)\ (y - z) = z^2$$

stellt einen gleichseitigen Kegel vor, welcher die x-, y- und z-Achse als Erzeugende besitzt. Die Grundrisse der Schichtenlinien sind gleichseitige Hyperbeln, welche durch den Ursprung O gehen und ihre Mittelpunkte auf der Geraden $x = y$ haben. Man kann aber die obige Gleichung auf die Form bringen:

$$\frac{1}{a} + \frac{1}{b} = \frac{1}{f}.$$

Setzt man nun $a = 1/x$, $b = 1/y$, $f = 1/z$, so erhält man durch diese eindeutige Transformation:

$$x + y = z.$$

Bringt man also auf jeder der drei Achsen statt der gleichmäßigen Skala die reziproke Skala (n^0. 1) an, so wird der Kegel in eine Ebene transformiert, welche durch den Ursprung O geht. Die Schichtenlinien bilden jetzt wieder ein Parallelstrahlbüschel, aber mit projektiver Verteilung auf dem Böschungsmaßstab f (Fig. 160). Der Punkt T' der Tafel zeigt, daß bei einer Linse von der Brennweite $f = 0{,}5$ m zu einer Gegenstandsweite $a = 2$ m die Bildweite $b = 0{,}67$ m gehört.

4. Die Gleichung $xy = z$ stellt ein orthogonales hyperbolisches Paraboloid vor (§ 54, 1, 2, 3), welches O als Scheitel, x und y als Scheitelerzeugende und z als Achse besitzt. Die Schichtenlinien für die $[xz]$- und $[yz]$-Ebene sind die beiden Systeme von Erzeugenden. Die Grundrisse der horizontalen Schichtenlinien sind gleichseitige Hyperbeln, welche x' und y' als Asymptoten haben. In Fig. 161a ist ein kotierter Grundriß des windschiefen Viereckes $OACB$ hergestellt. Für $z = 10, 20, \ldots, 100$ ergibt sich die Halbachse a der zugehörigen Hyperbel als Hypotenuse eines rechtwinkligen Dreieckes mit den Katheten $\sqrt{z}$ und dieses geometrische Mittel zwischen 10 und 1, 2, . . ., 10 findet man durch einen Halbkreis über OB. Die drei Linien, welche durch einen Punkt T' gehen, ergeben die Faktoren x, y und das Produkt z (bei nochmaliger Unterteilung erhält man die zwei höchsten Stellen); man hat also eine graphische Multipliziertafel vor sich.[8]

Stellt man für das windschiefe Viereck $OACB$ einen kotierten Aufriß her (in Fig. 161b ist die Einheit der

z-Achse $^1/_{10}$ von jener für die x- und y-Achse gewählt), so bildet der Aufriß der zur $[xz]$-Ebene parallelen Erzeugenden das Parallelstrahlbüschel von der Richtung z''. Die zur Aufrißebene parallelen Schichtenlinien er-

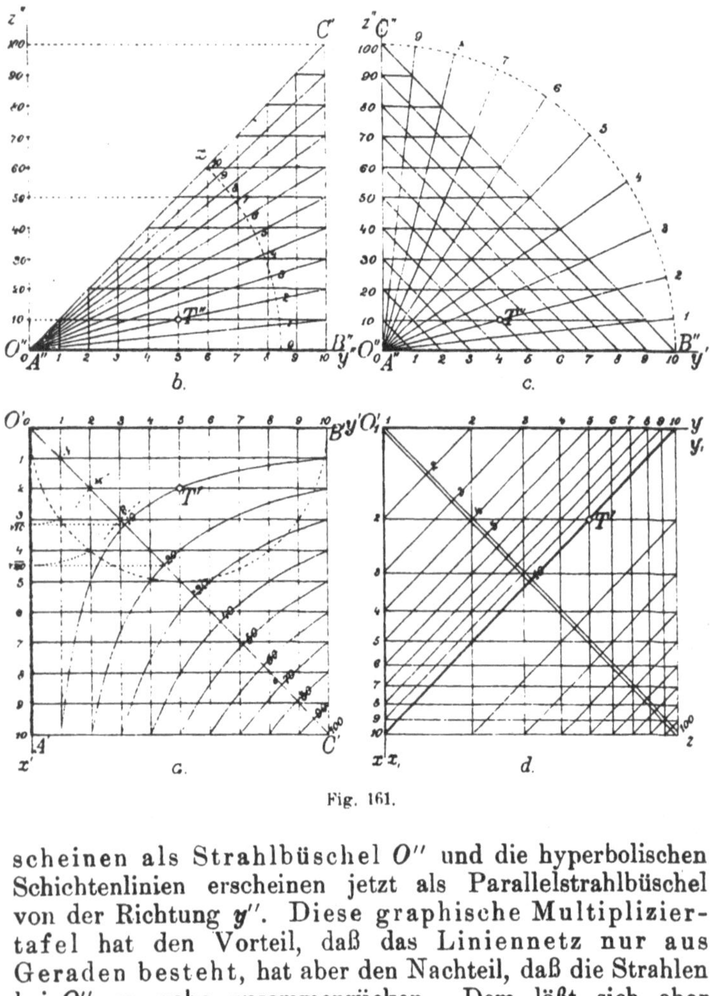

Fig. 161.

scheinen als Strahlbüschel O'' und die hyperbolischen Schichtenlinien erscheinen jetzt als Parallelstrahlbüschel von der Richtung y''. Diese graphische Multipliziertafel hat den Vorteil, daß das Liniennetz nur aus Geraden besteht, hat aber den Nachteil, daß die Strahlen bei O'' zu nahe zusammenrücken. Dem läßt sich aber durch eine Transformation einigermaßen abhelfen, nämlich durch äquivalent perspektive Affinität mit y'' als Affinitätsachse, so daß der Punkt C'' auf dem Affinitätstrahle bis nach z'' kommt (Fig. 161c). Das Strahlbüschel O'' kann durch Spannen eines Fadens ersetzt werden, welcher mit dem einen Ende in O'' befestigt ist.

Unterwirft man die vorgelegte Gleichung der folgenden Transformation:

$$x = 10^{x_1}, \quad y = 10^{y_1}, \quad z = 10^{z_1},$$

so wird
$$10^{x_1} \cdot 10^{y_1} = 10^{x_1 + y_1} = 10^{z_1},$$

folglich
$$x_1 + y_1 = z_1,$$

wobei
$$x_1 = \log x, \quad y_1 = \log y, \quad z_1 = \log z \quad \text{ist.}$$

Bringt man also (Fig. 161d) auf den drei Achsen statt der gleichmäßigen Skala die logarithmische Skala an, so geht das positive Viertel des Orthyparaboloides in eine Ebene über, welche durch den Ursprung O geht. Die Schichtenlinien bilden jetzt wieder ein Parallelstrahlbüschel aber mit logarithmischer Verteilung auf dem Böschungsmaßstab, so daß die Verteilung von 1 bis 10 sich bei 10 bis 100 wiederholt. In den vier Tafeln ist der Punkt T nur für $2 \times 5 = 10$ eingetragen, weil von einer Unterteilung abgesehen wurde.

Beispiel 3: Für Luft gilt annähernd die Zustandsgleichung

$$p \cdot v = R \cdot T.$$

Dabei ist p der Druck in Neuatmosphären at $=$ kg/cm^2, v ist das spezifische Volumen in m^3/kg, $R = 0{,}002927$ ist die Gaskonstante und $T = (273 + t)$ °C die absolute Temperatur. In Fig. 162 ist eine graphische Tafel nach Art der Fig. 161d hergestellt (um $\pi/_4$ gedreht). Es ist zunächst die logarithmische Skala für p und v gezeichnet, so daß die Punkte 10 von O um $l = 4$ cm entfernt sind. Die Skala für T zeigt bei O nicht 1, sondern $1/R = 341{,}6^0$. Zu $p = 1$ at und $T = 1000^0$ gehört $v = 2{,}93$ m^3/kg; durch diesen Punkt, welcher um 4 cm $\times \log 2{,}93 = 1{,}86$ cm von O entfernt ist, geht die Schichtenlinie 1000^0. Aus dieser Koordinate v und den Koordinaten $p = 2, 3, 4, 5$ at erhält man Punkte der Schichtenlinien 2000^0 bis 5000^0. Aus der Einheit $l \cdot {}^1/_2 \sqrt{2} = 2{,}83$ cm und aus $\log R = -2{,}534$ ergibt sich durch Multiplikation die Verschiebung der Skala um $-7{,}16$ cm.[10]

5. Als besonders vorteilhaft erweist sich die Transformation durch die Polarität in bezug auf eine Parabel, welche die Achsen in zwei symmetrischen Punkten X und Y berührt (Fig. 162). Den beiden Parallelstrahlbüscheln entsprechen in der Polarität die logarithmischen Skalen p, v auf zwei symmetrischen Durchmessern der Parabel, wobei eine Vergrößerung im Verhältnis $\sqrt{2}$ eintritt, weil jeder Strahl den Durchmesser in einem Punkte schneidet, zu welchem der Pol symmetrisch in bezug auf X oder Y liegt. Die Pole der Schichtenlinien bilden auf der Achse der Parabel die logarithmische Temperaturskala. Sie ist symmetrisch zur Skala der Schichtenlinien in bezug auf den Scheitel der Parabel. Durch den Punkt E' der Bildtafel gehen die Parallelstrahlen $p = 2$, $v = 2{,}93$ und die Schichtenlinie $T = 2000^0$. Die Pole dieser drei Geraden müssen auf der Polaren e_1 von E' liegen. Man hat also jetzt eine graphische Tafel vor sich, bei welcher jede Gerade e_1 drei zusammengehörige Werte ablesen läßt, welche die gegebene Gleichung erfüllen. Sie wird Fluchttafel genannt und ist in der Handhabung einfacher als die Bildtafel. In der Figur ist auch ihre unmittelbare Herstellung angedeutet. Die rechtwinkligen Punktkoordinaten gehen durch diese duale Umformung in Parallelkoordinaten — einen besonderen Fall der Linienkoordinaten — über.

Beispiel 4: Um die Ablesungen an einem Quecksilberbarometer miteinander vergleichbar zu machen, wird der bei der Temperatur t °C beobachtete Stand b mm auf 0° C reduziert, nämlich es ist die Korrektion c mm abzuziehen. Für einen Messingmaßstab ist

$$c = 0{,}000161 \cdot b \cdot t$$

oder

$$10\,c = 1{,}61\ \frac{b}{100} \cdot \frac{t}{10}\,,$$

also

$$z = \quad y \quad \cdot \ x\,.$$

In Fig. 163 ist eine graphische Tafel nach Art der Fig. 161 b hergestellt (um $\pi/_4$ gedreht). Hier kommt für b

nur ein Bereich von 500 bis 800 mm und für t von 0° bis 50° in Betracht. Man multipliziert also 1,61 mit 5, 6, 7, 8 und sucht die Produkte 8,07, 9,68, 11,30, 12,91 in der y-Skala auf. Dem Punkte E' (700 mm, 30°) entspricht eine Korrektion $c = 3{,}4$ mm.

Durch die Polarität einer Parabel, welche die

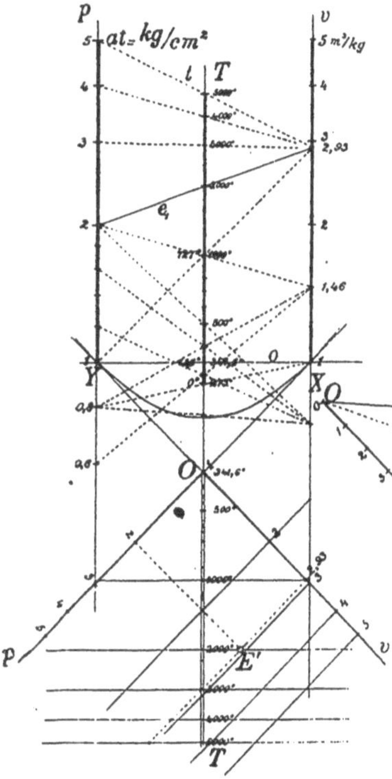

Fig. 162.

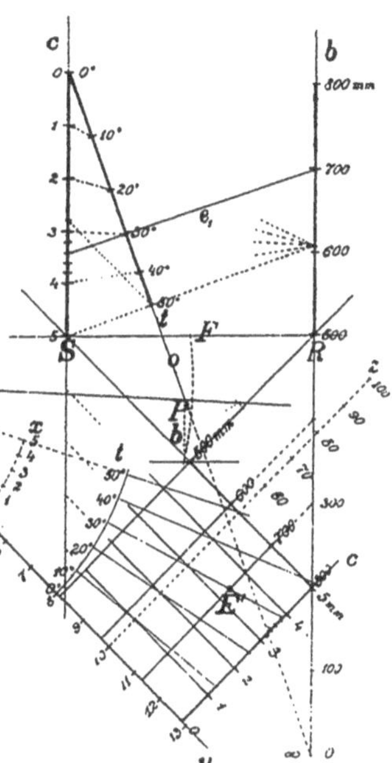

Fig. 163.

Strahlen $b = 500$ und $c = 5$ in den gleich weit vom Schnittpunkte entfernten Punkten R, S berührt, geht die Bildtafel wieder in eine Fluchttafel über. Die gleichmäßigen Skalen für b und c liegen auf den durch R und S gehenden Durchmessern. Die Skala für t liegt auf der Polaren o des Punktes O, welche die Nullpunkte der andern Skalen verbindet und auch durch die Berührungspunkte P der Tangenten aus O an die Parabel gehen muß. Der Schnittpunkt des Strahles 50° mit dem Parabeldurchmesser c hat eine Polare, welche durch den in bezug auf S symmetrischen Punkt von c parallel zu y geht; sie schneidet o im Punkte 50° der Skala für t. Verbindet man diesen mit $c = 5$ mm, so erhält man auf der Skala für b einen Punkt, mit welchem $c = 1, 2, 3, 4$ und $t = 10°$, 20°, 30°, 40° auf Geraden liegen müssen. Legt man ein Lineal an $b = 700$ mm und $t = 30°$, so findet man auf der c-Skala 3,4 mm.

Die Herstellung einer graphischen Tafel ist noch einfach, wenn die Gleichung eine Regelfläche mit horizontaler Richtebene vorstellt. Die Schichtenlinien sind dann noch Gerade und die Grundrisse der Schichtenlinien sind die Tangenten einer Kurve c' — des scheinbaren Umrisses der Fläche. Die Tangenten aus dem Punkte $T'(x, y)$ an c' geben die zugehörigen Werte von z. Bei der dualen Tafel geben die Schnittpunkte der Polaren t_1 von T' mit der Pollinie c_1 von c' die zugehörigen Werte von z. Ein hübsches Beispiel dieser Art ist die Auflösung der trinomischen Gleichungen[11]

$$z^m + x \cdot z^n + y = 0 .$$

Hiermit ist nun die räumliche Deutung und die geometrische Umformung von graphischen Tafeln hinreichend gezeigt.

Übungsaufgaben: 1. Es sollen graphische Tafeln hergestellt werden für das arithmetische, geometrische und harmonische Mittel z nach den Gleichungen

$$\tfrac{1}{2}(x + y) = z , \qquad \sqrt{xy} = z , \qquad \tfrac{1}{2}\left(\frac{1}{x} + \frac{1}{y}\right) = \frac{1}{z} .$$

2. Ein Nomogramm herzustellen für den Heizwert z in WE/m³ eines Gasgemisches, welches x% Kohlenoxyd und y% Wasserstoff enthält, nach der Gleichung

$$3043 \cdot \frac{x}{100} + 2580 \cdot \frac{y}{100} = z .$$

3. Wenn i die Stromstärke in Ampère, w der Widerstand in Ohm und e die Spannung in Volt ist, so gilt das Ohmsche Gesetz

$$i \cdot w = e .$$

Für einen gewünschten Bereich ist eine Bild- oder Fluchttafel herzustellen.

Geschichtliche und literarische Bemerkungen.

[1] Die Geschichte der Entwicklung dieser Methode findet man bei Bardin [La topographie (1855)], Augoyat [Aperçu historique sur les Fortifications (1860—1864)] und J. Lička [Zft. f. Vermessungswesen, 9. Bd. (1880)]. N. Cruquius (Kruikius) stellte 1729 das Mündungsgebiet der Maas durch Tiefenlinien dar (als Karte gestochen 1733). Ph. Buache stellte 1737 eine Karte des Ärmelkanals auch in dieser Weise her (veröffentlicht 1752) und war der Meinung, daß diese Darstellung vor ihm niemand versucht habe. Millet de Mureau benützte kotierte Punkte auf Befestigungsplänen seit 1748, L. du Buat-Nançay kotierte Ebenen seit 1768. Der Übergang zur Geländedarstellung durch Höhenlinien dürfte von Ducarla (1771) herrühren, dann auch von Meusnier (1777). An der 1802 neu errichteten Militärschule zu Metz wurde nach dieser Methode unterrichtet.

G. Peschka, Kotierte Projektionsmethode (1877); E. Müller, Darst. Geom. 2. Bd. (1912), 3. Aufl. (1923) mit vielen geschichtlichen Bemerkungen; R. Rothe, Darst. Geom. d. Geländes (1914). [§ 57]

[2] Böschungslinien werden auch „allgemeine Schraubenlinien" genannt; für die Drehflächen zweiten Grades z. B. W. Blaschke, Monatshefte, 19. Jg. (1908); G. Scheffers weist darauf hin, daß die Grundrisse der Böschungslinien ein „ebenes Kurvennetz ohne Umwege" bilden [Jahresber. d. d. Math. Ver., 16. Bd. (1907)]. [§ 58, 2]

[3] E. Czuber, Vorl. über Differential- und Integralrechnung, 3. Aufl. 1. Bd. (1912), S. 201; E. Müller, Darst. Geom., 2. Bd., S. 50; eine genaue Untersuchung und Klarstellung über den Talweg gab R. Rothe [Sitzgsber. d. Berliner math. Ges., 14. Jg. (1915), S. 51]. [§ 58, 3]

[4] E. Doležal, Niedere Geodäsie, 10. Aufl., 2. Bd. (1910), S. 131, 300, 309, 455, 530, Anwendung der Photographie i. d. prakt. Meßkunst (1896); H. Dock, Photogrammetrie, Samml. Göschen (1913). [§ 59, 2]

[5] E. Doležal, Archiv f. Photogrammetrie, 3. Bd. (1911). [§ 59, 2]

[6] Im Altertum waren seit Claudius Ptolemäus (etwa 150 n. Chr.) die einfachsten Zylinder- und Kegelprojektionen bekannt; die von Hipparch (etwa 150 v. Chr.) gefundene stereographische Projektion wurde nur für Sternkarten benützt. Erst um 1500 begann wieder eine Weiterentwicklung.

Zöppritz-Bludau, Kartenentwurfslehre (1884, 1889); N. Herz, Landkartenprojektionen (1885); Tissot-Hammer, Netzentwürfe geogr. K. (1887); A. Weiler, Zft. f. Math. u. Phys., 49. Bd. (1903); M. Groll, Kartenkunde, Samml. Göschen (1912); H. Schmidt, Über die günst. Wahl d. Kartenprojektion (1916). [§ 60]

[7] E. Czuber, Differential- und Integralrechnung, 4. Aufl. 2. Bd. (1919), S. 89. [§ 60, 3]

[8] Die erste graphische Tafel (Fig. 161a) dürfte von L. Pouchet [Métrologie terrestre (1797)] herrühren, wobei aber von einer räumlichen Deutung keine Spur ist. Dann ist besonders zu nennen

L. Lalanne [Annales des ponts et chaussées (1846), S. 1—69, und Méthodes graphiques (1878)]. Er gibt die räumliche Deutung als kotierte Projektion (S. 20. u. 27), ferner die Transformation einer Tafel (z. B. Fig. 161a in 161d) und nennt diesen Vorgang „geometrische Anamorphose". J. de la Gournerie gibt am Schlusse seines Werkes [Traité de géom. descrip. III. Teil (1864)] einen kurzen Abriß. A. Vogler [Entwerfen graphischer Tafeln (1877)] ist ein schönes Buch, welches nicht nach Verdienst gewürdigt wurde. Erst M. d'Ocagne ist es durch mehr als 30 Abhandlungen und 2 Werke [Traité de nomographie (1899), deutscher Bericht von F. Schilling (1900), und Calcul graphique et nomographie (1908)] gelungen, der Sache größere Verbreitung zu verschaffen. In Deutschland trug auch R. Mehmke [Zft. f. Math. u. Ph., 44. Bd. (1899) u. Enzyklopädie d. math. W. I. F. S. 1024] wesentlich dazu bei.

Es sei noch genannt: R. Soreau, Mém. de la soc. des ingénieurs (1901), 300 S.; M. Pirani, Graph. Darst. i. Wiss. u. Technik, Sammlung Göschen (1914); C. Runge, Graph. Meth. (1915); P. Luckey, Einf. i. d. Nom. (1920); P. Schreiber, Flächen-Nom. (1921); F. Krauss, Die Nom. (1922).

[9] Sie heißt auch Gunter-Skala nach E. Gunter [Canon triangulorum (1620)]; A. Tichy, Graphische Logarithmentafeln, Zft. öst. Ing.- u. Arch.-Ver. (1897).

[10] G. Herrmann [Zft. d. Ver. d. Ing., 28. Bd. (1884)] gibt Bildtafeln für Luft u. Wasserdampf. H. Thomson [Engineering, 109. Bd. (1920)] setzt die Dampfnomogramme in Fluchttafeln um. M. Jakob [Zft. d. Ver. d. Ing., 64. Bd. (1920)] hat diese Tafeln auf deutsche Maße umgearbeitet.

[11] An diesem Beispiele zeigte M. d'Ocagne [Annales des ponts et chaussées, 8. Bd. (1884)] zuerst die duale Auffassung bei Herstellung einer Tafel unter Benützung der Parallelkoordinaten. A. Adler [Sitzgsber. d. Akad. Wien, 94. Bd. (1886)] sprach dann denselben Gedanken unter Verwendung von Plücker-Koordinaten allgemein aus. Die unmittelbare Überführung einer Bildtafel in die entsprechende Fluchttafel durch die Polarität einer Parabel ist neu.

FSC
www.fsc.org
MIX
Papier | Fördert
gute Waldnutzung
FSC® C083411

Zeitfracht Medien GmbH
Ferdinand-Jühlke-Straße 7
99095 Erfurt, Deutschland
produktsicherheit@kolibri360.de